留守の家から犬が降ってきた　目次

留守の家から犬が降ってきた

心の病にかかった動物たちが教えてくれたこと

ローレル・ブライトマン 著
飯嶋貴子 訳

青土社

ANIMAL MADNESS
INSIDE THEIR MINDS

LAUREL BRAITMAN

知ってのとおり、犬は怒るとうなり、嬉しいとしっぽを振る。ぼくはといえば、嬉しいとうなり、
怒るとしっぽを振る。だからぼくは狂っているんだ。

――チェシャ猫がアリスに言った言葉
ルイス・キャロル『不思議の国のアリス』

いつかわたしも　あちらの世界の仲間に入るのだろう
でもあいつは逝ってしまった　もじゃもじゃの毛と
たくさんのいたずらと　冷たい鼻といっしょに

パブロ・ネルーダ「ある犬の死」

留守の家から犬が降ってきた　心の病にかかった動物たちが教えてくれたこと

わたしが愛したすべての動物たちへ、とりわけリン、ハワード、そしてメル博士へ

序

数ヶ月前、サンフランシスコ北部の海に沿った遊歩道を歩いていたとき、わたしは自分が恋におちていることに気づいた。その恋のお相手は何か急な用事でもあるかのように、ブラックベリーの茂みのにおいを嗅ごうとわたしの前を大急ぎで走っている。

彼の名はシーダー。わたしは彼の飼い主で、彼はわたしの愛犬。尻尾の丸まりぐあいによっては小型の秋田犬か濃い毛色のキツネに見える。

このイヌの里親になる気があるかという話を持ちかけてきたのは、友人のヴァネッサだった。ポートランドに着いて二時間もしないうちに、彼女はわたしをバンに乗せ、オレゴン州動物愛護協会に連れていった。ずっとイヌを飼いたいと話していたのだが、どこかで躊躇していた。一度でも喪失感――ひどくやっかいで、神経がすり減り、思いだすたびにむせび泣いてしまうような感覚――を味わったことがあれば、もう一度他のだれかに身も心も完全に夢中になることは勇気がいることだし、少しばかり自分をだましているような気分になる。特にその〝だれか〟がイヌだとしたらなおさらだ。これからこの本で明かす理由で、わたしがまた別のイヌ科の動物に自分の心を開放するにはしばらく時間がかかった。ためらっていたし、慎重だったし、少し神経質にもなっていた。それでも、ひねくれた気もちはなかった。

初めてそのシェルターを訪ねたとき、シーダーには気づかなかった。彼ではなく、光沢のある黒のラブラドールを見たいとお願いしていたのだが、そのラブラドールは他のイヌがそこにいるだけで怒りをあらわにするようなタイプだった。シーダーが目に留まったのは二度目の訪問のときだった。彼はぼんやりとした表情で、シェパードのミックス犬といっしょに檻に入れられていた。生まれつき怒りっぽい性格ではないという証拠だ。彼の耳はやわらかくてピンと立っていて、前足は白いスポーツソックスを履いているみたいに見える。ヴァネッサが囲いの鎖に手をかけると、シーダーはそっと近づいてきて、全体重をかけて彼女に寄りかかり、上目づかいで悲しそうに見あげながらくしゃみをしていた。コンクリートの面会エリアでヴァネッサがチューブからチーズを少しだけ出して与えた。わたしは彼のあとを追いかけ、容赦ない質問を投げかけた。「おまえはわたしのイヌ？　分離不安があるかどうか教えてくれる？　お願いだから分離不安はないって言って。それから、しつけは良いほう？　ちゃんとしつけられているって言って。ボートを見るとどんな感じがする？［著者はハウスボートに住んでいる］ネコはどう？　知らない人間は？」

カルテを見るかぎり、シーダーはこれまで二度捨てられたことがある。一回目は生後六週間で、そして二歳のときにもう一度。からだにマイクロチップが埋め込まれていたので、シェルターはこのチップに刻印された番号に連絡してみたが、電話の向こうからは「もうあのイヌはごめんだ」という声が聞こえてきたという。それがなぜなのか、だれもわたしに話そうとはしない。だれも知らないのかもしれないけれど、ほんとうのところは、このふさふさして、悲しげで、小さな生きものに、最高の人生を送って欲しいと心から思う家族が見つかればと願っていたからだろう。

どういうわけかうまく説明できないが、わたしは彼を引き取った。

これまでのところはとても順調にいっている。そのいちばんの理由は、ドッグトレーナーを雇って、飼い主のふるまいかたを教えてもらっているからだ。トレーナーの名前はリサ・ケイパー。初めてわたしの家にやってきたとき、彼女はシェパード・フェアリーがデザインしたオバマ元大統領とHOPEの文字の入ったポスターを、首を少しかしげたテリアとブロック体のadopt（引き取る）という文字につくり変えたTシャツを着ていた——きっとすべてはうまくいく、そんな気がした。それに、いまはすべてがシンプルに運んでいる。きっとシーダーが本来の自分でいてくれるからだ。彼は、以前飼っていたイヌにはなかった穏やかさとたくましさを内に秘めている。シーダーの問題、いや、シーダーに関するわたしの問題のほとんどは、彼といっしょに住んでいると、ときどき、とても背の高いアライグマといっしょに住んでいるような気分になることから来ている。彼は前足を濡らして、あらゆるものにその足を乗せるのが大好きで、カウンターの上の食べ残しはどんなものでもすべて平らげてしまう。それから、ものすごいスピードで走るバイクや、全身スパンデックスで覆われたライダーが大嫌いだった。これについては彼を責めているわけではない。それに、ネコや七面鳥のソーセージのにおいばかりか、家の近くの海岸にときどき打ち上げられる海鳥のにおいにも興奮する。そして、海鳥の死骸の上に転がってからだを擦りつけると、濡れた羽や小さな骨が自分のからだの毛にくっついて、鳥の衣装をまとっているようにみえる。まだ彼を引き取って数ヶ月だが、もうすでに彼のいない生活は考えられない。

ほんとうのことを言えば、この本のため、そして読者のためでなかったら、シーダーを引き取ってはいなかっただろう。動物を飼うことによって忍耐力、愛情の限界、そして動物の心に対する先入観といったものが試される読者たちは、自分の愛するイヌやネコ、その他の生きもののさまざまなストーリーをわたしに送ってくれた。恐怖症のウマが傘をもつ通行人に自信をもって向き合えるよう手助けをする人間の話、仲間を失って悲しんでいるゾウを励ますイヌの話、深い悲しみからロバを立ち直らせようとするヤギの話……こうしたストーリーを聞くと、精神的苦悩を癒すことのできる生きものたちの力だけでなく、人間や動物がこれからも互いに傷ついた心を治していくだろうという希望で、わたしの胸はいっぱいになる。

ヒューストンの公共ラジオ局に立ち寄ったあるテキサス州の牧場経営者が、わたしにこんなことを教えてくれた。彼が飼っているイヌはみな性格的に癖があり、そのいくつかは精神疾患も同然だが、「イヌは逆に、向こうからわたしたちのところへやってくる神様なんだ」と。大文字のGで始まる神を信じるかどうかは問題ではない。どんなイヌにも――そしておそらくはどんなロバにも、カンガルーにも、イルカにも――かならず恩寵と赦しと回復のチャンスが、たいていは一度どころか何度も訪れるのだ。

はじめに

ミニチュアドンキーのマックは、ちょっとしたやっかい者だ。まつげをぱちぱちと瞬かせ、長い毛に覆われた耳をテレビアンテナのようにこれ見よがしにこちらに向け、腹部の重みを乗り手の腿に押しつけてくる。まもなくして、その小さくてずんぐりとした姿と、ヤマヨモギやスイートアルファルファが混ざり合ったようなロバ特有のにおいにも慣れてくるころ、何か複雑でドロドロしたものがマックのなかでうごめき始める。からだをこわばらせ、頭の向きをすばやく変えると、乗り手の向こうずねの骨ばった部分に力一杯噛みついたまま放さない。と思えばまた前を向いて、蹄をこちらのつま先に叩きつけようとしたり、膝がしらに向かって、ときには膝がしらそのものに、後ろ足を鋭いばねのように蹴り飛ばしたりしてくる。これがそれほど痛くなかったらきっと笑えるのだろう。マックはせいぜいヤギぐらいの大きさなのだから。ところが、いつ噛みつかれたり蹴られたりするかまったく予測がつかないから、少しばかり恐ろしくもあるのだ。マックは、ついさっきまで愛情深く甘えんぼうだったのに、突然凶暴で攻撃的になる。この変身ぶりは特に何かが引き金になっているようにも見えないので、そのうちに彼を「スキゾドンキー」（統合失調症のロバ）と呼ぶ人も現れるようになった。

わたしはそんなふうに呼んだりはしない。でも彼に精神障害があるということは認める。けれどもそれはマックのせいではない。一〇〇%とは言えないが。彼の母親は、ストイックなサルデーニャミニチュアドンキーで、わたしが育った放牧場で飼われていた。マックを産んだ数日後に死んでしまったため、わたしが彼の世話を引き受けることになった。当時十二歳だったわたしは、この小さなロバを生きたぬいぐるみのおもちゃのように思っていた。一日何時間も哺乳瓶でミルクをあげたり、いっしょに遊んだりしていたが、そのうちにわたしは『赤毛のアン』シリーズと、中学一年のときの初恋の相手に心を奪われるようになった。マクドナルドの裏でスケートボードをしていた、日焼けした男の子だった。マックはさっさと乳離れさせられ、いろいろな手ほどきをしてくれる母親代わりのロバもいない柵囲いに放り込まれた――無関心なおとなたちのなかにぽつんと取り残され、たよりなさそうに身を縮めていた。ほかのロバなら大丈夫だったのかもしれないが、マックはだめだった。結局彼は、その攻撃の矛先を自分に向けはじめ、欲求不満がたまると自分の毛を山ほどむしり取ったり、人間や他の動物たちに猛烈な怒りを爆発させたりするようになった。その抑えがたい感情は、同じくらい強く求めていたであろう愛情からも彼を遠ざけた。あれから二十年以上経ったいま、わたしに言えるのは、マックが経験したこと、そしてその結果として起こった問題ある行動は彼だけに限ったものではないということだ。

生活をいっそう困難にし、悲しいことに、ときには生きていくことさえできなくなるような激しい感情の嵐に苦しむ動物は人間だけではない。このことに一世紀以上も前に気づいたチャールズ・ダーウィンと同じように、わたしもまた、動物も人間が苦しむのと驚くほど似た精神疾患にかかる可能性があると信じている。この確信は、マックをはじめ、これまで出会ってきたアジアゾウなど、わたしが知ることになった数多くの生きもののストーリーから生まれたのだが、わたしと夫が引き取ったオリバーという名のバーニーズマウンテンドッグほどこれを強烈に感じさせてくれる動物はいなかっただろう。オリバーの極度の恐れと不安、衝動強迫は、わたしの世界の殻を叩き割り、他の動物も精神的な病気にかかるかどうか調査するきっかけをわたしに与えた。本書は、わたしの発見を記録した実話だ――オリバーを救おうともがいたわたし自身の葛藤と、そこから生まれた旅の物語であり、他の動物のなかに狂気を見いだすことが、わたしたち人間に関する何を教えてくれるかを知るための探求である。

獣医学、心理学、動物行動学、神経科学、野生動物の生態学などのなかに、動物も精神病にかかる可能性があるかどうかの調査に特化した分野はない。わたしが本書でおこなってきたのは、獣医学、薬学、心理学の研究や、動物園の飼育員、アニマルトレーナー、精神科医、神経科学者、ペットの飼い主たちの話、十九世紀の博物学者、現代の生物学者や野生動物学者がおこなった観察、そして奇妙な行動をする身近な動物について素朴に何かを言いたいという多くの一般人からあらゆるエビデンスを引き出すことだ。こうした糸のすべてをたぐり寄せると、人間と動物では、歪んでしまった精神状態や行動がわたしたちの多くが考えているよりもはるかに似ていることがわかる――たとえば、その必要もない状況で激しい恐怖を経験したり、神経がまひしてしまうほどの悲しみを振り払うことができないと感じたり、何度も入念に手足を洗わずにはいられないという絶え間ない衝動強迫に苛まれたりといった症状だ。人間であろうとなかろうと〝生きもの〟として正常とされることに関わることができなくなったとき、こうした異常行動は精神疾患の領域に踏み込んでくる。これは、毛が抜けて血がにじみ出るまで自分の尻尾を舐めつづけることに一心不乱なイヌや、休むことなく何周も泳ぎつづけることに固執するアシカ、悲しみのあまり引きこもり、仲間たちと追いかけっこをして遊ぶこともできなくなったゴリラ、そして身がすくむほどエスカレーターが恐くて、デパートに行くのを避けるようになったヒトにも言えることだ。*

心をもつ動物はみな、ときにそれを手放す能力も備えている。その引き金となるのは虐待や不当な扱いだったりするが、かならずしもそうとは限らない。これまで出会った動物のなかには、不安を抱えた抑うつ症のゴリラ、衝動強迫のウマやラット、ロバ、アザラシ、強迫観念に取り憑かれたオウム、自傷行為をするイルカ、認知症を患ったイヌなどがいるが、その多くが、同じような症状を抱えていない健康な生きものと展示スペースや動物舎、居住空間をともにしている。また一方で、好奇心旺盛なクジラ、自信満々のボノボ、喜びでわくわくしているゾウ、満足げなトラ、感謝の気もちを示すオランウータンにも出会った。捕獲動物であれ、家で飼われているペットであれ、はたまた野生動物であれ、動物の世界には多くの異常行動が存在し、同じく、そこから回復したという証拠も数多く存在する。わたしたちに必要なのは、どこでどのようにそのエビデンスを見つけだせば良いかを知ることだ。オリバーがわたしの指針だった。彼自身は、取り憑かれたように自分の足を舐めるのに忙しすぎて、気づいていなかったかもしれないが。

人間と動物の心の健康には共通点があるという事実を認めることは、他の生きものの言語や道具の使用、文化を認識することと少し似ている。つまり、人間だけが複雑で驚くべき方法で何かを感じたり、感情を表現したりすることができるという考え方に一撃を加えるということだ。それは擬人化、すなわち人間以外の存在やものに対して、人間の感情や特性、欲望を投影することでもある。とはいえ、擬人化という方法を〝うまく〟選べば、動物の行動や精神生活をよりいっそう正確に理解することができる。擬人化は自己中心的な投影ではなく、他の動物のなかに人間自身のこまごまとしたものを認めることでもあり、その逆もまたしかりだ。

人間以外の動物の精神疾患を認識し、その回復の手助けをすることは、わたしたちの人間性にも光を投げかける。苦しむ動物たちとの関わりあいを通じて、わたしたちは多くの場合驚くほど善良な人間になる。それはイヌやネコ、モルモットへの理解を促し、わたしたちをボノボやゴリラの精神科医へと変え、特に熱心な人であれば、キャットシェルターを建てたりゾウの保護区域をつくったりする動機へとつながる。

精神疾患とその苦しみから回復する力は、人間が他の多くの動物と共通してもっているものだと知って、わたしはなんだかほっとした。人間としてひどく不安を感じたり、衝動的になったり、怖がったり、落ち込んだり、怒ったりといった感情を抱くとき、わたしたちはこの宇宙でともに生きる他の生物と意外なほど似ているということを証明していることにもなる。チャールズ・ダーウィンの父親が息子に言ったように、「健全な人間と正気を失った人間との境界は完全にぼやけている……だれもが狂気を孕んでいる」のだ。[1] 人間と同様、他のすべての生きものにもこれは当てはまる。

＊本書では異常行動を、そうした動物といっしょに過ごす人々がそう呼んでいるとおりに、たとえば狂気、精神疾患、精神障害の兆候、精神異常などを示すものとして言及している。これらは雨漏りのする傘のように、異常とされる数多くの行動全体をカバーする汎用性のある言葉である。こうした言葉は明らかに、人間と動物において何が〝正常〟かという社会的期待はもちろん、常に変化する動物の心のパターンを説明することはできない。狂気は、存在するために正常であることを必要とする鏡だ。この正常と狂気のあいだの境界をはっきりと引くことはできない。

第一章　尻尾の先の氷山の一角

一匹のブルーティックハウンドが霧のなかで遠吠えする。目が見えないために道に迷い、恐怖で駆けずりまわっている。地面には自分が残した臭跡のほかは何も残っていないので、冷たいゴムのような赤い鼻であらゆる方角を嗅ぎまわるのだが、自分の恐怖以外、何のにおいもしない。蒸気のように心のなかに焼き落ちる恐怖以外は。

ケン・キージー『カッコーの巣の上で』

留守中に犬が窓から降ってきたら

二〇〇三年五月のある暖かい午後、ワシントンD.C.近郊のマウントプレザントという緑の多い街で、わたしとは面識のない小さな男の子が、家のキッチンから少し離れたサンルームで宿題をしていた。少年の家はわたしたちのアパートの裏側に面していて、彼は宿題をしながら、ふと建物の裏手の路地に続く細長い都会風の中庭を眺めた。金網と朽ち果てた木製フェンスの小さな板材で仕切られていて、ところどころにゴミ箱が置いてある。その土曜日、少年がたまたま中庭に目をやった瞬間、褐色の目をしたバーニーズマウンテンドッグのオリバーが、わたしたちの住むアパートの四階にあるキッチンの窓から飛び降りた。

オリバーがエアコンの室外機を脇に退け、五十キロ以上もある巨体が通るほどの穴を金網に開けるにはかなりの時間がかかったはずだが、イヌが窓際にいるのを見かけた人はだれもいなかった。お願いしていたペットシッターはファーマーズマーケットに出かけてしまい、オリバーを二時間もひとりにしていた。置き去りにされたことに気づいたとたん、金網を引き裂いたり、噛み砕いたりしはじめたにちがいない。じゅうぶんに大きな穴を開けると、オリバーは自らその穴を通って十五メートルも下に落ちたのだ。

「ママ!」少年は叫んだ。「イヌが空から降ってきた!」

あとになって少年の母親は、その時は息子が嘘をついていると思ったと言っていたが、どうやらつくり話ではないと思わせるような恐怖が少年の声に漂っていたという。ふたりは、わたしたちの集合住宅の中庭に横たわるオリバーを見つけた。アパートの地階へ降りるコンクリート階段の吹き抜けに落ちたらしい。

そのあとにかかってきた電話を、わたしは一生忘れないだろう。ジントニックのグラスをしっかりと握りしめていたわたしは、その瞬間まで、新しいシフォンのワンピースの腋の汗じみを気にしていた。ジュードはビールを飲んでいて、パンツの膝の部分まで汗をかいていた。わたしたちは、サウスカロライナに住むジュードのいとこの結婚式会場で、暑さに耐えきれず、うろうろと歩き回っていた。ブッフェのお時間です、とウェイターが叫んだ瞬間、ジュードの携帯電話が鳴った。

電話の向こうの女性は、オリバーがぐったりと倒れているところを発見したと言った。彼女と息子が裏庭の門を開けようとしているのに気づいたオリバーは、弱々しく尻尾を振って起きあがろうとした。金網を噛み砕いたために オリバーの口元と歯茎は血で染まり、皮膚がすりむけ、歩くこともできなかった。母親と息子はオリバーを車まで運び、急いで近くの動物病院へ連れて行った。治療をはじめるには六百ドルのデポジットが必要だったため、母親は獣医に小切手を渡してから車で自宅へ引き返し、わたしたちのアパートのドアを叩いて、この常軌を逸した傷だらけのイヌの飼い主はいったいどんな顔をしているのか突き止めようとした。

「わたしが病院を出た時点では、傷がどの程度なのか先生もわかっていなかったようです」と、母親は結婚式場にいるジュードとわたしに電話で説明した。「でも、あんなふうに落ちて一命を取りとめたイヌは初めてだとは言っていました」

わたしたちは彼女の話に圧倒されながらも、そのやさしさに感謝して電話を切った。そして、いますぐいっしょにここを出て欲しいとジュードに頼んだ。ところがサウスカロライナはもう日が暮れていて、家まで帰れる飛行機はなさそうだった。しかたがないので、再び動物病院に連絡をして何か進展はあるかと尋ね（そのときはまだ何もわかっていなかった）、当惑と恐怖とともに結婚式の残りの時間を過ごした。

わたしがジュードと出会ったのは、二十一歳のとき、ニューヨーク州北部のとあるバーのトイレに行く途中だった。まるで頭を殴られたかのように、わたしたちは互いに恋におちた――すっかり、完全に、すべてが可能になるような漠としたヴィジョンとともに。まもなくしてわたしたちは、将来飼ってみたいペットのトップ10リストをつくった。中国とチベットを旅行したあとは、ヤクのつがいがリストに加わることもあった。わたしは当初から、カピバラといっしょに住みたいと思っていた。とはいえ、やはりふたりともイヌが飼いたかった。リストの一番上にあったのがバーニーズマウンテンドッグだ。スイスのアルプスの山あいで家畜を守り、チーズやミルクを載せた荷車を引くためのイヌとして育てられたバーニーズは、整った顔立ちと、大きく荘厳で親しみやすい雰囲気をもつ。ドッグフード会社はこのことをよく心得ている。自動車メーカーも知っている。オーガニックのペットフードからペーパータオル、香水、SUVに至るまで、どんな広告にも引っぱりだこのバーニーズは、イヌ科の世界のスーパーモデルだ。

ジュードとわたしが、ワシントンD.C.にある、ロッククリークパークの小さな池とウォーキングコースにほど近い、イヌが飼えるアパートに引っ越したのをきっかけに、わたしの仔犬探しが始まった。仔犬はいくらでもいた。ところが、純血種のバーニーズマウンテンドッグは一匹二千ドル近くもすると知って心が折れた。当時わたしは環境保護団体で働いており、官公庁の地質学者だったジュードはわたしよりも稼ぎが少なかった。そんな高級犬を買う余裕はなかったし、たとえあったとしても、イヌにそこまでのお金をかけることに踏み切れなかった。こうして数ヶ月が経つうちに、わたしたちはまるでドッグパークに出没する変質者のような気分になっていった――ただイヌを見るだけのためにやってきて、「ほ〜ら、わんちゃん、おいで〜」と言いながら他人のペットにこっそりおやつをあげて気を引こうとするイヌの飼えない人間だ。

そんなある日、数ヶ月前に連絡をとったブリーダーからメールが来た。彼のところにいる成犬を譲ってくれるという。しかも「無料で!」。彼はこう言った。このオリバーという名のバーニーズは四歳で、現在の飼い主からじゅうぶんな愛情を受けていない。もうおとなだから仔犬ほど運動させなくても良いし、性格も仔犬よりのんびりしているよ、と。

それから二十四時間以内に最初の面会の約束をした。オリバーと現在の飼い主家族が待つ獣医のオフィスを訪ねると、クリニックの前庭の芝生で大きなイヌを散歩させている少女の姿が目に入った。そのイヌは、先端だけが白い尻尾を旗のように――背中に届くほど――高く振っていた。白い前足はライオンのように大きくて太く、首もとには、七〇年代に流行したシャギー［不ぞろいにカットしたヘアスタイル］のように、つやのある毛がふさふさとしていた。白い鼻面には黒い斑点がいくつもあった。少女といっしょに歩くのが楽しいのか、芝生の上を行ったり来たりする足どりは颯爽としている。

いま考えてみると、どれほど自分は鈍感だったのだろうと呆れてしまう。家で飼われていたペットを、その家族の家ではなく獣医のオフィスで引きとったということが、おそらく最初の手がかりだったはずなのに。他にもたくさん手がかりがあったのだが、どれひとつとしてわたしは気づいていなかった。

オリバーが獣医のところに預けられていたのは、その一家の近隣に置いておくことが法的に難しくなったからだ。彼が原因で近所のイヌとその飼い主とのあいだにもめごとが生じ、訴訟を起こすと脅されていたのだ。いまのわたしにはかなり深刻な話に聞こえるが、当時はそう思わなかった。オリバーの元の飼い主家族の母親は、「この仔が近所に新しくやってきたイヌに夢中になりすぎて、あいさつがしたくてたまらなくて、その家の金網のフェンスを突き破ってしまった」という。二匹はけんかになり、新しいイヌの飼い主の女性は素手で二匹を引き離そうとした。「オリバーは引き離そうとした女性の手に噛みついたのです」。それ以上聞く必要はないと思った。イヌのけんかを素手でやめさせるようなことをしてはいけないことは、だれでも知っている——そのためにホースがあるのだ。しかも、このご近所さんは道理をわきまえていなかったにちがいない。ジュードとわたしなら自分たちのイヌをコントロールできるはず。トレーニングさえすれば……わたしたちはそう思っていた。

思いだすにつけ、噛みついたというその逸話は氷山の一角、いや、巨大なイヌの尻尾のほんの先っぽ程度のことに過ぎなかったといまは思うが、当時のわたしにはわからなかったし、理解できなかった。

わたしたちはオリバーに一目惚れしてしまったのだ。意識的にそうしようと思ったのではなく、もっと肉体的な感覚といったほうが良い。たしかにそれは理性的ではなかった。初めて会ったその日の午後、わたしたちは彼を家に連れて帰った。

家のなかを冷静に探検する日々が何日か続くと、オリバーはジュードとわたしとのルーティンにも慣れ、とても愛情深いイヌになっていった。アパートのなかや公園で、何時間もかくれんぼをして遊んだ。ひげをぐいと引っ張ってみたり、もし彼が喋れたらどんな声なのか想像してみたり、ブラッシングしたときに出る毛束の山でゴミ袋を果てしなくいっぱいにしてみたり。そんな関係が数ヶ月も続かないうちに、まちがいなく奇妙といえる行動が見られるようになった。一度そうなると、それは糖蜜のように溢れ出てくる。ベタベタして、収拾がつかないほど広がって、瓶に戻せなくなる。

トラブルの最初のサインに気づいたのは偶然だった。ジュードはすでに仕事に出かけていた。わたしはオリバーに「行ってくるね」と声をかけて鍵を閉めた。車が停めてあるところまで来るか来ないかのうちに、部屋に鍵を忘れたことに気づいた。アパートの角まで引き返したところで、何か悲しそうな鳴き声が聞こえてきた——ネコでもない、人間でもない、数ブロック先にある国立動物園から聞こえる声でもない。からだが大きすぎて高い声を出すことができない動物（ゾウの鳴き声がどんなものかを知る以前のことだった）が一生懸命振りしぼっている悲鳴のような吠え声で、それはたしかにわたしたちのアパートから聞こえてくる。

玄関のポーチまで来ると吠え声は止み、今度は小走りするような大きな音が聞こえてきた。いちばん上の階までのぼると、カニのように小刻みに走る音はさらに大きくなった。それは、オリバーがアパートの部屋の端から端まで、全速力で行ったり来たりしながら走っている爪の音だった。表玄関のドアを開けると、彼は息を切らしてぜいぜい喘ぎ、目を大きく見開いていた。そして、わたしがほんの五分間、車のところまで行って戻ってきただけではなく、北極か、はたまた死を覚悟するほどの探検に出かけていて、数ヶ月ぶりに帰ってきたかのようにこちらに向かって飛びかかってきた。わたしは鍵をとり、オリバーを専用のベッドまで歩かせ、少しだけ頭を撫でてから家を出た。歩道に出てポーチに座り、少し待った。何事もなく十分が過ぎ、ほっとして立ち上がった。すると突然、ほんの数歩踏みだしたとき、またあの声が聞こえてきたのだ——悲しげな、振りしぼるような鳴き声が。何度も、何度も、何度も。見あげると、オリバーはその大きな頭を寝室の窓に押しつけ、前足を窓枠に掛けていた。舌をだらりと垂らし、歩道にいるわたしを見おろしている。わたしがポーチのところに来るまで吠えるのをがまんしていたのだ。すでに仕事には間に合わない。歩道を歩きながら何度もオリバーのほうを振り返った。オリバーは、わたしがもっと遠くまで歩いて行ってもその姿を確かめられるように、リビングの窓のほうへ移動していた。角に差しかかったときには吠え声がさらに大きくなり、その声はオフィスまで車を走らせているあいだもずっとわたしの耳から離れなかった。

その夜、ジュードが仕事から帰ってくると、二枚のバスタオルの中央がかじられ、ベッドの上にあったわたしたちの枕からダウンの毛が飛びだして床の上に積もっているのを発見した。廊下には、何かを削ったかすのような見慣れないものが、また別の山をつくっていて、アパートの窓という窓の下の床には、幽霊が黒板の上に残した跡のようにたくさんの爪あとが残されていた。そして不思議なことに、オリバーの前足もかなり濡れている。

その日の夜遅く、畳んだセーターを枕がわりにしてベッドに寝転んでいると、ジュードはわたしのほうへからだを滑らせてきてこう言った。「あいつの前の家族、何か隠していると思わないか?」

暗闇のなか、近くにオリバーの存在を感じることができた。彼の夜はいつもわたしたちの寝室のドアのところに丸くなることから始まり、それからわたしたちが眠りにつくと、ソファのとなりにある〝スマート〟［ドイツの自動車メーカーが製造した小型車］のタイヤ跡がついた、丸いクッション型のドッグベッドへ戻っていく。彼の息づかいは穏やかだった。

「あの人たちが嘘をついていたなんて信じられない」

そんなふうに言ってはみたが、わたしのなかで疑念がじわじわと広がっていくのが感じられた。まるで池の底で行き場を失った沈殿物のように。

ダーウィンが知っていたこと

オリバーがタオルに噛みついたり、窓際で悲しげに鳴いたりしているあいだ、柔らかい毛で覆われた頭のなかで何が起こっているのかを理解しようとすると混乱した。いろいろな意味で、動物が考えていることと実際の行動との関係性を理解しようとすることは、どんなときでも難しい。
一六四九年、フランスの哲学者ルネ・デカルトは、動物は感情も自意識もない自動機械で、無意識に作動する生きた機械のようなものだと論じた。デカルトや他の多くの哲学者にとって、自意識や感情といった能力は人間性の唯一の領域であり、人間を神と結びつけ、われわれは神の像のなかに創られたということを証明する理性的かつ道徳的な綱だった。動物を機械とみなすこの考え方は不屈で、長いあいだ存続し、何百年もかけて繰り返し見直され、知性、理性、道徳性などにおいて人間が優っているという主張の拠りどころとなっていった。[1] 二十世紀に入ってもまだ、他の動物のなかに人間と似た感情や意識があると同定することは、幼稚でばかげたこととされる傾向があった。[2]
少なくとも西洋の科学界において、この人間至上主義の考えかたに最も決定的な打撃を与えたのはチャールズ・ダーウィンだった。それはまず『種の起源』(*On the Origin of Species*)で、のちに『人間の由来』(*Descent of Man*)、そして一八七二年に刊行された『人及び動物の表情について』(*On the Expression of the Emotions in Man and Animals*)で詳細に語られている。なかでも『人及び動物の表情について』は、人間はたんなる動物にすぎないという彼の主要な学説を支持する、晩年に発表されたテーマを論じたもののひとつだった。彼は、人間と他の生きものの類似する感情経験は、わたしたちの祖先は同じ動物だということをさらに論証するものだと信じていた。[3]
『人及び動物の表情について』のなかでダーウィンは、チンパンジーが見せるそっけない態度や、軽蔑、嫌悪感といった感情、パラグアイモンキーの驚きの表現、イヌ同士、イヌとネコ、イヌと人間のあいだに芽生える愛の感情について述べている。おそらく最も驚くのは、こうした生きものの多くは復讐したり、勇敢な行動をとったり、じれったい気もちや疑いの気もちを表現する能力があると主張している点だろう。ダーウィンが飼っていたメスのテリアは、わが子を連れ去られ、殺されてしまったのち、「自分の本能的な母性愛を［わたしで］消化することによって満たそうとし、わたしの手を舐めたいという欲望が貪欲なまでに激しい情熱に発展していった」という。[4] 彼は、イヌも失望と落胆の気もちを味わうと確信していたのだ。

「わたしの家からさほど遠くないところで、道が右に枝分かれして温室につながっている。わたしは育てている実験植物を見に、数ヶ月のあいだ頻繁にそこを訪れていた。これがわたしのイヌにとっては常に大きな失望の種だった。というのも彼には、わたしが散歩を続けるかどうかわからなかったからだ。わたしのからだがそちらの道へそれるやいなや（わたしはときどき、これを実験と称してわざとやっていた）、彼の表情が瞬時に豹変する。それがとても滑稽だった。落胆した彼の表情は家族のだれもが知っていて、〝温室顔〟と呼ばれていた」と彼は書いている。[5]

ダーウィンによれば、このイヌの失望ははっきりとわかるものだった——頭は垂れ、「からだ全体が少しだけ沈み、動かないままだった。耳と尻尾が急に垂れ下がり、なぜか尻尾の先だけは揺れている……その表情は、まさに哀れを誘う絶望的な落胆のそれだった」。それでも「温室顔」はダーウィンにとってほんの始まりにすぎなかった。

彼は悲嘆にくれるゾウ、満足げな飼いネコ、ピューマ、チーター、山猫（これらの種は満足感を半開きの目で表現する）、そしてトラに関する記録を続けた。彼の発見によれば、トラは幸せなときに目を半開きにせず、かわりに「独特な感じに鼻を短く鳴らして、まぶたを完全に閉じる」のだ。[6] ロンドン動物園のシカが自分に近づいてきたのも、彼らに好奇心があったからだと信じる。ジャコウウシやヤギ、ウマやヤマアラシに見られる恐怖や怒りについても書いている。また、笑いにも関心をもっていた。ダーウィンの報告では、「子どものオランウータンはくすぐられると……歯を見せて笑い、笑い声を発」し、「目がきらきらと輝く」という。

一八七四年、『人間の由来』の改訂版の出版を機に、ダーウィンは初めて他の動物がもつ狂気について直接的に意見を述べた。

人間と、特に霊長類などの高等動物には、いくつか共通する本能がある。みな同じ意識、直感、感覚——似たような情熱、愛情、感情だけでなく、もっと複雑な嫉妬や疑念、見習う気もち、感謝、寛大さといった感情まで備えている。彼らは策略を学び、復讐の気もちを募らせる。ときに嘲笑に敏感で、ユーモアのセンスさえもっている。驚きと好奇心を感じる。模倣、注意、熟慮、選択、記憶、想像力、連想、理性など、程度の差こそあれ同じような能力をもっている。同種族の個は知性において、絶対的痴愚から高度な卓越性へと段階を追って進化する。そしてまた、人間ほど頻繁ではないにせよ、狂気に陥りやすい[7]

ダーウィンは、他の動物の精神疾患というトピックについて独自の調査はしていなかったようだが、人間以外の動物も正気を失うことがあると信じる才能豊かなスコットランド人の物理学者・博物学者のウィリアム・ローダー・リンゼイのことは引き合いに出している[8]。一八七一年に『精神科学学会誌』に発表された論文に、リンゼイはこう書いている。「正常と異常の両作用においては、人間も動物も心は本質的に同じだということを、わたしはここで証明したい」[9]と。

リンゼイはその両方、特に人間の狂気についてかなりの知識があった。一八五四年には、パースにあるマレー王立精神病研究所の医官に任命されたこともあり、その仕事を二十五年間務めた。その間、植物への関心を抱きつづけ、一八七〇年にイギリスの地衣類に関する一般書を出版し、ダーウィンと同じく王立協会の会員となった。王立協会は彼に「博物学の要人」としてメダルを授与した。リンゼイは博物学への関心と精神疾患を取り扱った自身の経験を、一八八〇年に出版された二巻からなる傑作『下等動物の心』（*Mind in the Lower Animals*）にまとめた。これには、道徳と宗教、言語、子どもや「未開人」の精神状態といったテーマが取りあげられている。しかし真に注目すべきは、第二巻の『病気の心』（*Mind in Disease*）のほうだろう。

ダーウィンと同じように、リンゼイは正気を失った人間、犯罪者、非西洋人、動物の心は似通っていると考える[10]。正気を失った人間は「歯で残忍に噛みつき」、概して「不潔」であることから見わけがつく。こうした人間の多くは「〝獣のように飲み食いし〟、生の肉を食いちぎり、水をぴちゃぴちゃと飲む。食べものを噛まずに飲み込み、肉食動物がするようにむさぼり食う」とリンゼイは書いている。また、人間といっしょにいるよりも動物と過ごすほうを好み、人間ではない仲間とコミュニケーションできる動物言語のようなものを習得しているという。「バードマン」として知られるイタリアの「愚者」は、片足でぴょんぴょん跳び、二本の腕を羽のように広げ、頭を腋の下に隠している、とリンゼイは指摘する。また、「脅えたり知らない人を見たりすると」チュンチュンとさえずるような声を出すという。

リンゼイは、狼に育てられたとされる「インドの狼少女」のような、野生化した子どもたちについても記している。[11] 彼はそうした子どもたちを、四本足で歩き、木にのぼり、夜に徘徊し、ぴちゃぴちゃと音を立てて水を飲み、食べものを口に入れる前ににおいを嗅ぎ、骨をかじり、服を着るのを拒み、言語や羞恥心、笑顔になる能力をもたないなどとし、精神異常者の亜型に分類した。彼より前の世代の物理学者と同様、リンゼイもまた、自分の患者たちを人間ではない動物と類似するものとして理解していた。

正気を失った人間は、ロンドンの有名なベスレム王立病院の動物たちとも比較された——そして同時にそのような扱いを受けた。[12] 院内でよく見られた混とん状態を表す「ベドラム」(bedlam)という言葉を連想させることから、のちにそう呼ばれるようになった病院だ。一七七〇年に病院側が一般大衆の訪問を禁止するまで、ベスレムは人気のある見世物だった。雄鶏のように一日じゅう奇声をあげる精神病患者を見物することは、院内やその周辺にはびこっていた売春などの他の気晴らしと相まって、格好のエンターテインメントと考えられていた。狂気の人間が群れをなすベスレムは、ほとんど当然のことながら正気の人間も収容していた。あまりに扱いづらく風変わりで、家族もどうすることもできないという理由でここに入れられた人たちだ。見世物用の動物と同様、どうにも手に負えない患者は、首や足が鎖で壁に固定され、裸のまま放置された。それほど多くの患者が奇妙な行動をしていたというだけでなく、病院が放つ異臭と残忍な状況からも、人々が彼らを見て犬小屋やサーカスを思い浮かべるようになったのも別段不思議ではない。時とともに状況は改善されたが、一八一一年にここを訪れた人によると、鎖と手錠はまだ使用されており、救い難い患者のなかには「野生の獣のように常に足かせがはめられたまま」の人もいたという。[13]

リンゼイが非常に興味深い人物なのは、彼もまたイギリスの別の精神病院の医官として働いていたにも関わらず、自身の研究対象を動物のようなふるまいをする頭のおかしい人間に限定しなかったからだ。それどころか彼は、動物そのものを「愚かな野獣」としてみることを否定していた。動物は〝自ら〟狂うことができると信じていたのだ。精神異常者のなかには、正気のイヌやウマよりももっと精神的に退化した人もいるとさえ確信していた。[14] ヴィクトリア朝時代の精神病分野の手引書ともいうべき『病気の心』のなかで、リンゼイは認知症や色情狂から妄想やメランコリーに至るまで、多くのかたちの動物の狂気を事実として仮定している。

リンゼイはさらに、動物は多くの種類の「傷ついた感情」と彼が名づけるものを示すとし、このテーマについていくつもの話をしている。あかちゃんを見捨てるよりも「自ら焼け死ぬ」ことを選んだコウノトリの母親や、悲しみの末「二度も水路のなかに身を投げようとしたが助かってしまい……とうとう食べものを口にしなくなった」ニューファンドランドなどの話だ。[15] このイヌは飼い主に叱られた上、儀式のようにハンカチで連打され、ついには看護師と飼い主の子どもたち（いつもの仲間）といっしょに部屋を出ようとした瞬間、目の前でドアをぴしゃりと閉められてしまった。イヌはその後まもなく死んだという。

これらすべてがリンゼイにとって価値ある研究過程だったのは、動物の狂気は人間の狂気と多くの点で似ているということを彼が確信していただけでなく、それが危険なことでもあったからだ。ウマや雄牛、イヌがもつ、彼の言う「精神的欠陥または精神障害」は非常に恐ろしいものに発展し得る。こうした動物たちの暴行や攻撃性の原因が、しばしば頭を悩ませる不可解なものであると同時に恐怖を引き起こすものでもあったのは、彼の時代には大都市でさえ非常にたくさんのウマやイヌ、畜牛が人間の近くで生活していたからだ。怒りが殺意に変わった雄牛や、蹴ったり足を踏み鳴らしたりといった欲求が抑えられないウマは、リンゼイが生きた時代、そしてそれ以降も、実際に公衆衛生上の危険とされていた。

希望の兆し

オリバーがアパートの窓から飛び降りた日の翌日、ジュードとわたしはワシントンD.C.に戻る朝一番の飛行機に乗り、そのまま動物病院へ直行した。獣医の助手がクリニックの裏手にわたしたちを案内し、こう言った。「あれほどの高さから落ちて助かったイヌは前代未聞です。獣医学部の学生たちにも見せたいと思って連れてきました」。助手は奥の壁に沿って並んでいるケージのほうへわたしたちを案内し、こう言った。足元がふらついてはいるが意識ははっきりしている、と。

オリバーはケージのなかの、かろうじてからだの向きが変えられるほどの小さな寝床に丸くなっていた。左前足の毛の一部がきれいな長方形に剃られ、鼻口部にはギザギザの切り傷と擦り傷の痕があった。

「ビースト!」とわたしは呼んだ。彼のニックネームだ。

オリバーは顔を上げ、ジュードとわたしをまっすぐに見つめた。きまり悪そうに尻尾をケージの床に打ちつけ、なんとか起き上がろうとしている。安堵と同時に自分の無力を感じた。金網越しでは撫でてやることもできない。

付き添ってくれた獣医が歩み寄り、少し話をしてもいいかと尋ねた。「希望の兆しは」と彼は切り出した。「痛みがひどすぎて、またすぐにアパートから飛び降りたりはしないだろうということです」。

オリバーは十七メートルも下のコンクリートに叩きつけられたが、病院の獣医と助手の全員が驚いたことに骨ひとつ折れていなかった。青あざができ、ひどい痛みで数週間は歩くことさえできないように見えたが、病院のスタッフは、きっと全快するでしょうと言ってくれた。少なくとも肉体的には。「シーツでスリングをつくって彼を階下《した》まで運び、数時間おきにトイレに行かせてください」と獣医は言った。「それから動物行動学の専門家に相談すると良いでしょう。バリアムを少しだけ差しあげますので、すぐにでも飲ませてあげてください。ただし、長期的な解決策にはなりませんが」

「では、長期的な解決策は何なのですか?」とわたしは尋ねた。

「アパートの一階に引っ越すことです」。彼はそう言って部屋を出た。

求めるべきものがわかっていたら、オリバーが窓から飛び降りる前に、その不安にじゅうぶん気づいてあげることができただろう。いま思い返すと、わたしは彼の苦悩に苦しみ、それによって自信を失いかけていたのだが、そもそも彼がどこまでのことをする能力があるかを完全に理解していたかどうか、自分でもわからない。

オリバーと過ごしはじめてから一年がゆっくりと経過するにつれ、ジュードとわたしは以前にも増して彼の奇妙な行動に気づくようになり、前の家族といっしょに暮らしていたときに何かトラウマになるような経験をしたのかもしれないと訝るようになった。彼の不安は、それが何時であっても、わたしたちが家を出る時間になると着実に増していく。それからよだれを垂らして感情をあらわにし、わたしたちが階下《した》に降りてゴミを出して戻ってくるだけでも、どんちゃん騒ぎのように興奮する。夜になると、いもしないハエを追い立てるようなしぐさをする。見えない虫のようなものに視線を向けながら、まるでポインターのようにそれを追いかけている。こうしているときのオリバーは、ある種のトランス状態に入っているように見え、チーズや肉片をあげても、愛情をかけても、見向きもしない。またドッグパークでも、どこか足手まといになっていった。次第に彼は、小さなダックスフントやらパグやらすべてのものに対して、まるで無人スナックさながらのイヌのブッフェか何かと思って近づいていくようになった。当時はまだ他のイヌに噛みついたことはなかったが、好奇心のそそられる仲間を見つけると、どんなに遠く離れていてもそれに向かって突進し、その大きなからだは相手のイヌを仰天させ、飼い主を恐怖に慄かせる。これは遊び心でやっているようには見えなかった。

さらにオリバーは、プラスチックやハンドタオルといった食べられないものを、さもおいしそうに食べることがあった。もう仔犬の年齢ではなかったので、ジュードとわたしはこの癖をひどく心配した。ある夜、オリバーが何時間も吐きつづけ、もう出すものがなくなるのを見届けたあと、夜遅くに彼を動物病院へ連れて行った。レントゲンを撮ると、病院のスタッフはオリバーの腸管下部に大きな異物があるのを発見した。

「外科手術しか方法はないでしょう」と獣医は言った。「でもひとまず、何か別のことを試してみましょう。あまり期待できませんがイヌ用の浣腸が効くかもしれません」

一時間後、助手が待合室に現れ、小さな茶色いプラスチックのアコーディオンのようなものを見せてくれた。「こんなことは初めてです」と助手は言った。「たぶん、未開封の〝ソルティン〟[塩ふりクラッカー]の箱でしょう」

オリバーはクラッカーの箱だけでなく、それが入っていたジップロックの袋まですべて飲み込んでしまった。プラスチックは腸管のなかで、胃液に漬けた楽器のようなものに圧縮されていた。

それから、濡れた肉球の問題もあった。ジュードとわたしが初期のころに気づいたびしょ濡れの足は、舐め癖によるものだということはすぐにわかった。オリバーは一度に何時間も、前足だけに集中して舐めつづける。食べものを変えてみたり、いつもとちがうシャンプーでからだを洗ってみたり、散歩のルートを変更したりなどいろいろなことを試したが、アレルギー症状ではないことがわかっただけで、すべての努力が水の泡となった。舐め癖はずっと続き、かつては毛がふさふさとしていた前足も、舌で舐めた部分だけ皮膚がむき出しになって血が滲み出ている。ときどき前足をあきらめて尻尾に集中すると、舐めた部分がパストラミビーフのように赤く腫れあがって傷口が開き、それが異臭を放つまでやめることなく噛んでは舐めてを繰り返す。獣医は、これは一種の強迫性行動だと言い、プラスチックのエリザベスカラーをつけるよう勧めた。ご多分にもれずオリバーもエリザベスカラーが大嫌いだった。最初は走って逃げようとした。イヌにしてみれば、それは視界の端に常にある、手の届かないところに立ちはだかる不快なものに思えるのだろう。家じゅうを逃げまわり、数歩走ると今度は不安そうにあたりをきょろきょろと見まわす。ところがどんなに速くあちこちへダッシュしても、エリザベスカラーは視界から消えない。さすがに申し訳ないような気がして、エリザベスカラーを外してあげた。

このころになると、オリバーの不安はわたしをいらいらさせるようになった。夕方の五時から六時までに家に戻らないと、枕やタオルをめちゃくちゃにされ、木枠が噛み砕かれることはわかっていた。床板をあまりに激しく引っ掻くので、巨大なシロアリといっしょに暮らしているも同然だった。午後は、散歩担当のドッグウォーカーを雇ったことで少しは楽になったが、問題の解決には至らず、ある午後、ドッグウォーカーが散歩のあとにオリバーをハウスに戻し、一時間ほど留守にしているあいだ、彼はクッションの詰め物を引っ掻いたり噛んだりして、びしょ濡れで粉々の状態にしてしまった。結局ジュードとわたしはスケジュールを調整し、どちらかが仕事で遅くまで帰れないときはもうひとりが早く家に帰れるようにした。わたしたちといっしょにいれば、ハエを追いかけたりドッグパークで獲物を追いかけたりする以外、オリバーは絵に描いたように静かだった。ひとりぼっちにされると、まさにトルネードそのものだった。

なぜそれがわかったかというと、彼をビデオに撮っていたからだ。ジュードとわたしは、破壊行為の大きさを測るこの新しいマグニチュード値が、日によって高いときと低いときがあるのはなぜかを知りたくて、ビデオカメラを借り、アパートの内部が映るようにセットしてから家を出ることにしたのだ。すると、オリバーに沈着の一線を越えさせる原因は、ひとりぼっちで取り残されること以外にもあること、そしてそれが激しい雷雨だということがわかった。このふたつが同時に起こると、まるでだれかが不安という名の手榴弾をアパートに投げ込んだかのような事態になる。オリバーは口から泡を吹き、うろうろと歩きまわり、震えながらベッドと壁のあいだのわずかな隙間に入り込み、落ち着いたかと思うと数秒後には起き上がり、その大きなからだをコーヒーテーブルの下に押し込もうとする。不運にも、夏になると一日おきに湿った空気が雷雨に発達し、わたしたちが帰宅する数時間前にそれがピークに達する。街の反対側にあるオフィスに座っていると、窓の外で稲妻が光り、わたしの胸にも雷が走るのを感じ、オリバーが家の奥で震えおののく毛の塊になっているのではないかと心配になる。

マーク・ドティは、そのすばらしい著書『ドッグイヤーズ』（*Dog Years*）のなかでこう書いている。「恋をしている状態というのは、言葉で言い表せないもののなかで最も一般的なものだ。これは外から経験できるものではないことはだれもが気がついているだろう……おそらく、動物を愛するという経験は、ほんとうのところ言葉にするのがもっと難しい。というのも、動物はわたしたちに言葉を返すことができないし、自分のことを説明することも、自分に対する人間の思い込みを正すこともできないからだ[16]」。オリバーのような動物の世話をすることは話し言葉を超えたところで展開されるが、これとまったく同様に、それは説明的な言語でもある。特にイヌは他の動物よりも、あらゆる方法でわたしたちを表現豊かにする。床の上をいっしょに転げまわったり、異種間同士のバスケットボールの練習のように興奮しながら左右に飛び跳ねたりなど、彼らは人間に自分と同じような行動をさせる。イヌはおしっこするのに適した場所で人間を立ち止まらせる。わたしたちを公園に行かせ、天気、崩れ落ちそうなゴミ、小動物の巣穴の入り口などに気づかせる。要するに、ともするとわたしたちが見落としてしまいそうなものに注意を向けさせてくれるのだ。

イヌはまた、関係性を図るのに適したバロメーターであり、互いにちらっと見るだけで通りすぎてしまったかもしれないふたりの人間を結びつける三角形の三つ目の角のような役割をしばしば果たす。オリバーも例外ではなかった。

オリバーの不安が増し、それとともに環境、運動、仲間、ルーティン、生活といったものに対する要求が増えてくると、ジュードとわたしのストレスはさらに大きくなった。しかもわたしたちは、実際にどんな環境やルーティンが重要なのかについて意見が合わなかった。ジュードは盲導犬を育てた経験があり、自信に満ちた穏やかなイヌを訓練することにかけては多くの知識があったが、わたしからすれば、オリバーの特異な部分に対する配慮が欠けているように思えた。彼は一度、自分の出張先にオリバーを連れて行き、その日、友人の家にオリバーをひとりで残したことがある——お気楽なイヌだったら何の問題もないことだっただろう。ところがオリバーは、リビングの窓から外に飛びだし（幸いにも一階だった）、その友人の家にいる二匹のイヌを連れだした。三匹が全員そろって戻ってきたのは、その数時間後だった。当然のことながらジュードは、オリバーがまた脱走するといけないので、もう友人の家にひとりで残すことはできないと思い、近所のペットホテルに連れていって、出張中の残りの数日間をそこで過ごさせた。ジュードとオリバーが出張から戻ると、わたしは、ひとりで取り残されることに対するオリバーの不安が悪化しただけなのを感じた。オリバーがアパートの窓から飛び降りたのは、その数週間後のことだった。

概してわたしたちふたりのうち、ジュードは「奴はイヌだよ。自分でどうにかできる」というタイプの人間だった。思い返してみると、どちらが正しかったのかはわからない。わたしたちはふたりとも、それぞれの方法で途方に暮れていたのだと思う。ところが当時のわたしは、ジュードをあまりに無情な人間と考えるようになっていた。そしてジュードのほうはわたしを、自分たちではどうにもならないことを心配するあまり時間とお金を使いすぎ、夫である自分を必要以上に非難する人間になってしまったと感じていた。わたしはと言えば、彼はオリバーに対する思いやりだけでなく、わたしに対する思いやりもないと感じはじめていた。わたしたちをつなぐリードはいまにも切れようとしていた。

人間以外の生きものの心に対するわたしの先入観もまた、ほつれようとしていた。突然オリバーのようなイヌ、オリバーのようになってしまいそうなあらゆるイヌのことが見えるようになった。それはまるで愛犬の危機が、イヌの不安で色づけられたメガネをわたしに与えたかのようだった。それでもわたしは、イヌは自分で自分のことをするのだと心に留めてはいたが、一方で彼らのことを、猛ダッシュしたり、ハアハアと息を切らしたり、舌をだらりと垂らしたり、丸くなったりといった行動につながる独自の感情の気象予報図をもつ個々の生きものとして見るようにもなっていた。この気象予報図は、奇妙な行動をイヌに強要することもある。人を当惑させるようなオリバーの行動について、公園やディナーパーティーにいる他のイヌの飼い主や、偶然出会った人、昔からの知り合いなどと話をするうちに、頭のなかで彼らの話が融合しはじめていた。

そしてわかったのは、ほとんどだれもがある時点で、情緒不安定な動物に出会った経験があり、大半の人がそれをだれかに話したがるということだ。過去六年間、さまざまな懇談会や集会に参加してきたが、どこへ行っても脇のほうへ連れだされ、ありとあらゆる動物の話を聞かされ、大いに楽しませてもらった。飼い主の左足の靴だけにおしっこをするネコ、ベッドの下に隠れてお腹の毛を全部むしりとってしまうネコ、アパートの窓から飛び降りるイヌ、一時停止の標識や叩く音のするものに強い恐怖感を示すイヌ、回し車から降りようとしないハムスター、野球帽や長髪の人に激しい執着を示すオウムなど、例を挙げればきりがない。

そもそもこうした経験は、人間の経験と〝実際に〟どれほど似通っているのだろうか？　たとえば、サルのうつ病と思われるものを人間のそれに当てはめて推測することは、霊長類同士は似ているところがたくさんあることから比較的容易にできるだろう。でも、その他の動物の感情経験についてはどうだろうか？　オリバーのようなイヌだったら？　ひとりで取り残されたときに彼が感じたことは、わたしが小さいころ友だちの家に泊りに行った夜、悪夢で目が覚め、最初の数分間、自分がどこにいるのか思いだせず、母親もいない状況で感じたあの恐怖と同じものだったのだろうか？

帰還と到着

過去四、五十年の動物の感情と行動に関する研究は、さまざまな方法で、動物と人間の感情経験には共通点があるというダーウィンと彼の主張へと向かう長く緩やかな科学的Uターンを示している。[17]　このUターンの基礎を築いたのが、ニコラス・ティンバーゲンやコンラート・ローレンツなどの研究者だ。一九三〇年代から六〇年代にかけて、鳥類と虫類の研究で名を馳せたティンバーゲンは著名な動物行動学者だった。ローレンツは同じころ、けんかをする魚やマザーグースのように自分のあとをついてくる鳥など、生まれつきの行動と学習された行動との比較実験をおこなった。彼らの研究は、動物の行動に対してよりいっそうデカルトに近い見方、すなわちそれを肉体から切り離された一連の反応と見る傾向のあるB・F・スキナーや、他の徹底的行動主義者らの研究に代わるものだった。翼のひとつをもぎとられてからというもの、食べものを拒否し、いつものようにヨチヨチと歩きまわることをやめてしまったガチョウを、ローレンツは抑うつ状態とまで表現した。[18]

こうした科学者やその仲間たちの研究は、現代のわたしたちが知っているような動物行動学という分野をつくりあげ、ジェーン・グドールなどの研究者に明瞭な道を示した。一九六〇年代、ナイジェリアのゴンベに住む表現豊かなチンパンジーが、その社会生活に自分を招き入れてくれたという話をグドールがしたことがきっかけとなって、動物がもつ能力に関する人々の意見は徐々に変わっていった。一九六二年に出版されたレイチェル・カーソンの『沈黙の春』(*Silent Spring*)のような書物も新しい環境運動を活気づけ、動物の心や感情、同族関係の認識に数十年にわたるブームを巻き起こすきっかけをつくることになった。

一九七六年、動物学者のドナルド・グリフィンが『動物に心があるか——心的体験の進化的連続性』(*The Question of Animal Awareness*)を発表し、動物にも意識的な心があることを事実として仮定したとき、この大変化は次第に勢力を増していった。それは、ザトウクジラの歌を録音し、それを本能的で機械的ではなくミュージシャンのような歌にしたロバート・ペインとスコット・マクヴェィの研究や、ダイアン・フォッシーがルワンダでおこなったゴリラの研究、シンシア・モス、ジョイス・プール、ケイティ・ペインらによる七〇年、八〇年、九〇年代のアフリカにおける意識、感情、およびコミュニケーション能力をもつ生きものの研究などにもあと押しされた。こうしたすべてが示唆しているのは、デカルトだけが犬小屋にいて、当のイヌはみな去ってしまったような状況だ。

神経科学者のヤーク・パンクセップは、ワシントン州立大学の獣医学部、ベイリー動物福祉科学寄附研究部門を受けもっている。[19] また、ボーリンググリーン州立大学の卓越した心理学名誉研究教授であり、ノースウェスタン大学の分子治療学フォークセンターの情動神経科学研究長も務めている。そしてもうひとつ、「ラットのくすぐり屋」という少しくだけた肩書きももっている。わたしが大好きなユーチューブの動画は、太ったラットたちが入っているふたのないケージにパンクセップ教授が手を入れてかき回し、くすぐられたラットが転げ回っている映像だ。[20]「この変換器はコウモリ探知機と呼ばれるもので、わたしたちの可聴範囲に非常に高周波の音を届かせることができます」。明らかに楽しげにチュウチュウ言っているラットのほうへカメラがパンしたとき、教授はそう語る。「これを作動させて聞いてみると、動物をくすぐったときに笑いともとれるような非常にたくさんの音声活動を生成することができたのです」。ラットがこれと同じ音声を発するのは、交尾するとき、食べものがもらえそうなとき、母乳を分泌する母親があかちゃんと再会したとき、そしてとりわけ、二匹の仲良しのラットがいっしょに楽しく遊んでいるときだ。怖がっていたりけんかしていたり、他のラットとの争いに負けたりしたときは、やはりこれも人間には聞こえないまったく別の音声を発する。あかちゃんのラットは、置き去りにされたときや母親のもとから離れているときに、これと同じ音を出す。パンクセップは、幸せな音声はほぼ人間の笑いに対応し、低い音声は苦しみや心理的苦痛の現れだと考える。つまり人間のうめき声のようなものだ。[21]

ローダー・リンゼイと同様、パンクセップも精神病院でそのキャリアを積んだ。大学最後のサマープログラムの一環として、ピッツバーグ大学病院の精神医学チームの夜間職員の職を得た。この仕事のおかげで彼は、クッション壁の独房に収容された比較的軽度の問題を抱える患者から、最も暴力的で精神疾患の激しい患者まで、ひとりひとりの患者と向き合う時間を得ることができた。自由時間には彼らの経歴を読んだり、一九六〇年代に手に入るようになった精神科の薬に患者がどのような反応を示すかを見守ったりすることに費やした。「大学四年も終わりに近づくにつれて、人間の心、特に感情というものがいったいなぜ、外の世界で幸せな生活を送る能力を徹底的に失ってしまうほど不安定になり得るのかを理解したいと考えるようになった」と彼は書いている。[22] そして臨床精神科医となり、最終的には感情状態の真相を探る神経科学者となった。

数十年の研究を経て、パンクセップは、例えばオリバーの脳からくすぐったがりのマウスの脳まで、ほとんどの動物の脳は夢を見たり、食べることに喜びを感じたり、怒りや恐れ、愛や性欲、悲しみや母親からの愛、ふざける心、自己認識などの感情能力をもつ可能性が高いと確信した。それは四十年前にははなはだ非科学的と思われていた主張だ。パンクセップは、人間の大脳新皮質とその膨大な認識能力が出現するずっと前から、感情能力は哺乳類のなかで進化していたと信じる。これはすべての動物、いやすべての哺乳類の感情が同じだということを意味するのではないと、彼は注意深く指摘する。そしてそれが複雑な認識能力ということになれば、他のすべての動物の脳は人間の脳の足元にも及ばないと考える。しかし彼は、動物もわたしたち人間にはない多くの特別な能力をもち、これが心の状態にまで及ぶ可能性があるということは確信している。たとえばラットはより優れた嗅覚をもち、ワシは感動的なまでの視力をもち、イルカは視界、音、ソナー、感触を通じて世界を感知することができる。こうした能力は動物のさまざまな感覚的、認知的経験に関連するより多くのさまざまな感情につながる可能性がある。パンクセップは、たとえばウサギは恐怖に対して他と異なり感受性が高いのに対し、ネコは攻撃性や怒りに対してより感受性が高いと考えている。[23]

認知動物行動学者のマーク・ベコフは過去十五年間、思いやりの心をもつチンパンジーから自責の念を抱くハイエナまで、多くの種類の動物の感情に関する学説を発表してきた。霊長類学者のフランス・

ドゥ・ヴァールは、ボノボや他の霊長類に見られる利他主義、共感、倫理観について書いている。最近になって爆発的に増加しているイヌに関する研究は、飼い主の感情を反映する能力について詳細に調査しており、[24] 群れのあかちゃんが死んでしまったあとのヒヒのホルモンの急激な変化に関する研究では、母親の体内における数ヶ月にわたるグルココルチコイド・ストレスホルモンの急上昇、すなわち長期にわたる深い悲しみのプロセスへ向かう化学的急増を明らかにしている。[25] 最近の数多くの研究には、わたしたちに一番近い同族動物の範囲をはるかに超え、ミツバチやタコ、ニワトリ、ミバエに至るまでが感情能力をもつ可能性があると主張するものもある。[26] こうした研究結果は、動物の心に関する議論を「彼らは何かを感じることができるか?」から「彼らはどんな感情をもち、それはなぜなのか?」という疑問へと変えつつある。[27]

おそらくこれは、それほど驚くべきことではないはずだ。神経学者アントニオ・ダマシオが言っているように、感情は動物の社会的行動に必要な一部なのだ。[28] 意識していようといまいと、感情はわたしたちの行動を導き、わたしたちを危険から守り、楽しみを見いだし、痛みを避け、正当な仲間たちとの絆を深める手助けをする。たとえばイルカとオウムはいずれも、仲間を失ったあと、人間の悲しみや憂うつと似た症状を見せることがある。食べものが目に入らなかったり、仲間と遊ぶことを避けようとしたりする。イヌをはじめとする他の社会的動物も、しばしば同じようなことをする。こうした感情は、非常に有用な進化的プロセス、すなわち、自分を守り、食べものを与え、いっしょに遊び、毛づくろいをし、ともに狩りをしたり食糧を探し回ったりする他者、さもなければ自分の生活をより楽しく、生産的にしてくれる他者への愛着からくる。感情状態というものは、動物の感情表現が示しているように、他の仲間と協力して穴を掘るプレイリードッグだろうと、仕事からの帰宅途中でどちらが夕食を買って帰るかパートナーと交渉する忙しいヒトだろうと有益である。

ロリ・マリノはエモリー大学の神経科学・行動生物学プログラムの上級講師で、霊長類、イルカ、クジラの知性と脳の発達を数十年にわたって調査しつづけている。また、イルカの認知に関する重要な研究にも携わっており、ダイアナ・ライスとともに、イルカは鏡に映る自分を認識することができることを証明した。「感情は――選択の対象ではあるが――心理学で最も古い部分のひとつで、原初の動物にも備わっていたと思います」とマリノは語る。[29]「というのも感情がなかったら、個体は行動することも決断することもできず、この行動や決断こそがまさに生存への鍵となるからです。もちろん、感情のなかには基本的なものもあれば、認知プロセスと結びついているものもあります。つまり複雑なものもあれば、そうでないものもあるということです。でも、どんな動物にも感情はあります」

動物行動学者のジョナサン・バルコムは、感情と意識は互いに助け合う関係にあるため、両者はともに進化していくと考える。[30]こんにち、研究者らは人間以外の動物にも意識があるかどうかではなく、〝どの程度〟まで意識があるかについての議論を交わしている。最近の研究は、意識は人間や猿人類、哺乳類、そしておそらくは脊椎動物だけに限られたものではないことを証明しようとしている。こうした動物の一部は、認知および行動に関する実験の文脈では自意識をもつことも示されている。つまりこれらの動物は、他の動物や自分と同じ環境にいる他者から独立した存在として自己を認識できるということだ。鏡像認知テストは動物の認知研究の常套手段である。これは動物のからだに何か印をつけたり、毛を染めたりして、鏡を彼らの目の前に置くというテストだ。動物が鏡を見ながら、統計的に有意な方法で自分のからだにつけられた印に触れれば、その動物は自己認識ができているということになる。動物が、以前はそこになかった新しい印を探りだす道具として鏡を利用しているということであり、これによって、自分は鏡のなかにいる存在と同じだと認識していることが証明されるのではないかと研究者は考えたのだ。

これを執筆している時点で、こうした方法で自己認識できることが証明されている動物は、チンパンジー、オランウータン、ゾウ、シャチ、ベルーガ、バンドウイルカ、カササギ、そしてヒトだけだが、いずれも二歳以上に限られる。[31]ブタに実験を試みたこともあるが、結論の出ないままに終わった。あるブタは、鏡に映る食べものをとろうとして、鏡のうしろ側を見た。白ヨウムは食器棚のなかの食べものを探す道具として鏡を使ったが、自分自身を認識しているかどうかは明らかではなかった。こうした実験は役には立つが、どの動物が鏡に映る自分を見ることに〝関心を示す〟かを証明するに過ぎない。自己認識できる動物の実際のリストは、きっともっと長いものになるのだろう。たとえば白ヨウムは自分が自分を見ていることを知っていた可能性はあるが、それよりも鏡はおやつを探すためのツールとして便利だという発見のほうが大きかったのかもしれない。自分がどう見えるかを気にしないということは、自分がどう見えるかを〝知らない〟ということと同じではないのだ。

二〇一二年、著名な神経解剖学者、認知神経科学者、神経生理学者らが「意識に関するケンブリッジ宣言」を発表した。[32]この宣言は哺乳類や鳥類だけでなく、タコなどの頭足動物をも含む多くの動物は、感情経験能力をもつ意識的な生物だという論をはっきりと確立しようとするものだった。この宣言の著者らは、動物における収束進化は、たとえ皮質をもたなくても、またヒトの大脳新皮質ほど複雑ではないとしても、多くの生きものに感情経験能力を与えると論じている。

ところが、意識に関する表明や新しい研究の隆盛にも関わらず、動物の感情と感覚をとりまく論争は依然として活況を呈している。動物の認知、感情、知性について調査する研究者は、人間以外の動物にはどんな能力があるかということだけでなく、それらを評価する最善の方法は何かということについてもしばしば意見を異にする。感情神経科学、または情動の神経科学という急成長する分野も、いまだこのトピックをわかりやすいものにはしていない。それぱかりか、むしろもっと複雑なものにしている。世界トップクラスの研究機関の多くに籍を置く神経科学者、行動学者、心理学者は、わたしたちがどのように感情を処理し、他の動物たちとどれほどの感情の共通点があり、それは〝実際に〟どんな感情なのかということについてまで、それぞれ異なる理論をもっている。

博物学者、心理学者、精神科医から倫理学者、神経科学者、哲学者に至るだれもが、数世紀にわたって調査や研究を繰り返してきたにも関わらず、感情や意識の普遍的定義というものはいまだ存在しない。(33)前述のように、多くの研究者は動物も恐れや楽しさといった感情をもつ能力があるという点で意見を同じくしている。しかしながら神経科学者のヤーク・パンクセップが主張しているように、動物がこれよりもっと多くの経験をしている可能性はじゅうぶんにある。たとえば、花のなかに特に心地よい紫外線パターンを見たときにミツバチは何を感じているか？　長く会えずにいた仲間からソナーのピーという音を感知したときのイルカの感情はどのようなものか？　肌の色を突然ぱっと変えるときのタコの感情はどんなものなのか？　他の動物にはわたしたちとは異なる生理学上の経験があり、これらは彼ら自身の感情経験から来ると思われる。こうしたことからも、有限のリストをつくるのは難しい。普遍的な人間の感情についてさえ意見の一致が見られないからだ。心理学者ポール・エクマンは、人間の「基本的」感情――怒り、恐れ、悲しみ、楽しみ、嫌悪、驚き――と彼が呼ぶものの非常に有名なリストを編みだした。[34] ところが、興奮、羞恥、畏怖、安堵、嫉妬、愛、喜びといった感情についてはどうだろうか？　こうした複雑な心の状態のすべてを経験という買いものリストにまとめようとすることは、特にわたしたちはいま、それがどれほど役立つかを知っているがゆえに的外れだと言えるだろう。

感情状態が他の動物の行動にも存在すると考えるとき、わたしたち人間は注意が必要だ。数年前の冬、ボストンの家の近くにある金属製のゴミ箱のなかに、フクロネズミが水浸しになってうずくまっているのを見つけた。寒い朝だった。前を通りすぎようとすると、何かをひっかくような音が聞こえた。メスのフクロネズミが小さな段ボール片の下で身を丸くしていた。前の晩にここへ落ちて、つるつると滑るゴミ箱の壁をよじのぼってなんとか外に出ようとしたのだろう。でも、わたしがゴミ箱のなかを覗いたとき、このネズミはどんな気もちがしただろう？　ふさふさの帽子をかぶり、人間の言葉で甘くささやきかける巨大な人影が朝陽を背に立っている。フクロネズミはわたしが怖かったから段ボール片の下に隠れたのだし、段ボールの下に隠れたのだからわたしのことを恐れていたということもわかる、と結論づけたい衝動に駆られる。この手の循環する推論は陥りがちな罠だ。[35] フクロネズミの心の状態をその行動から解釈することは、わたしたちがこの特定のフクロネズミの自然な成長と、おそらくはそのネズミ自身の過去の経験を知っていれば、はるかに正確なものになったはずだ（たとえばこのネズミはいつもこういうことをしていたのか？　段ボールや人間が出すゴミに目がなかったのか？　野生生物のリハビリ療法士に育てられたから人間がそれほど怖くなかったのか？　など）。その行動が正常だろうと異常だろうと、個々の動物を知ることによって何らかの利点があるからこそ、これほど多くの人間が動物の生活の感情的側面をまずは自分自身のペットから学ぶのだ。わたしたちは多くの時間をイヌやネコといっしょに過ごすことで、種としてのレベルではなく個々の生きものとして彼らを知るようになる。オリバーの恐れや不安、衝動強迫がわたしだけにわかったのは、彼が怖がっていないとき、不安を感じていないとき、強迫観念にとらわれていないときのことをわたしは知っているからだ。たとえば、彼がわたしから隠れるのは怖がっているからではない。わたしといっしょにかくれんぼをしているからだ。

オリバーの不穏な行動がますます激化し、夜な夜な、飽きることなく前足を舐めつづけたり、ひとりっきりで取り残されることに半狂乱になるほどの不安を覚えたりといったようすを見るたびに、彼の頭のなかで何が起こっているのかわからず、頭を悩ませた。他の多くの動物と同じように、オリバーは柔い毛で覆われた謎そのものだった。とはいえ、彼が実際に考えていることの特異な点を発見することは、彼を助けるということからすればそれほど重要ではなかった。血がにじみ出た、オリバーが自らつくった傷と、それを悪化させないようにしてあげることのできないわたし自身のふがいなさ、この現実だけで、彼がどれほど自分を傷つけることに夢中になっていたかがよくわかったからだ。特に調子の悪かったある夜、オリバーは尻尾のつけ根をがりがりと噛み、ついには毛の抜けた部分がテニスボールほどの大きさになってしまった。それでも彼は、さらに別の部分にも同じことをしようと、尻尾ではなく今度は別の足を舐めはじめ、やはりここも同じように毛がなくなって傷ができた。オリバーがなぜこんなことをするのか、その理由こそ、わたしが知らなかったことであり、だれにも知り得ないかもしれないことを恐れていたことだった。それでもわたしは、その理由を突き止めたかった。

不安、アルツハイマー、その他の動物の問題

わたしが最初にオリバーの心を理解するための助けを求めたのは、フィル・ウェインスタインという名の医師だった。神経外科医協会の名誉会長で、UCSF（カリフォルニア大学サンフランシスコ校）の神経外科学教授だったフィルは、この大学のたくさんの学生を前に教鞭をとり、脊髄損傷を治療する数多くの神経外科医の先駆けだった。また毎朝毎晩、妻のジルといっしょに十六歳になるオーストラリアンシェパードのアルフを散歩に連れていく。アルフは独立心があり、思いやりに溢れ、訪問客の股に思いきり顔をうずめてくる。リードにつながれるという屈辱に抗いつづけ、実際それを必要としたことは一度もなかった。何年ものあいだ、散歩の行きと帰りに近所の道路をわたるときは一時停止して左右を確認するし、フィルやジルから遠く離れたところを歩きまわるようなことはせず、常に自分の飼い主がしかるべき場所にいることを確認しに戻ってくる。座っているときは、からだの前方で前足を折り曲げ、周りの人間の話が聞こえるように顔を上向きにしている。ある秋の朝、フィルとわたしがキッチンに座って話をしていると、アルフが急いで部屋のなかに入ってきて足を止め、次の瞬間には明らかに混乱したようすであたりをきょろきょろと見まわした。そして、そもそもなぜこの部屋に入ってきたのかさえ忘れてしまったかのように、大きく円を描きながら回りはじめた。フィルは最近、イヌのアルツハイマー型認知症を発症したとフィルは教えてくれた。

この病気は、行動面では老いたイヌも人間も似たような症状が現れる[36]。次第に混乱し、慣れ親しんでいたものが無縁のもの、恐ろしいものとなり、以前よりも不平が多くなったり、いらいらしやすくなっ

たり、いつのまにかなじみの郵便屋さんがだれだかわからなくなったり、骨のおもちゃや鍵をどこに置いたか忘れてしまったりする。生理学的にも類似点があり、この病気にかかると最終的には神経細胞が死んで組織が失われる。しかしそのダメージの広がりかたは、イヌと人間では少し異なる。人間では、皮質と脳の海馬が収縮し、異常タンパク質の塊が神経細胞のあいだに形成されることで、精神年齢が過去の自分に戻ってしまう。イヌは人間より寿命が短いので、混乱やその他の認知症の兆候を引き起こす損傷は人間よりも進行が遅い。つまり、異常タンパク質の塊が人間と同じような状態まで形成される時間がないということだ。そのかわり、イヌのアルツハイマーは脳に血液を送る動脈の硬化と狭窄に起因していると見られる。[37] 酸素と栄養が欠乏した脳は萎んで小さくなる。こうした類似点があるため、最近になって認知症のイヌを使って、酸化防止剤を多く含む食事がイヌとヒト両種の認知機能に与える影響を理解しようとする研究がいくつかおこなわれている。おそらくそのうちに、獣医はイヌの飼い主に、ペットフードのなかにブルーベリーと葉物野菜を加えるよう強く勧めるようになるだろう。また、ちょうど人間のお年寄りがクロスワードパズルをしたり新しい言語を習ったりして認知症に歯止めをかけることが推奨されているように、老犬にも何か新しいことをさせる訓練をするといったオプションも存在する。

アルフが忙しく円を描いて回るのをフィルが阻止しようとするのを見ながら、他にも考えられる類似性があるか――つまり、わたしの不安症とオリバーの不安症はどれほど似ている可能性があるかと彼に尋ねた。

「そうした反応に関わる根本的な脳の構造には、それほど大きなちがいはありません」とフィルは言う。そして、動物種全般に精神状態の基本的な神経系ハードウェアが存在し、これらの類似性には機能不全の可能性も伴うと説明した。

恐怖と恐怖への反応について学ぶことは、恐れを引き起こす特定の引き金に関する情報を、感情的反応と行動を決定する脳の領域へ送る神経経路を知ることにも関わってくる。[38] こうした反応や行動には、震えや逃避、自己防御、そしてオリバーのように窓から飛び降りたり、木製のドアをガリガリかじろうとしたりといったことが考えられる。

これらの神経系のプロセスは、鳥や爬虫類に至るまで、ほとんどすべての種で似たように作用する。つまり恐怖反応は、たとえば小説を書いたりクロスワードパズルを解いたりといった、人間に特有の認知的な行動の達成を可能にする脳の領域――大脳新皮質の前頭葉、側頭葉、頭頂葉――によって調整されているわけではないということだ。人間やその他の猿人類だけでなく、クジラ、イルカ、ゾウなどにもある、この高度に発達した灰白質の皺の寄った層は、複雑な認知プロセスが調整する役割を果たしている。しかし恐怖や不安に対するわたしたちの反応は、ほとんどの脊椎動物と、おそらくその他の生きものにも共通する脳の皮質下の領域から起こると思われる。複雑な思考ができる動物は、認識された危険だろうと実在する危険だろうと、ひとたびそれを感知すると危険に対してより繊細で協調的な反応を示すことができる。人間や知力の高い動物は、綿密な逃亡計画を企てることもできれば、わたしたちを扇動したり怖がらせたりするあらゆるものについて洗練された考えを発展させることができる。ところが不安や恐怖の〝感情的な〟経験は、知性に関わらず類似している可能性があるのだ。

こうした類似性こそ、一世紀以上ものあいだ、人間のための治療法を開発するのに人間以外の動物が神経生理学研究の対象として使われてきた理由のひとつだ。一九三〇年代半ば、イエール大学の神経生理学者ジョン・フルトンは、ベッキーとルーシーという名の不安と怒りを抱えた二匹のチンパンジーに対して、初めて前頭葉切除術をおこなった。[39] フルトンの報告によると、手術後、特にベッキーが「幸福のカルト教団」の仲間入りをしたかのように見えたという。この結果に刺激を受けた他の研究者らは、この外科手術を人間にも試してみようと考えた。人間以外の生きものへの電気「ショック」療法が初めて、動物の統合失調症の治療としてではなく、人間にこの療法をおこなった場合の安全な電圧レベルを決定するために開発された。イタリアの研究者らはイヌを使ってけいれん誘発テストをおこなったり、一九三七年には、喉元を切る前に動物に衝撃を与えて気絶させるというローマの豚の屠殺場を視察するなどした。すぐに殺されないブタはけいれんのような発作を経験するのだが、研究者らは、これが人間の精神病患者の治療に役立つのではないかと期待した。一九三八年になると、エンリコXとして知られるある統合失調症の男性に八十ボルトの電気ショックが与えられ、男は動けなくなり、顔が青ざめ、奇妙なことに歌いはじめたという。さらに二回ショックを加えると、明瞭なイタリア語で「さあ、見てください！　今度は殺人です！」と叫んだ。[40] それから数年のうちに、電気ショック療法（ECT）はスイスに始まり、のちにドイツ、フランス、イギリス、ラテンアメリカ、そして最後にアメリカ合衆国へ浸透し、精神医学界を牛耳るようになった。一九四七年には、アメリカの精神病院の九十％が、患者に何らかのかたちのECTを使用していたという。[41]

わたしは、しつけ用の首輪をつけられたイヌもECTの一種と解釈できるかとフィルに尋ねた。彼は笑ったが、自分がこれまで観察してきた精神外科手術のなかには、動物にも効果のありそうなものがあったと教えてくれた。「人間の最も一般的な精神疾患の多くは、不適切な恐怖や不安の反応に関係したものです。恐怖や不安を感じる必要がないような状況でそれらの感情を抱くことがある動物は、どうやら人間だけではなさそうです。他の動物が強迫性障害（ＯＣＤ）やその他の形態の精神病を発展させる可能性もじゅうぶんに考えられます」。たとえば、神経外科医が極度のＯＣＤを患う人間に治療を施す場合、脳組織の小さな一部分を破壊する。手術中、患者には意識があり、外科医は手を洗えとか、鍵をチェックしろなどという命令を発したくなる欲求を抱かせる領域を刺激しながら、対応する組織の先端を少しだけ焼灼していく。ＯＣＤ症状は多くの場合、術後に軽減する。[42] 強迫的に前足を舐めたり、自分の尻尾を追いかけたりするイヌにこの手術を施そうとした人はいないが、ぜひそうするべきなのかもしれない。

とはいえ、こうした手術はオリバーのような動物には難しいだろう。というのも外科医は、オリバーに前足を舐めたいかどうか尋ね、それから対応する脳の領域を焼灼するようなことはできないだろうから。動物の精神衛生の多くはこんなものだ。つまり、わたしたちは彼らが何を感じているかを決定的に知ることはできないのだ。動物の感情の神経生理学を研究することは、彼らが怖がるような行動をとっていたり、快楽を経験しているように見えたりするときに、動物の脳にある神経回路網の燃焼をマッピングするなどの限定された方法でしかできない。最近おこなわれている、イヌが飼い主と再会したり食べものを発見したりしたときの情報を画像化する核磁気共鳴画像法（ＭＲＩ）は、こうしたポジティブな感情経験を処理する神経回路網が動物と人間では似通っていることを示している。[43]

しかし、ほとんどの動物はこうした感情経験をわたしたちに説明することはできないし、たとえできたとしても（たとえば手話をするサルや言葉を話すオウムなど）、これはかならずしも、彼らが実際に経験していることを正確に示しているとは限らない。自分の感情的反応や気もちを尋ねられても説明できない、または説明しようとしない人間にも似たようなことが言える。激しい心臓の鼓動、汗ばむ手のひら、良いまたは悪い感情の高まりを理解しようとする複雑なプロセスは、多くの心理療法や心理分析を補うものである。わたしたちは常に、何かを感じているときに自分が何を感じているかを〝知らない〟だけだ。にも関わらず、動物の感情について知識や経験に裏づけられた推測をすることは、特にそれが結果として動物の精神衛生を回復することができるとすれば、とても大きな価値がある。たとえばフィルが言うように、恐怖と不安は、からだを衰弱させるほどの恐怖症から心的外傷後ストレス障害（PTSD）に至るまで、人間の精神疾患の大部分で起こるということをわたしたちは知っている。米公衆衛生局の最近の概算によると、薬物やアルコール依存関連以外のアメリカ合衆国の精神的問題の半数は、不安障害で構成されているという[44]。これには恐怖症、パニック障害、PTSD、強迫性障害、その他全般性不安障害などが含まれる。

人間の精神疾患の基礎となる生理学的プロセスを理解しようとする研究者に、ジョゼフ・ルドゥーという人物がいる。ニューヨーク大学の新スキナー学派ともいうべき神経生理学者だ（「感情分野の再活性化」に関する研究では、アメリカ心理学会の「科学的貢献に対する功労賞」を受賞した）。また、脳の感情的記憶と関係のあるアーモンド形のニューロン群、別名アミグダラ（扁桃体）にちなんだ「アミグダロイド」という名のロックバンドでも活動している。ルドゥーは『エモーショナル・ブレイン――情動の脳科学』（*The Emotional Brain*）や『シナプスが人格をつくる』（*Synaptic Self*）などの本の著者で、脳における情動記憶、特にトラウマ的な記憶の処理と保存についての研究をおこなっている。

ニューヨーク大学にあるルドゥーの研究室には、小さなフェルトでできた枝角をもつ、クリスマスエルフさながらに着飾った一匹のモルモットに関する新聞の切り抜きが貼られている。また、「ラット――ペストからペットへ」と題された黄ばんだ新聞記事や、スヌーピーが傷心について語っているピーナッツの漫画もある。本棚には、『極度の羞恥心と社会恐怖症』（*Extreme Shyness and Social Phobia*）、『動物の行動における見解』（*Readings in Animal Behavior*）、『われわれが知っているストレスの終焉』（*The End of Stress as We Know It*）といったタイトルがずらりと並んでいる。また神経科学の教本や認知科学の専門辞典、ダーウィンの『人及び動物の表情について』などの本もある。

彼の著書に記された人間の脳についての洞察や数多くの雑誌記事は、げっ歯類に関する三十年以上にわたる研究に基づいている。研究所での最近の実験は、扁桃体におけるノルアドレナリン系の理解に焦点が当てられている。この研究が示しているとおり、脳のなかで調整されている伝達物質（ノルエピネフリンなど）のレベルが変化すると、人間にPTSDのような不安障害を引き起こす記憶が、最終的に心的外傷に発展するか否かを決定する場合がある。[45]

ルドゥーは人間ではなくネズミやラットの研究をしているため、自分のことを、世界の恐怖研究の優れたエキスパートというだけでなく、〝ラットの〟恐怖研究のエキスパートでもあると考えるほうがしっくりいくかどうか彼に尋ねてみた。すると彼は、げっ歯類を対象にするか人間を対象にするかと問うこと自体、的外れだと言った。ラットを最適な研究対象の動物にしているのは「ラットのラット特有の部分ではありません」と彼は言う。[46]「それはラットの扁桃体なのです。わたしたち人間のものと非常によく似ていますから」

感情は、人間が考えているように言語の産物だとルドゥーは信じている。[47]他の動物にも感情はあるかもしれないが、それを知ることはできないし、それが彼の研究目的ではないという。

自分がどう感じているかを説明する方法はわたしたちの種に特有のものであり、言語や文化、個々の脳内化学物質、そして何が楽しくて何に満足できて、何に恐怖を感じるかというわたしたちそれぞれが学んだ経験によって条件づけられているという点でルドゥーは正しい。これは個々のレベルにおいても真実である。たとえば、旧式の木製ローラーコースターはわたしを死ぬほど怖がらせるが、ヘリコプターから飛び降りて負傷したハイカーを救助したり、自動車事故から人を引きずり出したりといったことをしている消防署の救急医療隊員の私の兄にとっては、木製ローラーコースターは退屈に思える。パンクセップのような神経科学者が述べているように、わたしたちがこうした感覚や経験を説明するために言語を使用しているからといって、感情は人間だけに限られたものだということではない。そしてそれらはまさに、個々によって異なる。わたしの兄がイヌだったら、おそらくタクシーで移動するよりも、ピックアップトラックの荷台に乗っているほうが好きだろう。たとえそれが高速道路であっても。他の動物が何を感じているかを知ることはできないが、それは彼らが感情をもたないことの証明にはならない。要は、わたしたち自身の感情のすべてを彼らの感情に投影することなく、彼らが何を経験しているかを理解しようとすることが大切なのだ。

前回ルドゥーの研究室を訪ねたとき、ラットやネズミを実験に使うことによって、実際のものだろうと想像だろうと、動物がどのように危険について学び、それに反応するかを詳細にマッピングすることができると彼は話してくれた。とはいえ、ルドゥーとわたしが意見を異にするのは、ラットの恐怖に関する彼の研究によって、ラットが恐怖や不安障害を発症していることを証明できるかどうかについてだ。恐怖とストレスがラットの行動をどのように変えるかを発見するには、その自然の生息地にいる動物を観察しなければならないと彼は言ったはずだ。それなのに、ルドゥーの研究は、実験室での科学的な研究を可能にするために、ラットの行動のある側面を変えてしまうほどの恐怖を彼らに与えている。こうした行動が彼らの日常生活（実験用げっ歯類の相対的概念）を中断してしまうほどの頻度と強さで起これば、それは人間における精神疾患の定義と一致する。たとえば、食べものや、檻のなかにいる他の仲間と楽しく遊ぶことへの興味を失わせるほど長い時間ショック状態を経験させられたラットは、げっ歯類版の誘発性うつ病や、抑うつ症に似た状態を示すことがある。[48] それが極度に達した状態が、心理学者のマーティン・セリグマンとスティーヴン・マイヤーが一九六七年に発表した造語、「学習性無力感」と考えられる。研究者らは、あるグループのイヌにショックを与え、自分たちができることは低い柵を乗り越えて助かることしかないというときに、痛みから抜けだしたり、それに反応したりするエネルギーを奮い起こすことすらできなくなるまでの無関心状態にさせた。イヌはただあきらめ、運命に身を任せたのだ。[49] セリグマンは、自分でコントロールできないような酷い状況に陥っている人間にも、これと同じものを見ている。「こうした制御不可能なできごとは生命体を弱体化させる」と彼は書いている。[50]「これらはトラウマを前にすると受動性を生成し、反応すればなんらかの効果があるということを学ぶことができなくなり、動物には感情的ストレスを、人間にはうつ病の可能性を生みだす」

ルドゥーが人間とラットのうつ病を同一視することを憚るのは、擬人化を恐れているからだ（自分のネコが幸せそうなときがわかる、と話してくれたのにも関わらず、だ）。他の動物の精神生活を理解しようとする二十世紀全般にわたるあらゆる試みの背後にかくれた重いリードのように、擬人化は不快なものであり、恐れられてもいた。B・F・スキナーのような徹底的行動主義者や比較心理学者、生態学者、そして多くの動物行動学者は、動物を感傷的に考えることに警告を鳴らし、動物の感情に関するダーウィンの考えかたを拒絶し、彼らが標準以下の科学とみなすものをもみ消そうとした。実験動物が世界じゅうの研究所で、人間の精神生物学的現象のモデルとして活躍していたという事実にも関わらず、擬人化は長いあいだ、行動科学の世界ではタブーとなっていた。

とはいっても、この擬人化という慣行をすっかり捨て去ることができた人はだれもいない。年間何百万もの人々が、シェフの帽子や水泳パンツを身につけて、料理をしたり車の運転をしたりしながら人間のように喋る動物が出てくる映画を鑑賞している。人間の道徳観を教える動物の寓話を子どもたちに読んで聞かせることもあれば、多くのペットオーナーが恥ずかしくて人に言えないひそかな喜びは、自分のネコやイヌに話しかけることだったりする。数ヶ月前、よだれを垂らしながら興奮を隠しきれないペットのスパニエルの首元を掴んで、玄関先で友人に挨拶している男性を目撃した。「スプーキーは君に会えて嬉しくてしかたがないんだ」と男は訪問客に言った。「そうだよな、スプーキー？」彼は声を低めてこう続ける。「そうだよー、ボクは初めての人がだーい好きなんだ！」

擬人化が頑なになくならないのには理由がある。擬人化それ自体は何の問題もない。実際、動物について人間が考えることはすべて、ある意味で擬人化されている。というのも、そう考えているのはわたしたち人間だからだ。難しいのは、どううまく擬人化するかだ。イルカのコミュニケーションと認知能力について三十年以上も研究を続ける心理学者であり認知の研究家でもあるダイアナ・ライスは、〝人間中心主義〟、すなわち人間はその能力において独自の存在であり、わたしたちの知性は唯一価値あるものだとする信念を避けるべきだと主張する。[51] ダイアナが神経科学者の夫スチュアート・ファイアスタインといっしょに飼っているイヌは、オーソンという名の黒のニューファンドランドで、見た目がヤクのようで、かわいらしく、恥ずかしがり屋で、呪術的思考に陥りがちだ。[52] コロンビア大学の上階にある彼らのアパートに戻ると、オーソンはかならず毎回同じ手順で部屋に入る。「エレベーターが開くと、玄関に直行するのではなく、いつも反対方向に数歩だけ歩くのです」とダイアンは言う。低い窓のところまで来て周りを見わたす。ドアがカチッと開くと、向きを変えてアパートのほうへ歩きはじめる。「いつしかオーソンは、窓の外を見たらすぐにアパートのドアが開くということを経験しなければ気が済まなくなりました。アパートのなかに入るには、まずこの儀式的な行動をとらなければならないということが、彼の頭にインプットされたのです」

一九四七年、B・F・スキナーは動物の迷信的行動について論文を書いた。[53] 一定の間隔で餌が落ちてくる機械がついたかごにハトの一群を入れると、異常な行動をとりはじめたのだ。そのうちの数羽はある一定の回数だけ円を描くように回ったり、めまぐるしく動く振り子のように頭を正しい順序で前後に揺らしたりした。前回餌が落ちてきたときにやっていた行為を繰り返せば、餌がまた目の前に落ちてくるということが、ハトには明らかにわかっていたのだ。もちろん、動物の呪術的思考はニューファンドランドやハトに限ったことではない。プロのアスリートはスキナーのハトに最も近いものがある。[54] たとえばオリンピック水泳選手のマイケル・フェルプスは、水に飛び込む前にかならずきっかり三回腕を回す。マイケル・ジョーダンはゲーム期間中、プロのバスケットショーツの下に大学のころに履いていたショーツを履く。テニス界のスター、セリーナ・ウィリアムズは、トーナメントが始まった瞬間から絶対にソックスを履き替えない。こうした幸運を呼ぶおまじないがアスリートに効くと思われるのは、彼らが自信を高め、これをすることによって自分がより快適になるからだ。人間と動物の迷信的行動は、ともすると無関係のできごとを意義ある方法で関連づけるひとつの機能なのだ。これはある意味で、好意的な擬人化の背後にある誤った論理と似ている。つまり、自分だけの限定されたものの見方にあまりに頼りすぎると、そこにありもしない意味をあるものとして納得してしまう可能性があるということだ。

　これを避けるには、動物をわたしたち人間の延長として考えることをやめれば良い。一九〇六年、自然学者のウィリアム・J・ロングは、『ピーターラビットによる茨の茂みの哲学』（*Briar Patch Philosophy by Peter Rabbit*）と題された本のなかで次のように記している。「自然と親しみ、ヒトの永続的な言語で語る素朴な人間は、図書館を棲処とし、明日になったら忘れられてしまう言語で今日話をする心理学者よりも、動物の生活の真実に近いところにいるのかもしれない[55]」。彼には思い当たることがあったのだろう。動物の行動を最もよく理解できるのは多くの場合、人間以外の生きものを仲間とするような人々だ。たとえば動物園の飼育員や害虫害獣駆除業者、動物トレーナー、保護区域の職員、イヌの散歩代行者、ブリーダー、動物保護施設で働くスタッフやボランティアなど、朝から晩までその就労生活をほとんど同じ動物といっしょに過ごすような人たちである。彼らは自分の職務に必要な最も基本的な仕事をやり遂げるため、たとえばゴリラに自分から移動用コンテナに入るように促すとか、何としても互いを攻撃しようとするキリン同士のけんかをやめさせるとか、やかましいイヌの足の爪を切るなど、彼らがやりたくないと思っていることをさせるよう彼らを説得しなければならない。こうした飼育員やトレーナー、グルーマーたちは、動物の好みや個々の嗜好、行動上の癖、いっしょにいたいと思う他の動物、お気に入りのごほうびの種類だけでなく、逆にそっぽを向いてしまうものにも心底親しむようになる。

ホセ・ルイス・ベセラは、引く手あまたの野生生物駆除専門家だ。彼の名刺には、電柱のてっぺんにいるアライグマの写真といっしょに「人道的な猟師」という肩書きが書かれている。ホセは、マリブにあるニコラス・ケイジの豪邸からスカンクやフクロネズミを除去するような仕事をしており、アライグマの一家を屋根裏部屋から救出する最善の方法をすべて心得ている。(そのほとんどがツナ缶やキャットフードを使う。)彼は、自分が何日もかけてわなをしかけ、捕まえたあとは乾燥した川底や峡谷、南カリフォルニアの人里離れた地域に逃がしてやっている動物たちを、自分の仲間だと思っていると話してくれた。

「彼らが考えるように考えることを学び、文字どおり、同じ希望をもって彼らと同じ場所にいるのを想像することができて初めて、自分はこの仕事が得意だと言える」と、わたしが幼少時代を過ごした寝室からスカンクを引っぱりだしながら彼は言った。ベセラは、自分にスプレーがかからないように大きなビニールのゴミ袋でからだをすっぽり覆い、ツナ味の〝ファンシー・フィースト〟[キャットフードの商品名]をしかけたわなにスカンクをおびき寄せた。

動物行動学者のマーク・ベコフも同じようなことを言っている。イヌが何を考え、感じているかを特定しようとするときは擬人的にならざるを得ないが、それをイヌの視点からするように心がけている、と。「イヌはハッピーで嫉妬深いと言ったからといって、それは、そのイヌが人間と同じようにハッピーで嫉妬深いとは限らない……擬人的に考えるということは、他の動物の考えや感情を人間に近づけるための言語上のツールなのだ」とベコフは書いている。[56]

ボサボサ頭でカリスマ性を放つスタンフォード大学の神経科学者であり、『なぜシマウマは胃潰瘍にならないか――ストレスと上手につきあう方法』（*Why Zebras Don't Get Ulcers*）や、『サルなりに思いだすことなど――神経科学者がヒヒと暮らした奇天烈な日々』（*A Primate's Memoir*）などの本の著者であるロバート・サポルスキーは、ケニアに住む野生のヒヒを研究している。彼の研究は、ヒヒの社会的階級における変化が、その行動のみならず生理学にも影響を及ぼすことを示してきた。ヒエラルキーの下位にランクづけされるヒヒは、しばしば上位のヒヒよりもいじめられがちで、ストレスの多い生活を送る可能性が高い。このように敵に回されたヒヒの脳は、長期間晒されると神経系のダメージを引き起こすようなストレスホルモンに、ほとんど恒常的に流れに浸されている。[57] サポルスキーは自分の研究対象であるこうしたヒヒを個別に観察し、そのそれぞれの癖や、ヒエラルキーのランクが変わることによって彼らの感情的肉体的健康に与えるさまざまな影響について広範囲にわたって記録している。彼らの心理劇に注意を向けるとともに、個々のヒヒのパーソナリティを測ろうとする彼の努力は、ストレスに対するヒヒの生理学的反応によって、わたしたち人間のストレス反応の近似値を求めることができるという結論を引き出すのに役立っただろう。[58] 以来、彼の研究は慢性的で強度のストレスが人間の脳に与える影響を考える上で、革命的な変化を巻き起こした。

「わたしは擬人化しているわけではない」とサポルスキーは記している。[59]「種の行動を理解するときに難しいのは、彼らがある意味でわたしたちに似ているということだ。擬人化は人間の価値を投影することではない。それは、わたしたちが彼らと共有している普遍性を霊長類化するということなのだ」

失礼ながら、サポルスキーは〝実際には〟擬人化しているとわたしは思うし、それはそれで良いのではないか。というのも彼自身が言っているように、彼が結論づけていることは事実無根の投影ではなく、共有された普遍性をベースにしているからだ。わたしたちは、他の動物を人間と同一視することに対する有益とはいえない偏見を受け継いできたが、いまこそそれを捨て去るときなのだろう。

ヒト、サル、母親

人間のよりよい理解のために召集された精神障害をもつ生きもののなかで最も有名な事例のひとつは、一九五〇年代から一九六〇年代にかけて、ウィスコンシン・マディソン大学にあるハリー・ハーロウ博士の比較心理学研究所のなかで展開した。この研究所で起こったぞっとするような一連の事件がきっかけで、霊長類の乳児——人間も他の動物も含めて——の健康的な成長におけるスキンシップと愛情の役割への理解を永久的に変えることになった。

ハーロウは三〇〇を超える科学関連の書籍や記事を著し、ふたつの研究施設を創設し、アメリカ合衆国で初めてサルの多産な血統集団を生みだし、その研究をおこなった人物だ。一九五五年から一九六〇年にかけて、彼とそのチームは相当数のアカゲザルのあかちゃんを繁殖させ、幅広い心理的テスト実験を成功させた。[60] 彼はアメリカ国家科学賞（一九六七年）とアメリカ心理学会金賞（一九七三年）の両賞を受けた。また、サルを拷問にかけるちょっとした暗黒卿《ダークロード》でもある。

いまとなっては悪名高い一連の実験では、産まれたばかりのアカゲザルを母親から引き離し、たったひとりで研究所の檻のなかに入れる。[61]他のサルや研究所にいる人間のスタッフの姿は見えるけれど、彼らとの身体的接触は許されていない。こうした孤立したサルのあかちゃんは、まもなくすると空間を凝視したり、自分を抱きしめようとしたり、繰り返しからだを揺らしたり、自分のからだや檻を噛んだりといった動作をはじめる。ハーロウはこれらのサルにさまざまな実験をおこなった。たとえば、針金でつくられた、ミルクが出てくるワニの頭をつけたダミーの母親ザルか、またはミルクは出ないがタオル地のような布で覆われ、目がふたつ、口がひとつ、そしてかろうじてサルに似た耳がついた丸い顔のもう一匹のダミーの母親ザルか、この両者のいずれかをあかちゃんに選ばせるという実験だ。[62]あかちゃんザルは、たとえ空腹が満たされることはないとわかっていても、布で覆われた母親にしがみついた。こうしたタイプの実験が果てしなく繰り返され、乳児を寄せつけないようなしかけ（冷たい表情をしていたり、釘を隠しもっていたり）を施したダミーを使って、母親からの拒絶と精神病理学との関係性を探ろうとした。

ハーロウのもうひとつの実験は、スキンシップと社会的接触を乳児から奪うことが、取り返しのつかない心理的ダメージを引き起こすことを示していた。[63]彼は、こうしたテストに使用した実験装置一式を「絶望の落とし穴」と呼んだ。この逃げることのできない、壁がつるつると滑るステンレスの部屋にいるサルたちは、通常、あらゆる動きを止め、硬いボールのようにうずくまり、そのままじっとしている。この行動を、ハーロウは「誘発性抑うつ状態」と名づけた。その後サルを「落とし穴」から出し、抑うつ状態の緩和を試みた。

そのため彼は、極度に異常な行動——からだを揺らしたり、自分に噛みついたりくわえたりし、毛づくろいもしなければ遊ぶこともなく、攻撃的な態度を見せる傾向——をとるようになったサルのそれぞれに一匹の「セラピスト」のサルをつけて、別々の檻に入れた。(64) ハーロウによれば、セラピストのサル(「絶望の落とし穴」で育っていないサル)はおびえた仲間にしがみつき、慰めと温かさを与える。数週間で、かつては異様な行動をとっていたサルの多くが「セラピスト」と遊びはじめる。研究者によると、一年もすれば、以前は異常だったサルの多くが他と変わらないようになるという。

ハーロウがサルのあかちゃんの実験を続けていた数年間、施設に収容されていた人間の乳児もまた、「絶望の落とし穴」そのものではないにせよ、孤児院や、ほとんどスキンシップのない病棟でときおり同じような運命に苛まれていた。やさしく撫でてもらうこともなく、あやしたりキスしたり抱きしめたりもしてもらえず、ただあり余るほどの食事だけが与えられ、無菌状態のなかで医療ケアを施す看護人だけがいるこうした施設に入れられた子どもたちは体重がなかなか増えない。それに、歩いたり話したり座ったりを学ぶこともない。ハーロウのサルと同じように人間の子どもたちもまた、空中を凝視したり、手を変なふうに動かしたりなど異常な行動をとりはじめた。デボラ・ブラムが『愛を科学で測った男——異端の心理学者ハリー・ハーロウとサル実験の真実』(*Love at Goon Park*)で書いているように、子どもたちが少しのあいだ見ることのできる唯一の対象は天井だけだった。

一九四〇年代から五〇年代にかけて、精神分析学者であり精神科医でもあるルネ・スピッツは、施設に入れられた多くの子どもたちを観察し、彼らがどのように衰えていき、どのように成長が止まるかを観察した。(65) たとえそれが真実であり、恐ろしいことであろうと、こうした場所の殺伐とした環境が退屈で、動きがなく、認知的刺激に欠けるということが問題なのではない、とスピッツは確信している。子どもたちを愛してくれる人がだれもいないということが問題なのだ、と。ブラムも書いているように、彼らを好いてくれたり、彼らに笑いかけたり、ありのまま彼らを抱きしめる人がいないことが問題なのだ。スピッツは、人間の愛情や接触が欠如すると、子どもたちは感染症や病気にかかりやすくなると信じている。[66]研究対象となったこれらのあかちゃんの三分の一以上が死に至り、生き残った子どもの多くは、四十年経ったいまも収容施設に残り、自分の世話すらできない状態でいる。

イギリスの心理学者、精神科医、アナリストであり、ハーロウとも頻繁に連絡をとりあっていたジョン・ボールビィは同じころ、病院で孤立した子どもたちに対して人間の愛情が果たす役割について調査し、ハーロウと同様の結果を導いた。彼は動物の行動に非常に関心を抱き、ハーロウのみならずコンラート・ローレンツ、ロバート・ハインド、ニコ・ティンバーゲンといった有名な動物行動学者とも書簡を交わしていた。病院にいるあいだ、抱っこされたことも遊んでもらったこともない人間のあかちゃんは、最終的には、ひとり取り残されたあかちゃんザルと同じように、生命を脅かすほどの根深い嫌悪感と抑うつ状態を発展させていく、とボールビィは確信する。こうした子どもたちは認知と言語のスキルにおいて発育不良のまま成長し、さらには注意力欠陥や他者との関係を形成する上での困難を伴うと、自信をもって発言している。

ボールビィとスピッツの研究はハーロウの実験結果とあわせて、最終的には乳児に何を与えるかによってその後の成長にどう影響するかに関する考え方に、変化をもたらすきっかけとなった。[67]ある意味で、食べものや住むところよりも重要なものがあること、そしてスキンシップと愛情が霊長類――人間であれ他の動物であれ――の健康的な発育において不可欠であることを教えてくれたのは、何も知らないま苦しんでいるハーロウのサルたちだった。ときが経つにつれ、少なくともアメリカ合衆国では、孤児院は里親制度やグループホームなどの施設にとって代わられた。ボールビィは、「人間同士の永続する心理的つながり」と自身が述べた愛着理論の発展に大きく貢献した人物として知られるようになった。[68]

ハーロウのサルもまた、婉曲的には施設に収容された他の霊長類を助けることになった。[69] ハーロウ、ボールビィ、スピッツが五十年も前に確立したもののおかげで、いまや多くの動物園で、サルや類人猿の母親が自分のあかちゃんを育てることが認められている。捕獲された類人猿は、他の猿を見たり、自らの成長経験を思いだしたりすることで良い母親になることを学ぶ。最近あかちゃんが産まれていないある動物園のゴリラの群れに、別のゴリラがあかちゃんを産んでいるシーンをビデオで見せ、いざというときにメスが自分のあかちゃんに何が起こっているかを心配しないで済むように備えているといったケースがあった。この同じ動物園では、ゴリラに子育てを教えるため、実際にあかちゃんを産んだばかりの用地管理人の妻を連れてきた。彼女は静かに座って自分のあかちゃんに授乳し、それを檻の壁越しにゴリラたちが興味津々で見ている。他の動物園では助産婦や授乳コンサルタントを雇い、類人猿の子育ての方法やあかちゃんへの愛情のかけかたを教えたりしている。

動物園がこのようなことをするのは、ハーロウのあかちゃんザルのように、機能不全だったり怖かったりする母親に育てられる霊長類は、成長したときに自らのあかちゃんや群れの他のメンバーとの交流を困難にする認知的、言語的、感情的問題を発展させる可能性があるからだ。両親やその他の群れのメンバーが食肉用に売られてしまったり、密猟者に殺されてしまったりしたゴリラやオランウータン、ボノボのあかちゃんを収容する孤児院でリハビリテーションがうまくいくかどうかは、彼らを抱きしめたり、毛づくろいしたり、いっしょに遊んであげたりする類人猿の代理母との関係性によるところが大きい。そうした場所のひとつであるコンゴ共和国キンシャサ郊外にある「ローラヤボノボ」（ボノボの楽園）と呼ばれるボノボ保護区域では、代理母役を実際には人間の女性が担当している。この代理母がほぼ二十四時間体制であかちゃんと肉体的な接触をすることにより、ボノボは自信に満ちた、精神的バランスのとれたおとなに成長し、最終的には保護区域の守られた森のなかで、自分たちの種族といっしょに生涯暮らせるようになる。

パブロフ、個性、PTSD

オリバーの奇行についてのうわさがわたしの友人や家族のあいだにも広まるにつれて、オランウータンと友だちになることで抑うつ状態を克服したイヌの記事や、かなりの数のイヌが謎めいた死を遂げるといわれるスコットランドにある〝イヌの自殺の名所〟（実際には、単にウサギやキツネのにおいにつられて橋から落ちただけなのかもしれない）に関するエピソードへのリンクが、わたしのところに送られてくるようになった。[70] こうした記事のほとんどを、「アニマルクラッカー」というラベルがついた皺くちゃのフォルダーにファイルしているのだが、なかには目を引くものもある。

イラク戦争に続きアフガニスタンでも進行する武力紛争のさなか、「軍用犬もPTSDに」、「仔犬のPTSD用ザナックスを服用する戦地のイヌ」、「戦闘ストレスの兆候を見せる軍用犬が続出」、「四本足の戦士にPTSDの症状」といった見出しの、不安を抱えたイヌ科動物のエピソードがメディアを騒がすようになった。[71] 心に傷を負ったまま歩く動物という奇抜な話題に記者たちは驚嘆したが、わたしが考えることができたのは、こうしたニュースはほんとうにジャーナリストが言うほど斬新なのだろうかということだけだった。ほぼ一世紀前、障害をもつイヌに焦点を当てた研究をおこなったイワン・パブロフなら、少しも驚くことはなかっただろう。

このロシアの生理学者は、合図を送るとイヌが唾液を垂らすという、あの有名な条件反射よりももっと多くのことに関心を抱いていた。パブロフは数十年のあいだ、人間の神経症と、精神障害のある人間の心とイヌ科の心との関係性における生理学的基盤を探求しつづけた。またその晩年は、人間の神経病を取り扱う診療所で研究者として過ごした。彼のライフワークは、人間の行動、記憶、精神衛生に与えるトラウマの影響について、その現代的理解の多くの土台を築き、それはいまこの時代、戦地のイヌがPTSDを患っていると言える根拠のひとつにもなっている。

パブロフは、アンナ・Oという名の患者に関するフロイトの書物を読んでからイヌ科の神経症に興味をもつようになった。[72] アンナは心から愛する終末期の父親の世話をしながらも、幸せな表情を浮かべている女性だった。アンナはこれを、父親のために自分自身の絶望と喪失感を隠すためだった。フロイトは、このことが結果としてアンナに神経症を引き起こしたと考えた。

パブロフはこの葛藤を自分のイヌを使ってシミュレーションすることで、神経症のメカニズムを解明しようとした。一九一四年の一連の実験の最初のものは、次のようにおこなわれた。まずひとりの女性が実験室のなかで、食事中のイヌのお尻にショックを与えるように条件づけし、イヌにショックと食べものを関連づけさせた。結果的にそのイヌは、お尻にショックを受けると唾液を垂らすようになった。

次に、からだの他の部分にショックを与えてみると、イヌの行動が突然変化した。警戒するのではなく無気力になったのだ。頭と尻尾を垂らし、まぶたが落ち込んだ状態で唾液を垂らしはじめた。無関心で無反応、そして実験室内の大きな物音や人間の動きといった、それまでとはちがう合図に反応して唾液を分泌するようになった。また別のときには、少しもだるそうな素ぶりを見せず、ただあまりにも激しく取り乱し、つながれている紐を引きちぎったこともあった。パブロフはアンナ・Oのような興奮（ベルの音＝おいしい食べものが運ばれてくる）と抑圧（ショック＝痛い、苦しい）のシグナルのあいだに深く根ざした葛藤がもたらす人間の神経症について、完璧な実験モデルをつくりあげたことを確信した。

この研究所は、こうした実験をさまざまなかたちで絶え間なくおこなっていた。[73]そのひとつはイヌではなくネコを使い、お腹を空かせたネコの尻尾に電極をつないだ実験だ。数週間ネズミだけを餌として食べていたネコを、ネズミといっしょに小部屋に入れる。ネズミに襲いかかったとした瞬間に電気ショックを与えると、ネコは一瞬のうちにネズミを吐き出し、そのネズミを避けようとしてできる限り遠くまで逃げていく。電気ショックから数週間たっても、ネコはネズミを見ると怖がって動けなくなり、心臓の鼓動が激しくなった。こうした実験を捉えた写真には、身をかがめた白黒のネコの背中と頭に、日光浴をするクルーズ船の乗客さながらに白いネズミがもたれかかり、そのあいだネコは身動きひとつしないでじっとしている様子が写しだされている。

精神疾患をもつ人間と動物との間の類似性に関するパブロフの見解に確信が得られたのは、激しい轟音を放つ嵐がレニングラードにある彼の研究所に洪水をもたらした一九二四年のことだった。[74]パブロフとその同僚の研究者らのおかげでイヌたちは一命をとりとめたが、水が引いて仕事を再開すると、以前の行動テストのときとは比べものにならないくらい取り乱しているイヌが数匹いた。パブロフはそれを見て、これらのイヌは嵐による影響をそれほど受けていないような他の頑強なイヌよりも「神経系が弱い」と結論づけた。この理論をテストするため、彼は実験室の床に水を流し込んで洪水を疑似体験させ、その間のイヌの行動を観察した。すると、少なくとも一匹がこれに反応して不安な態度を示し、足元に水が押し寄せてくるのを見るやいなや大声で吠え、ぐるぐるとものすごい勢いで走りはじめた。その他のイヌは、偽の洪水を前にしても以前と変わらず行動テストを続けることができた。パブロフは、洪水などの潜在的にトラウマとなるような経験への反応を特徴づけるのは、個々の個性――イヌにせよ人間にせよ――だと確信した。こんにちのわたしたちは個性を表現するときに、パブロフのように「弱い」とか「強い」といった含みのある言葉を使うことに異議を唱えるかもしれないが、彼はこれらの言葉を、いまとなっては広く常識と考えられているある種の感情的回復力のキーワードとして考えていたのだ。[75]

パブロフが批判されたのは、特に精神障害のイヌを、同じく精神障害の人間と比較したときだった。多くの精神分析学者や生理学者は、ショックのために混乱や緊張病、その他の精神異常に陥ったイヌを神経症の人間と比べることはできないとして、当然ながら懐疑的な態度をとっていた。彼らは、たとえば実験室でノイローゼにさせられたイヌは、フロイトのアンナ・Oのような患者とかなりの点で類似しているということに疑念を抱いた。パブロフを批判するこうした人たちは、彼が実験のなかで反映させているのは、内部から起こる〝人間の〟神経症ではなく、ストレスの多い環境や何か不快なものがそばにあるような状況に身を置くことから生じるある種の緊張状態だと主張した。[76]

他の精神分析学者も、パブロフの研究は分析するに及ばないと考えていた。しかしパブロフにとっては、ある特定の人間の問題について語る必要はなかった。精神生活の知識は観察によって得られる。彼の考えでは、イヌは人間を単純化した生きものだった。すなわち、イヌ科の神経症と人間の神経症を分け隔てる主なものは、後者のほうがより複雑な状況から生まれるという点だ。さらに彼は、カフェインを使って緊張病から覚醒させたり、より論理的な一連の刺激と報酬によって一瞬の心の動揺から回復させたりすることで、イヌを神経症から正常な状態に戻すことに成功したことは、人間の神経症を治療する上での指南役になるだろうと実感した。(77)

パブロフの研究は、他の動物の神経疾患に関する実験領域の基礎を築いた。彼の同時代人や後継者は、ヒツジやヤギ、ブタ、ネズミ、ネコなどに神経症を誘発しようと試みたが、その多くがパブロフのイヌと同様、常にランダムなショックや複雑な合図に晒されることで、最終的には精神的にも生理的にも衰弱した。回復した動物は、ベトナム戦争後にＰＴＳＤへと姿を変えることになった戦争神経症を患う兵士のモデルとして引き合いに出された。

第二次世界大戦中、軍医や精神科医は、神経症を患う実験動物と非常によく似た症状を示す者が兵士のなかにいることに気づいた。こうした兵士は心臓の鼓動が早く、汗をかきやすく、不安レベルが上昇するのを感じ、驚きやすいという傾向を示す。一九四三年、あるアメリカ人の精神科医は、急性の戦争神経症は、パブロフのイヌをはじめとする実験動物で使われたものと同じ条件消去の手順で治療すべきだと提案した。こうしたイヌ科の動物は、ショックと関連づけることを学んだトリガーには晒されていたが、実際にショックを与えられることはなかった。結局彼らは、痛みを伴う刺激は何も怖がるべきものではないということを学んだのだ。こうした考え方が軍隊にも採用され、神経症を患う選ばれた一団が南太平洋の「バトルノイズスクール」へ送られた[78]。この地では、戦争の光景や音に対処するための新しい方法を彼らに学ばせるため、偽の発砲音や制御された地雷の爆発、急降下爆撃などに彼らを意図的に晒した。ここに送られてきた兵士をこの学校がどの程度まで救えたかはわからないが、以来、神経の条件づけと条件消去というパブロフ的な考えかたは、神経疾患と、特にＰＴＳＤに用いられる多くの治療法に関するわたしたちの理解に影響を与えてきた[79]。

ＰＴＳＤは現在、トラウマ的なできごとを経験したあとに生じる不安症と定義されており、フラッシュバックや心乱される記憶が組み合わさった経験を患者に誘発し、日常生活を妨げることがある。また恐ろしい悪夢や、そのトラウマ的なできごとを連想させる状況に動揺し、疎外感や感情的麻痺などの症状に苦しむこともある。ＰＴＳＤを患う人々は、パブロフのイヌに見られたような多くのものを反映するさまざまな症状も経験する[80]。たとえば、集中力の欠如、驚きやすい、過度に用心深い、イライラする、並外れた怒りを表す、めまいを感じる、ぼんやりする、心臓の鼓動が早い、汗をかきやすい、頭痛がするといった症状だ。ＰＴＳＤのような不安障害の診断は、いまでは一般に言葉によるものだが、かつては常にそうとは限らなかった。医者がその診断によく利用した手がかりは、肉体にあらわれる症状だった。十九世紀から二十世紀初頭にかけて、血なまぐさい列車事故や馬などに踏まれて負傷するなどのトラウマ的なできごとから生還した人々を治療する医師たちは、患者の精神的苦痛をはかるため、その生理学的症状に目を向けることが多かった。

たとえば、第一次世界大戦後の兵士を治療していた医師は、前線に送られたあとに口が聞けなくなってしまった人々を、捕食動物の存在を前に凍りついてしまう動物と比較することがあった[81]。戦地でのトラウマを経験したのち、喋ることができなくなった男たちは、イギリスの人類学者、神経学者、精神科医であるウィリアム・H・リヴァースによると、食べられたり攻撃されたりするのを避けるために餌動物がするのと同じような、じっと動かず沈黙を守る兆候があることを示していた。

最近では、ある意味でこれら初期の観察と対立するものとして、他の動物とPTSDを患う人間とのあいだの比較がおこなわれている。過去数年間、年老いたゾウを殺す暴力的な淘汰キャンペーンを目撃したアフリカゾウの子どもや、爆発の生存者を探しだして救出する訓練を受けたり、ドッグハンドラー[パートナーの兵士]の死を経験したり、高ストレス条件下で長い時間働かされたりしたイヌ、研究所に住む実験用のチンパンジーなどは、みなトラウマ障害を患っていると言われている。(82)

実験施設内で長いあいだ過ごしてきたチンパンジーは、辛く恐ろしい体験の悪夢やフラッシュバックのようなものを経験する可能性がある。(83)彼らはより攻撃的か内向的かのいずれかの症状を示し、あまりに簡単に何かに驚き、引退して保護施設に入れられたあとでさえ、他のチンパンジーや飼育員との新しい健全な関係を築く上で問題が生じることが多い。動物学者のジョナサン・バルコムは、かつて実験に使われていたチンパンジーの避難所であるケベックのフォーナサンクチュアリ（動物群保護区域）で見られたこうした症状について次のように説明する。(84)ある午後、飼育員が材料の積荷を金属の荷車に載せた。何も知らないスタッフがこの荷車を引き、トムとパブロという名の二匹のチンパンジーの檻の前を通りすぎる。荷車が目に入ると、二匹は怯えて金切り声をあげた。これを聞いた保護区域の他のチンパンジーが、自分たちの囲いの手すりまで走ってきて、からだを前後に揺らし、トムとパブロに合わせて金切り声をあげはじめた。二年前、トムとパブロが住んでいた研究施設で、意識を失ったチンパンジーを手術室へ運ぶのにこの同じ荷車（またはそれと似たような荷車）が使われ、実際に実験がおこなわれたということをスタッフはのちに知った。

こうした動物たちが、ＰＴＳＤと診断された人間と同じ種類の感情状態や心情をほんとうに経験しているかどうかを証明することは不可能だが、同じく人間だけが経験するＰＴＳＤというものも存在しない。[85] 精神を患う人間はみな、それぞれ異なる程度や種類の症状を抱えている。このような感情と行動――恐怖や不安を感じたり、ふさぎこんだ気もちになったり、攻撃的になったりすること――にレッテルを貼るよりも、それらが人間や動物を憂うつにする可能性があるという事実のほうがどれほど重要か。そしてそれは、注意深く思いやりをもって観察すればはっきりとわかる。このような症状が他の人間にもあることをだれかに気づかせる必要はない――だからこそ「シェル・ショック」や「戦争神経症」といった障害は、二十世紀の変わり目やそれ以前のトークセラピー（話し合い療法）ではなく観察によって特定することができたのだ。[86] こんにちでさえ、人間に対するＰＴＳＤの診断は診察ではなく、訓練を受けた監視者による観察によって下されることがある。たとえば、トラウマを抱える乳児や未就学児は、精神科医がその遊びかたや、家族のメンバー、ソーシャルワーカー、セラピスト自身との関わりあいかたのなかに何らかの徴候を見たときに神経症と診断されることがある。[87]

オリバーはあまりに驚きやすく、用心深く、仕事のカバンやスーツケースが目に入ると突然パニックに陥るなど、異常なほど高レベルの不安症を抱えていたことは確かだ。とはいえわたしは、オリバーがＰＴＳＤを患っていたとは思わない。ハリケーン・カトリーナのような自然災害で生き残った多くのイヌ科の動物や、テーブルの下に身を寄せ合うことしかしないイヌ、フレンドリーで親しみやすいイヌから危険なほど凶暴な、怯えたイヌに変身してしまったイヌと比べたら、オリバーの不安症は実際、比較的軽いものだった。こうしたイヌの治療をしてきた行動学者やイヌのトレーナーは、その症状はPTSDと比較し得るものだと信じている。彼らはイヌが陥っている困難な状況を、嵐の最中や嵐のあとに強制的に見捨てられたこと、洪水に見舞われたこと、何日も何週間も食べものもなく過ごしたこと、新しく恐ろしい環境でなんとかやっていかなくてはならなかったこと、人間のパートナーを失ったことなどが原因だと考える。

9・11後のワールドトレードセンター付近で、騒々しく、危険な、見慣れない環境に晒されながら働いていた探索犬や救助犬もまた、興奮や抑うつ状態、苛立ち、遊びに対する無関心などの兆候を示した。[88] 極度に用心深くなったり、攻撃的になったりしたイヌもいる。また、探索犬や救助犬として働くことができなくなったものもいる。

リー・チャールズ・ケリーはイヌ科のトラウマ障害に関心をもつドッグトレーナーだ。また『バイトビフォークリスマス』(*Twas the Bite Before Christmas*)や、ドッグトレーナーに転身したニューヨーク市警の警官を描いた『殺人犯にカラーを』(*To Collar a Killer*)などの探偵小説作家でもある。ケリーのウェブサイトには「新フロイト派のドッグトレーニング」や「サポートグループ/イヌのPTSD」などといったセクションがある。自分の飼っているイヌの診断に興味を抱く人たちのために、たとえば「あなたのイヌは大きな事故、火災、爆発を経験したことがありますか?」といった質問から成るチェックリストも提供している。[89] 答えが「イエス」なら、ケリーはまた別の質問を続ける。「あなたのイヌは、あるトラウマ的な出来事を実際に追体験しているかのように反応しますか？」とか「何か鮮明な夢や悪夢と思われるような夢を見ているように見えますか？」といった質問だ。トラウマ的な経験をもつイヌ――他のイヌとけんかをして傷を負ったイヌや、人間に不当な扱いをされシェルターに取り残されたイヌから、交通事故や戦地で生き残ったイヌに至るまで――の数は何百万にものぼるとケリーは推測する。自らが飼っているフレッドという名のダルメシアンは、聞いたことのない音を聞くと極度のパニック障害に見舞われるという。ケリーは、散歩中に口に何かを咥えさせることと同様、パニックに陥ったときには吠えさせることが効果的だということを発見した（気をそらせることになるからだ）[90]。フレッドの場合はテニスボールが効果てきめんだという。

とはいえ、最も頻繁にＰＴＳＤの診断が下されるのは、その存在を記した見出しが初めてわたしの目に飛び込んできたイヌ科の兵士だ。イラクとアフガニスタンに派遣された約六五〇匹のアメリカ軍用犬のうち、五％以上がイヌ科ＰＴＳＤを患っていると軍は推定した[91]。米空軍の元大佐で、現在はテキサス州サンアントニオにあるラックランド空軍基地の軍用犬病院行動医療科チーフであるウォルター・バーガート博士は、精神障害は発砲や爆発、戦闘関連の暴力に晒された多くのイヌに当てはまると考えている[92]。人間の兵士と同様、トラウマを負っていると思われるすべてのイヌが同じ症状を示すわけではないが、多くがある種の極端な警戒心や過激な性格、行動の変化を示している。たとえば戦地に配置される前と比べて、人に噛みつきやすくなったり、臆病になったり、驚きやすくなったりといったことだ。こうしたイヌは、かつては何の躊躇もなく入ることができたビルを避けたり、検問所で車のにおいを嗅ぐことを拒否したり、見知らぬ制服を着た男性が近づくとあとずさりしたりする。

イヌの鼻は、特に化学肥料からつくられたIED（即席爆撃装置）が一般に使用されているアフガニスタンにおいて、いまもこのIEDを見つけ出す最も効果的な手段とされているため、この地に派遣されるイヌの数は最近になって急増している。[93] また、心理的問題が原因で戦地から家へ送り返されるイヌの数も、これに伴って増えている。こうした問題を阻止しようとするバーガートは、自分のイヌがPTSDを患っているかどうかを兵士が特定できるような教育ビデオシリーズを製作した。彼はスカイプで派遣犬のパートナーと連絡をとって、イヌの行動について話し合ったり、ときにはこうしたイヌにザナックスや他の抗うつ剤を処方したりした。イヌが仕事を拒絶しはじめたら、彼らにとってもパートナーの人間にとっても危険が及ぶ可能性があるため、政府も協力して、少なくとも一部は、パブロフの研究やバトルノイズスクールなどの背景にある同様の考えかたをベースに条件反射の条件消去プロセスをおこない、感情的な障害リスクのあるイヌを治療のために母国へ送り返すといった対策もとりはじめた。行動上の条件消去と訓練を三ヶ月続け、それでもまだ発砲音を聞くと簡易ベッドの下に隠れてしまったり、車のなかのにおいを嗅ぐのを拒絶したりする軍用犬はリタイアさせられ、市民生活に戻される。家に帰ってからの生活になじもうとする退役軍人と同じように、このプロセスにはしばしば困難が伴う。イヌを引きとった家族はそのあとも、イヌたちが拭い去ることのできない行動的・感情的問題と必死に取り組んでいかなければならないからだ。

さよなら、ビースト

オリバーがアパートの窓から飛び降りてから二年が経ったころ、ジュードとわたしは、クリスマス休暇に南カリフォルニアにあるわたしの実家を訪れた。オリバーはボストン郊外のイヌ専用ホテルに預けた。それまでは、クッション壁の病室と同等の場所でなければオリバーをひとりにすることなどとてもできなかった。友達といっしょに残そうものなら自分を傷つけ、家具や床、窓やドアを壊すにちがいない。あの飛び降り以来、ペットシッターとふたりきりで家に残すことはできなくなった。正直言って、一日に数回散歩させる人が来てくれて、じゅうぶんな食糧と水といっしょに車のなかに置いておけたら、おそらくそれで彼は満足だっただろう。オリバーはこの車が大好きだったし、そこにいれば何の心配もなかった。たぶん、後部座席にいればひとり取り残されることはないとわかっていたからだろう。とはいえ、いくらそこが幸せな場所だとしても、車のなかに一週間もイヌを置き去りにすることはできない。そういうわけで、わたしたちはオリバーをイヌのホテルに連れて行った。彼らはオリバーを大きなベッドとごほうびを詰めたぬいぐるみ（お気に入りのおもちゃでも、チーズを詰めたものでもなく）といっしょに広いドッグランに入れた。ペットホテルのスタッフは一日二回、彼を散歩してくれたので、まさか逃げたり自分を傷つけたりすることはないだろうと思っていた。しかしその考えは甘かった。

助けようとするこちらの努力にも関わらず、ひとりで取り残されることへのオリバーの不安は、わたしたちとともに暮らした数年間のうちに増大していった。嵐恐怖症による震えが止まらず、慰めようもないほどの錯乱状態になり、回復するまでに数時間、ときには数日かかることもあった。夕方五時以降にひとりにされると、食べられないものを口にし、夜は夜で何時間ものあいだ目に見えないハエを捕まえようと必死になる。彼は何に動揺させられようとも――それはしばしば起こることだったのだが――アパートじゅうのものをかじった。また、ドッグパークではいつにも増して攻撃的になり、小さな子どもたちに噛みついたこともある。わたしたちは疲れ果てた。そのころにはジュードとわたしは事実上、アメリカのペット所有者に提供されているありとあらゆるセラピーと治療法を試し尽くしていた。獣医兼動物行動学者のところに連れて行ったり、バリアム、次にプロザック、そしてしまいにはその両方を飲ませたりもした。彼の不安症をなんとかしようと、行動更生やトレーニングも試した。録音された嵐の音を聞かせて雷に対する感覚を鈍らせようとしたり、家を出る予定のないときにわざと鍵をじゃらじゃら鳴らしてみたりもした。長い散歩や、それでだめなら長時間のハイキングにも連れて行った。他のイヌとの交流を深めようともした。おもちゃやごほうびを与えた。愛情も与えた。もう一匹仲間を飼おうかとも思ったが、次の瞬間には断念した。彼に確かなものを与えようと、何度も試しては失敗を繰りかえした。

あの年の十二月、オリバーをペットホテルに預けたとき、一週間以内には戻る予定だった。カリフォルニアに住むわたしの実家は農場を営んでおり、ある午後、まだそこに着いてから三日も経たないころ、わたしはジュードと母といっしょに家の裏手にある丘のてっぺんまで歩いてのぼった。わたしたちは、錆びた鉄線が垂れ幕のように杭のあいだに垂れ下がり、レモン果樹園が眼下に広がる土地の境界線に立っていた。まず、わたしの携帯電話が鳴った。それからジュードの電話も。どちらが先に電話に出たのか覚えていないが、そのとき電話の向こうから聞こえてきた言葉は覚えている。「急いでください」。「もちなおせるかどうかわかりません」。「あっという間のできごとでした」。「ほんとうにお気の毒です」。「いや、どういうことだかさっぱりわかりません」

午後の散歩のあと、オリバーはパニック状態に陥り、ドッグランのドアの裏側にとりつけられていた木片を不安げにかじりはじめた。だれかがそれに気づいたときには、すでに遅かった。

「一時間半もそんな状態が続いていたなんてあり得ません」。ペットホテルのマネージャーはそうわたしに話した。「でもオリバーは息を切らし、ぜいぜいという音をさせはじめたのです。そしてようやく、彼がどれほど苦しみに耐えていたかに気づきました」

オリバーは鼓腸症にかかっていた。このぞっとするような、おそらくは極度に苦しく痛みを伴う症状は、イヌの胃が空気と液体と食べもので飽和状態になったときに起こり、他の内臓をねじって圧力を加え、最後には血液の流れを止めてしまう。内臓に取り返しのつかないダメージを与える前に外科手術を施さなければならず、胃のねじれを治すには四十五分間ほどしか猶予がない。鼓腸症はバーニーズマウンテンドッグ、セントバーナード、バセットハウンドといった、大きくがっしりとした胸をもつ犬種に多い悪名高い病気だ。原因はひとつではないが、不安神経症を鼓腸症と関連づけた研究を探すことはできなかった。しかしそれは、オリバーだからこそ起こったことなのだと思う。彼は錯乱していた。空気を吸い込み、多量の木片を飲み込んでいた。動揺し、怯えていた。ひとりぼっちだった。

付き添いの獣医と電話がつながると、オリバーは手術室にいるという。病院に到着してすぐに開腹し、ねじれた腸を元に戻し、それをピンで押さえてダメージの状態を見た。ひどいものでした、と電話の向こうの獣医は言った。どんなに手術をしても保証はできません、と彼女は言った。さらに、これ以上手術を続ければ、すでに施した治療代も含めてざっと一万ドルから一万五千ドルになるという。

「よくお考えになったほうが良いでしょう」と彼女はジュードに言った。「でも、それもほどほどにしてください。いつまでも手術台に載せておくわけにはいきませんから」

眼下にきれいに並ぶ木々の幾何学的な列を見おろしながら、わたしは泣きだした。ステンレスの台に乗せられたオリバーの柔らかいからだ、切り開かれた脇腹、何も気づいていない重い頭を思い浮かべた。ジュードはわたしの肩に腕を回し何か言ったが、何と言ったのかわからない。わたしに聞こえたのは自分の耳に流れる血流の音だけ、感じられたのはドスンドスンと胸のなかに響く突然の悲しみだけだった。

もう一度獣医に電話をかけ、オリバーを安楽死させてくださいと伝えた。すでに意識がなくなっているので痛みを感じることはありません、と獣医は言ってわたしたちを安心させた。旅立つまでのあいだずっと、彼の頭をそっと抱え、撫でてあげてください、「ビースト」と呼びかけてください、愛しているると言ってあげてください、そう彼女に頼んだ。そして消え入るような声でこう尋ねた。「わたしたちは悪い飼い主でしょうか?」

交通事故で車に轢かれ、大けがを負ったラブラドールの治療をしていた獣医学校の友人の、そのまた友人の話を思いだしていた。このラブラドールを連れてきた家族は彼を愛していたが、医師から勧められた手術をするお金がなく、安楽死を決意した。獣医学生は、お金のかかる手術をすればきっと命が助かることを知っていた。彼女はその家族に、お別れをしてくださいと伝え、家族が去ったあとこのイヌに治療を施し、自分で引きとったのだという。この話にを聞いてわたしはぞっとした。結局、イヌが一命をとりとめたことはよかったのかもしれない。でも彼女は、無料で手術をすることを提案し、イヌを家族に返してあげるべきだったのではないだろうか。獣医から「済みました」という電話がかかってくるのを待ちながら、わたしは会ったこともないお金もちの人にオリバーが連れていかれる光景を頭に描いていた。それとも、やさしい語り口のあの女性の獣医に？　オリバーがこちらを振り向き、わたしたちのにおいを探しながら歩道を歩き、最後にだれかの車に乗り込んでいく姿を思い浮かべた。

「いいえ、あなたがたが悪いのではありません」と獣医は言った。「お気もちをお察しします」


ロンドンのジグムント・フロイト美術館のギフトショップで見つけたグリーティングカードが、わたしの机の前の壁の、Tシャツを着たリスがヘロインを吸っている絵のとなりに鋲で留められている。黒地のカードに明るい黄色のフォントでこう書かれてある。「気が触れた人々に神のご加護あれ。彼らは光を取り込んでくれるのだから」。おそらくグルーチョ・マルクスの言葉だったと思うが定かではない。実際にこの言葉が彼のものだとしても、神経症のイヌのことが言いたかったわけではないだろう。でも、ひょっとしたらそうなのかもしれない。

オリバーは六年ほど前にこの世を去ったが、彼のことを思うといまも心が痛む。ジュードもそうにちがいないと思うが、お互いにもうこの話はしないことにしている。実際、あまり話をしていない。わたしたちはオリバーが死んだ年に離婚し、その数年後、彼はわたしからの電話に出ることをやめた。オリバーの身に起こったことが原因で別れたのではない、と言ってしまえば嘘になるか、あるいは少なくとも、それはまったくの真実ではないだろう。ただひとつだけ言えるのは、オリバーが生きていたらあのタイミングで別れることはなかっただろうということだけだ。イヌは、たとえすでに終わりかけているように見えても、人と人とをつなぎとめる方法を知っているのだから。

わたしはいま、心のなかの、すきま風が通るさまざまな空間を歩き回っているように感じる。ひとつはイヌのかたちをしていて、少なくともひとつ以上は人間のかたちをしている。それでも、オリバーがこの世を去ってから数年のうちに、わたしはまた恋におちたのだ――六頭ほどのゾウ、数匹のゾウアザラシ、ゴリラの群れ、クジラの子ども、ずっと前に死んだ数匹のリス、そして、まるで目に見えないリードでたぐり寄せられるようにわたしの人生に入り込んできたたくさんの人間たち。オリバーの死を経験しなかったら、こうした生きものと出会えたかどうかはわからない。もし運に恵まれていたなら、喪失と失望こそこれらの出会いを可能にしてくれる。いつしか心の痛みはこの世を歓迎していた。とにかく、これがわたしに起こったことだ。不安を抱えた一匹のイヌが全動物界にわたしを導いた。すべては彼のおかげだ。

第二章　ゾウを診断する

異常は新しい正常だ。
ジョン・ロンソン（イギリスの作家・映画製作者）

わたしたちが初めて顔を合わせてから十五分も経たないうちに、メル・リチャードソンはオランウータンのマスターベーションの話をしはじめた。パフォーミングアニマル・ウェルフェア・ソサエティの保護区域にある、砂利が敷かれた埃っぽい駐車場に立っていたときだった。オランウータンが足を組み、かかとにからだを乗せて前後に揺れていたら、おそらくそのメスは自慰行為をしている証拠だ、とメルは言った。彼にはわかるのだ。

実際にそこで働いている人や、資金集めのために時折開催される〝ゾウといっしょに夕食を〟などのイベントに参加している人たちには〝ＰＡＷＳ〟の略称で知られているこの協会は、カリフォルニア州シエラネバダの、草が青々とこんもり茂ったところにある保護／擁護センターで、かつて映画やテレビに使われたり、サーカスや動物園から救出されたりしたトラやクマ、ゾウ、その他の動物役者を収容している。背が高く、白髪まじりのあごひげをきれいに整え、ベルトに携帯電話をくくりつけているメルは、当時、この保護区域の顧問獣医を務めていた。コンゴやルワンダに住む野生のゴリラから、コロンビアの麻薬王パブロ・エスコバルがメデジンに所有する私営動物園のカバやシマウマ、ダチョウに至るまで、何百種類もの動物の世話を三十年以上続けてきた世界で最も経験豊富な外来種動物の獣医だ。また、カリフォルニアのチコに開業した個人病院にやってくるイヌやネコ、鳥の治療もおこなってきた。メルは、感染症や骨折など、こうした動物たちの身体的な問題だけでなく、感情的な問題も取り扱った。そしてこれまで、人間以外の動物の考えられる限りほとんどすべての異常行動を見てきた。恐怖で錯乱したイヌ、トラウマを抱えるゾウ、うつ病のライオン、強迫的なまでに自慰行為をする類人猿やセイウチなどだ。虐待のケースを見きわめる専門家としても活躍している。わたしがメルと連絡をとったのは、彼がどのように精神障害をもつ動物の診断に踏み切るのかを知りたかったからだ。

「そうですね」と、ゾウほどの大きさのあるＰＡＷＳのジャグジーの前を通りすぎようとしたとき、彼は言った。「人間の精神疾患とまったく同じではないけれど、他の動物も常に同じような経験をしていると思います」。診断をするため、メルはまずその動物の周囲の環境を見るという。彼が言うように、悪条件下で暮らしていたり、虐待されていたりする生きものは、しばしば肉体、精神ともに問題を抱えている。彼は飼い主とも話をするという。「ペットの場合は、飼い主に詳細な面談をして、そこから情報を得ています。動物園の動物は比較的診断が簡単です。ペットのように、症状を説明する飼い主に頼ったり、彼らが話していないかもしれないことを心配したりする必要がありませんから。動物園には仲介者がいません」

精神的なトラブルを抱える人間に関して言えば、診断プロセスは言葉によるものになる傾向がある。前述のように、小さな子どもや、話すことができなかったり、話そうとしなかったりするおとなの場合は例外だ。だがたいていの人は、療法士やソーシャルワーカー、精神科医に自分の症状を説明することができる。こうした自己報告型の症状が、精神衛生のプロが患者に対しておこなう観察と結びついて診断につながる。こんにちの診断は、一九五二年に初版が刊行された、一般に認められている人間の精神障害の解説書、『精神障害の診断と統計マニュアル』（DSM）（*Diagnostic and Statistical Manual of Mental Disorders*）の一万三千を超える診断基準に対応している。このDSM基準は医療従事者のための指針として利用され、保険会社にはかならず必要とされるものだが、患者があるひとつの基準にぴったり当てはまるということは極めてまれだ。DSMは新しい障害を含めたり、他の障害を除外したりしながら、時代に沿うように常に再解釈されている歴史的な書物でもある。たとえば、心的外傷後ストレス障害（PTSD）は一九八〇年に追加されたが、ホモセクシュアリティの項目が完全に除外されたのは、残念ながら一九八二年になってからだ。かつては「月経期の狂気」として知られていた月経前症候群（PMS）も、何年もの年月をかけておこなわれたあらゆる分類を経てこの診断基準から姿を消した。一九八〇年にはDSMに含まれていなかったものの、米国農務省（USDA）は一九九九年になってから、PMSとわずかに異なる用語である月経前不快気分障害（PMDD）を、プロザックを処方する合法的な理由として承認した。[1]こうして他の多くの精神医学の条件と同じように、この病気はその治療に使用される向精神薬によって定義づけられたのだ。

言葉で伝えることができず、人間に下される診断の最も一般的な基準にも当てはまらない動物にとって、これが何を意味するかといえば、診断プロセスはほとんどすべて観察に頼っており、ときにPMDDの場合と同じように、薬物治療に動物がどう反応するかによって判断されるということだ。

残念ながら動物用のDSMは存在しない。それに最も近いものとしてわたしがたどり着いたのがメルだった。数頭のメスのゾウがオークの木の下でまどろみ、そのうちの一頭が大きないびきをかいて寝ている広大な緑の茂るPAWSの野原を越えると、メルはチェーンでつながれた高いフェンスに囲まれた大きなドッグランのようなところへわたしを連れてきた。そこには、行ったり来たりして落ち着かないようすの、ぼんやりとしたストライプの姿があった。スニータという名の小柄の雌トラだった。彼女は、苛立ちと退屈と深い不変の疑念が入り混じったような表情でメルを見た。

スニータは、南カリフォルニアのサンバーナーディーノにあるグレンエイボンという街の住宅のなかで生まれた[2]。そこはジョン・ワインハルトという名の男の家で、彼はここに妻と幼い息子、そして趣味で飼っているトラたちといっしょに住んでいた。二〇〇三年に動物管理局のスタッフがワインハルトの家を強制捜索したとき、そこには冷凍庫のなかに詰め込まれた五十八頭の死んだトラの子どもと、腐って乾燥した状態で敷地内に散らばる数十頭のトラの死骸、バスタブで泳ぐ数匹のワニと生きたトラが十頭いて、そのうちの一頭は裏庭のキッチンにつながる扉を激しく強打していたという。ワインハルトの息子のためのイースター用のアイスキャンディが、トラの精神安定剤といっしょに冷凍庫に並んでいた。また、そこから十六キロほど離れたコルトンという街にある元下水処理場でも、数十頭のトラを飼っていたという。彼はこの風変わりな荒れ果てた動物園を「救出活動」と称していた。

「彼らといっしょに住んでいるのです」。ワインハルトは動物管理局の手入れを受ける三年前、新聞記者にそう話していた。「わたしの毛穴のひとつひとつがトラのようなにおいを発しています。だからわたしが近づくと……彼らはわたしをトラとして受け入れてくれるのです」

サンバーナーディーノから救出されたこのトラたちはPAWSに送られた。これらのネコ科動物はいま、囲いのある広々としたプール付きの檻のなかで、一般大衆と完全に隔離された状態で生活している。この保護区域では、トラは太陽が降り注ぐ広い庭からプライベートな隠れ場所のある小さな囲いまで二時間ごとに往復し、じゅうぶんな運動が確保されている。彼らは鶏の首やドラムスティック、牛の心臓や七面鳥のひき肉、そして紙袋などのごほうびにつられて移動する。肉は食べるため、紙袋は小さく噛みちぎって遊ぶためだ。この新しい生活は、かつてリバーサイドで過ごした狭くて暗い場所とは似ても似つかない。しかし、保護区域の生活にすぐに慣れた他の多くのトラと異なり、スニータはリラックスできるまでに時間がかかった。血なまぐさい肉とごほうびは楽しんだが、スタッフや他のトラがいる前では食べものに口をつけようとしなかった。また、何人かのスタッフが現れると、吠えたり、悲しそうな声を出したり、〝伏せ〟をするのを拒んだりした。PAWSの飼育員は、スニータが他の多くのトラよりも小柄だったため、ワインハルトの家で大きなトラたちにひそかにいじめられていたのではないかと考えている。

メルがわたしをスニータのところに連れてきたのは、アメリカの就学児童の約十%が抱える障害を彼女ももっているからだった。[3] スニータは極端に顔面を動かす人間のように何度もまばたきをしたり、鼻をぴくぴく動かしたりする。メルは、スニータがストレス性のチック症を患っていると確信している。人間の場合、チック症はタイプごとに分類されている。慢性、一過性、トゥレット症候群、そして「他に特に指定のない」タイプだ。これらは発声に関わるもの、運動神経に関わるもの、またはその両方の場合があり、子どももおとなも発症し、ストレスによって悪化することが多い。スニータのぴくぴくと動く顔面は、ストレス状況下にいるときほど強く、頻度も高くなるように見える――特に、彼女にワクチン注射をしたことのあるメルのような獣医や、ただ単に気に入らない飼育員がいるときだ。初めてこの保護区域に到着したとき、スニータは人間が通りすぎるとかならず、チェーンでつながれた壁に体当たりし、そのあいだずっと顔をぴくぴくさせていた。メルは彼女をチック症と診断し、人間の子どものチック症の多くが成長とともに症状が軽くなったり消えたりするのと同じように、メルもいつかは治るだろうと思っていた。

二年後、スニータは以前よりも穏やかになり、自信もついた。フェンスで囲まれた柵の壁までときどき行ったり来たりはするものの、体重も増えてきた。毛並みもふさふさと豊かになり、ひとりになるまで食べないということもなくなった。チック症は完全には消えていなかったが、スニータの場合、この症状は一生ついてまわるものになる可能性があり、これは決して忘れることのできない高ストレス環境へのある種の反応だとメルは考えている。彼女の囲いのそばに立って、飼育員が次の食餌の鶏肉や牛肉を準備しているのを眺めていたとき、なぜそんなにスニータに興味があるのかとメルに尋ねられた。わたしは、オリバーの身に起こったことに罪悪感を抱いていること、そして彼の衝動強迫と恐怖症を前に、どれほど自分は無力と感じたかを話した。

「オリバーは精神障害だったようですね」とメルは言った。「でもあなたはできる限りことはすべてやった。それでも、じゅうぶんではないこともときにはあるし、じゅうぶんなこともある」

保護区域と自らが経営していた小さな動物病院を辞職したメルは、主に動物救護活動の顧問獣医として、またこうした動物の長期にわたる問題をケアするPAWSなどの施設のアドバイザーとして働いている。これらの動物は過去に辛い経験をしているため、問題は非常に深刻だと彼は考える。狭く、隔離された柵囲いのなかで何年も過ごしたうつ病のゾウ、カナダの食肉加工場で脚を切断されたウマ、肝炎やその他の感染症の研究に実験動物として利用されたトラウマを抱えるチンパンジー……こうした動物の心理的問題のほとんどは、監禁された生活に原因があるとメルは考える。しかし、コンパニオンアニマル（伴侶動物）に関わる仕事をしていくうちに、わたしたちの家や納屋、庭を自然環境とし、人間といっしょに生活することに慣れている生きものでも、たとえ酷い扱いを受けてなくても強迫性障害、ある特定の奇妙な恐怖症、極度の怖がり、異食症（食べられないものを食べること）、自傷癖、うつ病などを発症する可能性があるとメルは確信するようになった。

「あなたのイヌはこの点を証明しているかもしれません」とメルは言った。「あなたもジュードも、やさしさと愛と安定と運動を与えていた。それなのに彼の問題はますます悪くなっていったのだから」

大忙しの医者

オリバーが飛び降りてから、わたしは彼をアパートにひとりにしておくのが怖くなった。彼が何をしでかすか心配で放っておけなかった。朝、仕事に出かける前、ジュードとわたしは木製のキッチンチェアを窓の前に移動させ、シェードを下ろした。ばかげていることはわかっていた。窓がそこにあって、簡単に椅子を脇にどかせることぐらいオリバーだってわかっているのだから。でも当時は、目に見える障害物があるだけでも、わたしにとっては重要に思えたのだ。そして、動物行動学の病院に熱心に電話をかけ、受付係となんとかアポイントをとろうとした。待合室はきっと、ときどきひとりにさせられても気にしない、うまく生活になじんだイヌや、人間の関節炎の薬のコマーシャルに出てくるような、何の心配もなく海岸を元気に走りまわるイヌたちでいっぱいだろうと想像した。受付係は、わたしが数ヶ月間味わうことのなかった精神の安定を監視するプロの番人だった。いや、少なくともそうであってほしかった。ほとんどの動物行動学者は、面会を待つ新しい患者で手いっぱいだったが、やっとのことでオリバーとわたしを受け入れてくれるというメリーランド州郊外に住む女性を見つけた。約束の日の前に詳細な質問票に記入し、オリバーのおやつの好みや、人に噛みついたことがあるかどうかなどの質問に答えた。

面会の日、わたしは三百五十ドルを支払って、待合室で『ドッグファンシー』という雑誌をめくりながら、診断とプランと救済を辛抱づよく待った。温かくやさしい物腰で話しかける女性、それがこの獣医の最初の印象だったが、彼女はイヌの毛が一本もついていないパンツを履いていた。わたしたちがオフィスに入ると同時に、彼女はオリバーにごほうびをあげた。オリバーはすぐさま、わたしの足もとにあったやわらかいドーナツクッションに丸くなり、いわゆるくつろいだイヌ科動物の写真さながらに目を閉じた。そのあいだ、わたしは彼のパニックと不安神経症について獣医に説明した。変なノイズがするとクレームを訴えながら、ただ調子よく走ってくれることだけを願って車を修理工場に出しにきた人のような気分だった。オリバーの〝ノイズ〟はいびきをかくとき、うれしいとき、そして普段の息づかいだけだ。感心することに、獣医はまだ興味深そうにオリバーの行動について質問を続ける。ジュードとわたしが家に帰ってくると何をするか、具体的にどんなものを食べているか、どこに何時間ぐらい散歩につれていくか、アパートのレイアウトはどんな感じで彼はそれをどう使っているか、これまでどんなものを壊したことがあるか、特定の人や他の動物に対してどんな反応をするかなど、質問はいつまでも続いた。わたしが彼の突飛な行動についてよどみなく説明すると、ついに獣医は質問をやめた。そのかわりにオリバーを見つめ、ため息をついた。「やらなければならないことはたくさんあります」

「じゃあ、助けることができるんですね?」とわたしは尋ねた。

「ええ、きっと」と彼女は言った。

そのとき、動物行動学者はアドバイスを売るのではなく希望を売っているのではないかという考えが頭をよぎった。獣医学校の行動学訓練の授業は、実際は人間の心理を学ぶコースなのだろうか? この女性は〝わたしの〟セラピストでもあるのか? まるでわたしの沈黙の質問に答えるかのように、彼女は処方せん用紙をデスクからとりだし、ふたつの薬の名前を書き留めた。ひとつはプロザック、もうひとつはバリアムだ。それから数枚の紙をプリントアウトし、わたしに手渡した。

「あなたのイヌは分離不安障害の重度なケースでしょう」と彼女は言った。「それから雷恐怖症。そしておそらく肢端舐性皮膚炎、つまり強迫的に自分を舐める病気です。強迫性障害(OCD)の人間が手を洗うのと同じです」。その紙の束には、ジュードとわたしがオリバーといっしょにやらなければならないさまざまな課題が書いてあった。置き去りにされたり、雷に遭ったりといった恐怖の手がかりとなるものとの関係を断つためだった。獣医はさらに、オリバーをパニックに追いやる音に対する感覚を鈍らせるため、雷音が入ったCDが買えるウェブサイトも書き留めた。わたしはクッションに寝ているオリバーを起こし、入ってきたときよりも軽い、励まされたような気分で部屋を出た。オリバーもそうだったにちがいない。
分離不安障害、雷恐怖症、イヌ科のＯＣＤの一種というオリバーの診断を受けたことで、家に帰ってグーグル検索をしてみようという気にもなった。そして注意力欠如障害と同じように、分離不安障害は必ずしも適切な診断とはされてこなかったということを発見した。[4] こんにち、イヌにこの障害があると診断できるのは、これが認識できる人間の心的苦痛だからであり、ＤＳＭには現在のところ「発達的に不適切で、家や、そばにいた人と少なくとも一ヶ月間分離されることへの過度の不安」として定義されている。[5] これが実行可能な診断となったのは一九七九年のことだった。[6] それ以前は、学校に行ったり、家にひとりきりで残されたり、親が死んだりすることを異常なほど心配する子どもたちは、何の診断も下されないか、もしくは単に神経質と思われるだけだった。イヌも同じようなプロセスを経ているということだ。

十九世紀末になると多くの人々、少なくともその余裕のある人たちは、家畜や働く動物と離れ、ペットのイヌや鳥といった働く必要のない動物といっしょに暮らすようになった。[7] 二十世紀初頭には、少なくともわずかにではあるが、イヌは子どもと同等だと考えられるようになった。歴史家のキャサリン・グリアは、ヴィクトリア朝の印刷物、小さな装飾用の彫像、カード、その他広く流通する製品に、動物を人間の友だちとして表現するようになったと述べている。[8] あかちゃんと仔犬が同等の存在としていっしょに遊んでいたり、授乳する親ネコとその仔ネコが、同じく授乳する人間の母親といっしょにいるようすを描いたりするイラストは、自分自身の子どもを表現するのと同じ愛情でもってペットを描写することを人々に奨励するのに役立った。この変化が、人間と動物は感情的問題を共有しているという考えかたの基礎を築いたのだ。それは、多くの人がある特定の動物（たとえば狐やコヨーテではなくペットとしてのイヌ）を人間と同等だと考えることを受けいれ、友だちのような仲間としてだけでなく同じような感情をもつ生きものとして、そして究極は、脳内の同じ化学成分をもつ生きものとして見ることに満足している証拠だった。(9)

動物行動学者と会った日の夜、わたしは初めて、bernertalk.comなどのバーチャルドッグパークに他人が投稿したイヌ科の悲しみについてのストーリーを何時間もかけて読んだ。またオリバーの診断は、ダイニングの椅子がなぜ全部リビングの窓に向かって積み上げられているのかと母に尋ねられたときに、彼女に説明すべき言葉もわたしに与えた。そして、わたしが夕方五時半きっかりにオフィスを出るとき、同僚に言うことのできる公認の言い訳にもなった。「わたしのイヌには障害があるんです」と、出口に向かいながらわたしは言う。「実はひとつじゃなくていくつか。だからスケジュールどおりに家に帰らないと窓から落ちて粉々になってしまうんです」と。おそらく文字どおりに。

ところが、こんなふうにオリバーの診断を熱心に弁護していたにも関わらず、それでもわたしは少しだけ矛盾を感じていた。その診断はあまりに十把一絡げなのではないか、個々の反応や行動など考えず、イヌのオリバーにウマの毛布を掛けてやっているようなものなのではないかと感じはじめたのだ。そのすべてが、あるひとつの事がらに端を発していることをわたしは確信した。つまり、見捨てられることに対する恐れと不安だ。執拗に自分を舐めるなどの反復行為は、自分を落ち着かせるための自己破壊的方法であり、不安な気もちのはけ口だったのではないかといまでも思う。その動揺の基準値がすでに高すぎる状態だったため、雷に対する恐怖はおそらく他のものよりもっと極端だったのだろう。実際、オリバーの恐怖と不安はあまりに激しかったため、それらが彼の全生活に影響を与え、その延長線上で、わたしの、そしてジュードの全生活にも影響を与えていたのだ。

それからすぐにわたしは気づいた。夜遅くまでインターネットを検索しているのはわたしだけではないということを。そして、オリバーの診断とともに、わたしよりも多くのことを知るだれか他の人からの医療的介入と気づきを得ることで、心の平和がもたらされるのではないかという希望を抱いているのも、わたしひとりではないということを。行動学者となかなか会うことができなかったのは、彼らの仕事が忙しすぎることが理由のひとつに挙げられる。米国獣医動物行動学会（ACVB）は現在、動物の行動と心の問題を専門とする五十七名の獣医に資格を与えており、その全員がオリバーのような大胆な自己破壊的行動だけでなく、人を悩ますような、または迷惑なほど執拗な行動――たとえばソファの上に一回だけでなく毎日のようにうんちをしてしまったり、それを食べてしまったりというエピソードはたくさんある――に対する診断を次々と下している。[10] しかし、動物行動学者の数が少ないことが原因だと言ってしまうと少しばかり語弊がある。汚食症（大便を食べること）や分離不安障害、雷恐怖症、異食症といった診断を下すことができるのは獣医兼動物行動学者に限ったことではないからだ。どんな獣医でも、精神疾患や行動障害の診断ができ、向精神薬を処方することができる。精神的な問題を診断する獣医の〝実際の〟数はおそらく九万二百人近くで、これはアメリカ合衆国で認可を受け、活動してい

る獣医の数に相当する。(11)

動物の行動に関する問題を専門とするなかでも最も多忙な病院のひとつ、タフツ大学獣医学校の動物行動クリニックの院長を務めているのが、獣医のニコラス・ドッドマンだ。彼は『愛しすぎた犬』（*The Dog Who Loved Too Much*）や、『助けを求めて泣き叫ぶ猫』（*The Cat Who Cried for Help*）などの本の著者で、イヌ科の強迫性舐症状からウマ科の自傷症候群まで、人間以外の動物の障害について何十もの学術論文を執筆してきた。彼によれば、ウマ科の自傷症候群は人間のトゥレット症候群に似ているという。(12) ドッドマンは主にペットのイヌやネコを治療しているが、ときどきウマやオウムも診ている。こうした動物のほとんどは虐待されたり、見捨てられたりしたことはない。結局、彼らの飼い主は助けを求めて、いとも気前よくお金を払おうとする。

タフツの行動クリニックを初めて訪れたのは、ドッドマンの同僚のニコール・コッタムに会うためだった。待合室は動物臭が充満し、人で溢れかえり、彼らに連れてこられた生きものたちがリードにつながれたり、ケージに入れられたりしていて、なかにはプラスチックの洗濯かごにタオルがかけられた状態で入っているネコもいた。部屋は一・二メートルほどの高さのパーテーションで中央から分けられ、一方がイヌ用、他方がネコ用になっていて、それぞれにテレビが置かれていた。イヌのテレビには通販番組、ネコのテレビにはトークショーが映しだされている。動物を連れていないわたしはどこに座ればよいかわからなかった。チンチラをタッパーウェアに入れていた男性に目を留め、彼のとなりに腰掛けた。

コッタムはわたしを見つけると、院内ツアーに連れだした。血液ドナーのネコのケージがいくつかあった。かつては捨てネコだったが、いまはタフツに住んでいて、輸血を必要とする他のネコに血液を提供するのだ。鮮やかな色をした何十匹もの動物が、沈んだようすで家に帰るのを待ちわびながらケージの壁にもたれかかっている整形外科棟を通りすぎ、最後に行動クリニックのメインオフィスにたどり着いた。

オフィスに入って最初に目についたのは、おびただしい数のVHSテープだった。壁一面の棚には、ボール紙のケースに入った黒いビデオテープがずらりと並んでいた。その背表紙の文字は手書きでどれも筆跡が異なり、ペンで書かれたもの、鉛筆で書かれたもの、丁寧な文字、書きなぐった文字などさまざまだ。〝ロキシー〟、〝チップ〟、〝スヌーカー〟、〝ビル〟、〝ラルフィー〟などと書かれてある。八〇年代のレンタルビデオショップさながらだが、ここにあるのはジョン・キャンディの映画ではなく、プードルやラブラドール、ロットワイラーやネコたちが主役のドキュメンタリーだ。

ニコールは棚を凝視するわたしを見た。「遠くに住んでいてクリニックに通えない人のために、電話で遠隔相談サービスもしています」と彼女は言った。「家のなかで気づいた点を記録するようにお願いしています。いまはみなさん、写真やビデオをEメールで送ってきますが、以前は、家を出るときにカメラをセットして録画をし、そのテープを郵送しなければなりませんでした」。わたしは動物の精神的な問題に関する膨大な動画アーカイヴを眺めていた。

コッタムとニック・ドッドマンはいずれも、年間何百件という行動に関するケースを見ている。また、クリニックで彼らが担当する、より一般的な多くの障害にフォーカスした独自の研究プロジェクトにも従事している。コッタムは現在、イヌの雷恐怖症について調べているが、これまでにありとあらゆる精神的問題を見てきた。9・11後は、世界貿易センターの現場で働いていた検索犬や救助犬の恐怖症と不安神経症のケースを治療した。みな、何かに躊躇し、昔のように安定した自分になれないイヌたちだ。彼らの極度の不安と恐怖は、当時の光景や音、そして瓦礫のなかで何時間も作業をしたことが引き金になっていると彼女は信じている。のちに彼女は、ハリケーン・カトリーナのときに生き残ったイヌの治療もおこなった。彼らは災害後、里親に引きとられたが、あの洪水を思い起こさせるような特定の音や光景、人間の家族に置き去りにされることに対して怯えたような反応を見せはじめたためにこのクリニックに連れてこられたのだ。また、小さく光るものしか口にしないネコや、風でふくらんだカーテンから震えながら逃げてくるニコール自身の飼い犬など、動物の奇妙な執着も数多く見てきた。

「ロープに掛けられたシーツが空気を含んでいるのを見ると、うちのイヌはとても怖がるのです」と彼女は言う。「それから旗や、風で膨らむ隣家のタープも」

コッタムも軍のイヌの動物行動学者と同じように、イヌはイヌのPTSDにかかることがあると確信しており、その例として9・11の検索犬や救助犬、ハリケーンカトリーナで生存したイヌを引き合いに出したのだ。「彼らがテーブルやベッド、ソファの下に隠れたり、怖くて出てこられなかったりするのは、単に恥ずかしがっているだけかもしれません。でもそれは、何かPTSDに近いものだとわたしは思います。実際に出てきても、壁伝いにしか歩きません。トラウマを抱えているように見えます」

タフツでは、こうしたイヌのストレスレベルを軽減し、薬物を投与する治療がおこなわれている。「彼ら固有の恐怖の底まで降りていって、それを治療する努力をしています」と彼女は言う。たとえば、大きな音が引き金になるイヌの恐怖反応もあれば、制服を着た男性に反応する場合もある。

メル・リチャードソンと同じくコッタムも、動物は人間のほとんどすべての精神医学的問題のイヌ版を示していると信じているが、この信念をどう説明するかについては慎重だ。

「たとえば強迫性障害でいうと、何時間も休みなく椅子の脚を舐めつづけたりするときに、動物たちは強迫観念に駆られているとわたしは〝思います〟。でもほんとうにそうなのかどうか〝証明する〟ことはできないので、ニックとわたしがこの話題について公言するときは、〝衝動的障害〟という言葉を使います。〝強迫性〟という言葉を省くのは、この言葉を使うと、わたしたち人間は動物の考えていることがわかるということを案に含んでしまうからです。強迫的に手を洗う人間は、その執着をわたしたちに説明することができますが、強迫的に舐めるのをやめられないドーベルマンはそれができません」

わたしはオリバーが衝動的に自分を舐めつづけたり、そこには存在しないハエに嚙みつこうとしたりしたことを思い起こし、彼のことを診てくれた行動学者がオリバーはイヌ科のOCDの一形態を患っていると言ったが、それは正しいと思うかとコッタムに尋ねてみた。

「その可能性はあります。衝動強迫というのはたしかによくある問題です。庭に円形の跡がある家を見かけるでしょう。あれは、尻尾を追いかけるのをやめられない、その家の飼い犬がつくった跡です」

コッタムとドッドマンは強迫観念や恐怖症を患う患者も診ており、そのなかには極めて特殊なものもあるという。「ありとあらゆる奇妙なもの、たとえば影とか、明るい太陽の光、空に浮かぶ飛行機雲まで怖がるイヌを見たことがあります。それから目覚まし時計や電子レンジのビープ音も。特にビープ音はどこから聞こえてくるかわからないから、イヌにとっては怖いのです。また別のケースでは、ハエを怖がる老犬も治療しました。仔犬のころハエの群に襲われたのです」

恐怖症、特にオリバーのような雷恐怖症を治療するのはとりわけ大変だ。というのもイヌは音に反応しているだけでなく、気圧の変化や稲妻の光にも反応しているからだ。こうしたすべての刺激を一度に与えることでイヌの感覚を鈍らせるといった治療はほとんど不可能である。

しかし、タフツのクリニックで見られる最も一般的な問題は、異常な攻撃性だという。「これは人間の衝動制御障害と似ていると思われます。たいていは嫉妬に関連しています」とコッタムは言う。「飼い主たちが抱き合っているのを見ると、それを引き裂こうとするイヌもいるし、他のイヌに嫉妬するイヌもいます」

コッタムに連れられて再び待合室に向から途中、わたしはある巨大な体重計の前でふと足を止めた（「先週、キリンの患者が来たのです」とコッタムは言った）、どうしてオリバーが精神的トラブルを抱えていると思ったのかと尋ねた。わたしは熱心な研究者のトーンで、泣きそうな声をカバーしようとしたが、彼女は哀れな目でわたしを見た。

「純血種のイヌが姿を消しても、わたしはそれほど動揺しないでしょう」と彼女は言った。「たとえばカロライナドッグ。体重が二十キロ近くある茶褐色のイヌです。血統書つきを望まなければ、どんなイヌもこれと同じような姿になるだろうという、まさにイヌらしいイヌです。結局はみんな、ディンゴ［オーストラリア産の野犬］やコヨーテのようになるのです」

なぜそのほうがよいのか、とわたしは尋ねた。

「バーニーズマウンテンドッグのようなイヌをブリーディングするということは、その非常に特殊な身体的特徴、たとえば襟の色や体格とか、いろいろなものもいっしょにブリーディングすることになります。そして最終的には、どんな行動的特性もその身体的特性に関連づけるようになるのです」

わたしは、オリバーの鼻筋に通る完璧なまでの白いライン、尻尾の白い先端、すぐに見わけがつく茶色い眉毛、豪華なテーブルクロスのような黒い毛並み、ヴァイキング王（イゴール・フォム・エクマンス＝ホフ）やヨット（グローリーVレガシー）を彷彿とさせる名をもつ、受賞歴のあるドッグショーのバーニーズのことを考えた。ほぼすべてのバーニーズがこうしたまさに印ともいえる特徴をもち、その血筋は「アメリカ革命の〝四本足の〟娘」［「アメリカ革命の娘」とは一八九〇年に結成された米国独立戦争の精神を継承しようとする女性たちの団体］まで遡ることができる。これらのイヌは実際、みなとてもよく似ているので、オリバーが死んでからというもの、道でバーニーズに出会うとかならず、息を切らして喘いでいる彼の亡霊に出くわしたような気分になる。

人間にこうした現象を置き換えてみると、とても心がかき乱される。たとえば少人数の人間の集団に、単に前腕の長さ、足の毛の色、耳のかたち、手の平や甲の影、足のサイズが同じということをベースに、もう一方の少人数集団との間に子どもを産ませたとしたら、いったいどうなるだろうか。それは、二十世紀初頭のアメリカやそれ以降のナチスドイツの誤った、人種差別的な、そして恐ろしい優生学的問題も思い起こさせる。その子孫たちも同じような出産を強制的にさせられ、その子どもたち、その子どもの子どもたちも同じように出産させられたとしたら？　あっという間にバーニーズマウンテンドッグの人間バージョンができあがることだろう。

多くのブリーダーは身体的特性のためだけではなく、のんびりとした、できるかぎり健全な、性格の良い家庭用のイヌをつくるために繁殖させているのだと主張するかもしれない。しかしイヌは、単に血統の基準（アメリカンケネルクラブ（ＡＫＣ）などのブリーディングクラブが立案した細かな要件）を満たすためだけに、ある特定の模様と体型を備えていなければならないのだ。コッタムが言っているように、こうした模様のなかには、たとえば不安症、恐怖症、攻撃性といった、精神的に安定したイヌを生みださない他の特性と結びついているものもある。ＡＫＣが提示するバーニーズマウンテンドッグの血統基準には、たとえば〝前四分体〟と濃いひとまとまりの模様に関しては長々と説明したセクションがあるのに、気質に関する文章はたった二行、つまりＡＫＣによれば「自信と警戒心を備え、性格は良いが賢くも恥ずかしがり屋でもない」という記述しかない[13]。

ある品種は、周知のごとく、ある特定の障害になりやすい。メル・リチャードソンは、尻尾を追う強迫症をもつ数多くのブルテリアに会ったことがあるというが、彼はこの行動を、ある意味で遺伝によるものと考えている。ドッドマンはテリアやボーダーコリーなどの尻尾を追うイヌや、病的なまでに影を追いかけたり、石を噛んだり、食べられないあらゆるものの表面を舐めたりする癖をもつイヌの治療にも携わってきた。光の点を追うのはオールドイングリッシュシープドッグ、ワイヤーフォックステリア、ロットワイラーに最も顕著にあらわれるという報告がある。存在しないハエを叩くのは、ジャーマンシェパード、キャバリアキングチャールズスパニエル、そしてノーリッチテリアのあいだで蔓延している――とはいえわたしは、これがバーニーズにも見られることを経験上証明できる。ネコについて言えば、シャム、バーミーズ、トンキニーズ、シンガプーラ、そしてオシキャットのような外来種、オセロットにちょっと似たブチのある国産種、不釣り合いなまでに短い足に交配されたネコ科のダックスフントとも言われるマンチカンなどは、強迫性が高いとされている[14]。

オリバーの場合、彼固有の苦悩の取りあわせは、その収縮された遺伝子プールや過去の経験、そしてその神経生理学が合わさったものに由来するのだと思う。彼を狂気に向かわせるこれといった引き金はついに発見することができなかったが、いくつか推測はできる。オリバーの何がいけなかったのかを解明しようとすることは、正確に何が彼を悩ませたのかを特定し、その不安症がそもそもどこから、そしていつ始まったのかを理解する試みのひとつのプロセスだったのだ。

動物行動学者のもとを訪れたあと、ジュードとわたしをオリバーの最初の家族に紹介してくれたブリーダーに手紙を書いた。そしてオリバーの奇妙な行動について、何か心当たりはないかと尋ねると、彼は初めてオリバーのことを少しだけ話してくれた。

オリバーはそのブリーダーの家を出て新しい家族にもらわれたが、最初の四年間はその家で兄弟といっしょに駆けまわって遊び、とても可愛らしく、家族の愛情を欲しいままにしていた。散歩にもじゅうぶん連れて行ってもらい、家族が飼っていたもう一匹のライフという名のオールドイングリッシュシープドッグと並んでリビングに寝そべるのが好きだった。二匹はガラスの引き戸の向こうにある庭をいっしょに眺めて過ごした。すべてが変わったのは、当時高校生だった一家の末娘が妊娠し、あかちゃんを産む決意をしたときだった。突然オリバーは、もはや家族という太陽系にとっての産毛のようにやわらかい陽の光ではなくなった。彼は少女の妊娠によって、そしてその後に誕生した新しいあかちゃんによって失脚させられた。あかちゃんのことは少しも好きになれなかった。彼は当然、イヌであればだれもがやるように、もう一度家庭生活の中心に戻ろうと必死にがんばった。してはいけないところにうんちをしたり、隣の家のイヌを追いかけて飼い主に噛みついたり、電気柵を壊したりした。また、かじってはいけないものと知りながら、わざとかじるようなこともした。それもこれもみな、昔のような愛情をただ欲しかっただけだったのだろう。ところが何をしてもその愛情を取り戻すことはできなかった。

家族は良かれと思ってしたのだと、わたしは確信できる。彼らはオリバーを愛していたが、どうすればよいかわからなかったのだ。娘とあかちゃんが第一優先だった。オリバーが愛情を求めれば求めるほど、彼らのフラストレーションはたまり、いっそう執拗に彼を退けるようになった。最初はガレージに閉じ込めたが、オリバーは鍵を壊そうとして窓枠を食いちぎった。そのあとはコンテナに閉じ込めようとした。けれども、そのコンテナは快適で安全な場所だということを最初に教えなかったために、家族がだれもいない状況で閉じ込められることは、おそらく彼を動揺させるだけだったのだろう。オリバーはなんとかして外に出て家族のところに行こうと、コンテナのプラスチックやらワイヤやらを壊しにかかった。これがきっかけとなって家族はオリバーを手放し、新しい家を探さなければと考えはじめたにちがいない。

光沢のある茶色い髪をくるっとねじり、きらきらひかるイヤリングが好みのエリーゼ・クリステンセン博士は、ニューヨーク市が認めた唯一の動物行動学者だ。ということからも、もっと年配の女性なのだろうと思っていた。しかし実際の彼女は三十代半ばから後半ぐらいに見え、いっしょに酒を飲んで酔っぱらって、精神病質の動物の話をねだりたくなるような自意識の高い獣医だ。それとも、そう思うのはわたしだけかもしれない。

初めてクリステンセンと直接会ったとき、彼女はワイルコーネル医科大学の精神科教授であり精神薬理学部長でもあるリチャード・フリードマン博士といっしょに壇上にいた。彼女はイヌの不安症について講義をし、フリードマンは自身が受けもつ人間の患者のパニック障害と不安障害について討論していた。彼らは人間と動物の薬物治療の重複部分に関する会議の一環として、ニューヨークのロックフェラー大学で演説していたのだ。「人間とイヌの不安障害がどれほど似ているかということに、とても驚いています」とフリードマンは言う。「[わたしの患者は]まるで世のなかがとても危険な場所であるかのように、常に半恐怖状態で歩いています」。クリステンセンはうなずいて同意を示す。彼は続ける。「不安障害は現在、アメリカで最も一般的な障害となっています。人生のうちで極度の不安症やパニック障害になるリスクは十〜二十%にのぼります」

クリステンセンはいくぶん物足りないようすで、動物行動学者は精神科医と異なり、以前ほど極度の不安症のケースを見ていないのではないかとして、これに反論した。それはこの十年ほどのあいだに、一般の獣医がパニックや不安を抱えるペットを薬や行動療法で治療することを学んだため、専門家のところへペットを連れてくるクライアントが減ったためだ。クリステンセンは、ペットの飼い主をこうした動物病院へ駆り立てる行動上の問題の四十%近くは、分離不安障害が原因だと考えている。「でもわたしが見ているのは、第一選択の治療法にも反応しないイヌなど、最も難しいケースだけです」。こうした動物はあまりに心が傷ついており、その苦悩があまりに極端なため、これがもし人間であれば精神病院に入院させられるにちがいないとクリステンセンは主張する。「わたしのところに来るころには、こうした動物たちは五種類もの薬を飲ませ、しかも大量に投与しても、まだパニック状態から抜け出せないのです」と彼女は言う。

クリステンセンが担当する分離不安障害の動物の患者の多くは、タフツの動物行動クリニックでも一般的な現象である、彼女が衝動制御と考える基本的な問題を抱えている。衝動制御障害をもつイヌは正常なイヌとどうちがうのかとクリステンセンに尋ねると、反応のひとことに要約されると彼女は言った。たとえば、かつては噛みつく前に唸っていたイヌに、唸ると罰を与えるようにしたら、何の前触れもなく噛みつくようになってしまった場合、そのイヌは衝動制御障害のないイヌということになる。唸らないということをイヌは学んだからだ。いかなる種類の警告行動もなく、口をパクパクさせたり唸ったりもせず、いきなり噛みつくイヌは衝動制御の問題を抱えていることになる。「まず撃ってからそのあとで質問をする人間のようなタイプです」とクリステンセンは言う。「もし、平均的なクマよりも不安を抱えていて、噛みつく前に結果を考えることも考慮することもできないとしたら、これは問題です」。イヌや人間にとって攻撃を選ぶことはリスクにつながる、と彼女は言う。攻撃すれば傷を負うかもしれないし、周りとの関係性が崩壊するかもしれないからだ。「イヌは選択します。でもいつも良い選択をするとは限りません。ときに、彼らはその選択を急ぎすぎることがあります」これらの動物はその後の一生を、衝動制御や不安症と闘って過ごすことになるだろう。「治癒は保証できません。保証できる人がいたとしたら嘘をついていることになります」

分離障害の原因と治療に関心を抱くもうひとりの動物行動学者は、カレン・オーバーオール博士だ。ペンシルバニア大学獣医学部、行動クリニックの元院長である。オーバーオールはコンパニオンアニマルの精神障害について長年研究を続けており、人間の条件と完全に一致する動物の障害はひとつもないと考えている。[15] しかし彼女は、わたしが話をした他の多くの獣医と同じく、イヌは数多くの人間の精神医学的障害と似たような問題を発展させると確信している。たとえば、全般性不安障害、愛着障害、対人恐怖症、強迫性障害（OCD）、PTSD、パニック障害、積極的衝動制御障害、そしてオーストラリアンシェパードのアルフのようなアルツハイマー病などだ。オーバーオールは、エリーゼ・クリステンセンやメル・リチャードソン、ニック・ドッドマンやニコール・コッタムと同じ方法、つまりペットの飼い主から詳しい情報を聞きとり、問題となっている動物の履歴を集めた上で、その動物そのものを観察するという方法で診断を下す。

リチャード・フリードマンは、全般性のパニック障害や不安障害をもつ自らの人間の患者は、不安症を抱えるクリステンセンのイヌと類似していると考える。というのも、パニック障害を患う人間にとって、圧倒的なほどの衝動強迫は逃げることだからだ。フリードマンは患者たちを薬剤と認知行動療法で治療し、逃げだしたいという衝動強迫を克服しようとする。「患者への治療結果は良好です」と彼は言う。「ところがこれは慢性的な病気です。二十年間で再発する確率は非常に高いです」

フリードマンがコーネル大学の患者に見るこうした全般性のパニック障害や不安障害とは異なり、分離障害を抱える人間はイヌとは少しちがう。人間の場合は十八歳になる前に症状が現れ、たいてい親や愛する人からの分離に端を発する。クリステンセン、オーバーオール、その他の獣医が治療するイヌの場合、この症状はどんな年齢でも現れ、ある特定の人間に置き去りにされたことではなく、ひとりきりでいることが原因らしい。どんな人間でもいい、とにかくだれかがそばにいるだけで助けになることが多い。オリバーのように、イヌのなかには家にたったひとりで残されることに反応するものもいれば、ある特定の部屋またはクレート（ハウス）に入れられて鍵をかけられることにストレスを感じるものもいる。ほとんどがその不安を、逃亡を試みることによって表現する。この部分が、イヌの分離不安障害と人間のパニック障害や全般性不安障害と共通する部分であり、過度に不安を感じたり心配したりという状態が半年以上続き、その不安をコントロールすることができなくなり、落ち着かなくなったり、緊張したり、眠れなかったり、いつもより不機嫌だったり、集中力が欠けたり、ときには逃げだしたいという欲求に圧倒されたりする人間にこの診断が下される[16]。

イヌの場合、分離不安障害は生きるか死ぬかの死活問題のように感じられ、からだが徹底的なパニック状態になる。これは、その極端な行動からも説明がつく。たとえばオリバーは、ひとりっきりで取り残されるとそれが永遠に続くように感じ、お気に入りの人はだれも自分のところに戻ってきてはくれないと感じてしまう可能性があった。ジュードとわたしが結局はかならず帰ってくるにしても、だ。オリバーの恐れは水平線に集まる津波のように、自分をつぶそうと襲いかかってきて、なんとか助かりたいと闘う彼の内部のありとあらゆる衝動を活性化させる。彼があれほど大胆に逃亡を試みたのは、わたしたちという存在そのものを探したかったからではなく、置き去りにされたときの恐ろしい不快感からどうにかして逃れようとしていたからだったのではないか。オリバーがノコギリで引いたように家のドアを粉々になるまで噛んだり、外へ続く道を探そうと固い木の床を掘るしぐさをしたりしたとき、彼が何か特定の努力、名犬ラッシーのような努力で、わたしとジュードの居場所を探りあてようとしていたとは思えない。そうではなく、自分自身の不安で狂気に陥り、極限状態になったイヌは、イヌとしてできることならどんなことでもやるのだ。噛んだり、掘ったり、行ったり来たり、泡を吹いたりすることは、そのレパートリーのほんの一部にすぎない。

エリーゼ・クリステンセンは、アップステート・ニューヨークに住んでいたころ、ひとりにされるとかならずキッチンの窓を壊したくなるという不安衝動を抱えるジャーマンシェパードの治療に当たっていた。一度その窓を通り抜けると、彼のパニックは徐々に鎮まり、庭で丸くなって飼い主が来るのを待っている。何度も窓を修理しているうちに、この家族は窓を開けっ放しにすることにした。「彼はジャーマンシェパードだから、泥棒が入っても心配ありません」とクリステンセンは言う。彼女はまた、オリバーのようにアパートの窓から飛び降りたイヌを治療したこともある。そのうちの一匹は数階下まで落下したが、アパートのエアコンの室外機の上に落ちたために助かったという。

オリバーはそれほど高いところから飛び降りたわけではなかったし、キャンキャン鳴いたり吠えたりして助けを求めもした。家具や床、ドア、シーツ、タオル、枕、そのほか手に届くものならなんでも爪で引っ掻き、かじった。息を切らし、よだれを垂らし、肉が見えるまで自分を舐め、急に駆けだそうとした。してはいけないところにうんちやおしっこをしてしまうイヌもいる。また、ふさぎこんだり、じっと動かなくなったりすることで、その不安を表現するものもいる。あたかもよだれを垂らした物言わぬ殉教者のように――。また食べることをやめてしまうイヌもいる。拒食症――ひとりにされたイヌが食べたり飲んだりしなくなる症状――は分離不安障害のサインだとクリステンセンは考える。「イヌが感情的に食べはじめたら、それはたいてい食べないことと同じです」と彼女は言う。

ネコの心理がわかる人

アメリカ最大の動物保護シェルターのひとつが、サンフランシスコ動物虐待防止協会（ＳＦＳＰＣＡ）だ。このシェルターは常時二百三十〜三百匹のネコと、ほぼ同じくらいの数のイヌを収容している。ネコは、ふわふわしたキャットツリーと、将来の里親が座って観察できるように椅子がいくつか置いてある、タイル張りの床にガラスの壁がついた「コンドミニアム」で生活している。また、リスが緑の芝生の上をダッシュするビデオや、水浴び盤のなかで毛づくろいをする鳥のビデオを流すテレビが置いてあったりする。このシェルターのネコの行動学オフィスで働くダニエル・クワリョッツィは、このシェルターに初めてやってきた動物たちが抱えている問題の診断をしている。また、シェルターのネコの延長保証サービスのような役目も果たしており、新しくわが家に迎え入れたばかりのネコが示す問題について、飼い主からの質問に答えるといったこともおこなっている。

ダニエルは渦巻き模様のタトゥーを両腕全体に入れ、左腕の内側には天使のネコ、右側には悪魔のネコが彫られている。指のつけ根には、赤と黒のインクでCAT'S MEOW［「最高の人」の意］の文字がある。ダニエルは、ネコを頬ひげのついたどう猛な自走式武器に変えてしまうような恐怖性攻撃行動から異食症に至るまで、あらゆる問題を取り扱ってきた。ネコの行動学オフィスにある彼のデスクの上には、きらきら光るインクで〝ディアブリート〟［スペイン語で「悪魔」の意］と書かれたメキシコの小さな民芸品ボックスがある。そのなかには、かつてこのオフィスに出入りしていた、激しい下痢症を患っていたシェルターのネコの遺灰が入っている。

「ネコを幸せにするものの大部分を占めるのがルーティンです」とダニエルは話す。「ネコは自分の期待が叶うのが好きで、その日がどのように展開していくかを知っておきたがる。変わったことが何も起こらなければ態度はいたって良好です。何かが変化すると、たいてい気が狂ってしまう」。このことは、わたしが知っている非常に多くの人間にも当てはまると思わざるを得なかった。

このシェルターの新入りのネコにとって最大の課題は、快適な家庭から突然、においも周りにいる人間も食べものもルーティンも異なる奇妙な環境に投げ入れられることだ、と彼は考える。

「ここではみんながよく言っているのですが、わたしたちは三車線の高速道路を管理しているようなものです」とダニエルは言う。「シェルターに入ってきて、その見たこともない新しい環境にまったく動じない最速レーンのネコ。彼らはここへ来た瞬間から、なんでも食べるし社交的です。それからスローレーンのネコ。彼らは最初の二ヶ月間、まさに絵に描いたようにブランケットの下に隠れようとする。そこから引きずり出して、他のネコと交じわらせるのはとても大変です。それにここはシェルターなので、別の新しい部屋に移動させて、すべてのプロセスを最初からやり直さなければならないこともあります。まんなかのレーンのネコは、もうおわかりかと思いますが、その中間に位置するネコです」

あるネコがうつ病かどうかを見きわめるために、彼は自分自身に問いかけながら注意深くその行動を観察するという。ちゃんと食べているか？　ネコ用トイレを使っているか？　ちゃんと動いているか？　三日後、そのネコがやはり食餌に手をつけず、それでも健康状態が保たれていれば、それはうつ病の兆候だとダニエルは言う。

「そうしたネコに近づいて、その行動を見守ります。わたしの手に鼻を擦りよせてくるか、それとも顎さえ動かさないか？　うつ病のネコはとにかく反応しようとしません。恐怖を感じているネコは非常に反応が早いのです……シャーッと威嚇し、ネコパンチをしてくる……うつ病のネコは、まるで生命のない塊のようにそこにいるだけです」

ＳＦＳＰＣＡでの仕事以外に、ダニエルは「ゴーキャットゴー」という行動コンサルタント会社も運営している。サンフランシスコのベイエリア全体で、ネコのトラブルを抱える人々の家を訪問しているのだ。彼は毎週、何十通ものメッセージを携帯電話に受けている。救済を求め、飼っているネコの気持ちを知りたいという、フラストレーションだらけの絶望した人々からのメッセージだ。最後にダニエルのオフィスを訪ねたとき、彼はちょうど、自分の飼いネコは解離性同一性障害を患っていると言い張っている気が動転した女性と話し終えたところだった。かつては愛らしく抱きしめたくなるようだったそのネコが、これといった理由もなく、フランス人の交換留学生に襲いかかったのだ。あまりに深く足を引っかいたため、その男子学生は救急処置室に運ばれたという。

「たいてい人が電話をしてくるのは、〝なぜうちのネコはわたしを嫌うのか？　なぜわたしを引っかくのか？　なぜわたしの靴のなかにうんちをするのか？　なぜわたしのドレスをかじるのか？〟といったことの答えを知りたいからです。わたしの仕事の一部は、彼らに問題があるのではないということをわからせることでもあります」とダニエルは言った。

そのフランス人ぎらいのネコの場合、もしかしたらそのネコは、家のなかに知らない人がいることに反応したのかもしれない、とダニエルは感じた。自分の大好きな人の寝室が最近空き部屋となり、そこへたまたま、大学に通いはじめたばかりの別の若い青年が寝ていたという状況だ。おそらくネコは交換留学生のことを、自分の愛する人を追いだした侵入者か何かのように感じたのだろう。

ダニエルは自分のことを、こうした種と種のあいだの神秘を伝える通訳者だと思っている。できる限り判断を交えずにたくさんの質問をし、クライアントの家がどのように配置されているか、そこに住んでいる人間同士の動きはどうなっているか、ネコがそこでどんなふうに暮らしているかを注意深く観察する。

「ネコはわたしが知る必要のあるすべてのことを教えてくれます」と彼は言う。「たとえば、自分たちの環境をどう利用したがっているか、自分たちがくつろげるような方法でものが与えられているか？　安全できちんと整っていると感じられるような自分だけの小さな空間があるか？　好きな食べものとお気に入りのトイレがあるか？　こうしたことはささいなことに聞こえるかもしれませんが、ネコの精神衛生上ものすごく大きな影響を与えるのです」

ネコの精神状態を健康にする環境をつくりだすために、ダニエルはクライアントに、たとえばキャットツリーのような「ネコ専用の」スペースを確保するよう提案する。「見た目はよくありませんが、ネコは自分だけのものを所有することを好みます。これがあれば安全で守られていると感じることができる。こうした場所は高い位置、たとえば本棚や冷蔵庫の上などがベストです。家のなかにいる人や他の動物を見おろせるというのは、彼らに安心感を与えるからです」。これは特に驚くべきことではなかった。

「ただし、彼らのテリトリーにこうしたものを付け加えることで、それが行動の妨げとなってはいけません。彼らはいま起こっているすべてのことの一部でいたいのです」。ダニエルはクライアントに

「プレイセラピー」に関わることも提案している。つまり、ただ遊ぶだけの治療法だ。刺激のある遊びを提供してくれる最もおすすめのネコのおもちゃは、「ダバード」と呼ばれるものだ。これはミニチュアの釣竿で、先端にピンクとグリーンの派手な羽の束がついている。発狂した指揮者か、はたまたダハーブ（薬草）を吸いすぎた人さながらに「ダバード」を振りつづけると、ネコはあちこち行ってそれを追いかける。オリジナルのルアーに飽きたら、ラスベガスのショーガールから引きちぎったような、きらきらの布切れに取り替えることもできる。

しかしどんなに「ダバード」で遊んであげても、またどんなにネコ専用のスペースから思う存分人間やイヌを見おろすことができたとしても、それでも彼らは奇妙な行動をとることがある。ダニエル自身のネコも例外ではない。彼が飼うカビーという名のシールポイントマンチカンも、独自の問題を抱えている。カビーは水彩画のようなシャムネコの顔と、マンチカンの短い足をもつ。その短い小さな足のせいで、カビーはネコパンチができないかわりに、たいていは他のネコをシャーッと言って威嚇する。カビーがネコ科の知覚過敏症を患っていると知って、ダニエルは動揺した。知覚過敏症というのは、自分の尻尾に猛烈に攻撃を加えたくなるという、突発性の断続的な欲求だ。この病気を患うネコは、尻尾そのものが脅威の対象であるか侵入者であるかのように、ピクピク動く自分の尻尾を追いかけ、それに飛びかかり、ときにはずたずたに引き裂いて肉が見えてしまうこともあるという。

なぜカビーが自分自身を攻撃するのか、ダニエルにはわからなかった。寝室と、ときに廊下やキッチンがカビーの縄張りになっている彼の家には、いくつかのキャットツリーと、行ったり来たりできるトンネルがあり、クローゼットのなかには専用の寝床もあった。つまりそれは理想的なネコの棲処で、これほどネコのニーズを満たしてくれる飼い主は他にはいないといっても過言ではない。ダニエルはカビーに薬物治療をすることにした。プロザックを服用して三十日が過ぎると、取り憑かれたような行動はなくなった。数年経った現在はすっかり回復した。維持投与量だけは続けているが、そのおかげで自傷行為の発作は一週間に三十秒程度におさまっている。その他のほとんどの時間は、日当たりのよい窓辺でうとうとしながら、ダニエルが帰宅して「ダバード」で遊んでくれたり、キャットトンネルのなかを、その短い足で走りまわる姿をダニエルに見守ってもらったりするのをじっと待っている。

海岸のゾウ

ダニエルが自身のネコのカビーと、これまで彼が助けてきた多くのネコを通じてわかったように、彼らを正しく診断し、治療プロセスに入るためには、注意深く観察することが不可欠だ。しかし、なぜある特定の生きものだけが情緒不安定になるのかを理解するには、たいてい何か他にも鍵となるものがある。その鍵こそ、彼らが個々に経験してきたことなのだ。たとえばオリバーの場合、最初の家族との経験は、彼のわたしたちとの関わりかたに影響を与えた。これは特に、家庭からシェルターにやってきたネコや、異常な状況下で育てられたトラのスニータ、シェラトンホテルで暮らしたゾウのララなど、何か大きな変化を経験した動物に当てはまる。

ララは一歳のときに母親から引き離され、タイ南部の贅沢なビーチリゾート、クラビにあるシェラトンホテルに売られた。ララは一日の大半をホテル一階にある象使いとその家族が住むわらぶき屋根の家にほど近い、コンクリートの床の屋外パビリオンのなかで鎖につながれた状態で過ごした。一日に一、二回、観光客といっしょに写真を撮ったり、彼らに撫でられたり、もてはやされたり、人間の手から直接バナナを食べたりするために、ララはホテルのロビーや青々とした芝生に連れだされる。午後の炎天下のなか、象使いは彼女を砂浜に連れて行って泳がせたり、観光客といっしょにぬるい水のなかで遊ばせたりする。観光客の多くは、浅瀬でララといっしょに水浴びをしたり、ララが長い鼻から海水を吹き出したり濡れた砂浜に穴を掘ったりするようすを写真におさめる。そんなふうに過ぎていった最初の数年間、ララはおっちょこちょいで、カリスマ的で、親しみやすく、ホテルの客ともうまくやっていた。また、鼻でハーモニカを吹いたり、蛇口の捻りかたを覚えたホテルの屋外シャワー目がけて走って行って水を飲んだりするのも好きだった。そして象使いが止めるまで、噴き出し口の下で水を飲んだり遊んだりしていた。

ララは育ち盛りのゾウで、まもなくするといっしょに写真撮影をするどころか、足手まといな存在になっていった。六歳になるころには体重が一トンを超え、そのサイズからしても観光客といっしょに泳ぐには危険な状態になった。好奇心旺盛な鼻で客の腕をつかみ、小さいころはチャーミングだったがいまでは力が強すぎて、自分では遊んでいるつもりなのに、人を殴り倒してしまったり、誤って踏みつけたりするようになった。また、自分の時間の使いかたに、前よりも自分の考えをもつようになり、象使いが指示しても気分が乗らないときの彼女をコントロールするのが難しくなっていった。その結果、ララが鎖につながれる頻度は増し、その時間も長くなっていった。毎年ララに会いにシェラトンへやってきて、自分たちを「ララのファンクラブ」と呼び、写真やビデオをフェイスブックやユーチューブでシェアしあっている数名のホテル客は、ララの将来を憂慮しはじめた。

ホテルの客のなかでも特に、ジルケ・プルースカーという名の気前の良い香港の銀行家は、ララをオーナーから買い上げ、ゾウの保護施設に移動させる計画を立てていた。その保護施設なら、ララは他のゾウといっしょに過ごせるし、鎖でつながれるのも夜だけだ。一年も経たないうちにジルケはララの支持者と力を合わせ、（他のホテルにゾウは決して貸さないことを約束した）シェラトンホテルに、この若いゾウをタイ北部のチェンマイ郊外にあるエレファントネイチャーパークに運ぶよう説得した。そこでは、ゾウは強制的にショーに出されることもなく、ゾウ同士が互いに末長く続く友情関係を育むことができる。

わたしがララと会ったのは、彼女がエレファントネイチャーパークに来てすぐのことで、会った瞬間、なぜ彼女がそれほど人気者なのかがわかった。彼女はいたずら好きで、愛情深く、ちょっとおばかさんで、工事の人たちの邪魔ばかりし、緑地植物を試しに食べてみたりするので、ゴーンという名の小柄なビルマ人の象使いは絶えず彼女を追いかけ回していた。「ララを見ていると、四歳の息子のことを思いだすよ」。ある朝ゴーンは、ララが二本足で立ち、積み重なった丸太の上でバランスをとろうとしている姿を心配そうに見つめながらそう言った。ララはわたしたちがそのこっけいなしぐさに注目しているかどうか確かめるように、こちらのほうにチラチラと目を向けていた。

それほど幼いころに母親と仲間から引き離されたララは、パークの他のゾウを怖がった。基本的なゾウの文化ももち合わせていなかったため、新しいゾウに近づくとなると途方に暮れ、どうやって愛情を示し、相手を怖がらせないように自己表現すればよいかわからなかった。そして他のゾウも疑い深そうに彼女に接した。ララにとってはパークに来る人間の訪問客と過ごすほうが楽しかった。特に、シェラトンでたくさんのバナナと愛情を与えてくれた白人の女性を好んだ。そして、彼女が猛烈に愛する象使いのゴーン以外、タイ人男性を悉くきらった。パークのその他の男性スタッフは、ララには近寄らなかった。一度、ゴーンが仕事に来られず、その日だけ新しい象使いが代わりにやって来たときは、ゾウ並みの大きな癇癪を起こしてパークの従業員を威嚇し、車を一台壊し、収穫物が入ったかごをひっくり返したことがある。

こうした行動のどれもが、ララの生いたちを考えれば特に不思議なことではない。ゾウは母親、叔母《おば》、その他の群れのメンバーからゾウになる方法を学ぶ。ゾウとして、喜びや怒りをどう表現するか、何をどのように食べるか、仲間を撫でる最善の方法は何か、どうやって自分の身を守るのか、といったことだ。人間と同様、ゾウは生まれながらにして行動のしかたを知っているわけではない。不正な行いをすれば群れのなかで罰を受けるだろう。母親と引き離されてから、彼女にとっての先生は人間だけだった。ほとんどの時間を檻のなかで過ごし、檻から出たとしても観光客に撫でられたり、ごほうびをもらったりするだけだ。常に新しい人間たちと交流し、そのそれぞれがちがう方法で彼女に応対した――愛情を込めて接する人もいれば、怖がる人もいる。ゾウになる方法をララに教えてくれるはずの最も重要な関係性は、彼女から奪われてしまった。その結果、ララは人間とゾウのハイブリッドのようなものに成長し、そのどちらの世界においてもアウトサイダーだったのだ。

それでもララには愛嬌があった。わたしは彼女が発するガラガラとした声、舌を巻く〝R〟の音を喉で転がすような声の出しかたを学び、それに彼女も同じように応えようとした。ほんの数時間そこを離れ、急いでパークにいる彼女とゴーンのところに戻ると、彼女は長年会っていなかった友だちのようにわたしを迎え、喉をゴロゴロ鳴らしたり、キーキー言ったりして、長い鼻をわたしの頭や顔に伸ばし、股のあいだに息を吹きかけたりしながら、さっきまでしていたゲームをやろうと催促する。ララがゾウの群れのなかでゾウになる方法を学ぶことができればと思ったが、わたしもまた、彼女が自分を好きになってくれたという事実を嬉しく思っていたことは認めなければならない。新しい人間の友だちをつくることはすばらしいことだが、それが人間ではなくゾウの友だちならなおさらすばらしい。それでもやはり寂しい気分にもなる。人間とゾウの友情はたいてい、ゾウがサーカスに連れられていったり、作物泥棒扱いされたりして、結局は悲劇に終わるのではなかったか？　ララは自分を母親から引き離し、何年間もずっと鎖につないでおいた人間という種を、好きにならないほうがよかったのか？　いったいなぜ、彼女はそれでも人間が好きだったのだろうか？

ひとつ考えられるのは、彼女にはそれほど多くの選択肢がなかったからだ。ララのようなゾウは、自分のニーズと、自分をコントロールしようとする人間とのあいだのバランスをとらなければならないという複雑な感情をもつ世界に生きている――害を及ぼすものであると同時に癒し効果もある異種間同士の期待の綱渡りなのだ。こうした関係性についてさらに学ぶために、わたしはパークをあとにしてチェンマイに向かい、捕獲され、労働に利用されているゾウの精神的健康について教えてくれると聞いていた人物に会うことにした。

ピ・ソム・サックは、タイ北部とビルマ南部に生息し、アジアゾウとの長い交流の歴史をもつ一民族、カレン族のひとりだ。彼はさまざまな年齢の、さまざまな能力をもつ厚皮動物の売買をおこなうゾウのトレーダーでもある。数々のメーカーや、同じブランドの異なるモデルの専門的な知識をもつ中古車ディーラーとちょっと似ている。家族はずっと昔からゾウを飼っていた。比較的最近になるまで、ゾウはカレン族がこの目的のために保護している森のなかで暮らしていた。捕獲されていたとはいえ、厳しい制限を受けているわけではなかった。村での重労働で忙しくないときは、多かれ少なかれ、自分たちの好きなことをして暮らしていた。おとなのゾウが重く不安定なチェーンを足につけて引きずっているのは、戻る時間になったときに自分がどこまで行ったかを象使いに知らせるため、森の草薮のなかに跡を残しているのだ。こうしたゾウの多くは、何世代にもわたってカレン族のコミュニティの一部だった母親のゾウから生まれた。こうしたゾウは出産をし、交尾をし、基本的に一年のほとんどを自分たちの好きなように暮らしている。そして、「止まれ」、「進め」、「口を開けろ」、「足を上げろ」といった、いくつかの命令だけに反応するように訓練されていた。

第二次世界大戦前、タイ国土の三分の二は、野生のゾウやトラ、サイやヒョウ、野生のイヌやサルなどが棲むうっそうとした森に囲まれていた[17]。ところが一九五〇年代になると、こうした森林は加速度的勢いで伐採されていった。タイ政府は、大規模な伐採許可を外国の会社に与えはじめた。多くのカレン族の男たちが、伐採業界で象使いとしての職を見つけた。主な伐採地域の多くには道路がなかったため、トラックの代わりにゾウが丸太や人間、備品を運ぶのに利用されたのだ[18]。また、収穫した丸太を積み重ねたり、それを川まで運んで別の場所へ流したり、切り株を地面から引き抜く手伝いもさせられていた。

いまやタイにはほとんど森林が残されておらず、少しだけ残っている森は保護管理下にある。伐採は違法となった。つまり、いまもそこに棲んでいる約二千五百頭のゾウが職を失い、消滅してしまった自らの棲処の丸太を強制的に運ばなければならないという悲しい立場にいるのだ。ところが、いまだに成長しているゾウ市場もある。こうした市場は、ゾウの背中に乗ったり、ゾウに引かれたりするためなら喜んで金を払うとか、その長い鼻先で花の絵を描いたり、〝LOVE〟という文字を書いたり、サッカーやバスケットボールをしたり、フラフープをしたり、泥を投げたりするゾウを見たがる観光客を確保するために存在する。

わたしが訪ねたチェンマイ動物園のピ・ソム・サックという男性は、ゾウを夜間、鎖でつないでいる平たい土の空間と街並みを同時に見下ろせる、小高い丘の上の小さな家に住んでいた。彼は街の大きな家に住めるくらいの裕福な生まれだが、ここに家族やゾウといっしょに住むほうを選んだ。そのうちの数頭は動物園で背中に人を乗せている。「この眺めが好きなんです」と、家の前の杭につながれた三頭のメスのゾウが、バナナの木の湿った管状の幹をおだやかに食んでいるのを観察しながら彼は言った。

ピ・ソム・サックは、携帯電話でひそひそと価格について話をしていたかと思うと、オーナーが売りたがっているという仔ゾウや親ゾウを訪ねて小さな村まで車を走らせる。そのゾウがどれほど回復力があるかを見きわめるのが彼の仕事だ。精神的に不安定なゾウは値段が安い。攻撃的なゾウはもっと安い。いちばん値段がつかないのは、人間をひとりでも殺したことがあるゾウだ。ソム・サックはベストな投資となる精神的に安定したゾウを買いたいため、できるだけ早く精神面の健康状態を判断できる方法を探しだすことに人生をかけてきた。

精神障害のあるゾウは、ある一定の行動から見わけがつく。「ある特定の動きを探すのです」と彼は言う。「〝米をついて〟いたら」――つまり頭を上下させながらうなずくしぐさを休みなくしていたら――「悪い兆候で、買ってはいけないゾウだというサインです。それから両耳を、同時にではなく片方だけパタパタさせていたら、これは非常に危険なゾウだということです。そして尻尾はライオンのように美しくなければいけません。先端がなくなっていたら悪い知らせです。たぶん他のゾウとけんかして、噛みつかれたのでしょう。それから、人間を見たら目をつぶって瞬きをするようでなければなりません。ただぼんやりと見つめるだけだったら良くない証拠です」

ソム・サックが新しいゾウを買ったり、チェンマイに連れて帰ったりするときは、しばしば長旅になる。これはゾウにとって、特にトラックの荷台に乗った経験がないゾウにとってはストレスが溜まる。

ソム・サックのこのプロセスはある意味で、精神的回復力を測るあの洪水実験と似ている。ゾウの長旅は、パブロフの嘘の洪水のソム・サック版というところだ。

新しいゾウがソム・サックの家に到着すると、彼はまずはそのゾウを森へ連れて行き、たくさんの食べものを与えて、ひとりにさせる。「あとからこっそりと戻ってきて、木の陰に隠れて観察するんです。ぼくはゾウが見えるけれど、ゾウからはぼくが見えない。もし両耳をパタパタさせ、木の枝を折って自分のことを掻いたり、ハエたたきみたいに使ったりしていたら、このゾウは合格と判断する。ただそこに突っ立ったままなら不合格です」

おとなのゾウの精神的安定の大部分は、幼少期の生活に関係している、とソム・サックは考えている。「特に母親との関係です」と彼は言う。「良い母親に育てられたら、たいていはいい子になります。母親の愛情をいっぱい受けてきたからです」

わたしは彼にララのことを尋ねようと思い、彼女の子どものころのことを少し話した。ホテルで生活するということは、ゾウの成長にとってあってはならないことだと彼も同調したが、彼女にすぐれた象使いをつけるべきだったということや、すでに暴力的になってしまっていたのではないかということも指摘した。彼は、本来備わっている気質も親から受け継がれるものだと確信している。やさしくて穏やかな母親からは、やさしくて穏やかな子どもが生まれ、攻撃的な母親からは攻撃的な子が生まれる可能性が高くなる。しかし、人間との交流が必要な捕獲されたゾウの精神的健康状態ということになると、最も重要なのは彼らと関わるこうした人間たち、特に象使いからどう扱われるかが最も重要なのだ。単に自分のゾウにやさしくすれば良いということではない。というのも、他のゾウとの関係性も非常に重要なので、〝自分以外の〟ゾウが象使いに叩かれたり虐待されていたりするのを見ると、気が動転してしまう可能性もあるからだ。

残念なことに、ゴーンの注意深く愛情いっぱいの世話と、可能性に満ちたパークでの新しい生活にも関わらず、ララはパークに到着した数ヶ月後にこの世を去った。食べものを拒否した夜の翌朝、心臓発作を起こして倒れた。検死解剖でヘルペスが見つかったという。ゾウの場合、ヘルペスは腫れるのではなく心臓の欠陥を引き起こす病だ。ララの心臓はあまりに肥大化しており、パークの獣医グリシュダ・ランカ博士は、彼女がこれほど長く生きたこと自体、信じられないと語った。ララのファンと友だちは悲しみに暮れた。ララをエレファントネイチャーパークに連れてこようと献身的に努力したジルケ・プルースカーも、香港から弔問に訪れた。巨大なゾウサイズの土が盛られ、ララの好物だったヤングココナッツが山積みになった墓のとなりに、わたしたちは立った。

タイから戻ってしばらくのあいだ、わたしは毎日ララのことを考えた。彼女が近くで牧草を食べているあいだにゴーンがつくってくれたララの小さな木製の彫刻品を、わたしは常に携え、いまも肌身離さずもっている。自分の像を彫ってもらっているあいだ、ララがずっと彼のそばに立っていられたことが、わたしを驚かせた。そしてその小さな、笑顔の、木に彫られたゾウを手のなかで転がしながら、複雑で、扱いづらく、でも可愛らしい他の動物たちのことを思い起した。オリバーはジュードとわたしのところに来たとき、ずっと不安定だった。単にそういうタイプのイヌだったからなのかもしれないが、彼は仔犬のころに経験したすべてのことを体現していた。ララも同じだった。しかしいまとなっては、ララが他のゾウへの恐れと、群れのおとなのメンバーとしての役割を果たせない不毛さを最終的に克服できたのかどうか、わたしたちには知るよしもない。わたしは、幼いころの経験が果たす役割と、こうした経験が動物の長期にわたる精神的健康に及ぼす影響について、もっと知りたかった。そして、何世代にもわたる科学者たちが、心の神秘を解きあかそうと研究してきた生きものたち——ラット、ネズミ、そしてヒトの子ども——に目を向けたのだ。

ブルース・ペリーは、児童精神学者、神経科学者、そしてテキサス子ども病院の精神科の元院長だ。彼の専門は、トラウマを抱えた子どもの治療で、たとえばテキサス州の教団ブランチダビディアンによるウェーコ包囲戦の生存者や、大量殺戮、レイプ、ネグレクト、育児放棄などの多くのサバイバーを治療してきた。また、ハリケーン・カトリーナやコロンバイン高校の銃乱射事件、9・11などの悲劇を経験したあとのトラウマへの対応を考えるさまざまな機関を支援している。マイア・サラヴィッツとともに著した『犬として育てられた少年』（*The Boy Who Was Raised as a Dog*）のなかで、ペリーは自分が治療した極めて異常な環境で育った子どもたちのことを書いている。こうした子どもたちの多くは幼少のころにトラウマを経験し、それがおとなになるまで影響を与えている。ある少年は乳児のころ、母親が街に長い散歩に出かけているあいだ、たったひとりで一日じゅう家に置き去りにされ、その泣き叫ぶ声に気づいて助けてくれる人はだれもおらず、他の人がふつうにもつ感情を感じることができなくなり、おとなになってからレイピストになってしまった。また別の患者はイヌ同様に、善意はあるがまったく適正のない男性の保護者によって、他のイヌといっしょに犬小屋で育てられたという[19]。

ペリーはラットについても調査をおこなってきた。博士課程での研究の一部は、闘争・逃走反応におけるノルエピネフリン（ノルアドレナリン）とエピネフリン（アドレナリン）のような神経伝達物質の役割を理解することに焦点が当てられた。彼の神経伝達物質研究室のラットは、迷路を通り抜けるあいだ、ショックやキンキンという鋭い音などの高ストレスの刺激に晒された。なかにはそれでもうまく迷路から抜けだせるものもいれば、どんなに小さなストレスでも動揺して、その迷路についてすでに知っていたことをすべて忘れてしまうラットもいた。研究員は、ストレスに最も感受性の強いラットはアドレナリンとノルアドレナリン系が過剰に活動している（すなわち、より感受性の強い闘争・逃走反応を示している）ことを発見した。これらのストレスホルモンの過剰は、脳の他の箇所になだれのような変化を引き起こし、ストレスに対するラットの反応能力を阻止してしまう。さらに、これらのラットがストレッサーに晒されているあいだの発展的段階は、彼らの神経系の変化の度合いにも影響を及ぼしていた。過去の研究では、ラットの子どもが研究員にほんの数分でも手でもちあげられると（あかちゃんとしては特にストレスの大きい状況だ）、結果としてストレスホルモンレベルに変化が現れ、その行動がおとなになるまで持続する可能性があることがわかった。

人間のストレス反応システムはラットの場合と同様、潜在的に高ストレスであることが引き金となって、いとも簡単に起こる。たとえば、乱気流に入った飛行機、高い場所、自分を傷つけた人間、虫、何となく不安だと感じるその他数えきれないほどの光景や音、経験などだ。また脳幹、辺縁系、大脳皮質――心拍数や血圧の制御から抽象的な思考能力や決断能力まで、すべてに責任を有する脳の部位――の機能に継続的な影響を及ぼすおそれのあるものもある。[20] そして事実を言えば、悲しみや愛、幸福感といった精神状態にも影響を及ぼすのだ。二〇〇九年、米保健福祉省は「虐待が脳の発達に及ぼす影響について」(〝Understanding the Effects of Maltreatment on Brain Development〟)と題する報告書を発表した。[21] 保健福祉省としては人間以外の動物を念頭においてはいなかったが、この報告書が説明するプロセスは動物と類似している。動物の脳のニューロンは胎児の発育段階で形成され、その後にとどまることになる脳のさまざまな部位に移動する。記憶、意思決定、感情、その他の精神的経験を引き起こすニューロンの経路であるニューロン間のシナプスは、わずかに子宮のなかで発展し、誕生後、動物のあかちゃんの社会経験に応じて放出される。シナプスとニューロン経路の一部が使われない場合、または高レベルのストレスホルモンのなかに浸っている場合、それらは萎縮する可能性がある。これが、動物の成長とともに重大な精神的問題を引き起こすおそれがあるのだ。人間と動物の脳に関するこれまでの研究から、ペリーのラットのあかちゃんのように、他の時期よりもダメージの影響を受けやすい特定の時期があり、このダメージがのちに精神的な問題へと発展していく可能性があることがわかっている。

ペリーが初めて受けもった患者はティナという名の七歳の女の子で、この子を治療したことで、彼はストレスを受けたラットの子どもに関する初期の研究を思いだした。[22] ティナは四歳から六歳にかけて、ベビーシッターの十代の息子から性的虐待を受けていた。二年間、少なくとも週に一回、少年はティナとその弟を縛りつけ、彼らをレイプしたり、さまざまな異物でソドミーをしたりしていた。だれかに話したら殺すと脅されていた。虐待がおさまった翌年、ペリー博士のオフィスに現れたティナは、睡眠障害、注意欠陥、運動制御困難、協調関係と言語能力の不足、そしてときに周りの人間からの社会的手がかりを誤解するなどの問題を抱えていた。さまざまな脳の領域の機能と発達に影響を与えるストレス要因に晒されていたあかちゃんラットと同じように、ティナが受けた虐待は重要な成長期における彼女の神経系の発達に影響を与えた。何年にも及ぶストレスが、ティナのなかに一連の変化を引き起こした、とペリーは確信した。つまり、ストレスホルモンの受容体を変化させ、彼女の発達障害の原因となった脳の領域全体で、感情および機能不全を促進させたのだ。これが虐待の記憶と相まって、学習することと注意することをよりいっそう困難にした。彼女は学校でも攻撃的にふるまった。これは、たとえ危険がそこになくても、危険に対して警戒する傾向が強いからだとペリーは考えた。教室では、先生やクラスメートからの知覚できるどんなに小さな侮辱でさえ挑戦だと受けとり、しばしばけんかになったり、性的にふるまったりした。

ストレス、ネグレクト、そして精神的健康に関する最近の重要な研究のほぼすべてが、ティナのような人間に焦点を当てているが、これらはそれぞれ異なる多くの種で非常に似通っていると思われる。女の子のあかちゃんが泣きはじめ、母親がやさしくなだめるかわりに部屋のドアに鍵をかけ、電気を消してしまったとしよう。これが一度や二度なら、彼女の成長に持続的影響は及ぼさないだろう。もしあかちゃんが泣くたびに毎回こんなことが起きたら、周りの人間とのつながりを助ける脳の一部、母親を見たときや、ぎゅっと抱きしめられたときに喜びの感情を引き起こし、他の人間との結びつきは大切だと教えてくれる化学物質を放出する脳の一部は稼働しなくなるだろう。このあかちゃんが成長したとき、自分の肉体的精神的ニーズを、他人との関わりあいのなかでどのように健康的に満足させればよいかわからなくなるだろう。だからこそ、泣いているあかちゃんをなだめるのをおろそかにしてはいけない。泣けば助けがくるということを彼らは学んでいるのだから。年長の子ども、少女、そしておとなになったこの女性は、他人が自分に信用を与えてくれるとは思えなくなり、結果として愛着障害を患い、不適切な人間と過度に、そして即座に親密になったり、逆にしかるべき人間と親密になれなかったりといったことが起こる。そしてもし、この女の子のあかちゃんがゴリラだとしたら？

ゴリラの成長は、生理学的にも情緒的にも長期間にわたるという点で、また母親とのつながりによってどのように他者を信用するかを学ぶという点で、わたしたち人間と似通っている。あかちゃんのころにかまってもらえずに育ったゴリラは、きわめて社交的なゴリラ社会のなかで、おとなになってから群れのメンバーとの関係性に問題を抱える可能性がある。これはゾウにも当てはまり、ゾウも長い期間かけて成長し、家族や群れのメンバーとのつながりが強い。実際、脳の成長期に感情面でのニーズが満たされなかった生きものや、信用に値すると思っていた対象から傷つけられた経験をもつ動物にもこのことが言える。

シンシア・ザーリング博士は二十五年以上、問題を抱えた子どもの研究を続けている心理学者だ。また、家族に見捨てられ、攻撃的になったジャーマンシェパードのリハビリもおこなっている。わたしは彼女にゾウのララのこと、ペリーの研究から自分が学んでいること、そして動物の心を判断することについてタイのソム・サックが教えてくれたことを話した。驚いたようすはなかった。そのかわり、自分が治療している子どもたちのことを思いだすと言った。「子どもにとって最も重要なのはいちばん最初の関係性です」とザーリングは言う。「つまり母親とあかちゃんの関係性です。どの子どもの未来の関係性もこれがベースになっています。人は母親という鏡から自分のアイデンティティを獲得するので、その母親が自分をうまく映しだしてくれないと、結果的に自己同定の感覚がばらばらになってしまうのです」

ザーリングは、リハビリを担当しているジャーマンシェパードにもこれと同じことが起きていると考える。虐待されたりネグレクトされたりした仔犬は、しばしば自信に満ちたおとなのイヌになれず、小さいころに——他のイヌや人間の飼い主によって——しつけられた模範となるような善行を身につけられなかったイヌほど攻撃的になりやすく、最終的にはシェルターに入れられる可能性が高くなる。エリーゼ・クリステンセンはこうしたイヌ科の動物を「リサイクルされるイヌ」と呼び、なぜそのような行動をとるのか理解しようとすることは、自分の尻尾を追いかけるイヌを見ているようなものだという。「彼らが問題のあるイヌなのは、彼らがシェルターシステムの産物だから、つまり問題のある行動を一回だけでなく何度もしたことで、またシェルターに舞い戻ってくるだけのためにもらわれていく生きものだからでしょうか?」と彼女は言う。「それとも、扱いづらいイヌに生まれたからシェルターシステムのなかにいるのでしょうか?」

環境、熱線、その他

住んでいる場所はどこか、そしてその隠れ家や巣、家、小屋は刺激があり、エキサイティングで、気もちを落ち着かせてくれる場所か……こうしたことのすべてが精神的健康に影響を及ぼす。それは明らかに言うまでもないことだ。それでも、酷い状況のなかで生活する動物、まちがった環境で生きる動物が、精神疾患の領域へ方向転換し、とてつもない行動をとるということにわたしたちは驚かされる。たとえばシーワールドのシャチがトレーナーを攻撃して殺してしまったり、ゾウが調教師を踏みつけたりするようなことがあれば、メディアはかならず他のトレーナーやパークのスタッフ、見物客などの驚きのコメントをこぞって報道する。もちろんPETA（動物の倫理的扱いを求める人々の会）やその他の動物愛護団体は決して驚くことなく、プレスリリースを準備しながら、こうしたできごとに備えている。

捕獲された動物は多くの場合、本来選ぶはずもないような、ほとんど自分とまったく関係のない環境に身を置いていることで、何か不釣り合いな感覚を抱いている。こうした生きものは毎日何もしない時間を過ごし、しばしば心、手足、口部を使う活動が欠如している。それに応じて多くの動物は、感情的に取り乱した人間と同じような得体の知れない行動をとるようになる。動物展示業界で働く熱心な擁護者は、そうした批判をはねのけ、動物園の動物は多くの場合、自由な野生動物よりも長生きすると主張し、自然界にはお腹を空かせた捕食動物などの多くのストレッサーが存在し、獣医が治療してくれるわけでもなければ決められた食餌の時間ももちろんないと言う。それに現在、捕獲動物は自然環境ではなく捕獲環境で生まれるため、自分だけで生き延びることはできないというのも事実だ。こうした点はすべて、見栄えだけを良くして中身が空っぽの、手の込んだ見世物のように、動物展示業界が槍玉に挙げられるとすぐにもち出してくる言い訳だ。しかし、カロリー計算したバランスの良いものを何年も食べつづけたからといって、それが生活の質や、自分の決断によって得た喜びを説明することにはならない。また致命的な苦痛ではないにしても、動物を不幸にしたり、つま先をかじったり永遠にぐるぐると泳ぎつづけたりする衝動へと駆りたてるような苦痛の説明にもならない。動物はある特定の世界に生まれてくるだけだからといって、その動物がこの世界に考えをもつことができないということではないのだ。

なかには人間と同じように、数こそ多くはないが、金メッキが施されたケージのなかで暮らすことを好む動物もいるかもしれない。ケニアやジンバブエといったところでは、自分で首をのばして木の実をとるよりも、はじめからカットされた葉っぱのおやつを好む怠惰なキリンがいるかもしれない。実際、チャンスさえあればリッツカールトンに何年でも立てこもり、ルームサービスをオーダーしつづけるような生活をしたがる友人もいるくらいだ。でもわたし個人としては、こうしたミモザの花や、ホテルのターンダウンサービス、そしてシルバーのドームに入った夜中のフレンチフライには飽きてしまうだろう。そしてカーペットが敷き詰められた廊下の向こうに何があるのか見たくなるだろう。残念ながら、ほとんどの展示動物にとって、どのキリンが、ワラビーが、はたまたオランウータンが、チェックインしてホテルライフを楽しむことができるかは知るよしもない。もし楽しめなかったら、そしてもしそれが彼らを錯乱と狂気に駆りたてることになったら、チェックアウトする方法は残されていないのだ。

動物園や水族館の擁護者は、「良い」施設、つまり資金のある施設は、動物たちのニーズを確実に満たしていると主張する。じゅうぶんな食べもの、獣医による手当、寝床や捕食動物からの隔離が整っているからだ。その結果、彼らは多くの場合繁殖を試みる。こうした動物の多くは、同じく展示されている動物の仲間や飼育員とともに社会的な生活を営む。だが、そこに何がいるかを知りながら動物園や水族館を訪れる人たちがひと目見てわかるほど、動物たちの奇妙な行動が蔓延すれば、それは捕獲生活――牢獄であろうと豪華なホテルであろうと――が自由な生活と同じではないことを示すひとつの手がかりとなる。過去数年間、わたしは動物の精神疾患分野に関するフィールドガイドのようなものを開発し、行ったり来たりを繰りかえすライオンや、強迫的に自慰行為をするセイウチの前で、それを実況解説のかたちで紹介している。わたしはすでに、動物園にいると少し気が重くなるようになってしまい、子どものいる友人たちはもはやわたしを動物園に誘わなくなった。これはかえって好都合だ。

ゴリラがそれまで住んできた環境を見物客に思いださせようと入念に設計された偽りの棲処のなかで、まさにほんものそっくりに見えるほど愛情込めてハンドペイントされた繊維ガラスでつくられた木に座る一頭のゴリラを眺めていると、このゴリラに驚くのではなく、その凝った展示のほうに驚嘆してしまう[23]。仮に自分がアメリカの近代的な動物園で暮らす動物だとしても、赤道直下のアフリカのことを思いだしはしないだろう。というのも、わたしはアメリカにしか住んだことがないのだから。しかし、たとえデンバーやクリーブランド、ロサンゼルスで生まれたとしても、思いきり走ってワイルドに泳ぎ、吠え、飛び、他の動物の手脚に噛みつきたいという欲求は、依然としてわたしのなかに強烈に存在するにちがいない。

たしかにこれは深刻な予測だ。手づくりの切り株に座るゴリラは、鞣し革よりも繊維ガラスの感触のほうを好むかもしれない。だってこれしか知らないのだから。しかし、だとしたらなぜこのゴリラは、他の活動はさておき、リズミカルに口のなかのものを吐いてはまた飲み込むということを繰り返しているのだろうか？　なぜ自分の向こうずねや前腕の毛をむしりとり、それを食べる行為を続けるのだろうか？　なぜ動物園はこともあろうに、ゴリラを助けるために人間の心理学者を連れてくるのだろうか？　繊維ガラスの木に彼女は飽きてしまったのか。もしくはその展示が観客にとってすてきに見えるように、でも引き裂いて食べられたりしないように、囲いに沿って青々と茂る植物に電線が張られているのに彼女は気づいてしまったのか。お気に入りのオスのゴリラが、遺伝的にもっと適合するメスのゴリラと交尾させるために、どこか他のところへ連れていかれたのかもしれない。それとももしかしたら、群れのなかで一番いばっているメスがいらいらして、その日のおやつのぶどうを隠してしまったのか。はたまた大好きな飼育員が辞めてしまったか病気になったかで、彼女がどれほどオートミールが好きかということを知らない他の飼育員がかわりにやってきたのか。もしかしたら、群れのあかちゃんが死んでしまい、その屍体があっという間にもち去られてしまったのかもしれない。

環境は重要だ。それはわたしたちが生きる背景、わたしたちがそれを形づくると同時にそれによって形づくられる背景なのだ。自分が、囲われたスペースのなかで生きる捕獲動物だとしたら、環境はより重要味を帯びる。だからこそ、動物の行動の意味が知りたかったら、その環境に対する動物たちの反応を理解することが不可欠なのだ。

異常行動のなかには、簡単に見わけられるものとそうでないものがある。その最も一般的なものは常同行動または常同症として知られている。これらの行動は反復的で、常に同じで、見たところつかみどころがない。こうした行動に忙しく従事する動物の数と同じくらい、常同行動の種類はさまざまだ。種によって好みの行動タイプも異なる。人間の常同行動にはストレスや不安、疲労などによって悪化する傾向がある儀式的・反復的運動がある。[24] たとえばからだを揺らしたり、足を何度も組んでは外したり、自分を定期的に触ったり、所定の位置で足早に歩くといった行為だ。あらゆる動物において、これらは通常の行為を映しだすビックリハウスのゆがんだ鏡のようなものになる傾向がある。

ウマは小さくリズミカルに空気を飲み込んだり、フェンスや水おけなど食べられないものを飽きることなく噛み砕いたりすることがある。[25] ブタは互いのしっぽをかじり、ケージに入れられたミンクは毛皮で覆われた修道僧のように、何度も円を描いてくるくる回る。セイウチは餌の魚を吐いては食べ、食べては吐いてを繰り返す。ウォンバットは仰向けに寝て、どこへ行ってしまうかわからないほど下手なバックパドルをしているかのように、前足で空中をかいたりする。オリバーのようなイヌは、そこにかゆみがなくても、または最初のかゆみが引き起こした舐めたいという欲求が消え去ってしまっても、前足や脇腹の特定の場所を強迫的に舐めつづける。クジラやアザラシ、カワウソなどの泳ぐ生きものの場合は、パターンスイミングの常同行動を繰り返すことがある――その名のとおり、他の行動を一切せず、特定のパターンで泳ぎつづけるのだ。イルカの常同行動は、しばしば自分のからだやむき出しになっている水槽内のパイプやホースをつかった自慰行為が挙げられる。クマや大型のネコ科動物は、行ったり来たりを休みなく繰り返し、強迫症の心の地形図のように見える土埃の跡を囲いのなかに残す。ゾウは縫うように揺れながら進んだり、脚をリズミカルに、しばしば儀式的な順序で上げたり下げたりする。

多くの家畜に常同行動が見られるが、こうした行為は動物園や水族館、サーカス、またブタや猟獣、家禽類の飼育場などに特によく見られる。

アメリカとヨーロッパでは、年間一六〇億匹の動物が飼育場や研究所用に飼育され、そのうちの数百万匹が異常行動を示している。[26]ブタの九一・五％、家禽類の八二・六％、実験用のネズミの五十パーセント、毛皮農場で生活するミンクの八十％、そしてウマの一八・四％に異常行動が見られるという。[27]アメリカの研究所で毎年使用されているおよそ一億匹の実験用のマウス、ラット、サル、鳥、イヌやネコの大部分が、からだを揺らしたり、強迫的にマスターベーションをしたり、自分を叩いたり肌をむしったりといった自己破壊行為や自慰行為をしている。[28]

二〇〇八年に発表された別の研究によると、幼いころに母親と引き離された実験室や動物園、飼育場の動物と常同行動の進行とのあいだには、強い相関関係があることがわかった。[29]早期の離乳は、ブタ、家禽類、乳牛、ミンクなどの大規模な飼育場ではよくあることだ。たとえば乳牛の子どもは、しばしば産まれて数時間で母親と引き離されるが、畜牛は通常、仔牛が八〜十一ヶ月になるまで離乳することはない。多くの養豚場の仔豚は、生後二〜六週間で母親と引き離されるが、他のブタは三〜四ヶ月になるまで乳を飲ませるという。ミンクは生後七週間で母親と引き離されるが、野生のミンクは十〜十一ヶ月になるまでいっしょにいられる。あかちゃんを母親と引き離すのが劇的に早いのは、おそらく家禽業界だろう。野生なら五〜十二週間母親といっしょにいるひよこは、自分を産んだ親鳥を実際に見たことがない。卵だけが孵化場に送られるのだ。早くから離乳させられたブタはいっそう攻撃的で、「お腹に鼻を押しつける」（他の仔豚のお腹をまさぐる）ような行動をとりやすい。ミンクは行ったり来たりの行動を繰り返したり、尾を噛んだりする傾向が強い。仔馬は他のウマよりも柵の木をかじる時間が長く、乳牛の子どもは目の前にあるものを何から何までしゃぶろうとする。マウスはケージのバーを飽きることなくかじり、孵化場で産まれた鶏は互いの毛をより頻繁に、より熱心につつき合うという。

テンプル・グランディンはコロラド州立大学の動物科学の教授で、食肉処理場の設計から行動訓練および行動修正に関するすぐれたアドバイザーでもあり、ケーブルテレビ局ＨＢＯが製作した自らの伝記映画の主役も演じている。彼女自身も自閉症で、キャサリン・ジョンソンとともに著した『動物が幸せを感じるとき』(*Animals Make us Human*) のなかにこう綴っている。「極度の常同行動、すなわちある動物が一日に何時間も同じことをして過ごすような常同行動は、野生動物では絶対に起こらない。そしてそれらはほとんど常に、統合失調症や自閉症といった障害をもつ人間にも起こる」(30)。

極度の常同行動は施設に入れられた子どもたちにも起こりうる。スピッツやボウルビーが一九五〇年代に書物に記したような子どもたちだ。グランディンとジョンソンは、カナダの里親に引きとられたルーマニア人の孤児たちの研究を取りあげている。これらの孤児の八十四%が、ベビーベッドのなかで常同行動をおこなっていたことを指摘している。たとえば、手と膝でからだを支えたまま前後に動かしたり、サーカスのゾウのように片方の足から他方の足へと繰り返し体重移動したり、ヘッドバンギングするサルやイルカのように、壁やベビーベッドの柵に自分の頭を打ちつけたりといった行為だ。

これらの動物の行為は、自分の手を噛んだり、壁に頭をぶつけたり、自分を叩いたりといった自閉症の子どもが示す行為をグランディンに思い起こさせる。捕獲され、ひとりぼっちで収容されているアカゲザルの十〜十五%がこれとまったく同じ行為をする、と彼女は言う。おそらくそれは正しいのだろうが、自閉症の子どもと異常行動をとる動物との比較は議論の余地がある。グランディンは、自閉症を

「動物から人間への中間点」として分類している。[31] これは、自閉症の子どもは他の人間よりも動物に近い可能性があるということを暗に含んでおり、ある人間のグループは他のグループよりも動物に近いというヴィクトリア朝時代の発想を不快なまでに踏襲している。動揺したサルがするように、たとえからだを前後に揺らしていたとしても、それは自閉症の子どもが自閉症でない子どもよりも動物により近いということは意味していない。

とはいえ、動物も自閉症になる可能性はある。そしてもしそうならば、自閉症の人間と自閉症の動物は何か共通点があるのかもしれない。動物行動学者のマーク・ベコフはかつて、彼がハリーと呼んでいた野生のコヨーテの子どもを観察していた。[32] ハリーの同腹の兄弟は転げるように動き回り、互いに楽しそうに唸りあっていたが、ハリーは取っ組み合いに誘われてもその意味がわからず、どうやって遊んだらよいのか検討もつかなかった。どれほど努力しても、ハリーはコヨーテの世界の手がかりを掴むことができなかった。「長いこと、わたしはそれを単純に個性のちがいのせいにしていた」とベコフは書いている。「同種族のメンバー間の行動はそれぞれ異なるのだから、ハリーもまったく異常ではないと思っていたのだ」。ところが数年後、動物も自閉症になるか？　とだれかに尋ねられ、ベコフはあの風変わりなコヨーテの子どもを思いだしたのだ。彼はこう書いている。「ハリーはコヨーテ版の自閉症を患っていたのかもしれない」。

二〇一三年、カルテック（カリフォルニア工科大学）の生物学者らは、社会的スキルに欠け、常同行動を示す不安症の実験用マウスグループを研究対象に選び、彼らに腸内微生物バクテロイデス・フラジロスを投与した。[33] するとマウスの不安症は軽減し、互いにうまくコミュニケーションできるようになったように見え、奇妙な行動に耽る時間も減った。研究員らはバクテリアがマウス以上のものも助けられるかもしれないと結論し、自閉症などの発達障害をもつ人間もプロバイオティクスを摂取すべきだと提案した。この研究は、マウスと人間の両方において自閉症スペクトラム障害を腸内問題と関連づけた、これもカルテックでおこなわれた過去の研究に基づくものだった。[34] たとえば、他のマウスに向かって奇妙な方法でキーキーと鳴きわめくマウスはバクテロイデス・フラジロスが少ない。自閉症の人間も同じだ。このバクテリアの欠如が自閉症の〝原因となる〟わけではないかもしれないが、これを腸内に戻してやることによって、こうした兆候をもつ動物たちを助けることにはなるのかもしれない。

退屈、展示室内のいじめや攻撃的な仲間、気に入らない飼育員やスタッフ……そのそれぞれが動物たちを強迫へと続く道に至らしめる。電気が明るすぎたり、暗闇が暗すぎたり、うるさすぎたり、静かすぎたり、においがきつすぎたり、何のにおいもしなかったりといったことが原因にもなることもあるだろう。

捕獲されたゴリラの多くは、自分が食べたものを吐いてはまた食べるという行為をずっと繰り返す。〝R＆R〟（再摂取と吐き戻し）という言葉が存在するくらい、これは非常に一般的な行為である。ボストンのフランクリンパーク動物園の熱帯雨林展示室のアシスタントキュレーター、ジャニーン・ジャックルは、この動物園の八頭のゴリラの群れとその飼育員チームの監督をしている。彼女はこれらのゴリラと二十年以上の付き合いがあり、園内にある彼女のオフィスはさまざまな発育段階のゴリラの写真と、彼らが指で描いたカラフルな絵（飼育員がゴリラの檻に紙を滑り込ませ、指にペンキを塗って描かせた類人猿同士の工芸プロジェクト）で埋め尽くされている。デスクの奥の黄色いタックルボックスには、彼女がいまだかつて使ったことのない「霊長類咬傷キット」が入っている。

「ゴリラにはそれぞれの〝R&R〟の方法があります」とジャニーンは話す。「メスのキキは、食べものを口のなかにキープしたり、展示室のガラスに塗りつけたりします。鼻から出して顎のほうに垂らしてから、もう一度それを舐めるといったこともします」。もう一頭のメスのジジは群れの最年長で、おそらく最も不快なテクニックをもっている。食べたものをすべて床に吐き散らし、それから吐瀉物で遊び、もう一度それを食べるのだ。

「何か甘いものを食べたときに、特にこの行為をします」とジャニーンは言う。「何度でも味わって自分と関係をもたせたいのでしょう。飼育員のあいだでこんなジョークがあります。人間がこれをやったら、究極のリサイクル5Rレストランが開けるだろうってね」

行動学者であり野生生物学者であるトニ・フロホフは、海洋哺乳類の社会性とコミュニケーションを専門とし、「イルカと泳ごう」プログラムの評価をおこない、捕獲されたイルカのよりよい待遇を目的としたさまざまな擁護キャンペーンのコンサルタントを務めてきた。トニはパターンスイミング、常同行動としての自慰、そして彼女が「ヘッドラミング」（イルカがプールや水槽の壁に頭を打ちつける行為を繰り返すこと）と呼ぶものの数多くの事例を見てきた。

「一度、カナダのエドモントンに資金をもらって行ったことがあります。この街には、イルカを飼っているショッピングモールがありました。そのショッピングモールで実際にイルカに会ったのですが、明らかにあらゆる種類のストレス行動を示していました、それで尋ねたのです。『こんな状態なのに、あなたは本気でイルカの専門家に来てもらって、モールでイルカを飼うことはまちがっていると言ってもらう必要があったのですか？』と」

アザラシとオットセイも、捕獲された状態で異常な習慣を身につける。パターンスイミングだけでなく、子どもがおとなのメスではなく他の子どもに授乳してもらおうとする「パップサッキング」というものもある。捕獲されたイルカやセイウチは、ゴリラとまったく同じように、自分が吸いこんだものを何度でも吐いては、また胃のなかに入れる。「野生生活では、海洋哺乳類が「消化できない」イカのクチや石などを吐き出そうとするのはよくある行動です」と、海洋哺乳動物の獣医、ビル・ヴァン・ボンは言う。「でも捕獲された状態だと、そうしたことが実際の〝食べもの〟で起こるのです。わたしたちはそれを置換行動と考えています。捕獲業界の人間はそのことを話したがりませんが」

なぜ話したがらないのかといえば、見物客を楽しませるために捕獲動物に依存している施設は、動物の衝動強迫という余興ではなく、家族向けの経験や教育的経験といわれるものを売っているからだ。アメリカ動物園水族館協会（ＡＺＡ）は非営利の認可機関および会員制機関であり、動物園はこの地球の生物多様性を熱心に擁護する一連の避難所のような施設だ、ということをアメリカ市民に納得させることに労力をつぎ込む動物展示施設で構成されている。ＡＺＡによれば、アメリカの平均的な動物園と水族館の見物客は二十五歳から三十五歳の子連れの母親だという。(35) ほとんどの場合、動物園は入念に調整された経験が台無しにならないように、そのコレクションのなかに精神障害があったり、人を不安にさせたりするような動物がいることを強調したくはない。そこでは、展示室内に隠されたスピーカーから聞こえる虫の声から手で描いた背景に至るまでのすべてが、動物の自然と家族の楽しみを動物園という場で実現するために注意深く設計されているからだ。

とはいっても、展示施設はどれもみな同じではないことは、シマウマのシマ模様と同じく（それほどはっきりはしていないかもしれないが）ほぼ明らかだ。たとえば、シーワールドとブロンクス動物園を例にとってみよう。ブロンクス動物園は国際保護団体（ニューヨーク動物学協会）が運営する非営利の動物園だが、シーワールドは二〇〇九年までアンハイザー・ブッシュ社が所有・経営していた営利目的のテーマパークで、現在はプライベートエクイティ企業のブラックストーングループが運営している。ブロンクス動物園のような施設で働く多くの飼育員、スタッフ、獣医は、自分たちがしていることはシーワールドのようなところでおこなわれていることとはまったくちがうということをわたしに納得させるためなら、どんな苦労も惜しまない。彼らは楽しませるのではなく教育しているという。いや少なくとも楽しませ〝ながら〟教育していると主張する。この議論は動物の精神疾患とはあまり関係がないように聞こえるかもしれないが、実は大ありなのだ。こうした施設は、動物を展示すること、そしてその結果として起こる、動物たちが直面する精神的トラブルを正当化し、動物は見物客を鼓舞して動物について学ばせることで動物の世界をよりよく知り、それを守ろうとする気もちになって家に帰ってもらうことができる、と彼らは主張する。これは理論上はすばらしい考えかただし、もしその主張が真実だとすれば、強迫症の動物が数頭いても、結局それは妥当な付随的事実となるだろう。しかし、そんなふうにことは運ばない。

四十年前、環境運動がアメリカ人のお金と土曜の午後の使いかたに影響を与えはじめていたころ、この国の動物園は味気のない、コンクリートに囲まれた檻で構成されていて、訪問客の減少という危機に直面していた。彼らをこれ以上がっかりさせるような場所にしないよう工夫する必要があった。さもないと閉園を余儀なくされる。現在も残っている動物園は、教育的であるだけでなく絶滅寸前の種の宝庫であり、絶滅危惧種の野生生物を守る立場にあるとして、その存在を正当化している。この正当化は良くて公約的なものに過ぎず、最悪の場合は、こうした施設が利益を上げながら存続することを許す一方で、そこに収容されている野生動物は静かに絶滅していくという事実を隠す偽装行為でもある。

二〇〇七年、AZAは環境の管理人および教育者としての自らの役割について、その議論を強化する試みとして、動物園の教育的影響に関する三年にわたる調査結果を発表した[36]。この報告書は、動物園を訪れることで人は動物をもっといたわるようになり、種を保護する必要性にも意識的になると論じている。しかしその後、エモリー大学の研究科学者グループが発表した補足報告書は、AZAの調査方法の有効性に疑問を投げかけ、この研究の教育的主張はひどく誇張されていると論じた。

たしかに、動物園の訪問客のなかには、実際に動物を見て、ガイドと話をし、標識を読むという経験によって考えかたが変わる人もいるかもしれない。ブロンクス動物園やモントレーベイ水族館、サンディエゴ動物園などには環境に関する教育プログラムがあり、野生動物の個体数に関する調査を続け、多くの場合、環境保護に重要な貢献をしている。これらの施設の求人は競争率が高く、多くの新入社員はすでに教育を受けたかたちで入社してくる。しかしそうしたスタッフへの教育や訓練、健全な研究や支援活動、そして動物が自国から来た在来植物を自由に食べたり、コンクリートではなく草の上を自由に歩いたりできる新しい展示スペースがあるにも関わらず、多くの動物はそれでもやはり、結果的にさまざまな異常行動を示すようになり、しまいには子どもたちが親にこんな質問をするようになるのだ。どうしてあのイルカは、水槽のろ過システムのノズルにおチンチンを入れるのをやめないの？　見物客がこうした行動に気づき、不満を口にしている一方で、施設側はそれらを改善しようと努力しているとあからさまに主張する。ボストンのフランクリンパーク動物園は展示室のガラスに、この動物がなぜ遊び道具を与えられているかを説明する標識を掲げている。ゴリラの展示室のなかになぜブランケットやプラスチックの浴槽があるのかと、見物客が訝るかもしれないからだ。他にも、どうしても手に負えない迷惑な動物を舞台裏へ追いやることによって、こうした行動に対処している動物園や水族館もある。

結局のところ、見物客がリサイクルの意識を高め、環境保護に寄付しようという気になって動物園を去ることができるかどうかは、動物園や水族館側の問題ではなく、見物客自身の問題なのだ。

現代のアメリカ人は、動物を見たり、動物と交流したりする機会を必要としているが、その答えが動物園にあるとはわたしは思わない。動物園の動物は、そもそも見物客と交流することがめったにないからだ。ささいなことかもしれないが、わたしは動物園のにおい——尿と洗浄剤と何か他の、たぶん動物たちの絶望や、待つことの退屈さなどが発するツンとする強烈なにおいが混ざったような——も好きではない。檻が自然を模していればいるほど気が滅入る。そうであればあるほど人を欺いているからだ。ガラスの向こう側のマンドリル（大ヒヒ）にとって、彼のお気に入りの腰掛けを縁取るほんものそっくりの葉は、それを彼が壊さないように鉄線が張られていたら少しも彼の慰めにはならない。パブロフが明確に示したように、こうした葛藤は病的な行動を引き起こす。新しく中立的に見える展示施設のなかには、そこに生息する生きものにしてみれば昔のコンクリートの施設よりもさらにひどいものもある。新しい植物やその他の特徴があることで、動物が使えるスペースが狭められているかもしれないからだ。こうした環境は、全生涯をそのなかで過ごす動物の心の健康に劇的な影響を及ぼしかねない。

一方で、自分が担当する動物を常に気にかけ、ほとんど割に合わない仕事に多大なる犠牲を払う、心が大きくて共感的で、しかも知的な数多くの飼育員にも出会った。飼育員は長時間労働で賃金は少なく、だれでも代わりがきき、真の危険に頻繁に晒され、肉体的にも厳しく、おそらく最もストレスの多い仕事をこなすわりには責任者になることはない。

飼育員は、たとえば自分が世話をする野生のイヌのなかには、強迫的に唸ったり、儀式的なパターンで囲いのなかをぐるぐる回ったり、仔犬と遊ばなくなったり、丸くなって休んでばかりいるイヌがいることに気づいているかもしれない。しかしほとんどの飼育員は、自分が管理する動物の健康を保証するような大きな変化をもたらす組織的な力――もっと大きな展示施設を建てるとか、もっと高価で種類の豊富な食餌を与えるとか――をもたない。こうした意思決定は、動物といっしょに働いた直接的な経験があろうとなかろうと、動物園の管理者によってなされるのだ。彼らが最優先するのは動物園の利益と集客力のアップ、つまり動物の福利と相反するものにもなりかねないようなことだ。これは基本的なことに聞こえるが、良い展示動物になるためには、まず〝人の目に触れなければ〟ならない。たとえばパンダやゴリラのあかちゃんが誕生すると、見物客がどっと押し寄せ、地元のニュース番組は「わあ〜」というそこかしこから聞こえる歓声を放映するが、煌々と照りつけるライトのもとに、しばしば何時間ものあいだ、産まれたばかりのあかちゃんを晒したいと思う哺乳類の母親がいったいどれほどいるだろうか？
動物園の飼育員やトレーナーにとって、シーワールドやシックスフラッグスといったアミューズメントパークでさえ、彼らが毎日いっしょに働く動物たちは家族同然の存在になる。こうした人々は、自分の家族よりも多くの時間をクジラやイルカ、ウィルドビーストといっしょに過ごし、家族と同じくらい動物たちを愛している。できる限りのことを動物にしてあげたいと思わない飼育員やトレーナーには出会ったことがない。自分が世話をする動物を守ることができないということに気づいたときには、もうすでに手遅れということもある。

ジェニファー・ヘメットは、現在はしゃれたドッグサロンのオーナーだが、かつては霊長類の飼育員をしており、大型類人猿と関わることが大好きだった。イーストコースト動物園の飼育員として十年以上勤務したのち、彼女は限界に達した。きっかけとなったゴリラの名前はトムという。トムの遺伝物質が他の動物園のメスのゴリラと適合しそうだったため、AZAは他にだれも知り合いのいない、何百キロも離れた動物園にトムを送るよう命じた。トムは他のゴリラからの虐待とネグレクトを受け、食べものを口にしなくなり、体重がもとの三分の二ほどまで減ってしまった。この移動は失敗だったとみなされ、トムは再び元の動物園に戻された。そこでジェニファーと他の飼育員が協力して、何ヶ月もかけてトムの健康を取り戻そうとしたのだ。彼らは、もはやトムを別の場所へ動かせるような状態ではないと感じていた。感情的にも脆くなっており、自分が知らない他のゴリラや人間のスタッフとうまくやっていくことができなかった。にも関わらず、トムは再び他の動物園へ送られてしまったのだ。数ヶ月後、ジェニファーと、トムの元飼育員の数名が新しい動物園に彼を訪ねたとき、トムはフェンス越しに彼らを見て泣きはじめた。それはしくしく泣くというようなレベルではなかった。トムは吠え、むせび泣き、かつての飼育員たちのほうへ駆け寄った。ジェニファーと他の飼育員が展示スペースを一周するごとに、トムは泣き叫びながら、彼らと足並みをそろえてフェンスに沿ってついていった。そのようすを見た他の見物客は文句を言い、飼育員に「あのゴリラの叫び声を止めてくれ」と苦情を訴えるほどだった。ジェニファーは家に帰り、その二日後、動物園に辞表を提出した。トムの新しい動物園の管理人は彼女と飼育員にこう告げたのだ。もう二度とゴリラの展示スペースには来ないでほしい。トムにとって刺激が強すぎるだけだ、と。

マウスとマニア

自分の毛を繰り返し抜く行為は、抜毛症として知られている。この症状はアメリカ人男性の約一・五%、女性の約三・五%が患っているといわれるが、毛を抜いて禿げてしまった部分を恥ずかしく思う人はとてもうまくそれを隠しているため、抜毛症と診断されていない可能性のある人たちはこの数に含まれていない。人間の場合、毛を抜く最も一般的な箇所は髪、眉毛、まつげ、ひげ、その他、人目に触れる部分だ[37]。まず、まゆげなど、ある特定の部分の毛を抜くことから始まり、それが時とともに別の箇所へ移っていく。この病気にかかった人は、毛を抜くよりも前に、抜くこと自体が解放になるというある種の緊張状態が先行するというが、これは本を読んだりテレビを見たりなど、リラックスしているときや気晴らしをしているときにも起こり得る。それでも多くの場合は、不安や怒り、悲しみが抜毛の緊急度と頻度を高める。
この障害をどう分類すべきかについては、いまだにかなりあいまいな部分がある。二〇一三年になるまで、『精神障害の診断と統計マニュアル』(DSM)は、抜毛を他に分類できない衝動制御障害に分類し、この行為を衝動脅迫と見なすべきではないと忠告した。抜毛が強迫観念と関連していない限り、これは強迫性障害でもないとDSMは強調したのだ。抜毛は通常、強迫性障害的に手を洗ったり、鍵をかけたかどうか何度も確認したりといったような固定した枠組みに沿っておこなわれることはないからだ。DSMの第五版はこの障害を別の箇所に分類し、現在では皮膚むしり症とともにOCDの一形態と考えている。[38]
その病因が何であろうと、抜毛症がDSMに含まれているのは、ほとんどの人がこの行為をしないからだ。毛というものは、生理学上の理由もあるが、ほとんどは別の理由でわたしたちにとって不可欠なものである。毛のない部分や薄くなった眉毛は魅力に欠けるし、抜くのに時間がかかるため、抜毛は毎日の生活に影響を及ぼしかねない。この癖は不安症やうつ病の兆候である可能性もあるが、多くの場合、見た目がふつうでなくなることが診断のきっかけになる。[39]抜毛症の人間、特に子どものなかには、他人の毛やペットの毛までも抜いてしまうことがある。そして人間の場合は、抜いた毛で遊んだり、それを食べたりすることは珍しいことではない。
これも他の多くの神経症と同様、人間に限ったことではない。抜毛はマウスやラット、モルモット、ウサギ、ヒツジ、ジャコウウシ、イヌ、ネコのほか、(人間以外の)六種類の霊長類でも報告されている。[40]毛をむしりとるげっ歯類は「バーバー」(床屋)と呼ばれる。自分ではなく他のマウスの毛やひげを抜くからだ。人間の抜毛症患者と同様、マウスもメスのケースが多い。そしてこうしたマウスは、わたしが確認した限り捕獲されたマウスにしか見られない。ペットとして飼っていたり、「楽しい」マウスショーのために飼育したりしている人たちのオンラインメッセージボードは、抜毛にまつわるストーリーで溢れかえっている。頭に少しだけ禿げた箇所があったり、モヒカン刈りの逆パターンになっていたり、『オペラ座の怪人』のマスクさながらに顔の毛が抜けてしまったりしたマウスやラットの写真が投稿されている。そうしたげっ歯類の飼い主は途方にくれて回答を求める。「タシェが他のマウスの毛を抜くことなくいっしょにケージにいられるのは、二週間が限度です……今日、フー・マンチュとミセス・ビーチといっしょに、彼女を大きな容器に戻してあげました……でも二週間も経たないうちに、また〝バーバー〟しはじめるでしょう。この問題をどう解決したらよいでしょうか？」(41)

愛好家やブリーダーのなかには、この行為は支配力の誇示と関係があると主張する人もいる。また、生活環境が密集しすぎていたり、刺激が足りなかったりすることが原因で起こるという人もいる。実験用のマウスは、生まれつきであろうと、そのように育てられたマウスであろうと、回し車とカラフルなプラスチックのトンネルがある楽しいケージですら埋め合わせることのできない感覚的、社会的、環境的必要性がある。他の生きものの毛を抜く「バーバー」行為は、人間の症状を含む多くのかたちのOCDと同様、正常なグルーミング行為が混乱に陥った状態だ。マウスはたいてい、後ろ足で掻くことでグルーミングをし、前足に唾液をつけて顔や毛を洗い、歯を使って毛をとかしたり整えたりする。「バーバー」マウスはこの行為が極端なレベルに達したかたちであり、他のマウスの毛を自分の歯で抜いてしまうのだ。こうしたマウスはたいてい、毛やひげをかじったり抜いたりした相手のマウスを傷つけることはない。実際、彼らの「クライアント」である相手はそれを〝楽しんでいる〟こともあるのだ。[42] たとえ結果的にひげが一本もなくなってしまっても、どう見ても皮肉にもならないマレット風の髪型になってしまっても、マウスはときに、自分の毛を抜いてもらうまで「バーバー」マウスのあとをついていったりするのだ。

マウスは実験室の熱心な支援者なので、「バーバー」のげっ歯類は人間の過度の抜毛症を理解する上でいっそう役立つと考える研究者もいる。[43] マウスを人間の抜毛症の代役として利用した研究では、さまざまなテクニックを試して、まずマウスに抜毛させ(自分から抜毛行為をしなかった場合)、その行動に対する抗うつ剤の効果を調査している。[44]

抜毛には遺伝的要素が含まれる可能性もある。二〇〇二年におこなわれた実験では、脳内に見られるミクログリアと呼ばれる免疫細胞の発達に欠かせないHoxb8遺伝子を含む一群の遺伝子を除いてマウスを交配すると、深刻な自己抜毛症を発症することを示している。[45] この突然変異のマウスは、毛を刈ったりひげを抜いたりするだけでなく、禿げた部分や尻の赤く腫れた部分を前足で引っ掻いたりする。『細胞』(*Cell*)という学会誌に発表された最近の研究では、科学者が健康なミクログリア細胞を含む骨髄を、対照群のマウスから抜毛症のマウス群に移植するという実験をおこなった。移植後一ヶ月が経過し、ミクログリアが突然変異のマウスの脳に到達すると、「バーバー」マウスの多くに過度なグルーミング行為が見られなくなった。三ヶ月後、その毛は元どおりに生えそろった。人間の抜毛症患者に骨髄移植への参加を提案する人はだれもいないが、研究者は現在、脳の免疫システムと抜毛症、そしてOCDや自閉症、うつ病といった他の精神障害との関係性を調査している。

自分の毛を抜くのは、柔らかい毛で覆われた動物だけではない。鳥類の獣医は、それがアレルギーなど別の医薬的条件と無関係である場合、羽を抜く行為を「抜羽毛障害」と診断する。オウムの飼い主、獣医、ブリーダーは、退屈やフラストレーション、ストレスを感じると鳥は毛を抜くと主張する。[46]また は性的行為、早期離乳、注意喚起、密集への反応、分離不安の兆候、ルーティンの変化に対する反応などに関係があるとも言われている――つまり、実質的にオウムを動揺させる可能性のあるものならどんなものでも原因となり得るのだ。

フィービー・グリーン・リンデンは、かれこれ二十五年以上オウムといっしょに生活し、捕獲されたオウムの行動を研究している専門家だ。[47]羽毛を抜くのをやめさせる方法は、抜毛症を患う個々の人間への対処法と同じくらい、オウムによって異なると彼女は言う。それぞれがさまざまな理由で毛を抜くからだ。結局のところ、オウムの環境を豊かにし、新しい行動を学ぶ手助けをするのがいちばんだ、とフィービーは考える。「彼らが飛んだり、探しまわったり、社会的なつきあいをしたりする機会を確実に与えてあげることが大切です」。慢性の場合、たとえばプロザックだけでなく、ザナックスやバリアムなどの選択的セロトニン再取り込み阻害薬（SSRI）として知られる抗うつ剤が効果的だ。

サンフランシスコ動物園でヒエラルキーの最下位に位置するメスの大ヒヒは、群れの一匹のオスが死んでから抜毛が始まった。その死に続いて、群れのリーダーシップが〝独裁者〟とガイドから呼ばれている大ヒヒに変わった。最下位の大ヒヒはこの新しいリーダーにストレスを感じ、頭の両サイドの毛を激しく抜きはじめ、ついにはモヒカン刈りのようになってしまった。動物園がパキシルを処方すると、まもなく彼女の抜毛はおさまったという。

捕獲されたゴリラの場合、最も一般的な抜毛箇所は前腕と脛だが、わたしは類人猿が手の届くところであればどこにでも毛を抜いた痕跡を見たことがある。ゴリラはわたしたち人間よりも体毛が多く、濃いので、ほとんどどんな部分の毛でも抜くことができる。

ボストンにあるフランクリンパーク動物園のゴリラの群れのメンバー、リトル・ジョーは、ロープのようにしなやかな筋肉と長い腕をもつ十六歳のオスだ。二〇〇三年、彼はこの腕を使って「トロピカルフォレスト」の展示室を乗り越えて脱走した（「彼はゴリラ界のマイケル・ジョーダンのようで、腕が異様に長く、運動神経があまりに良いため、他のどんなゴリラもしなかった方法で展示室の限界に挑んだ」とジャニーン・ジャックルは語る）。ジョーは二時間ものあいだ近所を徘徊した。[48]公共バスの停留所でひと休みしているところを見かけたある女性は、最初は「大きな黒いジャケットとシュノーケルをつけた人間の男性」だと思ったと語った。

リトル・ジョーは再び脱走を試みることはないが、毛をむしるのにはしばしば夢中になる。からまった腕の毛を、ちょうど抜毛症の人間がやるように抜き、ときにはそれを食べてしまう。しかもかさぶたを何度もはがすため、腕には小さな傷がたくさんある。何かに不安を感じているときはさらに症状がひどくなる、とジャニーンは言う。飼育員はまだ抜毛を完全にやめさせることはできていないものの、フレーバーつきのポップコーンを食べさせたり、診察のためにからだのさまざまな部分を見せる訓練をしたりなど、何か他のことで彼を忙しくさせ、気を紛らせようとしている。

ニューヨークのブロンクス動物園では、キオジャシャという名のメスのゴリラがあまりに激しく毛を抜くため、見物客からの問い合わせが相次いでいるという。あるガイドはこう語る。「そこにいるのがゴリラなのかそうじゃないのか、お客様にはもはやわからなかったようです。それほど毛がなかったのです。まじめな話、皺だらけの人間の老女のように見えました。ほんとうに衝撃的でした。その一週間後、動物園は彼女の展示をやめました。ゴリラはいまカルガリーにいると思います」。

動物園の支援者であるグレン・クローズの母親にちなんで名づけられたブロンクス動物園のゴリラ、サフィ・ベッティーナは、芸術的な意匠がほどこされた泥山のひとつに腰かけ、引っかき傷で血が滲むまで前腕の毛をむしりながら虚空を眺めるのが好きだった。それからそのかさぶたをむきにかかる。

フランス・ドゥ・ヴァールやジェーン・グドールといった霊長類学者は、人間以外の動物も文化――すなわち、ある世代から次の世代へ、あるグループから次のグループへと引き継がれる知識――をもつことができ、実際にもっていることを確認してきた。[49] 塩の味がついているほうがおいしいため、ヤムイモを海水で洗って味をつけることを互いに教えあうニホンザル（学名 *Macaca fuscata*）のことを聞いたとき、わたしは同じことが抜毛にも当てはまるのではないかと思った。毛をむしるゴリラから生まれたあかちゃんは、多くの場合抜毛癖があるが、彼らはこの癖を周りの類人猿から学んだ可能性がある。

診断の難しさ

抜毛症の診断が容易なのは、毛を抜きすぎればしろうと目にもわかるからだ。しかし、見わけるのが難しく、それを名づけようとするとより主観的になりがちな、他の精神的不安の兆候についてはどうだろうか？　あるひとつの常同行動の原因を理解することでさえ、ややこしいことが往々にしてある。動物が強迫的に行ったり来たりせず、他の動物の尾に噛みついたり繰り返しかじったりしていないからといって、彼らがハッピーであるとは限らない、とテンプル・グランディンは言う。イヌの分離不安障害が、彼らを破壊的にさせるのではなく逆に塞ぎこませることがあるのと同じように、雪のなかで〝8〟の字のトレースをつくることもなく、展示スペースの端っこでうずくまる緊張症のクマは、単にそのフラストレーションを表現するエネルギーすらもたないのかもしれない。こうした動物たちは、もっと強迫的に見える動物たちと同じくらい、いやそれ以上に症状が重かったとしても、そう診断される可能性が低いのだ。

明らかにストレスが関連しているような行動の原因を理解することでさえ、場合によっては難しい。メル・リチャードソンはかつて、サンアントニオ動物園のキノボリカンガルーの調査に呼ばれた。飼育員によると、とても奇妙な行動をするというのだ。テディベアの耳を丸々と太ったコアラにつけて、これに産毛のようにやわらかいサルのしっぽをつけたようなキノボリカンガルーはほんとうに愛らしい。残忍な行為を示していたのは、このメスのカンガルーだけだった。飼育員には、彼女が自分のあかちゃんを攻撃する理由がまったくわからなかった。メルがこのカンガルーを調べにいくと、案の定、彼が近づくやいなや、あかちゃんたちのところへ駆け寄り、前足で彼らを殴ったり引っ掻いたりしはじめた。メルが一歩下がると攻撃をやめる。前進すると、またあかちゃんのほうへ走っていく。

「なるほど」とメルは言った。「あのカンガルーはあかちゃんを攻撃しているのではない。地面から拾い上げようとしているのです。けれど前足が短くてうまくいかない。カンガルーの故郷のオーストラリアやパプアニューギニアでは、あかちゃんの足を地面につかせることはありません。家族全員で木の上で暮らすのですから」。この母親カンガルーは、あかちゃんを人間から遠ざけようとした。あかちゃんに異常な態度を示しているように見えるのは、彼女なりにあかちゃんを〝守ろう〟としていたのだ。彼女の行動は精神疾患ではなく、不自然な環境で母親になることへのストレス反応だった。

飼育員が檻に細工してもう少し高くし、ドアから離れさせると、母親カンガルーのあかちゃんへの攻撃は止まったという。

メルはこう説明する。「ふざけているように聞こえるかもしれませんが、実際のところ何が異常かを知るためには、まず何が正常なのかを知る必要があります。この場合、病理を特定するために、わたしはまずこの動物の心理を理解しなければならなかった。人はこれを誤って解釈しがちです」

数年後、メルはカリフォルニアのチコで動物病院を営んでいた。獣医の助手のひとりが、自分が飼っているジャーマンシェパードの不安症について不平をこぼしながら仕事場にやってきた。どうやらそれは、彼女がボーイフレンドとけんかしたことがきっかけで始まったらしい。あるときボーイフレンドが怒って壁に何かを投げつけ、写真立てを床に叩きつけた。それ以来、ジャーマンシェパードはその部屋に入るとかならず、怯えた表情で壁を見ながら、こそこそ隠れまわるようになったという。

「イヌがそんなふうにしているとき、君は何をする?」とメルは彼女に尋ねた。

「近寄って撫でてあげて、落ち着くまで話しかけています」と助手は言った。

「なるほど、それが事態をいっそう悪くしているんだ。彼女の不安行動にほうびを与えているようなものだ。無視しなさい」

この助手は、まずリビングにいるイヌを無視することからはじめた。すると二週間後、このジャーマンシェパードは怖がることも壁伝いに歩くこともなくなったという。こうしたことはよくあることだとメルは考える――ある種の恐怖や不安の表現、またおそらくは強迫的行動ともいえるものは、自分が飼う動物が見せる狂気にどう対応してよいか単にわからないだけの、悪気のない人間によって知らず知らずのうちに強められてしまうことがある。

〝ゾウの僧侶〟と呼ばれる仏教徒のプラ・アージャン・ハーン・パニャタロは、タイのスリン北東部にあるバーンタクランという村に住んでいる。この村では女性たちが、庭に植えた桑の木の枝で蚕を育て、そこから絹を織り合わせている。このコミュニティでは、村の一軒一軒の家にやわらかい灰色の車が停まっているかのようにゾウがつながれ、その数は二百頭を超える。

ゾウの葬式を執りおこなう数少ない仏僧のひとりであるパニャタロは、人間の家族が亡くなったゾウのために、果物や線香、水などの供物を手づくりの墓石の台に置いていけるようにゾウの墓地も建てている。彼はこの地域全体のすべてのアジアゾウの個体数を集計し、ゾウと象使いが木々のあいだの静かな道を横切ることを快く承諾する森の寺院を監督している。ゾウが人間を殺すと――このコミュニティでは年に数回起こる――、パニャタロは遺族とゾウの所有者、象使い、そしてその事件に影響を受けた人とのあいだの話し合いを取りもつ。こうしたことをもう二十年も続けている。

わたしがパニャタロに会いにいった朝、彼はインドへ向けて出発しようとしていた（「ゾウのためではなく仏教のため」と彼は言った）。エンジンのかかったバイクが、彼を空港まで送り届けるために待ち構えていた。彼は寺院の正門の石段に座っていて、わたしに数段下に座るよう促した。彼が知っている、そしていっしょに仕事をしている多くのゾウに感情面での問題があるかどうか、そしてもしそうであればその苦悩をどう認識するのか知りたかったのだ。

わたしは緊張して口ごもった。「ゾウが何を感じているか、どうやって知るのですかと彼に聞いてくれる?」と、わたしの友人でもあり通訳でもあるアンにお願いした。

パニャタロはわたしをまっすぐ見てこう言った。「他の動物を理解するには、まず自分自身を理解しなければなりません」と。それは深遠な意味をもつように響くと同時に、あまりにも常識的な言葉だったので、これを聞くためにはるばるタイまでやってくる必要があったのかとわたしは思ってしまった。それから彼はこう続けた。

「ゾウも精神障害を患う可能性はあります。わたしたちと同じです。幸せ、悲しみ、空腹、充足を彼らも感じています」

悲しみにくれるゾウをどうしたら幸せにできるのかと、わたしは尋ねた。

「まず何が悪いかを見きわめなければなりません」と彼は言った。「ときには長い時間がかかることもあります。そしてそれは常に同じではありません」

そう言いながら彼は礼服を正し、わたしたちからの寄付金を袈裟の折り返しにしまいこみ、バイクの後部座席に滑り込むように乗ったかと思うと、聖なる森へ飛ぶように去っていった。

第三章　ファミリーセラピー

「メイ・カム・ジョウの心の声に耳を傾けなければ。どこにも行きたくないのなら無理に連れていくようなことはしない。もう老いているのだから。そんなふうに、彼女もわたしに耳を傾けてくれる」

ダーム、タイ北部の象使い

「動物たちの要求を聞くかどうかはあなた次第だ。たとえ彼らが喋れなくても……もちろんほとんどの場合……彼らは言葉を発しない」

ダニエル・クワリヨッツィ、猫の動物行動学者

ジョキアはこれまでわたしが出会ったなかで、漫画に出てくるゾウを思い起こさせる唯一のゾウだ。ずんぐりとした足、大きくてぽっちゃりとした頭と胴体、まるで小さくて痩せた皮に無理やり詰め物をして大きく膨らませたように見える。彼女はまったく目が見えない。かつてはタイ北部の丸太引きとして働いていた。聞いた話によると、妊娠し、いまにも出産という時期に差しかかったときも、オーナーは彼女に丸太運びの仕事を休ませようとはしなかった。彼女は高い山をのぼっている途中であかちゃんを産み落とし、まだ羊膜に包まれたままのあかちゃんは山道の下まで転げ落ちて死んだ。その後まもな

くして、ジョキアは働くことを拒絶しはじめた。その罰として象使いは、盲目なまでに従順になることを期待して、パチンコで彼女の片目を撃ち抜いた。彼女はその後数週間は働いたが、再び仕事を拒否した。象使いはもう片方の目にナイフを突き刺し、完全な盲目状態にした。まっ暗闇ならもっと服従的、依存的になり、さらに仕事に精を出すようになるだろうと思ったのだ。しかし、がんこで傷ついたジョキアは、命令されたことをそれでもやろうとしなかった。数年後、エレファントネイチャーパークを創設したレック・チャイラートという名のカレン族の女性が、この盲目のゾウのことを耳にした。そこはわたしがララと出会った、チェンマイ郊外のメーテーンバレーにあるエコツーリズムパークだ。レックはジョキアを二千ドルで買い、曲がりくねった川が流れ、草が青々と茂った帯状の地形のパークに彼女を連れ戻した。

このパークに来てからまる一年間、ジョキアは自分の殻に閉じこもり続けた。その後、ある一頭のゾウにゆっくり心を開きはじめた——背の高い、厚い皺が刻まれた好奇心旺盛なメスのゾウ、メー・パームだった。ジョキアと同じく、メー・パームもかつて丸太運びの仕事をしていた。まもなくメー・パームとジョキアはかたときも離れることがないほど仲良しになり、食べるときも川で水浴びするときも、パークの草原を肩を並べて眺めるときも、いつもいっしょだった。十三年経ったいまも、ジョキアとメー・パームは、目を覚ましているあいだのどんな瞬間も寄り添って過ごし、しっかりとくっついたまま離れない。獣医の定期検診のときでさえ、二頭は互いの鼻が届かない距離まで離れることはめったにない。メー・パームが一歩先を歩いてリードし、ジョキアがその後をゆっくりと、ときどき躊躇しつつ、鼻を地面に沿わせて確認しながら歩を進める。週に一回は、森のなかの森林キャンプへ二時間のトレッキングに出かける。車やトラックが行き交う道を歩き、ハイキングする人たちやイヌが通った跡がある険しい道を、一歩一歩、メー・パームの後を追いながら進む。ときおり、メー・パームが草を食べるために少しだけ脇にそれ、背の高い草を鼻で引っこ抜いて、膝に叩きつけて根っこの泥を落としているときだけ、ジョキアは取り乱して叫び声をあげ、メー・パームが急いで自分のそばに戻って来て長い鼻で彼女をなだめ、落ち着いてゴロゴロ喉を鳴らせる状態になるまで叫びつづける。レックと他のパークスタッフは、もしこの二頭のゾウが出会っていなかったら、これほどまでに新しい生活に慣れることはなかったし、こんなにもスムーズに、そして楽しそうに、落ちついた老後を送ることはなかっただろうと確信している。

「ジョキアには人間を殺したいと思う正当な理由があるはずなのに、彼女はそんなことはしません」と、エレファントネイチャーパークの長年の住人で、ガイドも担当しているジョディ・トーマスは、二頭のゾウがもの憂げに草を食んでいるのを影で眺めるわたしに言った。「彼女はのんびりしています。それは、自分が必要としているたくさんのものをメー・パームがもっているからでしょう。彼女たちの関係がジョキアに自信を与えているのです」

エレファントネイチャーパークの多くのゾウの額が変形しているのは、過去にフックで激しく叩かれたために、頭蓋骨に永久的なくぼみと溝をつくってしまった証拠だ。生々しい傷を負った状態でここへ連れてこられるゾウもいる。ゾウの多くは、男たちがもっと速く歩かせたり、整列させたりするために繰り返し鞭で打ったことで足首にも傷がつき、皮が厚くなってしまっている。こうした傷は、丸太運び業界や演技用のゾウ取引の身体上の記録だ。しかし精神的な傷も存在する。多くのゾウはジョキアのように、少なくともしばらくは自分の殻に閉じこもり、新しい人や場所に不信感を抱く。彼らの多くがからだを揺らしたり、頭を打ちつけたり、自分が知っているステップで奇妙なダンスをしながらリズミカルに足を上げたりといった常同症をもつ。なかにはララのように、到着した瞬間から他のゾウを怖がるものもいる。最も成功が期待できるゾウのリハビリは、ほとんどの場合、パークにすでに住んでいる他のゾウによるところが大きい。彼らはたいてい、この一時的な群れにやって来る新入りを気もちよく迎え入れるのだ。

エレファントネイチャーパークでは、ゾウはお金を払って見に来る見物客と交流したり、決められた台の上でフルーツを食べたり、浅い川のなかで水浴びするところを披露したりといった毎日のスケジュールには従わなければならないが、演技を強要されることはない。いまや十七年もこのパークを運営し、たった二頭のゾウを三十五頭まで増やすことに成功したレックは、ゾウに愛と信頼と安全を与えることこそ、トラウマ的な過去から彼らを回復させるための自分が知る唯一の方法だとわたしに話してくれた。「とても単純なことです」と彼女は言った。そばでは、同じくパークに住む救出された野良犬たちが、彼女の気を引こうと喘いだり、クンクン鳴いたりしている。「ゾウにも、同じゾウの仲間が必要です。メー・パームとジョキアはそのいちばんの好例です」

ウサギにはウサギを、ラットにはラットを

同じ種の動物との癒しの関係から恩恵を得ているのはゾウだけではない。ウサギの救助者でリハビリテーターのマリネル・ハリマンは、過去二十五年以上、何百もの生きものの世話をしてきた。彼女はハ

ウスラビッド協会の創立者のひとりで、『ハウスラビットハンドブック――都会のウサギといっしょに暮らすには』（*House Rabbit Handbook: How to Live with an Urban Rabbit*）の著者でもある。「長期、短期の病気を抱える数多くの〝保護区域〟のウサギを世話するなかで、わたしたちはいくつかの奇跡ともいえるモチベーションを見てきた。フレンドシップセラピーは、病んだウサギの回復、少なくとも安定化に貢献すると確信している」と彼女は書いている。

ハリマンはジェフティという名の八歳のウサギの話をしている。[1] 友だちがガンで死んだあと、ジェフティは自分の毛を熱心に噛むようになった。まもなくして大きな禿げができてしまい、獣医が診察したところ、かつてこのウサギを覆っていた外側の毛がすべて彼の内臓に入り、巨大な毛玉となって胃のなかに留まっていることがわかった。獣医はこの大きな毛のかたまりが自然に外に出ることはないだろうと判断し、外科手術を勧めた。ハリマンはジェフティにさまざまな毛玉治療を開始し、手術に耐えられるようにしようとしたが、同時に他のことも試みた。彼女はジェフティを、同じく最近パートナーを失ったばかりの十歳のウサギと引き合わせたのだ。このペアはたちまち愛情とウサギ流の心づかいでもって互いを癒しはじめ、ついにハリマンは、この新しい関係性がジェフティを元気にするだろうと期待して手術を延期することにした。

新しい友だちと過ごすようになって数日が過ぎるころ、ジェフティにめざましい回復が見られたため、マリネルは外科手術を見合わせ、しばらくようすを見ることにした。レントゲンで見てみると、毛のかたまりはまだ胃のなかにあったものの、だいぶ小さくなっていた。「幸せになったことで毛玉が小さくなった、と主張しようとしているわけではない」と彼女は書いている。「そうではなく、ジェフティは幸せになることで目の前にある草や野菜を食べる理由を見いだした、ということが言いたいのだ。彼にはいっしょに食べてくれるだれかがいて、自分のパイナップルの角切りを分け与える仲間がいたのだ」

それから数週間経つと、やせて毛が抜けていたこのウサギは、失った体重のすべてを取り戻し、毛をむしることをやめ、あの大きな毛玉の大きさはぐんぐん小さくなっていった。

ラットもまた、他のラットといっしょにいると肉体的にも精神的にもいちばん健康でいられる傾向を示す。アメリカとイギリスのラット愛好家のオンラインディスカッションフォーラムやフェイスブック――ナショナルファンシーラット協会、ラットファンクラブ、アメリカンファンシーラット&マウス協会など――は、ラットを孤独な状態にすることへの切実な警告や、新しいラットやマウスの友だちができたことで劇的に元気を取り戻したげっ歯類のサクセスストーリーなどで溢れている。ラットファンクラブのあるメンバーは、「なぜ二匹飼えるのに一匹で良いと思ってしまうの？……一匹なら自分だけの自由は楽しめるけれど、ペアで飼えば暇な一日もいっしょに楽しむことができる……ペットショップや将来ラットを買おうとしている人に、ラットは互いを必要としているということを是非伝えて欲しい」と投稿している。(2)

ペット用のラットを育てるための誠実な図解ガイド『ラットとわたし』（*My Rat and Me*）には、こう書かれている。「ラットは仲間が消えたことに確実に気づいている。そして、いなくなったラットを探しているうちに、次第に無気力になったり、食べることをやめたりする」(3)。著者らは、生き残ったラットに新しい仲間を与えるよう提案し、それが不可能であれば、この上ない注意を向けてあげること、と記している。わたしはよくニューヨークの地下鉄のプラットホームで、夜遅く電車を待っているときにこのことを考える。ノルウェーラットが電線を避けながら線路のあいだをダッシュで横切り、空っぽのポテトチップスの袋のなかにひげを突っ込み、くしゃくしゃの、油のついたナプキンのにおいを嗅いでいる。彼らがひとりっきりでいることはめったにない。

オウムのブリーダーであり動物行動学者であるフィービー・グリーン・リンデンもまた、オウムをハッピーな気分にするために仲間は極めて重要だと考えている。ホーキーという名のタカのような顔をしたオウムは、フィービーと三十年以上もいっしょに暮らしてきた。陽気な性格の抜毛症のホーキーとその妹のスティンカーは、野生で捕獲されたオスとメスのペアから生まれた。両親も深刻な抜毛症だった。母親は実際、あまりにも毛を抜きすぎて死んでしまった。父親もそのあとを追うように一年もしないうちに死んだ。フィービーは、この父親もつがいの死をついに克服できず、悲しみのために死んでしまったと信じている。数年後、スティンカーもつがいのヘンリーを残して死んだ。

ヘンリーはまもなく調子が悪くなり、引きこもっておとなしくなった。フィービーは彼のことがとても気になり、くるみのなかにザナックスを少量混ぜてこのオウムに与えた。しかし作戦はうまくいかなかった。ヘンリーは黙ったまま食べることを拒み、毛をすべてむしりとり、自分の落ち込んだ哀れな状態に気づくことすらできなかった。「何かひとつでも音がなくなれば、オーケストラ全体に変化が生じるでしょう。実際にどこかちがうように聞こえます。ヘンリーはスティンカーが死んでから二年間、黙ったままでした。一度も鳴かなかったのです」とフィービーは言う。

それから彼らにしかわからない理由で、ホーキーはケージのある大きな部屋からヘンリーに話しかけはじめた。こんなことを鳥がやるのは前代未聞だった。フィービーは、ギャーギャーという彼らのやりとりを聞き、二羽の鳥を週に三、四回近づけることにした。ヘンリーは次第にふつうの生活に戻り、いまではすっかりおしゃべりな鳥に戻った。

ある午後、フィービーとわたしが、日の当たるサンタバーバラの裏庭を見渡しながら、カウンターにフルーツのバスケットがいくつか置いてある居心地の良いキッチンで話をしていると、一羽のオウムがカウンター近くにとまり、クレジットカードマシンのペーパーロールを引き裂きはじめた。「くちばしを突っ込んだときの感触が彼らは大好きなの。だからこうしていつもここに置いておくのよ」と彼女は言った。リビングルームでは、二羽のオウムが仲良く、ブラジルの野生のオウムのDVDを見ている。フィービーによれば、自分と同じ種の映像を見るのがいちばん好きなのだそうだ。

フィービーは、かつては他人に売るためにオウムを育てていた時期もあったが、数年前、オウムは捕獲状態にするべきではないと決意した。とはいえオウムは長生きするので、飼い主が先に死んでしまうこともあり、想定以上に生き延びたりしたオウムはだれかが世話をしなければならない。だからフィービーは、かつて自分が売ったあらゆる鳥に門戸を開いている。もう何年もの間、感情面の問題や、その結果として起こる行動上の問題のためにここへ戻って来てしまった数多くの鳥を受けいれてきた。こうしたオウムはヘンリーのように、救ってあげるのがとても難しい。

特にオウムが悲しんだり動揺したりしているとき、なぜ逃がしてあげたり、熱帯地方に返してあげたりしないのかと尋ねる人もいる。フィービーの考えでは、人間が育てたオウムを、そのトラブルを解消するために野生に返せば大惨事の温床になる。「それは、シカゴに住んでいるそばかすのある三歳の孤児を連れて来て『南カリフォルニアにもそばかすのある人がいるからそこに連れて行こう』と言っていることと同じです。こうした鳥たちは、野生のオウムとはちがうスキルと、まったく異なる文化をもっているのです」。そのかわりに、彼女はできる限りのことをする。彼らが楽しんでいることに熱中させたり（クレジットカードペーパーを引き裂くことなど）、友情の気もちを示したり、互いの関係性を高めてあげたりといったことだ。また、彼らの自信を取り戻すこともしている。ほんとうの親に野生で育てられたオウムは、しばしば捕獲状態で育てられたオウムより自信に満ち、したがって回復力にも優れていることを確信しているからだ。

「野生のオウムはいろいろなことがとても得意です――大きな声で叫んだり、弾力性のある枝に飛び乗ったり、食料を探し求めたりといったことです。あかちゃんのオウムを育てているときは、いつも野生環境を模倣しようと努めました。そうしたスキルを捕獲環境に合うものに変化させること、それが目標です」。鳥たちがこのスキルをマスターすれば、自分自身の能力によりいっそう確信をもつことができ、その先、生きていく上で直面する困難に打ち克つ力をもてるようになる。

ゴリラと精神科医

わたしが見た驚くほどの癒し効果のある関係性のなかで、フランクリンパーク動物園の年老いたメスのゴリラ、ジジほど興味深い例は他になかっただろう。三十六歳のジジは白黒映画、特に振りつけされたダンスナンバーが入っている映画を見るのが好きだ。また、白髪まじりの髪とひげの男性からくすぐられるのが大好きだ。それに朝食のオートミール、「ディキシーカップ」が運ばれてくるのを楽しみにしている。嬉しいときはブーブーという声を出し、白髪頭の男性か「ディキシーカップ」のどちらかを目にすると喜びを隠しきれず、重く、息の弾んだ、喉元でゴロゴロ鳴らすような声を発する。ときには「ディキシーカップ」の容器まで食べてしまう。そして彼女には精神科医がついている。

一九九八年、十二歳のオスのゴリラ、キトンブ、通称キットがこの動物園にやってきた。彼はずっと、母親と仲間の群れといっしょにクリーブランド動物園に住んでいた。この動物園で、彼は父親に対して暴力的な態度をとるようになったのだ。キットがおとなになるにつれ、こうした父親とのけんかが悪化することを恐れた飼育員は、彼をボストンの群れに転送した。ここへきた最初の週は、キットと他のゴリラとの引き合わせはうまくいった。ところがまもなくして、キットは暴力的になっていった。そしてすぐさま、キキという名のメスのゴリラを妊娠させた。キットは妊娠したキキをひどく心配し、他のどのゴリラも彼女に近づかせようとしなかった。彼の憤怒は特にジジに集中的に向けられた。

ジジは群れのなかで最高齢であると同時に、最も風変わりなゴリラでもあった。彼女がシンシナティ動物園で生まれたとき、アン・サウスコームはまだ新米の飼育員だった。当時よくあったように、ジジも誕生と同時に母親から引き離され、人間の飼育員に育てられた。アンは「動物園のあかちゃん保育園」を任せられ、日中はここでジジと動物園の他の子どものゴリラの世話をしていた。夜は、あかちゃんゴリラは全員、ふたのついたボックスに入れられ、アンが翌朝戻ってきて外に出してくれるまで、このまっ暗闇のなか、ひとりぼっちで過ごす。十九歳のアンは、あかちゃんはもちろんのこと、ゴリラの世話をした経験など一度もなかった。彼女はベストを尽くした。

事態をさらに悪化させたことに、あかちゃんゴリラに毛布やおもちゃ、その他ゴリラの慰めになるようなものを与える彼女に、動物園のリーダーが常に協力的とは限らなかった。アンは不満を感じ、コンゴでのダイアン・フォッシーの仕事を信奉していたため、彼女に手紙を書いてアドバイスを請うことにした。驚いたことにフォッシーから返信があり、スタンフォードで「ゴリラの」ココに手話を教えているペニー・パターソンのことを教えてくれた。アンはジジと他のゴリラに、少しだけアメリカ式の手話を教えることにした。ジジはすぐに手話を覚えた。数年後、ジジは自分が知っている唯一の家からマサチューセッツにあるストーン動物園に転送され、ここで特に好きでもなんでもない一頭のオスといっしょにコンクリートの味気ない檻で暮らすことになった。ジジは二頭のあかちゃんを産んだ。そのうちの一頭を、彼女は出産後、まるで目に入っていないかのようにコンクリートに置き去りにした。飼育員は二十四時間以内にあかちゃんをジジから取りあげた。キューピーと名づけられた二番目のあかちゃんに対する反応は、まったく異なるものだった。彼女はキューピーをすぐさま拾いあげ、やさしく愛撫した。

　ポール・ルーサーはジジの飼育員のひとりで、ジジとは三十年以上前にストーン動物園にきて以来の知り合いだ。ジジはベティとスタンリーというオランウータンのつがいを見て、どうすればキューピーの母親になれるかを学んだのだとポールは信じている。このつがいはジジの檻の向かいに棲んでいた。「彼らはほんとうにすばらしい親でした」と、わたしたちがフランクリンパーク動物園のコビトカバの展示施設を通りすぎるときにポールは言った。「それにこのオランウータンがあかちゃんを産んだのは、ちょうどジジの一回目と二回目の妊娠のあいだの期間でした。彼女が一日のうちにすることといえば、ただそこに座って、ベティとスタンリーが小さなあかちゃんを育てるのをじっと眺めることだけだったのです。それまでは、ジジは類人猿の母親があかちゃんの世話をするところを見たことがなかったと思います」。もちろん自分で経験したこともなかったはずだ。

展示施設のなかでキットに追いかけられながら、ジジは叫び声をあげて震えていた。キットはジジを叩き、展示施設の堀で溺れさせようとし、片方の耳から他方の耳まで頭の皮を剥がそうとした。その傷の縫合は一度では済まず、ジジは何度ものを吐いては食べ、食べては吐きを繰り返し、自らの大便を食べ、ときには見物客の目の前で展示施設のガラスに大便を投げつけたりし、すでに不安症の傾向を見せていたジジの神経は擦り切れる寸前だった。めったにものを食べなくなり、キットが目に入ると心を閉ざし、からだを揺らし、震えはじめた。また叫んだり、からだを小刻みに動かしたり、一日の終わりに他のゴリラといっしょに展示室外の待機エリアに戻るのを拒絶し、そのかわりに一般展示エリアのおがくずのなかでひとりきりで寝るほうを選んだ。

飼育員は心配し、夜のあいだ彼女のそばにいられるように、展示室沿いに簡易ベッドをしつらえた。こうして二ヶ月が過ぎるころ、当時の獣医長ヘイリー・マーフィー博士の専門知識では太刀打ちできなくなってきた。「わたしがジジに見ているものは、人間でいうところの不安障害、気分障害にとてもよく似ているとふと思ったのです」とマーフィーは言う。「だれか助けてくれる人がいないかどうか、人間の精神科医を探してみることにしました」

この動物園はボストンにあったので、彼女はハーバードメディカルスクールに連絡し、最終的にたどり着いたのがマイケル・マフソンだった。ハーバードメディカルスクールの助教授で、ブリガム&ウィメンズホスピタルの精神科医スタッフだったマフソンは、動物園から数キロ離れたところで個人経営の

（人間向けの）開業医の職ももっていた。

マフソンは、互いにセロリの細片を分け合っているゴリラをガラス越しに見ながら、わたしにこう語った。「初めての訪問のとき、彼らが人間と同じように病んでいるのがわかりました。彼らの症状を確かめるためにだれかと話をする必要などありません。彼らの目に、その顔つきに、そしてその態度にあらわれていますから」

マフソンが気づいたのは、ジジの恐怖や不安、キットの攻撃性だけではなかった。彼はすぐさま、オーキーという名の若いオスをはじめとする他の平均的な群れのメンバーにも、おそらくは不安症からもたらされる気分障害の兆候があると判断した。

当時五歳のかわいらしく、少しまぬけなオーキーは、キットに身体的に傷つけられることはなかったが、内気で、症状が出る前はふつうに接していた他のゴリラや飼育員とも交流をもたなくなっていた。マフソンがプロザックを処方すると、まもなくしてオーキーは穏やかに、いたずら好きに、「より本来のオーキーらしく」なったと動物園のスタッフは語る。

キットはさらに難しい患者だということが判明した。マフソンはプロザックを処方し、抗精神病薬のハルドールの投与量を少しずつ増やしていった。これらの薬は下痢を誘発し、動きを少し緩慢にすることはあったが、攻撃性を弱めることにはならなかった。飼育員はハルドールとプロザックの投与をやめ、ゾロフトを与えることにしたが、これも効果が見られなかった。最後の頼みの抗精神病薬であるリスペリドンを試してみたが、数ヶ月経ってもジジに対する攻撃は減らず、ついにキットは群れから隔離され、展示室から離れたコンクリートと鋼鉄の待機エリアに入れられた。(4) 一日の終わりに、他のゴリラがメイン展示施設から戻って来ると、彼らは互いに鋼鉄の金網越しに会うことができた。キットはあとで仲間といっしょに食べることができるようにと、いつも夕食を少しだけ残しておいた。この隔離生活は、悲しいことにそれから十年以上続くことになる。[5]

「いろいろと試してみましたが、何をしてもキットを救うことにはならないだろうと、初めからうすうす感じていました」とマフソンは語る。「彼の攻撃性は、キキの妊娠を知り、彼女を守りたかったという事実に端を発しているのです。これは最も重要な生物学的力です。他のゴリラが彼女に近づくと、キットは動揺しました。彼を鎮静剤で落ち着かせることはできたのですが、攻撃性は生来のものだったので取り除くことはできないのです」

マフソンは、他の群れのメンバーに効果があったものに望みを託した。ジジには、コンサートピアニストや他の演奏家が緊張を抑えるために飲む薬と同じβブロッカーを処方した。これを三ヶ月投与したが、ほとんど効果はなかった。それからザナックスとパキシルのコンビネーションを試すことにした。ジジはまもなくして少しだけ不安症が軽減したように見えたが、キットのほうはやはり彼女を脅し、いじめつづけた。ジジの環境を変え、彼女を苦しめる者から避難させない限り、薬はその場しのぎにすぎないことを彼は危惧した。

「概して、ザナックスはジジをリラックスさせる効果があり、プロザックはオーキーをうつ病から立ち直らせることはできました」とマフソンはわたしに語った。「ところが、どちらの薬も攻撃性には効かないのです」

実際に効果があるのは、たとえ彼自身を救うことにはならないにしても、この暴力的なゴリラを群れの他のゴリラから引き離すことだった。キットを隔離した後、ジジは薬を断つことができた。

動物園スタッフは経験上、若いオスのゴリラをまったくひとりぼっちにしておくという考え方を好ましく思っていなかった。

「ゴリラは家族といっしょです」とジャニーン・ジャックルは言う。「ほぼ毎日一日じゅう、彼らといっしょにいます。彼らのために二千万ドルもする展示スペースをつくってあげたい、ベストを尽くしたい、そう思うのですが、実際は常にベストなものを与えることなどできません。いまあるものを与えることしかできないのです」

ひとりぼっちのキットを見ると、ジャニーンの心は傷んだ。解決策を見つけたかった。二〇〇九年、キットが初めて群れを離れてから十二年後、もう暴力に訴えることなく、他の群れのメンバーのなかで自分をうまくコントロールすることができるくらい成長したのではないかとジャニーンは願った。ジジもまた、いまではもっと立ち直る力を養っているのではないかという予感がした。このケースについて動物園の管理者に訴えると、彼らはジャニーンの提案に賛同し、営業時間外にこのゴリラを仲間といっしょにすることを許可した。

再び他のゴリラと引き合わせる日、熱帯林チームのスタッフと長年のボランティアやキュレーター、動物園の監督がゴリラの展示スペースの前に早々に集まった。動物園はまだ開園していなかったが、数人の観察者が期待とともに何かをコツコツと叩いていた。

キットと展示スペースを分け隔てていた金属のドアがゆっくりと開けられると、彼はすぐさま拳を使って囲いのなかに滑り込んだ。群れの仲間はその場で待機したが、ジジはキットが視界に入るやいなや、縮こまって逃げだした。キットがジジを追いかけるしぐさをしたとき、突然、他の三頭の雌ゴリラ（キキ、キラ、キマニ）がジジを助けようと走ってきて、キットの行く手を塞いだ。雄ゴリラは引き下がった。

震え、怯えていたジジは、ガラスの壁沿いにあるお気に入りの場所に逃げ、ボールのように丸くなって横たわった。十年以上前に示した行動とはまったく対照的に、キットはジジをずっとそのままひとりにしてくれたので、ジジは残りの一日を、飼育員を哀願するように見つめたり、展示スペースの前を通りすぎる人間の男たちに「セックス」を意味する手話をしたりして過ごすことができた。それは、三十年以上前、飼育員のアン・サウスコームとのレッスンで覚えた、いまや死語となった言葉だった。

「あのサインはジジにとって、〝食べもの〟と〝セックス〟の両方を意味しています。でも当時のジジにとって、それは同時に〝助けて〟という意味もあったのではないかと思います。手話を使うことでわたしたちの気を引こうとしたのでしょう。それはまるで〝ここからわたしを出して！〟と言っているみたいに感じました」とジャニーンは振り返る。

そのゴリラ版SOSにも関わらず、ジジが傷を負わない限り、彼女に自分でこの状況を克服させなければならないとジャニーンは考えた。飼育員がキットを追いだしてしまえば、ジジは彼がいっしょにいても大丈夫だということを学ぶことも、彼と展示スペースをシェアする必要があるという自信と信頼を得ることもできないだろうと考えたのだ。

翌日、この動物園を訪れると、ジジは壁沿いのお気に入りの場所で頭からブランケットをかぶって寝ているか、寝たふりをしているのが見えた。いつもほど動きまわらず、キットに異常なほど大きな寝床を譲ったが、恐怖で混乱することもなかった。ジャニーンの作戦はうまくいった。

あれから三年以上経った現在、ジジは一日おきにキットと展示スペースを共有している。いまも簡単に取り乱してしまうゴリラではあるものの、ジジとキットはおおかた事件もなく共存している。ジャニーンと他の飼育員は、ジジが新たに発見した自信は、キットがもう自分に危害を加えることはないと自ら学んだことから来ていると信じている（それは、メスのゴリラ友だちとの強い絆があったからだ）。キットがひとりぼっちで過ごしていた数年のあいだに、ジジは二頭のメスのあかちゃんを育てていた。毛づくろいをし、愛情をもってからだを洗い、いっしょに遊び、自分の食べものを分け与え、毎日、何年もかけて、どのように行動すべきかを子どもたちに教えた。この子どものメスたちは成長し、いまでは彼女を守ってくれる。時間と、こうした他のゴリラとのパワフルな絆が、ジジの精神的健康を確保したのだ。ジャニーン・ジャックルはこの絆に気づき、それに賭けた。そのおかげで、いまゴリラたちはみな、以前よりもさらによい状態で過ごしている。

「あの再会をとても誇りに思います」とジャニーンはわたしに言った。「だってそれは、ゴリラたちひとりひとりを知るということと、二十年もの経験に基づいているのだから」

群れに再び引き合わせられてからのまる一週間、キットはゴリラなりの笑顔を浮かべて展示スペースのなかを歩きまわっていた。「ただ、ほんとうに幸せそうに見えました」とジャニーンは語る。「口をぎゅっと結んだり、歯を見せたりはしていません。それまでとまったくちがう表情です。それに彼の目は輝いていました」。キットはいま、シーツを投げたり追いかけっこをしたりしながら、子どものゴリラたちといっしょに遊んでいる。そして、セロリをみんなに分け与えてもいる。ジジは遠くから、警戒しながらも穏やかに、そんなようすを眺めている。

馬主を怒らせるもの

ときに、錯乱状態の動物にとって最高のセラピストは、同種のメンバーでも善意の人間でもなく、まったく別の種の動物だったりする。

動物を安心させ、元気づけ、もっと速く走ってくれるようにと願って、競走馬に動物の仲間を与えるという慣行は、少なくとも一世紀前からおこなわれていた。この慣行の背景にある理論的根拠は、ウマは餌動物で、多くが驚きやすい性質をもっているということだ。特に競走馬は緊張しやすく神経質で、ひとりぼっちになることを嫌う傾向がある。ヤギ、ウサギ、ロバ、雄鶏、ブタ、ネコ、そしてときにサルといった、ウマとはまったく似つかわしくない動物も、競馬場や馬小屋のなかでウマを落ち着かせるために利用されてきた――生きて息をしている、ちょっとした安全毛布のようなものだ。〝Getting your goat〟（ヤギを捕まえる／馬主を怒らせる）という表現は、まさにこうした類の関係性から来たのだろう。[6] ビッグレースの前の晩、競走馬の友だちとして与えられたヤギをこっそり盗めば、ウマが動揺して、翌日のレースでうまく走れなくなり、馬主を怒らせる、という意味だ。

とはいっても、すべてのウマがヤギ好きというわけではない。シービスケットが競走馬のチャンピオンになる前――彼は将来有望だが心配そうに行ったり来たりし、重量不足で疲れていて、鞍を見るとその革にまで汗が染み込んでいて、近くに寄ってくる飼育員に嚙みつこうとするほど怖がりの仔馬だった――彼のトレーナーのトム・スミスは、仔馬の小屋にウィスカーという名の子守役のヤギを入れた。[7] このヤギがシービスケットを落ち着かせ、心地よくしてくれればと願ったのだ。ところが思惑に反して、シービスケットはヤギを攻撃し、歯を使ってもちあげ、暴力的にあちこちへ振りまわし、結局は小屋の外に追いだしてしまった。それでもスミスはくじけずに、今度はパンプキンという名のカウポニー（軽量乗用馬）の仲間を与えた。怒り狂った雄牛に突かれても生き残ったことがある、おだやかで安定したパンプキンは、作家のローラ・ヒレンブランドによると、「彼が出会うどのウマにも打ち解けていて……きまぐれな仔馬たちの代理母にもなっている」という。シービスケットはパンプキンを攻撃しなかった。彼らはあっという間に友だちになり、その後は生涯離れずに暮らしたという。スミスはパンプキンがシービスケットに与えた癒し効果に触発され、大きな耳をもつポカテルという名の野良犬の子どもと、ジョージョーという名のスパイダーモンキーの里親になり、みんなでシービスケットといっしょにレースの旅に同行した。夜になるとジョージョーはシービスケットの首元に丸くなり、ポカテルはお腹の上に、そしてパンプキンは一メートルほど離れたところで、みんないっしょに眠った。シービスケットはリラックスできるようになり、レースで史上最高記録を次々に達成した。

一九〇七年ベルモントで、ミス・エドナ・ジャクソンという名の競走馬が示した、異種間の興味深い友情関係が新聞に取り上げられた[8]。彼女は二匹のウサギと小屋をシェアしており、みんなが揃わないとものを食べようとしなかったが、ある日アクシデントで彼らを踏み潰してしまった。ミス・エドナはその後、ウィリアムという名のヤギと友だちになった。数年後、ケンタッキーダービーのチャンピオンとなったのは、エクスターミネーターという名のウマだった[9]。彼には三匹のシェットランドポニーの仲間がいて、そのすべてにピーナッツという名前がつけられていた。エクスターミネーターと三頭のピーナッツは、二十一年間ともに過ごした。最後のピーナッツが死んだとき、エクスターミネーターは悲しみにくれたと言われている。

競走馬に動物の仲間を与えることは、いまでも比較的一般的なことだ。[10] 数々のチャンピオン馬を担当し、アメリカ競馬殿堂入りを果たしたトレーナーのジョン・ヴィーチは、ウマは小屋でとても孤独な生活を送っているため、他の動物がいれば非常に大きな慰めになると信じている。[11] もうひとりの殿堂入りしたジャック・ヴァン・ベルクは一九八七年、五千レースで勝利を収めた最初のトレーナーとなった。[12] 彼は馬小屋にいるあいだ、ずっと行ったり来たりを繰り返す「小屋を徘徊する」ウマにヤギの仲間をあてがった。「ほんとうに神経質なウマだと、ときには忌々しい飛行機がそこらへんを飛びまわっているみたいに小屋じゅうを歩きまわる」と、彼は『スポーツイラストレイテッド』のジャーナリストに語った。「ヤギを与えれば、とりあえずは落ち着く」

ときにウマは、こうしたヤギ仲間とあまりにも仲良くなってしまうため、どこへ行くにもいっしょでなければならないという事態に陥る。引き離そうものなら休息をとることも拒み、小屋のなかを行ったり来たりしかねない。ヤギもまた、ウマが自分から離れると動揺する――ある雄ヤギは、ウマの友だちがレースに出かけるたびに低い唸り声をあげる。さらにヤギは、ウマが競馬場を変えるごとに、いっしょにトレーラーに乗るという。また、ウマが売られるとヤギもいっしょに売られる。「これは唯一、人道的な行為です」と、あるシカゴのトレーナーは語る。「仲間のヤギを失ったウマは希望の支えを失ってしまいますから」

最近、イギリスのチェスター競馬場を訪れた。その日は「ローマデー」で、わたしは酔ったファンに混じってレースを観戦した。即席のトーガ［古代ローマの男性が公共の場で着用した一枚布の外衣］とランニングシューズを身につけた男たちと、ミニスカートに不安定なハイヒール、毛皮のついた帽子というでたちの女性たちばかりだ。ジャンボトロンのスクリーンのひとつを受けもっているある男性が競馬場に入るパスを譲ってくれたので、トラックのすぐ近くで観ることができた。[13] 彼は年に数十回レースに参加し、ジョッキーたちと日常的に交流しているため、その日わたしが見たウマのなかで動物の仲間がいるウマがいるかどうか聞いてほしいと頼んだ。彼は興奮気味で戻ってきて、こう言った。特に遠征に出かけるときや、旅行に慣れていない場合、ウマを落ち着かせるためにヒツジやヤギを与えている厩舎はたくさんある、と。鶏やブタを利用することさえあるという。

ダルマブタは実際にウマを落ち着かせるのには有益かもしれないが、ブタ自身も大きく成長し、頑固になるため、いっしょに動きまわるのが難しくなってくる。[14] トレーナーのベティ・ガブリエルのウマの世話役として与えられたブタは、かつて彼女に怒りをあらわにし、隣の小屋へ小走りに向かい、戻るのを拒否した。ガブリエルによると、このブタが脱走したことで、置き去りにされたウマとヤギの双方が動揺してしまったという。「ブタよりもヤギのほうが性格的には良いかもしれません」と彼女は言った。

エンリッチメント

心配性のウマにブタをあてがったり、ヤギにイヌを与えたり、落ち込んだラットにもう一匹ラットを与えたりすることが単純に不可能な場合もある。最近になって、動物ができるもの、遊べるものを与えることにより、捕獲動物や家畜の心を満たし、適度な息抜きを与えるという「エンリッチメント」産業が発展している。アメリカ動物園水族館協会（AZA）はこのエンリッチメントを、「動物が置かれている環境を改善し、その生息地の行動的生物学および博物学の文脈でのケアを拡張するためのプロセス」と定義している。この定義のどこにも、AZAは〝捕獲〟とか〝檻〟といった言葉に触れていないが、「エンリッチメント」が求められる環境で生きる唯一の動物は捕獲動物なのだ。野生動物は忙しい。

エンリッチメントが正しくおこなわれれば、動物の心を引きつけ、刺激しつづけることができる。ワシントンD. C. の国立動物園では、ミズタコが週に五日受けているさまざまなエンリッチメントアイテムのせいで、その生態がより予測しにくくなってしまった[15]――たとえばそれは、プラスチックのイヌ用のおもちゃに入れられたエビだったり、その内部に触手を伸ばすことのできる塩ビ管の一部だったりする。ブロンクス動物園では、カルヴァン・クラインの香水「オブセッション」〔強迫観念の意〕を囲いのなかにスプレーすると、チーターはより長時間探検を続けるという。アリゾナ州のフェニックスでは、味のついたサボテンの詰め物を飼育員が池に浮かべ、それを亀が口にくわえるという。ボストンのフランクリンパーク動物園では、オセロットや小型のネコに、血なまぐさいクリスマスクラッカーさながらに、毛をむしった淡いピンク色のネズミを詰めた段ボールでできたペーパータオルの芯を与えている。ゴリラにはやわらかい寝床をつくったり頭を隠したり、ゴリラのまねをする幽霊のふりをした子どものように走りまわったりできるようにと、ブランケットやカーテン、タオルなどを与えているという。

動物園や保護区域、実験室を動物にとってもっと楽しい場所にすることで、常同行動を避けることを専門とするコンサルタントさえいる。「シェイプオブエンリッチメント」はそうした会社のひとつだ。そのウェブサイトには、『バンジージャンプをするサル』、『クマの必需品』、『オオコウモリのエンリッチメント』、『キノボリカンガルーの袋チェックトレーニング』といった教育ビデオのコレクションがリストアップされている。[16]この最後のビデオは、彼らが袋のなかに隠しているものをチェックするためのものに聞こえるが、どうやらカンガルーに命令して、獣医検診のために自分のあかちゃんを差し出すことを教えるビデオらしい。

こうした動物の脳テストには実際に法制化されているものもあり、ある特定の捕獲動物のグループにおける精神疾患の蔓延を間接的に認識できるようにしているようだ。一九八五年の時点で、USDAはさまざまな実験動物に対するエンリッチメントの要請を開始した。その年の動物福祉法の改正では、霊長類に対して止まり木、ブランコ、鏡、その他のかたちの環境的社会的エンリッチメントを檻のなかに配置すること、イヌに対しては何らかのかたちの運動をさせることを実験施設に義務づけた。[17]残念ながら、鏡ひとつでは霊長類の幸福を確保することにはならなかったが、少なくともはじめの一歩にはなった。

この用語や規制、業界は新しいが、エンリッチメント自体は新しいものではない。飼育員は担当する動物たちに長期間できることを与える。たとえば、オランウータンのティーパーティ、ローラースケートや自転車に乗るチンパンジーのショー、ゾウの水上スキー、飛び込みをするウマといったものだ。こうした活動は、うまくいけば動物たちに不当なストレスを与えることなく時間を使うことができ、悪いほうへ転がれば恐怖を誘発し、危険でもあり、動物のパフォーマーとして早死の原因にもなりかねない。

こんにちのエンリッチメントプログラムは、それが命取りでもなければ危険でもないとしても、ある意味でどれも似通っている。ホッキョクグマに巨大なプラスチックのパズルを与えたり、ライオンに捕獲用として段ボールでできたシマウマを与えたりといったことは、いずれにせよ、担当の飼育員が動物にとって、そして見物客にとって良かれと思ったことを動物にやらせているということなのだ。チンパンジーのティーパーティやカンガルーのボクシング試合を監視してきた飼育員やトレーナー、動物園の監督者も、自分たちは正しいことをしていると信じていた。わたしたちが動物にとって、ひいてはわたしたちにとって良いエンターテイメントだと考えるものが単に変化しただけのことなのだ。

これは何もエンリッチメントが悪いと言っているわけではない。実際、悪くはない。ただ、エンリッチメントプログラムは、危機に瀕した野生動物の生存を確証する生物学的貯蔵所としての動物園に焦点を当てつづけると同時に、鉄の檻や神経症を患っているように見える動物を不快そうに見ている新しい世代のアメリカ人にとって、檻に入れられた動物を見るという行為を好ましいものにしようとする長きに渡る努力の一環なのだ。タコの触手に握られたおもちゃや、水族館のアザラシがくわえているプラスチックのおもちゃは、動物の心を占有するためだけでなく、彼らを見るわたしたち人間の気もちを和げるためのものでもあるのだ。

ジャニーン・ジャックルは、エンリッチメントを真に機能させるには、それを個々の動物に合わせたものにしなければならないと言う。「ゴリラのジジを例にとれば、彼女は人間の足を見るのが大好きです。なぜだかわかりませんが、おそらく靴を脱ぐという行為がおもしろいのでしょう。そして人間の足を自分の足と似たものとして見ています。とはいっても、わたしは動物園の見物客に、ジジを楽しませるためにあなたの足を見せてあげてくださいとお願いすることは正直できません」。しかし、二十七年間、少なくとも週三回、ボストン動物園のゴリラを訪ねつづけている動物園ボランティアのゲイル・オマリーのように、わたしだったら自分の靴を脱ぎ、展示室のガラス窓の前で、ジジに見えるようにそのつま先をゆらゆら動かすだろうと言う人もいる。

ジジはまた、テレビとビデオののったローリングカートで飼育員のポール・ルーサーがアメリカンムービーチャンネルで白黒映画を上映したり、舞台裏を中継したりするのを見て楽しんでいる。フランクリンパーク動物園のいまは亡きマンドリルのウシンディもテレビを見るのが大好きで、特にディズニー映画を好んでいた。彼専用のDVDの棚には、『フリー・ウィリー』、『フリー・ウィリー2』、『一〇一匹わんちゃん』や、おかしなことに『ナショナル・ジオグラフィック・アフリカン・ワイルドライフ』などが並んでいる。

最近になって、ドイツ、シュトゥットガルトのヴィルヘルマ動物園は、ボノボの展示室内に平面型のTVスクリーンを導入した。(18) ボノボは、ボノボの生活を映し出すさまざまなチャネル（もともとコンゴの子ども向けに製作されたドキュメンタリー番組からのもの）から好きなものを選ぶことができる。食べものを食べたり探したりするボノボ、あかちゃんをやさしく世話するメスのボノボ、喧嘩する二匹のオスのボノボ、そして交尾をするボノボといったものだ。驚くべきことに、ボノボはいわゆるできあいのポルノチャネルにはそれほど関心を示さない。動物園の従業員はNBCのイブニングニュースでこう語った。「おそらく、ボノボという種はあまりに頻繁に性交するために、ポルノチャネルには興味が湧かないのでしょう」

ときに捕獲動物を最も刺激するのは、人間が自分を睨み返してくるときだ。ブロンクス動物園の園長ジェイムズ・ブレニーは、数百万ドル級のコンゴのゴリラフォレスト展示場について、こう語る。「わたしたちはこの巨大なスペースを、ゴリラを見にくる人たちのために作ろうと思っていました。でも蓋を開けてみたら、人間を見るゴリラのためにつくっていたのです」(19)

ケイト・ブラウンは十年以上ものあいだ、この展示場でガイドを務めている。彼女は、ゴリラが一年でいちばん好む時期はハロウィンだと自信をもって語る。十月の後半の週末に二週つづけて、子どもやその親がコスチューム姿で動物園にやってくるからだ。「ゴリラはそうしたおもしろい帽子やカラフルな色合いに、大変興味を示します」とブラウンはある日、小枝で歯の汚れを取っている小さな雌ゴリラの近くのガラス窓を叩きながら観覧窓を通りすぎる、何十人もの見物客を見ながらそう言った。「ゴリラはガラスのところまで近づいてきて見物客を見つめます。彼らにとって、何かいつもとちがう感じがするのです」

残念ながらそれ以外の時期は、ゴリラからすれば人間はきわめて退屈に見える。大人数の集団が見物エリアに入ってきて、ガラスにいちばん近いゴリラを興奮して指差す。そして「見て――ゴリラだ!」とか「わあ!」とかと叫ぶ。携帯電話やデジタルカメラを取り出して、小さな画面を目を細めて見つめながら写真を撮る。手も振る――そして常に活気に満ちた態度で、閉口しているゴリラに向かって手のひらを大きく広げた人間式のあいさつを投げかける。霊長類がどれほど自分たちに似ているか、互いにぺちゃくちゃとコメントを言いあう。それからアジアモノレールやフェイスペインティングのブース、キツネザルのほうへ移動したり、フラシ天製のキリンやミーアキャット型の消しゴムを買いにギフトチョップに立ち寄ったりする。ゴリラはそのようすをずっと前から見ている。ほとんどは何年も前から。

ガラスの向こう側の霊長類と関わりあいをもつとき、かならずうまくいく方法がいくつかあるが、これを実践している人は少ない、とゲイル・オマリーは言う。大好きなゲームのひとつは、オマリーが「ハンドバッグ遊び」と呼ぶものだ。「どの動物園を訪ねても、これはうまくいきました」と彼女は言う。「ゴリラは人間のバッグに何が入っているのか、いつでも知りたがります……でも人間はそこからゲームをつくりださなければならない。ただ中身を床にぶちまけるだけではだめなのです。一度にひとつずつ取りだします——何でもかまいません。サングラスでも、鍵でも。でもゆっくりと、思わせぶりに、見せびらかすようにやらなければなりません」

彼女はドラマチックに手首をくねらせながら、ハンドバッグから財布を取りだして見せた。服を着ていて、異種間同士ではあるものの、何かストリップのような一連の動きが思い浮かぶ。オマリーは、ほとんどのゴリラは人間のあかちゃんが大好きだと断言し、このことはわたしも多くの飼育員から聞いてきた。オマリーは子どもがいなかったので、よく友だちのあかちゃんを動物園に連れていってゴリラを喜ばせていた。これはどんなときにも効果があったという。あかちゃんのかわいい笑顔を見ようと、ガラスのそばまでかならず近寄ってくるのは、特にメスのゴリラだ。

ケイト・ブラウンは、ブロンクス動物園のゴリラの一頭に、よく絵本を見せていたという。「そのゴリラは絵を見るのがほんとうに好きでした」とブラウンは言う。「彼女も実際に二足歩行でしたから。つまり後ろ足で立って人間のように歩こうとするのですが、長い時間は立っていられません。でも彼女と目が合うと、わたしはガラスに近づいて彼女が見えるように絵本を開いてみせます。すると彼女は後ろ足で立ち上がって、それから頭の後ろで腕を組み、ガラスに寄りかかってきます。わたしは一ページずつ絵本を見せます。ページをめくってほしいときは、彼女がガラス窓を叩くのです」

わたしたちのエンリッチメント

エンリッチメントは捕獲された野生動物や実験動物だけのためのものではない。アメリカのペット用品産業は――わたしたちがもつ潜在的な罪悪感、ショッピング好き、そしていっしょに暮らす生きものを助けたいという気もちを利用して――ペットのためにものを買おうとするアメリカ人を当てにしている。二〇一〇年の時点で、ペット用品産業は年間五百三十億ドルの売上げを誇る北米で最も急成長する小売部門だった。[20] ペトコ、ペットスマート、その他民間のペットショップで売られているイヌ、ネコ、オウム関連のおもちゃの大多数――ドッグフードが出てくる噛めるパズルや、粒餌やスエット［鳥の餌］の周りを丹念に結び目で閉じたロープなど――は、ペットの心、足、顎、くちばしを刺激するような設計になっている。またペットを癒すための、おもちゃでも薬でもない製品もある。わたしが初めてその存在を知ったのは、ドッグパークでオリバーのことを相談していたあの初期のころの会話だった。こうしたもののなかには『犬の耳に心地よい音楽』といったCDや、旅行不安症を緩和するというレバー味の「ハッピートラベラー」ガム、健康食品店にはかならずあるペット用「バッチフラワーレスキューレメディ」や「トランキリティジャーキー」、ラベンダーの香りがする「チルアウトビスケット」、妙な空気清浄器のように壁にプラグで取りつけるフェロモンディフューザー、足に塗るカモミールやレモンの香りがする「リラクゼーションジェル」、ウサギ用の「セリンドロップ」、そして鳥用の「アヴィカーム」やペレット用の「グランドカーム」といった幅広い種類の食餌サプリメンントがあり、こうした製品の愉快なパッケージには、不安を癒し、怠慢なウマに集中力を養わせることを約束するといった文言が書かれている。

イヌ用の最も一般的な精神衛生製品のひとつは、「サンダーシャツ」と呼ばれるベルクロ社のタグがついた、からだにぴったりフィットするジャケットだ。このシャツは雷や花火恐怖症、分離不安症、問題のある吠え声、飛び降り、旅行ストレスなどを和らげるとメーカーは主張している。最近になってこの会社は「サンダーキャップ」なるものも発売した——目のすぐ上まできて、鼻面を包みこむようなやわらかいフードで、これが白色でもう少しだけ先端が尖っていたら、人が眉をひそめるようなクークラックスクラン（KKK）を彷彿とさせる。が、これはどちらかといえば顔用のシャワーキャップのように見える。

ベルクロ社は、おやつが出てくる「サンダーリーシュ」や「サンダートイ」、ネコ用の「サンダーシャツ」も販売している。「サンダーシャツ」の不安症への効果に関する研究は、唯一、このメーカーが自社で独自におこなったものだけだ。それでも、自分自身のイヌについて専門的な論文を書いた科学史家のダナ・ハラウェイは、「サンダーシャツ」は嵐ではなく（嵐についてはまったく怖がっていなかった）、銃の音や花火を怖がるオーストラリアンシェパードのカイエンに効果があったとしている。[21]

また、トレーナーのスーザン・シャープと彼女のビジネスパートナーが製作した、より細身のイヌ用ジャケット「アングザイエティラップ」というのもあり、さらに彼らは「クワイエットドッグフェイスラップ」という、鼻先につけるやわらかいゴムバンドのようなものも製作した。もっとカラフルなものを好むイヌには、「ストームディフェンダー」がある。明るい赤のケープとエプロンが一体になったようなもので、ペットを静電気から保護するために金属のライニングが施されてある。

動物行動学者のエリーゼ・クリステンセンに、こうした製品は実際に効果があるかどうか尋ねたところ、効果がなかったら害を及ぼすようなこともないと彼女は言った。つまり、イヌが何かを着せられたり、されたりするのを死ぬほど怖がらない限りにおいては、ということだ。ほとんどの獣医兼動物行動学者が、そうした製品は効果があると断言できないのは、最終的に彼らのところに患者としてやってくる動物たちは、店頭販売の錠剤や植物性の足裏マッサージクリーム、またはイヌ用の拘束服には反応しなかったからだ。もしこれらに効き目があったら、そもそも病院になど来ないだろう。

しかしどうやら、こうした製品を価値なしと見る人と同じくらい、これらに信頼を置いている人もいるらしい。わたしが疑問視しているのは、このようなものの有用性が、シャツを着せられ、ケープをかけられ、からだを包まれ、守られているイヌ（または現実的ではないがネコ）のそれぞれに合わせて個別化されているかどうかということだ。わたしはオリバーにこうした落ち着かせるための服を着せようと思ったことはなかったが、もしかしたらそうするべきだったのかもしれない。それにラベンダービスケットも足裏用のコーティング剤も与えなかった。その他の製品は、実際にたくさん試した――「レスキューレメディ」ドロップをわずかな期待を込めて舌に乗せたり、新しいパズル式のおもちゃを大量に与えたり、家を出るときに音楽をかけてあげたり。そのどれもが彼には効き目がなかったが、たしかに彼のために何かをしてあげているのだという自分自身への慰めにはなった。

力強いマッサージ

わたしが育った農場に住む二十三歳のサルデーニャミニチュアドンキーのマックは、本書の「はじめに」でも紹介したように、かわいらしく、獰猛で、不安定だ。母親の死後、わたしが世話をすることになったのだが、わたしはといえば、善意にあふれてはいたものの、あかちゃんドンキーを育てるということに関してはまったくの無知だった。何本もの粉ミルクを与えているうちに、マックは家のなかを走りまわるほど大きくなった。たとえば、噛んではいけないなど、いくつかのルールはあったが、それを彼に押しつけることはしなかった。その長い毛で覆われた耳とやわらかい鼻が、わたしの、そしてわたしの両親の判断を鈍らせた。それに早く離乳させすぎた。彼は人間との絆しかもたないまま、柵囲いのなかに移されたのだ。ウマらしいスキルは何ひとつなかったが、反抗的な態度はたしかにあった。そんなところが、わたしが出会ったあのホテルのゾウと少し似ていた——同じ種よりも人間といっしょにいることを好み、自分の思いどおりに事が運ばなかったりすると、大げさにその不快感をあらわにするのだ。マックは小さいながらも、他のロバやとなりの柵囲いのポニー、そしてヤギのつがいに強烈な危害を加えるようになった。その小柄なからだをものともせず、これらの動物を獰猛に攻撃した。他の動物から引き離されると、彼の攻撃は自分に向かい、血が出るまで自らの足を噛み、柔毛を歯で引っこぬき、柵囲いの鉄のバーに噛みついたりした。だれかといっしょのときだけ、また近くで人間の活動が繰り広げられているときだけ、そうした行動はおさまっていた——彼はわたしたちがやっていることのすべてを、興味をもって眺めていた。

わたしが成長し、良心が芽生えてくるにつれ、マックの行動はわたしに罪の意識と悲しみを感じさせるようになった。彼が自分を噛まないようにするため、バナナやチェリーの味がついた高価な「リッキット」（舐める行為に集中させるためのウマ用アイスキャンディ）を柵囲いのなかにぶら下げたり、わたし自身も試したラベンダーの香りの「イクウィインカームバーム」［ウマを落ち着かせる軟膏］を塗ったり、三十秒間だけ彼の興味をひくことができる糖蜜で包まれたウマ用のボール——それが糖蜜でコーティングされたプラスチックのボールだと気づくまでにはじゅうぶんな時間だ——を与えたりした。マックを〝実際に〟楽しませたのは、迷い込んできた鶏を柵の外に追いだしたり、近くの木から飛んできてフェンスの下で丸くなっているザクロの実に気づいたり、近くに寄りすぎる牧場犬を威嚇したり、ときにはガレージに姿を見せるだけのために柵囲いから逃げてみたり、近所の家のリビングの窓から気味の悪い目つきで覗き込んだりといった行為だ。また、アボカドの葉を食べたり、新しく植えた木の皮を剥いたりするのも好きだ。しかし他の何よりもマックが楽しんでいるのは、力強くマッサージされることだ。彼の目はぐるぐると回り、リラックスして足をゆらゆらと揺らす。このよどみのない状態がしばらく続くと、突然気分が急変するため、わたしたちは噛みつかれる前に急いで手を引っ込めなければならない。

マックがどれほどマッサージ好きかということを人に話すようになったとき、他の多くの生きものもまた、気もちよく撫でられることが大好きだということがわかってきた。わたしが話をした多くのトレーナーは、どうすればもっと効果的にマックに触れることができるかという提案——それはたいてい、我慢と即座の反射神経に関わることだった——をしてくれた。そうしているうちに、リンダ・テリントン＝ジョーンズの話が出た。

テリントン＝ジョーンズは、ホースセラピーのロックスター的存在で、ウマなどの反芻動物のマッサージをする人たちの預言者でもある。一九四四年、北米ホースメンズ協会から「今年のホースウーマン」に命名された。そしてマッサージセラピーの殿堂入りを果たし、十五冊の本を著し、彼女が「テリントンメソッド」とか「Tタッチメソッド」と名づけたものに関する数多くの記事を書いた。また、ウマだけでなくイヌやネコ、ラマや、最新書の『ヘルスケアのためのTタッチ』（*TTouch for Healthcare*）では、人間専用のマッサージも教えている。テリントン＝ジョーンズがインスピレーションを得たのは一九七〇年代、モーシェ・フェルデンクライス［ウクライナ出身の物理学者］とともに研究をしていたころに遡る。人に働きかけるフェルデンクライスの技術は、からだをさまざまな方向にねじったり、回転させたり、ストレッチしたりといった非習慣的運動を使用して身体の痛みを軽減し、柔軟性を改善するもので、彼の支持者の主張では、想像力を高めることもできる。テリントン＝ジョーンズは、フェルデンクライスのような動きが人間以外の動物にも効くかどうか確かめたくなり、これをウマで実験して成功した。

一九九五年に発表した著書『ゲッティングインTタッチ——馬の個性を理解し、影響を与える』（*Getting in TTouch: Understand and Influence Your Horse's Personality*）の表紙は、ソフトフォーカスされた八〇年代のクリスタル・ゲイルのアルバムカバーを彷彿とさせるような、ターコイズカラーのモヘアのセーターを着たテリントン＝ジョーンズがたったひとり、背の高い白馬を抱きかかえている。[22] 彼女が特許をもつTタッチメソッドは「雲豹のタッチ」、「パイソンリフト」、「タランチュラの鋤引き」、「クマの足裏はじき」などという名前がつけられている。[23] 彼女自身の宣伝材料によると、Tタッチは神経症や攻撃性から車酔いまで、またその中間にある多くの症状を患うイヌによく効く。キャッチフレーズは「あなたの気もちが変われば、あなたの動物も変わる」だ。

彼女が用いる手法は、いわゆるふつうのマッサージとは異なる。直感に頼らず、わたしなら自分のイヌにはまずやらないと思うような類のものだ。たとえばペットの耳の上で指を水平方向にやさしく前後にすべらせるとか、尻尾の付け根をやさしく引っ張るといったようなことだ。

奇妙なことに、彼女のクラスやワークショップ、ときにカルト的なことにまで話がそれる敬虔なトーンで語られるそのメソッドに関するトークに、人々は殺到する。テリントン＝ジョーンズは現在、神経質なラクダから喘息を患う人間に至るまで、あらゆる種類の動物を取り扱っているが、彼女自身も含めてだれも、そのタッチがなぜそれほど成功しているかを説明できる人はいない[24]。ヒトに関するさまざまな研究が、感情面の健康を改善し、不安を軽減するマッサージのパワーについて証明してきたが、動物に関する研究は生理学的利点にのみに焦点を当ててきた[25]。ウマ科のマッサージ効果に関する研究――特にTタッチとは限らず――は、たとえばけがから回復しようとする競走馬をどれほど救うことができるかということを文書に示してきた。マッサージは馬術競技のウマやペットのポニーにも利用され、現在ではウマ科スポーツマッサージ協会など、独自の会員制度をもつセラピストのコミュニティも繁栄している[26]。そのウェブサイトには、ワークジャケットを着た男女が光沢が出るほどウマを撫でている写真とともに、ベルベッドの乗馬ヘルメットをつけた女性たちが励ますように見つめるなか、競走馬がランニングマシンの上をギャロップしているようすを映しだすビデオクリップが掲載されている[27]。

カリフォルニアを拠点とするドッグトレーナーであり、野生動物写真家であるジョディ・フレディアーニがテリントン＝ジョーンズの存在に気づいたのは、彼女の娘が所有するウマが命令を拒絶するようになったときだった。「ウマは耳をうしろに倒して、噛むぞと威嚇しているようでした」とジョディは言う。「彼女の闘争反応はどんどん激しくなりましたが、とてもフレンドリーで、呼べば門のところまで走ってやってきます。思い返すと、彼女はその自己防衛の悪癖を、彼女を育てた男から学んだのだと思います。その男は命令に従わせるためにウマを蹴り、他にもさまざまな戦術を使って彼女を支配していました」

フレディアーニは自分のウマの攻撃的な態度をなんとかするため、地元のTタッチ実践者を雇った。すると態度がみるみる改善し、感銘を受けたジョディは、自分でもTタッチトレーニングを受けようとコースに申し込んだのだ。コースを受講しているあいだ、テリントン＝ジョーンズがある不安症のウマの歯茎をマッサージしたところ、すぐさま穏やかでリラックスした状態になったのを見て、フレディアーニはTタッチを自身のトレーナーとしての仕事にも組み込むことにした。Tタッチは、動物たちを怖がらせるような方法ではなく驚かせるものであるからこそ効果がある、と彼女は信じている。このタッチは動物が慣れ親しんでいるものとは異なり、動物が期待していることと実際に起こっていることとのあいだに断絶を生じさせることで、「闘争・逃走反応を起こすことをやめさせる」のだとフレディアーニは言う。落ち着いた動物は、自分に何が期待されているのかを容易に学ぶことができるので、恐れや混乱、ストレスにつながりにくくなる。フレディアーニは、クライアントと自分自身のイヌやウマの観察に基づき、Tタッチは筋肉の緊張をほぐし、心拍数や血圧を低くすることもできると結論している。[28]

そしてこれは、自分が施術した分離不安症のイヌのように、何らかの情緒的問題を抱えるイヌに特に効果的だということを発見した。

Tタッチが、そして一般のマッサージが、特に動物の幸福に大きな影響を及ぼすとすれば、それは「雲豹のタッチ」や「ラクーンタッチ」のせいではなく、信頼できる人間が穏やかに、自信に満ちた態度でやってあげるからだろう。これはオリバーにも当てはまることだったと思う。アパートの窓から飛び降りたあと、彼は痛みがひどくて動くことさえできなかった。そしてバリアムを飲んでいないときは、まさに不安の塊だった。わたしたちが雇った心やさしいケリー・マーシャルという名のドッグウォーカーは、ジュードとわたしの次にオリバーが好きな人間だった。オリバーが飛び降りて間もないある午後、ケリーはオリバーのようすを見るために家に立ち寄り、ドッグマッサージのコースを受けはじめたと告げた。オリバーにもマッサージをしてもいいかどうか知りたがっていた。ジュードとわたしがベッドに横たわる〝ビースト〟に目をやると、彼はからだを落ち着かない感じに折り曲げながら「イエス」と言ったように見えた。翌日の午後、ケリーはオリバーに施術をおこなった。結果は即効だった。オリバーはリラックスし、全身の硬さが和らいだ。二度目にマッサージをしてもらった数分後、彼は事故以来初めて歩きはじめた。

人間を癒す

三本足のゾウとその家族

残念なことに、精神障害のあるすべての動物に効くたったひとつの錠剤、塗り薬、マッサージ、または魔法のような製品は、人間の場合と同様に存在しない。たいていは運動や行動療法、調合薬、そして健康的な新しい関係性といった、それぞれの個性に合ったコルヌコピア（豊穣の角）から安心は生じるのだ。ときにこうした関係性は人との関係になる。

背が高く、幅広の頬で、タイのチャーンビールを数杯飲めば懐疑的な態度が一変するプリーチャ・フアンカム博士は、タイで最も経験豊かで、人々から尊敬されるゾウの獣医のひとりだ。彼が動物と関わる仕事を始めたのは三十二年前のことだった。そのうちの十五年間は、タイ政府の丸太運びのゾウの責任者を務めた。二百頭のゾウと四百人の象使い――ひとりはゾウの首の部分に乗り、もうひとりは丸太といっしょにゾウを引く――が、村や町からほど遠い森林キャンプに暮らしていた。ある区域の丸太運びが終わると、荷造りをして新しい区域へ向かう。プリーチャはキャンプからキャンプへわたり歩き、こうしたゾウや象使いを監督し、適切なゾウに適切なふたりの人間がついているかを確認していた。ゾウと象使いが適合していないと、丸太運びのチームワークはうまくいかない――ゾウと象使いが互いに尊敬し、互いに耳を傾けることが要求される危険な仕事なのだ。

一九九〇年代半ばに丸太運びが違法となってから、プリーチャはタイ政府の象使い訓練学校の責任者となった。ここで彼は何百人もの新入りの象使いを訓練し、政府が所有するゾウの健康と幸福を監督した。そのなかには、完璧な足爪のかたち、皮ふの色、そして奇妙なことにいびきの音など、幸運を約束するような特性をもつものとして選ばれたタイ王室のゾウも含まれていた。

「多くの人間が、ゾウといっしょにいることは一方通行の関係性だと思っています。つまり、ゾウは人間に支配されているということです」とプリーチャは言う。「でもこれはまちがっています。ゾウと人間は長期にわたる愛情関係であるべきです。象使いが狂っていればゾウも狂気を返してきます。飼育員や象使いが動揺していたり悲しんだりしていれば、ゾウも心配になるでしょう。お互いに居心地が悪くなるのです」

わたしがタイでいっしょに過ごした他の多くの象使いや獣医、ゾウのディーラーと同じく、プリーチャも人間とゾウとの適合こそ、ゾウの精神衛生上、最も重要な部分だと考えている。「象使いとゾウがキャンプで長いあいだいっしょに仕事をしていると、ゾウが人間を気遣っているのがわかります。たとえば飲みすぎて歩けなくなっている象使いをキャンプまで運んであげるとか。いま、事態は変わってきています。象使いになることは、タイ北部ではそれほど尊敬に値することではなく、若者たちはものを買ったり町に引っ越したりすることを夢見るようになりました。これはゾウの情緒的幸福に大きな影響を与えています」

こんにち、ゾウは象使い（ほとんどが男性）が昇進するまでのほんの数年間しか、同じ象使いといっしょに過ごせないという傾向にある。これは、象使いを家族のように感じているゾウにとっては辛いことだ。プリーチャによると、継続性と正しい関係性が子どものゾウには特に重要だという。プリーチャがトレーニングを監督してきた三十頭以上の子どものゾウのなかで、大きくなってから人間を殺したのはほんの数頭だけだ。いま思い返すと、そうしたゾウには、子どものころにまちがった飼育員や象使いを与えてしまったせいだと彼は言う。

そうはいっても、ゾウのなかには、象使いや飼育員がどれほどやさしく情深かったとしても、情緒不安定になったり、暴力的になったり、攻撃的になったりするものもいる。プリーチャは、単に生まれつき怒りっぽい性格に生まれてきたと彼が信じる、ある野生のゾウの女族長のことを特に思いだすという。この女族長は、群れ全体の行動に指針を与えているため、彼女が良いリーダーでない限り、集団全体に問題が生じる可能性がある。このゾウは非常に攻撃的で、近くの村の収穫物を略奪していた。プリーチャは、彼女のようなゾウは群れ全体をよりいっそう攻撃的にし、たとえ森のなかにたくさんの食べものがあっても、村の民家の庭を襲撃する機会を増やすだろうと確信している。

捕獲された働くゾウが初めて人を殺す場合、ほとんどは偶然であることが多い。こうして自分の力に気づいたゾウは、これをもう一度繰り返すことがある。わたしが聞いた最も一般的な説明では、これはゾウがゾウ同士および人間との間に抱いている感情的な絆と関係しているということだ。「ゾウが恋におちたときが最も危険です」とプリーチャは言う。「愛するゾウといっしょにいるためなら、彼らはどんなことでもしますす」

これは無残に踏みつけられたり、ターゲットにされて突きあげられたりといった、ゾウが引き起こす人間の死の八十~九十%の割合を占めると彼は考えている。こうしたゾウの行為はしばしば、人間の傍観者に精神病患者の行動を思い起こさせる。丸太運びがおこなわれる数年間、象使いが村の近くにキャンプを張ると、殺人件数はさらに増える。これは、まわりに見知らぬ人間が増えたせいでもゾウが新しい環境を好まなかったせいでもない。象使いにガールフレンドができたことが原因である場合が多いのだ。一日じゅう森のキャンプで象使いといっしょにいるゾウは、嫉妬心を抱き、ときに暴力的になったりする。

現代でさえ、象使いがガールフレンドのもとから帰ってきたときに、どんなにからだを洗い流しても、ゾウはむっつりと押し黙り、よそよそしく、ときには攻撃的になることがあると言う象使いは多い。その不機嫌から彼らを立ち直らせるには数日かかり、サトウキビやバナナ、パイナップルの先端や愛情深い耳のマッサージなどがたっぷりと必要になることもある。

プリーチャは自分が教える生徒たちに、すぐれた象使いはゾウの感情生活の浮き沈みにビクビクせず、ゾウを恐れず、勇敢で、自己コントロールができる人間だという信念を懸命に吹き込んだ。ゾウは一般に、非常に合理的なので、象使いが自分のゾウと良い関係を築く最も良い方法は、そのゾウの一番良いところを期待することだと彼は確信する。「もし象使いが、ゾウが理由もなく狂っていると思えば、彼はゾウにもっと辛く当たり、ちゃんと世話をしなくなるでしょう」

二〇〇七年、プリーチャは象使いの訓練学校を退職し、非営利のアジアゾウ専門病院（FAE）の獣医長になった。ここは平和な場所だ。タイの他の多くのゾウ関連組織と異なり、FAE病院はエコツーリストに奉仕するための組織ではない。ショーも展示もなく、一般の人がゾウと交流することはできない。すべてが静かで、唯一の動きといえばゾウの患者が尻尾を動かす音や、オレンジ色の制服を着たスタッフがIVバッグ［点滴袋］を取り替えたり、ゾウの小屋を平らにならしたりするときに急いで行き来する足音だけだ。

九歳のメスのゾウ、モーシャは、この病院の永久居住者だ。生後七ヶ月のとき、丸太運びの母親のあとをついてバーミーズの国境付近の森を歩いていた。そのとき、モーシャが地雷を踏んだ——ミャンマー軍が、支配的な軍事独裁政権からの独立を求めて戦っていたカレン民族解放軍とシャン族の反逆者に対して仕掛けたものだ(29)。モーシャの左前足が吹っ飛んだ。母親は無傷だった。二頭のゾウは緊張と恐怖感を抱いたまま病院に到着した。獣医はモーシャの足を膝下から切断した。モーシャは母親といっしょにこの病院で八ヶ月を過ごし、その後母親は所有者に引き取られた。母親が丸太運びから得ていた収入が必要だったのだ。もはや歩くことさえできない、乳離れしたばかりの子どものモーシャだけがあとに残された。地雷とたび重なる手術のショックや痛みだけでなく、母親を失ったことにも明らかに動揺していた。しかしたとえ足が三本になっても、彼女は好奇心旺盛な遊び好きの子どもで、何か興味をそそるものが欲しくてたまらないようすだった。プリーチャと、この病院の創設者のソライダ・サルワラは、彼女にぴったりの飼育員を探してあげることにした。

飼育員の名前はパラディ、友だちからはラディと呼ばれていた。わたしが初めて彼に会ったのは、モーシャの柵囲いの手すり越しだった。恥ずかしがり屋で心やさしい二〇代半ばのカレン族のラディは、棒高跳びの選手が使用しているような厚いブルーのジム用マットを整えていた。モーシャは傷を負っていない三本足でなんとかついて行こうと、ラディの肩に鼻を擦りつけたり、彼に向かってギャーギャーと鳴き声をあげたりしながら、ゾウのかたちをした影のようにその動きに従った。マットの整理が終わると、ラディは人間用の補綴《ほてつ》メーカーのチームがつくったカスタムメイドの義足に油を塗りに行った。残念なことに、問題は地雷がモーシャの下肢を吹き飛ばしただけではなかったということだった。爆弾の金属片がからだのなかに埋め込まれてしまっているのだ。九年後の現在、彼女は一度に数時間しか立っていられない。スタッフはモーシャに毎日義足をつけ、他の足への負担を減らそうとしている。モーシャはこの義足が嫌いで、取りつけられるとすぐにバックルを外そうとする。

わたしがその病院ですごした初めての午後、外の暑さは耐えられないほどのピークに達していた――

鳥でさえ、午後のこの一番暑い時間帯に鳴くこともなく静まり返っている――そのとき、ラディが昼寝の時間だと伝えに来た。マットの上を歩き、モーシャに横になれという指示を出す。彼女はそれに従い、練習した動きで長い鼻をもち上げ、合図とともに右前足を上げた。ラディは自分の胴体と同じくらいの太さのあるその前足のあいだに這うように潜り込み、彼を包み込んでいるその鼻の先にあてもなくいたずらをする。モーシャはマットの上に頭を載せ、寝たふりをする子どものようにまぶたを半分閉じる。「わたしがここにいないと眠ろうとしないんです」。ラディは、まるでそれが世界でいちばんふつうのことのように、ジムマットの上で大きなゾウといっしょに丸くなっている。そして、そのようすを柵囲いのところから信じられないような目つきで見ている通訳とわたしに声をかけた。「それに彼女は訪問客が大好きなので、〝あなたがた〟がそこにいても眠ろうとはしないでしょう」

モーシャはラディが帰ってしまったと思うと、夜も寝ようとしなかった。ラディの部屋は彼女の柵からほんの六メートルほどのところにあったが、ときどき悪い夢を見て夜なかに目を覚ますと怒ったように怯え、マットを投げる。「彼女はわたしが起きるまで何度でも叫びます」とラディは言う。「それからわたしがドアのところへ来て声をかけると、落ち着いて眠りにつくのです」

また、三百キロも離れた家族に会いに、ラディが村の実家まで帰るのもモーシャは嫌いだった。一年にたった二、三回、一、三日ずつ泊まるだけなのだが。「わたしが留守にしている間、モーシャはずっとわたしを呼びつづけているとスタッフから聞きました。そしてわたしのバイクの音が通りから聞こえると、ほんとうに興奮するらしいのです。帰ってきたことがわかるのです」

ラディは、かつてはよく近所の友だちに会いに出かけていたが、いまはもうしなくなった。モーシャにとって辛すぎるからだ。プリーチャとソライダは、ラディの前に三人の飼育員をこの若いゾウにつけていた。ラディはモーシャが二歳のときから世話を始めたが、初日から、これが適した組み合わせだということが病院スタッフの目にも明らかだった。「他の飼育員たちはモーシャのためではなく、自分たちのために働いていました。ラディはちがいます。彼はやさしいのです。それに独身です。彼にとってはモーシャがいちばん大切な存在です」とプリーチャは言う。

病院側はラディを正式な象使いにすることに合意するまで三ヶ月間試用し、その後プリーチャは、彼をモーシャに引き渡すまでにさらに二年間テストした。ラディは十九歳のとき、チェンマイ郊外のサーカスキャンプからやって来た病気のゾウの世話をする象使いのアシスタントとしてFAEに入った。この病院は、所有者が交通手段を提供し、そのゾウを担当する象使いもいっしょに送るということを条件に、ゾウを無料で受けいれ、治療している。象使いは、ここに滞在しているあいだは病院から給料が支払われる。FAEは、ビジターの象使いがここを出るときに、ゾウのヘルスケアに関する基本的な知識を学び、その知識を活用できることを期待してこの方針を採用したのだ。

ラディが到着するとまもなく、彼が嬉しそうにゾウに食べものを与えたり、ゾウを洗ってあげたりしている姿を見て、プリーチャは、病院に住み込みで、飲酒は禁止という条件で彼に仕事を与えた。その見返りとして、ラディはキャンプにいたころの倍の給料をもらい、これに一日三度の食事と無料の住居が与えられた。ラディは自分の稼ぎをすべて実家に送り、土地を買うために貯金した。二〇一一年、モーシャとの仕事が高く評価されたことで、彼は昇進した。いまでは月に一万バーツ（約三百ドル）を稼ぐまでになった。村では裕福な男の仲間入りだ。

ラディとわたしが最初に会ってから一年半後、わたしは彼とモーシャに会いに再び病院を訪れた。彼らは少しだけ大きな囲いに移動していた。モーシャは三十センチぐらい成長していた。太って大きくなってはいたが、子どものゾウのようにまだ叫び声をあげたり、さとうきびの茎をかじりながら満足げに耳をパタパタさせたりしている。ラディは満面の笑みと、ゾウの尻尾の毛で編んだリングでもってわたしを迎えた。「モーシャの毛ではありません」と彼は言う。「いままでに一度も〝彼女の〟毛をカットしたことはありませんから」。ラディはもう、午後の昼寝でモーシャに添い寝することはない。いまやモーシャは、寝ているあいだに彼を潰してしまうほど大きくなってしまったからだ。ラディは、昼寝のときは彼女を囲いに入れ、夜はモーシャがまどろむまでさすってあげるなどして、いまもゾウ版の寝かしつけの儀式をおこなったあと、自分のベッドに戻っていくという。

ラディが柵囲いを通りすぎると、モーシャはそのあとを片足跳びでついていき、わたしのところで少し立ちどまり、柵の手すり越しに鼻をのばしてわたしの手やカメラ、靴の先に触れたり、頭のにおいを嗅いだりする。ラディがゴミを集めて山をつくり、ちりとりを取りにいっているあいだも、モーシャはその堆積に大きなからだをポンと投げだし、からだをゴミまみれにしてしまう。ラディがちりとりをもって戻ってくると、ゴミの山はすっかりどこかに消えている。「モーシャ、モーシャ、モーシャ」。ラディは甘く、愛情をこめてささやきながら、わたしといっしょに笑う。モーシャも笑っているように見える。モーシャが横にドサっと倒れると、ラディは近づき、笑みを浮かべながらその脇腹をさすってやる。彼の愛情をたっぷりと受けると、モーシャは彼が掃除を終わらせることができるように、ゴミの山からからだを離すのだ。

翌日、わたしはプリーチャに、あんなに幼いころに体験した地雷や母親との生き別れ、おば代わりとなって森での成長を手助けしてくれるような年配のメスのゾウもいない病院での奇妙な生活は、モーシャのトラウマになっているかと尋ねた。「特にメスのゾウの場合、象使いは家族同然です。ラディはきっといつか結婚して彼女のもとを去り、自分自身の家族をもつことを考えていると思います。でもモーシャは、彼が去っていくなんて考えてもいません。彼が別の家族をつくるなんて。ラディのことは、自分と同じもう一頭のゾウだと思っているのではないでしょうか」とプリーチャは言った。この両者にとって、いまはそれでじゅうぶんだ。

ボノボとセラピスト

ある午後、次の患者を診るまでの休憩時間に、ウィスコンシン医科大学精神医学部長ハリー・プローゼンのもとに学長から一本の電話があった。ミルウォーキーカウンティ動物園のボノボのオスの子ども、ブライアンの治療をしてくれないかという依頼だった。プローゼンは、次の水曜の三時にブライアンを診察室まで連れてくるよう申しでた。彼は人間の患者の診察に五十年以上の経験があり、これまで被害妄想の統合失調症から重度のうつ病や精神病まであらゆる病気を治療してきたが、ボノボを診察したことは一度もなかった

謎の大型類人猿なるものがいるとしたら、ボノボこそそれだろう。ボノボ(学名 *Pan paniscus*)は、プロのバスケットボール選手と同じくらい手足が長く、深い皺がよった眉をもち、それはまるで何かを懸命に思いだそうとしている顔に見える。この類人猿は、ジェーン・グドールのチンパンジーや、ダイア

ン・フォッシーのゴリラ、ビルーテ・ガルディカスのオランウータンのように、カリスマ的な人間の擁護者に恵まれたことはなかった。最もよく知られているボノボの研究者は、オランダの霊長類学者で動物行動学者のフランス・ドゥ・ヴァールだ。[30]その研究は主に霊長類における共感と道徳性についてだが、ハリウッドではまだ彼の役を演じた俳優はいない。

ボノボが何かで有名だとすれば、それはセックスだ。この類人猿は頻繁で旺盛な性的活動を通じて愛情を表現し、意見の相違を解決または回避し、他の社会的関わりあいのすべてを和らげている。オーラルセックスやディープキス、オーガズムを感じるまで互いの性器をこすり合うメス、木にぶら下がりながら「ペニスフェンシング」をするオスなど、聞いてのとおり、その性的行動のレパートリーは幅広い。彼らは人間以外で、向き合って性交をする唯一の類人猿でもある。こうしたセックスのすべてが、ボノボがアメリカの動物園ではお目にかかれない理由のひとつだ――「ボノボしている」ことを、親が子どもに不器用に説明しないでも済むように。

ボノボは攻撃的な瞬間を見せることもあるが、一般には平和を好む類人猿だ。ドゥ・ヴァールは、わたしたち人間はボノボの平静さを評価する必要があると考えている。[31]彼はPBSのインタビューでこう語っている。「わたしたち「人間」がネガティブにおこなっていることはすべて、わたしたちの生物学と関係があります……良いことをしたり、利他的で共感的であったりするとき……わたしたちはそれを人間特有の性質だと主張します。だから、「互いに争いをしかける」ゴンベのチンパンジーの話は、わたしたちが純粋に競争的、攻撃的なものとして自分たちのなかにもっている、そうしたネガティブな生物学的見解を裏づけるものだったのです。のちにボノボが現れたとき、彼らはこうした見解に当てはまりませんでした」。しかし、ミルウォーキー動物園の若いオスのボノボ、ブライアンは異例のケースだった。彼は性的に器用でもなければ平和的でもなかった。「こちらに向かって糞便や唾液、尿をかけようとする、わたしにとって初めての患者でした」とプローゼン博士は言う。

ブライアンは一九九七年の七月にミルウォーキー動物園にやってきたが、スタッフはすぐに、彼の精神的ニーズはこれまで見てきたすべてのことを超越していることに気づいた。この動物園のボノボ飼育員長バーバラ・ベルは、二十年以上ボノボの世話をしてきた。ブライアンは「一日に三十回、四十回、いや五十回も吐き戻し、一日じゅう円を描いて歩きまわっている」と彼女は言う。[32]「彼が寝ているところを見たことがありません。集団のなかではものを食べることもできないのです。いっしょにうまくやっていくための社会的文化をもち合わせていません。みんなが彼を群れのなかの価値ある存在として見ていないので、ほかの動物たちからうっとうしい奴だと仲間はずれにされるのを恐れながら生活しているのです」

また、自分の指の爪を剥がしたり、肛門から直腸に思い切り拳を入れて流血したり、尖ったもので自分の性器をこすったり、壁の方をぼうっと眺めたり、飼育員に対して極度に攻撃的になったりもした。また、見たこともない物体を怖がったので、自傷行為から気をそらせようと新しいおもちゃやパズルを与えても、彼をさらに動揺させるだけだった。それでも動物園のスタッフはあきらめることなく、彼が自分を傷つけなかったときはいつでもごほうびを与えた。六週間後、彼らは完全な敗北を喫した。ブライアンは他のボノボがいると、やはりものを食べることができなかった。おとなのメスとどのように戯れ、関係性をもてばよいかがわからず、おとなのオスを怖がった。ほんの少しでもストレスを感じると、胎児のようなポジションで丸まって何かを叫んでいた。「一匹の動物がこれほどまでに自己破壊的になれば、何がなんでもやめさせなければなりません。さもないと生きつづけることができなくなります」とベルは言う。

プローゼン博士がこの動物園を最初に訪れたとき、彼は、展示スペースの裏の保護エリアでたったひとりで手を叩いたり、円を描いて歩きまわったりして、悲しみにくれているブライアンの姿に打ちのめされた[33]。「会って話せるような状況ではありませんでした。コミュニケーションをとることすらとても難しいことが、ひと目でわかりましたから[34]」

プローゼン博士の最初のステップは、人間の精神病患者にするのと同じように、このボノボの全病歴を集めることだった。彼は飼育員と動物園獣医を類人猿舎の地下の台所に集めて最初の会議を開き、ブライアンに関する情報や、彼がミルウォーキーに来る前の経歴をできる限りたくさん集めようとした。飼育員がボノボの食餌のバナナやスイカを切っている音を聞きながら、プローゼン博士と動物園スタッフはブライアンの過去について話し合った。

まもなくして、ブライアンのこれまでの経歴はその行動と同じくらい異常なものであることがわかった。ブライアンはアトランタにあるエモリー大学の、ヤーキス国立霊長類研究センターで生まれ、最初の七年間、このセンターで、たったひとりの身寄りである父親からのアナルセックスと恫喝を受けながら育った。アナルセックスはボノボでもふつうはやらない行為で、性的暴行はめずらしいことだ。実験の被験者だったブライアンの父親も、情緒的問題を抱えていたことは疑いようもなかった。

ボノボ社会は女系である。母親と年配のメスが、若いボノボの成長には極めて重要だ。集団子育てのシステムがあり、オスの子どもが母親といっしょにいる期間はメスの子どもよりも倍も長く、オスはこれによってコミュニケーションのしかたや食べものの共有のしかた、論争の解決方法、自分を性的にアピールする方法を学ぶ。野生では、オスは十四〜十五年間、母親と密に接触しながら育つ。一方でブライアンは、あかちゃんのときに母親を取られ、研究所のなかで父親とふたりきりで過ごした。母親による子育てを受けず、他者を信頼したり、一般のボノボと交流したりする方法を教えてくれる年配の女性との絆を深める機会もなかった。彼の環境はまったく不自然なもので、その初期の性的経験——彼を性的に襲おうとする父親の暴力行為——は異常なものだった。

拳を肛門に入れるというブライアンの行為は、ヤーキス研究所にいるあいだもときに激しくなり、この研究所での滞在も後半になるころ、それがあまりに頻繁で強烈になったために彼は大量の血液を失いかけていた。[35] この時点で、ヤーキスの研究者らは彼の生存を危ぶむようになり、彼を父親から引き離し、それからの八ヶ月間をひとりぼっちで過ごさせた。MRIでは身体の異常は見当たらなかったが、慢性的な拳の挿入により、直腸と結腸の組織が厚みを帯びていたため、ブライアンにはプロザックとバリアムが処方された。しかし拳の挿入はその後も続き、研究者らはついに救済を求めることにした。

ミルウォーキーカウンティ動物園は、うつ病のボノボの治療で定評がある。[36] これは経験豊富なバーバラ・ベルの存在によるところも大きいが、この動物園のボノボの群れを何年も率いている、安定した心のやさしい二頭のリーダー、ロディとマリンガのおかげでもある。あかちゃんのころにコンゴで捕獲されたこの若いオスとメスは、二歳のときにアムステルダムへ向かう船乗りに売られた。一九八六年にミルウォーキー動物園に到着し、以来二十五年以上、この二頭はベルとともに、アメリカ合衆国最大の捕獲ボノボ集団の管理に貢献している。ベルと群れがおこなう精神障害のあるボノボへの定評ある治療のおかげで、ブライアンのような問題を抱えるボノボは生きつづけることができるのだ。

すべてのボノボが互いにうまくやっているわけではないため、彼ら相互のあいだで展開されるドラマを管理することが難しいこともある。ボノボはときに、起こるべきことに対して独自の意見をもつことがある。この動物園のボノボの群れはとても大きく、類人猿の個性と嗜好も非常に幅広いため、全員いっしょに展示スペースに入れられているわけではない。たとえば彼らの一部がプレイエリアの奥にいるときは、他のボノボが公開展示スペースに行くというように、日によって変わるのだ。ボノボが飼育員の選んだグループ割りが気に入らなかった場合、自分たちの好きなグループを形成し、友だちといっしょにいることが許されるまでどこにも動こうとしない。仲間として選ぶ相手も頻繁に変わる。ベルは自分の仕事のこの部分が、どこか「揮発性の化学物質を混合しようとしている」ようだと語る。

ブライアンの移り気にじっとがまんしている唯一のボノボが、盲目で耳の聞こえない四十九歳のキティという名のメスと、いまや二十七歳になったコンゴ出身のロディだった。ブライアンはよくキティに毛づくろいをさせたり、この年配のメスが屋外エリアに行くのを手伝ったりした。ロディは、ブライアンが動揺して動けなくなっているとき、彼の手をとって連れまわしたり、プレイルームや屋外エリアに連れて行ったりした。ときにはブライアンのとなりに座って彼をなだめるため、自分の食餌をあとまわしにすることさえあった。一度、飼育員がブライアンのために用意したお菓子が入った厚紙の筒を若いオスが盗んだとき、ロディは自分のお菓子を筒に戻し、心配顔のこのボノボに与えたこともある。[37]

こうしたさりげないやさしさをもってしても、ブライアンの気分を回復させるにはじゅうぶんではなかった。彼はそれでも何時間も延々と嘔吐しつづけ、拳の挿入をやめようとしない。そしてOCD（強迫性障害）の儀式にこだわるあまり、一連の儀式がすべて終わるまでものを口にしようとしなかった。[38]

「わたしはブライアンの自己破壊行動を、極度に不安な状況のなかで自分をなだめる試みだと見なしはじめました」とプローゼンは語る。自分に触れることで、たとえそれが破壊的な方法だったとしても、ブライアンは、他に慰める方法もなければ自分自身の生活をコントロールする方法もないような世界で、少しでも自分の気もちを軽くしようとしているのだ。「彼は人間の世界でいう巨大な社会恐怖症を抱えていて、自分の環境を理解したり、危険ではなく協力的なものとして彼に関わろうとする他者の試みを正確に解釈したりする能力が完全に欠けているのです」

プローゼン博士はまず、恐怖と不安に対処させるため、ブライアンに低用量の抗うつ剤の投与を始めた。プロザックは過去に効き目がなかったためパキシルを処方したが、それもブライアンが治療プログラムを始めるまでのあいだ、リラックスできるようにということだけが目的だった。飼育員スタッフはときどきパキシルの代わりにバリアムで補ったが、これも彼のパニックと不安があまりにひどいときだけの短期間に限られた。パキシルのおかげで彼のなかに潜む不安が取り除かれ、「ひとたびそれがどこかに行ってしまうと、「食事の前の長い儀式のように」それまでの強迫的な行動のいくつかも止まったのです」とベルは語る。

「なんといっても薬物治療の利点は、他のボノボが彼のほんとうのすがたを知るようになったことです。ほんとうはかっこよくてかわいいやつなんだ、と。彼の世界からあらゆる混乱を取り除き、社会的行動を少しずつでも学びはじめたとき、ごくゆっくりとではありますが、彼の生活が徐々に好転しはじめたのです[39]」

ブライアンの治療が本格的に始まった。プローゼン、ベル、そして飼育員が協力して、ブライアンの世界を安全で予測可能なものにしようと試みた。食餌はすべて毎日同じ時間、同じ場所に出した。昼食のあとは、毎日静かな時間を与えた。飼育員はさらに、ブライアンの周りでは声をひそめ、常に同じマンネリズムと同じほめ言葉を使った。新しいものを導入するときは徐々におこない、彼が自分のペースで眺め、触り、それに慣れることができるようにした。毎日のトレーニングセッションは短くし、ポジティブなかたちで終わらせるようにした。ブライアンは捕獲動物なので、治療が人間の患者よりも容易な点もあるとプローゼンは言う。というのも、彼と飼育員は、ブライアンの環境と毎日の生活を完全にコントロールすることができるからだ。たとえば、ブライアンの毎日の行動スケジュールは絶対に崩さない。彼は変化をひどく怖れるからだ。動物園の他のボノボはかなり順応性があり、あらゆる種類の新しい経験にも心がオープンだ。

「わたしがしているのは、ブライアンよりずっと若い子どものボノボとチームを組ませ、遊びという行動を彼に教えさせることでした。二、三歳の子どものボノボとペアを組めば、そこから学ぶことができます。子どもが幼稚園に通うのも同じ理由だと、みな知っています。そこで社会的スキルを身につけるのです。ブライアンはずっと昔に遡って、成長に必要な適切な遊びの行動を学ばなければなりませんでした」

ブライアンの治療を観察しているうちに、プローゼン博士はボノボと人間の患者、特に発達障害を患う人間の患者との類似性に驚かされるようになった。

「わたしがいっしょに働いていた、大きな成功をおさめたあるビジネスマンは、十二歳のときに父親を亡くしました」とプローゼン博士は言う。「そして文字どおり一夜のうちに、十二歳から二十歳まで成長したのです。辛抱強く教えられるという通常の発達段階を通じてではなく、真似をするという行為を通じて彼は成長しました。おとながふつうに学ぶはずの方法——つまり指導者としての父から教えられるように——で学んでこなかったことを、この男はあっという間に学び、それをとてもきちんとやっているように見えました。その結果は少しあとになってからあらわれました。自分でビジネスを始め、雇用の過程で青年に達する従業員と、すでに青年に達した自分自身の子どもたちを扱う段階になって、彼は大変な困難を感じるようになったのです。いわゆる急性発達障害を発症したのです」

プローゼン博士は、ブライアンにもこの男性と同じ症状を見ていた。ブライアンは深刻な発達障害を患い、だからこそときどき三つも四つも幼いような行動をとるのだと確信した。ブライアンはある特定のトレーニングの状況ではうまくやったが、より成熟した行動が必要となるような、新しい、これまでとはちがう環境に自分がいるとわかると、とたんに脆く崩れ落ちてしまう。たとえば、若者として接した経験がまったくないおとなのメスとの交流は、彼を不安でいっぱいにする。これは群れの残りのボノボを混乱させた。というのも、ブライアンは八、九歳の若いオスのように「見える」のに、発達上は五、六歳のようにふるまうからだ。しかもこの五、六歳のような行動ですら安定したものではなかった。自信に満ちた若いオスかと思えば、次の瞬間には突然、メスの一頭から癒されようとする幼い行動をとったりして、これが周りのボノボをいらいらさせ、混乱させた。ブライアンはいつも、報復として自分のつま先を噛んだ。ロディだけは裏切らず、彼の救済にやってきた。

プローゼン博士は、この年老いたオスのやさしさと励ましこそ、ブライアンが自己破壊的行動から生き延びている理由だと信じている。しかし一方で、発達障害の克服ということになれば、ボノボは人間よりも回復力があるとも考えていた。チンパンジーを研究するもうひとりの精神科医は、その理由がわかるという。

マーティン・ブリュンヌ博士は、かつて実験に使われ、その後オランダの保護区域へ送られた、トラウマを負った十匹のチンパンジーの治療をしている。他のチンパンジーといっしょに過ごしたり、より健康的なものを食べたり、エンリッチメント活動に身を投じたり、抗うつ剤を摂取したりといった治療を数年間続けたことで、からだを揺らしたり、自分を傷つけたり、また〝R&R〟などの行動を克服できたチンパンジーの回復能力に彼は感銘を受けた。(40) ブリュンヌは、研究所と同等の異常な環境のなかで育った人間は、チンパンジーほど速く回復することはないと考えている。彼は新しい状況、社会集団、環境に、何よりも容易に、そして流動的に適応することのできる人間の能力は、常に良いものとは限らないと仮定している。「だからこそ、チンパンジーではなくわたしたち人間が地球上で増えたのでしょう」と彼は言う。(41)「ところが一方で、これはおそらく相当の犠牲を伴う可能性があります。つまり、精神的混乱を被りやすいということです」

ベルとプローゼンは、ボノボに対してブリュンヌとは少し異なる見解をもっている。(42) ボノボはボノボなりにフレキシブルで、人間はこうした類人猿から何かを学ぶことができるかもしれないと考えているのだ。ブライアンの治療プロセスに関する共同論文のなかで、彼らはこう書いている。「最初は非常に〝変わった〟ボノボだったブライアンが、周りをより穏やかに見はじめた……にっこりと笑い、生き生きとしている。おそらく人間とは対象的に、成長過程はボノボや他の類人猿の内部で切り開かれ、そのなかで再スタートを切ることができるのかもしれないということを、わたしたちは認識する必要がある。もしそうであるならば、ボノボの発達障害の治療に関する研究が、同じ霊長類である人間の研究文献にも寄与することになるかもしれない」

二〇〇一年、ブライアンが不安定で自己破壊的で未発達な生きものとしてこの動物園に到着してから四年後、二匹の支配的なメスの監督のもと、彼は集団のなかで社会的手がかりを正しく読み取るようになり、ボノボの慣習に礼儀正しく従うようになった。[43] 群れの新しい母親役でさえ彼を信頼し、生後十日の自分のあかちゃんをその手でなでることを許すまでになった。その翌年、彼はもっと大きなボノボの集団のなかで、とても穏やかに過ごすようになっていた。二〇〇六年の十六歳の誕生日には、ブライアンはついに実年齢近くまで成長が追いついた。驚くべき力の逆転というべきか、ロディは年老いて弱々しくなり、ブライアンが群れのリーダーとなった。

「ふたりはいまもうまくやっています」とベルは言う。[44]「でも彼らの役割は逆転しました。ブライアンが先に食べ、ロディはあとまわしです。率直に言って、ロディはもうリーダーにはなりたくないのでしょう」

ブライアンはいまや、支配的なメスの関心や愛情も享受している。ベルは、彼をいちばん幸せにするのは群れのあかちゃんをだっこすることが許されるときで、過去数年のあいだに彼自身も数匹のあかちゃんの父親になったと言う。何年前にパキシルをやめたか覚えていないが、この薬をブライアンが他のボノボに分け与えはじめたときが投与を中止するきっかけになったことは確かだった（プローゼンはこうした現象を、自分が処方せんを書いた他の大型類人猿でも観察してきた)。「ドラッグランナー[「麻薬の運び屋」の意]になったら薬はやめなければ」とベルは笑いながら言った。「定期的に後退することもありますが、それもほとんどありません。いまではメスやあかちゃんといっしょに、社交的なすばらしいオスになりました」

スタッフはブライアンの社会集団を注意深く管理しつづけ、彼が常に群れの最も穏やかなメンバーといっしょにいるかどうかを確認している。彼の毎日は相変わらず予測可能なもので、新しい状況へ適応する時間もじゅうぶんに与えられている。

プローゼンはときどき、ブライアンは周りの類人猿に真の共感を感じているか、それともロディを狡猾にまねることを単に学んだだけなのか、と思うことがあるという。「ブライアンはその極端に異常な生い立ちのせいで、ほんとうは共感という感情が欠如しているのかもしれません」と彼は言う。「どこか精神病質者のようになってしまった可能性があるのではないかと。人間の精神病質者のように暴力的にならないのは、明らかにボノボだけですが」

こうしている間もブライアンは成長し、いまや筋骨隆々のりっぱなオスになった。メスもこれに気づき、かつては彼を暴力的に拒絶していたメスも、いまでは彼に興味を示している。二〇一二年、拡張型心筋症でロディがこの世を去ったのち、群れのリーダーとしてのブライアンの地位は不動のものとなった。(45) 彼はまた、群れのなかに新たな同盟を形成し、「突然キレるようなアプローチももうやめた」とベルは言う。

過去十五年以上、プローゼンとベルの両者は、他の動物園から精神病理学的観点からの助言を求められてきた。[46]「きっとそのうちに、十一、二歳のオスを手放したいという飼育員からの電話を受けることになるでしょう。〝女の子の服を粉々に引き裂いたり〟いろんなことをして……もう彼にはお手上げだ、と言って。そういうときこそ、彼らにしっかりと歩み寄るときなのです。こうした若いオスはしつけが必要なので、指導を減らすのではなく増やさなければなりません。わたしたちはブライアンにほんとうに感謝しています。とても変わったやりかたでしたが、彼はこの動物園への贈りものだったのです。彼とわたしはとても守られた愛情関係で結ばれています。彼はいまもピストル同然で、いつわたしを撃ってくるかわかりません。でもブライアンから学ぶことはまだまだたくさんあります。これからも常に彼から学びつづけるでしょう」

ブライアンの治療は圧倒的な成功だったように見えるが、それでもプローゼンはこのボノボの回復を手柄にすることを拒む。ベルと、他の飼育員の懸命な努力こそ讃えるべきで、ブライアンに変化をもたらした張本人は、実際にはこの動物園のボノボの群れだったということ、そしてロディとキティはブライアンの真のセラピストだったことを彼は信じている。

「共感に地域性や種はなく、普遍的です。そしてこの共感はどんなときでも手に入れることができるのです」とプローゼンは言う。「この動物園に来てから、共感はわたしたち人間よりずっと前からボノボに備わっていたということがわかりました」

第四章　代理と鏡

わたしが犯した最大の狂気の沙汰は、命令のもとにやったことだ。

パット・バーカー『再生』

世界じゅうのすべての生きものは
我々にとって本や写真のようなものであり
鏡である。

アラン・ド・リール（シトー会修道士、一二〇〇年頃）

オリバーが二十一世紀初頭ではなく十九世紀後半に生きていたら、どうだっただろうか？　ヴィクトリア朝時代の傍観者なら、完全にパニック状態で泡を吹きながら寝室の窓辺に立つ彼を見て、気が狂ったイヌだと勘違いし、その場ですぐに撃ち殺していたかもしれない。そして、その数十年後の二十世紀に入ったばかりのころに生まれていたら、アパートの窓から身を投げる姿を目撃した新聞記者や愛犬家、歩道にいわせた人々は、その行為を致命的なホームシックか傷心が原因だと考えただろう。

奇妙な行動をとる動物を名づけるとき、それは過去百五十年間、わたしたちが人間に対して貼ってきたレッテルと一致することが多かった。そしてヒトの診断と同じように、それらの呼称が定着することは決してなかった。獣医、動物園の飼育員、博物学者、農夫、ペットの飼い主、そして医師たちは、古くは〝ヒステリー〟や〝メランコリー〟、新しいものでは〝ＯＣＤ〟（強迫性障害）や〝気分障害〟といった用語を人間以外の生きものに当てはめてきた。こうした診断は、クジラの骨でできたコルセットやエリザベス朝時代のひだ襟のように、流行しては消えていった。つまり、男性も女性も人間以外の動物もみな、いったんはそうした診断に不器用に押し込められるが、そのうちに世間や医者がより適切だと判断する、何かもっとぴったりとした流行りの診断が現れるのだ。

たとえば二十世紀の変わり目のノスタルジアや傷心などのケースは、患者に薬を処方するようになり、精神衛生への理解が深まるとともに広がっていった。世紀が進むにつれ、さまざまなかたちの精神異常の治療にあたる医者は専門家となり、その治療プロセスは、患者と医者の個々の関係性によりいっそう深く根ざすようになった。[1] 二十世紀半ばに入るころ、こうした医者たちは「精神科医」と呼ばれるようになった。

人間以外の動物の心を理解しようとする試みは、多くの場合、このように常に変化する人間の心への理解を反映していた。人は身近な概念や言語、論拠を使って、動物の複雑な行動を理解しようとする。致命的な傷心やノスタルジアといった障害は、いまでは古風で時代錯誤のように聞こえるかもしれないが、現在はびこっているインターネット依存症や注意力欠如障害（ＡＤＤ）という言葉も、二十二世紀、二十三世紀の人間には時代遅れに聞こえるのだろう。こうして、歴史における動物の狂気の事例を見たり、ノスタルジアや致命的傷心、メランコリー、ヒステリー、狂気などの病気を人間以外の動物にどのようにマッピングするかを考えたりすることは、人間の精神疾患の歴史に鏡を向けることと似ている。

その鏡に映しだされるのは、常に快いものばかりとは限らない。

狂ったゾウ、狂ったイヌ、狂ったヒト

数世紀もの間、動物における狂気の起源は複雑でわかりにくいものだった。〝狂気〟という言葉ひとつとってみても、多くのものごとを指し示す。[2] 十八世紀には大英帝国で、のちに北米で、これは〝怒り〟を表す標準語として使われるようになった。十九世紀後半から二十世紀初頭にかけては、奇妙な、または攻撃的な行動をとる動物はどんなものでも、それが狂犬病であろうとなかろうと〝狂っている〟と見なされるようになった。十九世紀末以降になってようやく、狂った動物は精神的な病気というよりも、身体的な病気の犠牲者として見られるようになった。

狂犬病のイヌが特に恐ろしいのは、その病気が最初は静かに、それから次第に何ヶ月もかけて、それに晒された人間のなかで増殖し、最終的にはひどい苦しみ、場合によっては死へと発展していくからだ。この病気はまた、主な感染者、もしくは少なくとも人が主な感染源だと思っているものが人間と大の仲良しであるからこそ恐ろしくもある。[3] いまこの時代に、十九世紀末の都市生活者のなかに存在した接触伝染病の恐怖を想像するのは難しい。当時、イヌはまだ人間のペットとして定着していなかった。現代の都会のドッグパークにいるような、きちんと毛並みが整えられ、人間が支配する家の住人に近いイヌもたしかにいた。こうしたイヌはそのオオカミのような性癖を、耳の垂れた鹿のような目をした生きものに退化するように繁殖させられてきたのだが、十九世紀末から二十世紀初頭のイヌは、たとえそれが疥癬《かいせん》や短寿命、飢餓といった犠牲を払うことになるとしても、もっと自由に歩きまわり、自分が好きな

ものだけを求めながら生きていた。彼らが潜在的にもっている狂犬病的性質は、人間にとっていっそうやっかいなものだったし、抑制するのが難しかった。狂ったイヌは至るところに存在する可能性があり、仮にその恐怖が実際の公衆衛生のリスクに見あわなかったとしても、現実的で身がすくむような恐怖であることには変わりなかった。(4)

こうした狂ったイヌを恐れる人々の不安は、当時の新聞の扇情的な見出しからも明らかである。(5) たとえば「逆上して走る狂犬――コネチカットに狂犬病パニック広がる」とか、「狂犬、家を占有」、「恐怖のリン」、「郊外地域、イヌ科の殺処分を要請……錯乱した野獣が玄関ホールを徘徊、部屋から一歩も出られない家族」といった記事だ。

ルイ・パスツールが一八八五年、狂犬病の予防接種を初めて人間に対しておこない、成功を収めてから、ようやくこの病気への理解が広く普及し、次第に伝染病という生物学的な叙述へとその姿を変えていった。パスツールが予防接種をおこなう以前、狂犬病の症状は多くの場合、伝染病の徴候ではなく「精神異常」として言及されていた。狂犬病への感染は不運だと思われていたばかりでなく、感染した動物が受けるべき罪であり、不潔で、罪深い行為に関わり、過度にみだらで、常に欲求不満の性衝動に駆られすぎたことによる自らが招いた罪だとも思われていた、と歴史家のハリエット・リトヴォは述べている。(6) イギリスでは、貧しい家庭のペットは特に狂気に陥るリスクが高いと考えられていたが、甘やかされ、一見腐敗したように見える上流階級のペットも同様だった。

伝染病はイヌから他の動物に、または他の動物からイヌに感染すると思われていた。(7) 特にウマはしばしば凶暴なイヌに噛みつかれ、その後に待ち構える恐水病に備えて隔離された。さもなければ単純に射殺された。二十世紀初頭、狂ったコヨーテに噛まれた一頭の小さなロバは、マスチフ犬を殺そうとしたり、ウマの首に噛みついたり、デスバレーの坑夫一団を攻撃したりした。一八九〇年には、そこから数百キロ離れたところで「狂ったオオヤマネコ」がウマを襲い、イヌを殺し、さらにもう一匹のイヌをめった打ちにし、数頭のブタに傷を負わせ、畜牛の群れを追いかけまわし、ついにはある女性にマスケット銃で撃ち殺されたという。また、サーカスの動物が関わったケースもある。シカゴでは、メイベル・ホーグルという名の少女が、父親といっしょに奇想天外博物館を訪問中、一匹のサルに噛みつかれた。口から泡を吹いていたと報道されたこのサルは恐水病と推測され、殺された。

とはいえ、こうした動物のすべてが狂犬病に感染していたわけではない。多くの人間が、「狂った」という言葉を狂犬病と精神異常の両方を指すものとして使用していたため、このふたつの違いを説明するのは常に簡単なことではなかった。オリヴァー・ゴールドスミスが「狂犬の死によせる哀歌」というタイトルの詩を発表した一七六〇年には、狂犬病のせいで狂っている状態と他のかたちの精神異常の状態は、ほとんど区別がなかった。(8) この詩には次のような句がある。「犬と男は最初は仲の良い友だちでした／ところがあるとき犬は頭に血がのぼり／そのひそかな願いを叶えるため／狂って男にかみつきました」。このイヌは、フィクションであろうとなかろうと狂犬病ではなかった。彼が人間の友だちに噛みついたのは「気が狂った」からだ。

ある動物に狂気のレッテルを貼ることは、その不合理な怒りを説明するためのひとつの方法だっただけでなく、奇行、攻撃性、またはヒステリーやメランコリー、うつ病やノスタルジアといったその他のかたちの精神異常を説明することでもあった。たとえば一八九〇年、海のまんなかに浮かぶ難破船の上でブタといっしょに発見された一匹の小型犬は、孤独感のために気が狂ったとされた。[9] 一九〇三年に報告されたスマイルズという名のセントラルパークのサイなども、生涯にわたって虐待を受けたために気が狂った可能性がある。[10] 逆上したウマが馬車をつないだまま、後ろに乗っていた騎手を引きずりながら駆けまわり、しばしば命取りになるようなことは、セントラルパークやヴァージニア州のウィリアムズバーグ、その他至るところで見られた。「ウマ科の精神異常」を患う別のウマは、突然飼育員や騎手に食ってかかり、彼らを踏みつけて死に至らしめることもあった。[11] 狂気は、他にも一見突飛な動物の行動を説明するのに使われた。一九〇九年、ニューオーリンズの野球チームのサルのマスコット、ヘンリーは、相手チームのファンから限界を超えるほどの野次を飛ばされたことがきっかけで発狂したと言われている。[12] ヘンリーはスタジアムの柵を破り、スタンドを駆けのぼった。それを見た観客が我先にと逃げ出し、ゲームは七回で中止になった。一九二〇年代、三〇年代になっても、「狂気の沙汰」で悲痛な叫び声をあげる狂ったネコや、屠殺場へ行く途中に発狂したウシ、正気を失ったオウムが少なくとも一羽、手に負えなくなったハリウッドの霊長類も数匹いた。[13] 一九三七年、ヒトラーと同盟を結ぶほんの数ヶ月前、ムッソリーニはリビアでおこなわれた歓迎パレードの最中、狂った雄牛に攻撃されて国際的なニュースになった。[14] 彼は無事に逃げ、イタリアファシスト党を支援するリビアの人々を褒めたたえたという。

　多くの種類の動物に狂気があるとする風潮が高まっていったが、時代を超えて最も語りつがれてきた狂気のストーリーはゾウに関するものだ。[15] 気が狂ったゾウというジャンルを取り扱った一八八〇年の『ニューヨークタイムズ』の典型的な記事は、ある日、近くの村でテロ行為を始めたインドゾウの話を報じている。[16]このゾウのあとを追った警官は、全壊した建物の跡や踏みつけられた遺体、追っ手を攻撃しようと引き返してきた生きものを目の当たりにした。「[ゾウは]ただ単に激情していただけではない――文字どおり〝狂って〟いて、狂気の人間と同じくらい狡猾で残酷でした」と、記者は中継で語った。「しかし精神異常それ自体は動物の知性への賛辞です。というのも、突然狂うということは、脳に強い力があることのあらわれですから。フクロウは決して発狂しません。彼らは〝ばかをやっている〟か生まれながらのまぬけか、どちらかでしょう。しかしオリヴァー・ウェンデル・ホームズいわく、能力の低いものは自分自身を傷つけるに足るほどの力を蓄積することはないのです」

ゾウは、理論上は狂犬病にかかることもあるが、ほとんどは身体的には病気ではないものの、ひどい扱いや虐待に対して反抗的な態度を見せる傾向があった。こうした狂ったゾウが新聞を賑わせてきたのは、彼らが建物や車を壊したり、人を踏み潰したりしたという理由だけではなく、しばしば眼を見張るような方法――怒りを吐きだしたり復讐をしたりする対象となる特定の相手を選んだり、ここぞという瞬間を待って時間をかせいだり――で自己表現をしていたからだ。捕獲されたゾウは突然凶暴になったり、訓練士や飼育員、トレーナーを襲ったりすると言われてきた。[17]これがあまりにも日常的に起こるので、「逆上して暴れる」といった表現は十九世紀以降、まさにこの種のできごとを特徴づける言葉になった。[18]こうした記述は十九世紀や二十世紀には日常的なことで、二十一世紀になったいまでも見られる。

一九九四年八月二十日、綿あめとピーナッツを食べる何千人もの人々の目の前に、タイクという名の二十歳のメスのアフリカゾウが、「サーカスインターナショナル」のショーの一部として、ホノルルのブライスデルアリーナに入場してきた。金色の五つの山にスターがきらめく頭飾りをつけていた。トレーナーのアレン・キャンベルは、活発そうなブルーのジャンプスーツを着ていた。手ブレしたホームビデオの映像でもわかるくらい、タイクは動揺しているように見えた。明るく照らされたリングの隅で、彼女はすばやくからだを回転させはじめた。キャンベルはいらいらして、彼女を押したり突いたりしながら、なんとかしてこのぐるぐる回りつづけるゾウを制御しようとした。彼女は大きな鳴き声で吠え、近くにいた飼育員を地面に突き倒した。そしてすぐさま前足のひざを曲げ、全体重をかけて飼育員を床に踏みつけた。それから、軽い丸太を扱うように、飼育員を床の上で転がしたり蹴ったりした。このときになってようやく、キャンベルはタイクのあとを追って止めに入った。ところがタイクはキャンベルをも地面に突き倒し、飼育員にしたよりももっと激しく彼を蹴とばし、膝を曲げる姿勢をしたかと思うと彼を床に激しく叩きつけた。タイクがもう一度背中を起こしたとき、キャンベルは足を引きずりながら脇に飛びのいた。(19)

「ゾウがボロボロの人形を足に巻きつけているように見えました――あの男の頭の動きといったら、まるで人形のようでした」と、このサーカスに娘を連れてきた母親は、『動物が攻撃するとき』というテレビ番組のインタビューでそのエピソードを明かした。「それからみんなパニックになりました。リングのいちばん近くにいた人たちは、ようやくこれがショーの一部ではないことに気づいたのです。何かが変だ、と」

アレンが動きを止めると、タイクは飼育員のほうに向き、最後の一撃とばかりに彼を蹴り、床に転がした。このときにはもうすでに、アレンは死んでしまったか気絶しているかのように見えた。観衆は叫び声をあげ、パニックに陥った。人々は押し合いへし合い、アリーナの出口へ向かって走りだした。タイクは建物から飛び出し、重い木製のドアを蝶番から外し、それを六メートルも先まで投げた。彼女は隣接する駐車場へ向かい、そのあとをパトカーが追い、それから近所の道へ躍りでて交通を完全にストップさせた。さらに多くの警官が現場に駆けつけ、何十台もの車がアリーナ周辺の道路に集まり、タイクに一斉に銃を向けた。

タイラー・ラルストンはワイマヌストリートを運転中、タイクが自分の車めがけて走ってくるのを見た。「最初は混乱しました」とラルストンは『ホノルルアドバタイザー』の記者に話す。「ゾウがこちらに向かって走ってきて、そのあとを警察が追っているのですから」

ようやく道を外れると、タイクがだれもいない駐車場にサーカスのピエロを追い詰め、そのあいだにもうひとりのサーカスの従業員が、チェーンでつながれたゲートを閉めてタイクを閉じ込めようとしているのが見えた。ところがタイクは、その薄べったいバリアを突き抜けてピエロのほうへ向かい、彼の足を粉々にした。これを機に警察が銃を発射しはじめた。「そのときわたしは、なんていうか……ゾウが殺されるところを見たくないと思ったのです。次の瞬間、それがわたしのそばを走り去ったのです。血だらけで[20]」

警察はタイクを八十発以上撃った。彼女に襲われた人たちのなかで命を落としたのは、トレーナーのアレン・キャンベルだけだった。キャンベルとタイクの死のニュースが広まりはじめると、さらに多くのゾウにまつわるストーリーが明るみに出てきた。USDA（米国農務省）とカナダの法執行記録によると、タイクはその数年前まで別のサーカスでパフォーマンスをしていて、トレーナーが公衆の面前で彼女を殴り、三本の足を曲げて防御しながら叫び声をあげるまでその行為を続けていたところを目撃されたという。その後、このトレーナーがタイクのそばを歩くたびに、彼女は叫び、彼を避けるように向きを変えるようになった。トレーナーは、タイクが彼の尻を牙で突こうとしたから懲らしめたのだと主張した。[21] また、タイクは過去に二度も脱走を試みたことがある。一九九三年四月、「グレートアメリカンサーカス」の公演中、タイクは会場となったペンシルバニアのヤッファシュラインのドアを突き破り、壁の一部をはぎ取り（これによって一万ドルの以上の損害となった）、二階のバルコニーまで駆け上がった。その後、トレーナーにうまく説得され、サーカスに連れ戻されたという。同じ年の七月、「ノースダコタステートフェア」での公演中、タイクは再びトレーナーから逃げだし、エレファントショーの作業員を踏みつけ、その肋骨を二本折った。タイクはホーソーンコーポレーションに所属していた。ジョン・クネオ・ジュニアが経営・所有するこの会社は、三十年以上、世界じゅうのサーカスやエンターテイメントベンチャー——サーカスベガスやウォーカーブラザーズサーカスなど——に動物を貸しだしていた。この会社は、動物福祉法違反のとんでもない実績を保持していた。二〇〇三年、USDAはクネオから一頭のゾウを押収した。それは歴史上初のゾウの押収だった。ゾウの名前はデリー。皮膚膿瘍、皮膚損傷、そして重度の化学火傷を負っていた。[22] あるトレーナーが、ホルムアルデヒドの原液に彼女の足を浸けたのだ。翌年、USDAは十九回以上の虐待、ネグレクト、不適切な扱いの容疑でクネオを告発し、彼は所有する十六頭のゾウのすべてを放棄することを余儀なくされた。[23]

不当な扱いを別にすれば、オスのゾウに見られる狂気の発作は、少なくとも一部では発情期、すなわち数週間から数ヶ月続くといわれるホルモン増幅期によって説明することができる。発情期のオスはふだんよりも攻撃的で頑固だといわれており、ペニスが勃起し、粘液がこめかみの腺から漏れでることがある。こうしたオスは暴力的になる可能性があるため、発情期は性的狂気の一過性の発作だと説明されることもある。

十九世紀半ば、ロンドンのエクセターチェンジに住む、かつてはおとなしかったアジアゾウのチュニーが殺された[24]。年に一度彼を襲う「性的興奮」によって極度に暴力的になり、飼育員の手に負えなくなったのだ。一八二六年三月におこなわれた彼の処刑は時間がかかり、血なまぐさいものとなった。チュニーはヒ素を拒んだ末、三発の銃弾を打たれてさらに逆上し、最後の瞬間に呼び寄せられた兵士一団がマスケット銃で何度も一斉攻撃したが、それでも処刑を終わらせることはできなかった。結局、飼育員が剣で最後の一撃を加えた。

ガンダという名のゾウは、ちょうど二十世紀の変わり目のころ、一時はブロンクス動物園の親しみやすいスター的存在だった[25]。ニューヨーク動物学協会のウィリアム・ホーナデイによると、性的成熟期を迎えた彼は「トラブルだらけの危険な」ゾウに変わってしまったという。六ヶ月にわたって繰り返される「性的錯乱状態」のせいであまりに凶暴になってしまったため、ガンダは一年の半分を極度な規制下で管理された。ガンダの処遇をめぐる議論はニューヨーカーの心を奪い、彼の運命、鎖でつないでおくことの倫理性、そして起こりうる処刑に関する記事や論評は、第一次世界大戦の前夜、ニューヨークのマスメディアを賑わせた[26]。結局ガンダは、名高い象ハンターであり剥製製作者であるカール・アケリーによって、象舎のなかで至近距離から撃たれた。その皺だらけの、水分を抜かれた獣皮は、ニューヨークのアメリカ自然史博物館に送られ、いまなおプラネタリウムの下の大きな金属棚に収められている。狂った行動が引き起こしたガンダの処刑は、他の多くのゾウの経験を代弁するものだった。すなわち、彼らの生きる権利は、その世話と監禁の両方に責任を負う人間が彼らの正気をどのように解釈するかによって決まるのだ。

ティップ――更生か死か

一八八九年一月一日、ティップという名の十八歳のアジアゾウが、パヴォニアフェリーをあとにし、ニューヨークの二十三番街にやってきた。P・T・バーナムやリングリングブラザーズなどと競合するサーカスの所有者であり、南北戦争中にアメリカ政府にウマを売って財を成したアダム・フォアポウという男が、ニューヨーク市民への新年の贈りものとしてこのゾウを寄付したのだ。フォアポウのショーは、ロシアの曲芸師やワイオミングのカウボーイ、「ブタ、ロバ、イヌのコメディアンショー」、自転車競争、「未開人と生ける奇人の博物館」、ボクシングをするカンガルーのジャック、そして「アジアの光」として知られる白いゾウなどを出し物にしていた[27]。このショーは、空中高く張られた鉄線の上で三輪車に乗ったり、綱渡りをしたり、人間のボクサーをノックアウトしたりするゾウが売りだった。ティップもその一員だったが、何らかの理由で（フォアポウはこれを〝気前の良さから〟と言った）、市が初めて公式に所有する厚皮動物としてニューヨーク市に寄贈されることになったのだ。

数年も経つと、ティップはすぐにみんなから愛されるセレブリティとなったが、次第に暴力的な動物の狂気を示す見本となり、ついには悔い改めることのない犯罪者と化し、その存在は数多くの博物学者、大きな獲物を狙うハンター、動物収集家、そして何千人というニューヨーカーを手のひらを返したように反対派に変えてしまった。とはいうものの、あの元旦の日の午後、ティップはいかにもやさしそうなゾウで、セントラルパーク内の動物舎をすぐにでもすばらしい動物園に変えてくれそうだった。ティップを手放した男の話では、このゾウは「仔羊のようにおとなしかった」という。[28] また、ティップは八千ドルもの値打ちがあり、かつてはフォアポウのエレファントショーのスターとして活躍していたのだ。自らのショーで群衆からスリを働く人間を雇うような、ずる賢いビジネスマンのフォアポウが、ものすごい宣伝効果が得られるにも関わらず、なぜそれほど価値のある健康で訓練のゆき届いたゾウを手放そうとしたのか。これについては、当初のいくつかの新聞記事では取りあげられていなかった。考えられるのは、ティップが実は少しもおとなしいゾウではなかったということだ。

フォアポウは、伝説的な動物収集家であり動物園スタッフでもあるカール・ハーゲンベックからティップを買った。ハーゲンベックはもともと、イタリアの国王ウンベルト一世からティップを購入した。ティップはおそらく、当時の他のアジアゾウと同じように捕獲され、生まれ育った森にいる母親から強制的に引き離されたのだろう。もしくは、捕らわれの身として生まれたメスで、離乳後すぐに連れ去られたのかもしれない。いずれにせよ、その幼少時代と、イタリアから始まりドイツへ、最後にはアメリカへという長期にわたる旅は、彼にとって厳しいものだったと推測できる。彼は常に、せっかく慣れ親しんだ人間や他のゾウ仲間と引き離されてきた。食餌は干し草や飼料用のぬか類、ときにワインが与えられ、生まれつき好物だった牧草は食べられなかった。泥のなかを転げまわることも、川で泳ぐこともできず、バケツやホースから水を飲み、固くかためられた地面で何時間も鎖につながれて過ごし、おそらくは膝や足首にかかる負担を逃がすために足を揺らしていた。ムチで叩かれる恐怖を感じながら三輪車に乗るなど、ゾウにとって決して簡単ではない演技の訓練を受けた。思春期ホルモンがこめかみから溢れ出し、メスの仲間を求める欲望に駆りたてられるようになると、ティップは当然のことながら、その厳しい監禁生活によるフラストレーションを募らせるようになった。

セントラルパークの象舎での最初の数年間、人気者のティップの毎日はこれといった問題もなく、平穏無事に過ぎていった。[29] しかし一八九四年、『ニューヨークタイムズ』は、ティップは「更生か死か」のいずれかを選ばなければならないと報じた。[30] 記事によると、これ以上自分の感情をコントロールしないのなら、彼は殺され、その骨はアップタウンにあるアメリカ自然史博物館へ送られることになるだろうということだった。飼育員のウィリアム・スナイダーは、彼を処分すべきだと最もやかましく捲したてた男で、このゾウは狂っていて自分を殺そうとしているとか、実際に殺すのも時間の問題だとか、自信をもって語っていた。そしてそれは時を待たずして現実となった。ある朝、彼が朝食を与えに行くと、ティップは地面に牙をつないでいた鎖をポキンと折り、長い鼻でスナイダーを強打し、地面に叩きつけ、踏みつぶしてその命を奪おうとした。[31] スナイダーの悲鳴を聞いた公園警察が駆けつけ、すんでのところで彼をティップの足元から引きずり出した。

ティップが再びスナイダーを襲おうとしたのは、その三年後だった。[32] ある午後、スナイダーが一日の仕事を終える前に、すでにつないであった重い足枷にさらにもう一本鎖をつけ足そうとティップの象舎を訪れたときだった。小屋に入るやいなや、ティップがいまにも襲ってきそうなことを感じとったが、スナイダーが避けるよりも先に、ティップはその牙で彼を強打した。その勢いでスナイダーは壁に激突し、それでもゾウはすぐさま、床にうつぶせに倒れているスナイダーを牙で突いた。しかし的が外れたため、ティップは象舎の壁を激しく叩き、その衝撃で建物が揺れた。スナイダーは安全な場所に這いつくばって逃げたが、ティップに対する彼の憎しみは、その死を見届けることで決着をつけるという意志へと固まっていった。

セントラルパークの公園委員会は、このゾウをどう処すべきか、一週間かけて話し合った。新聞記事は毎日のように、ティップがもたらす深刻な状況と、彼を生かすか殺すかの賛否両論を報じた。[33] ティップの象舎の前に人だかりをつくる動物園の入場者は、新しい報道が出るたびに増えていった。ティップをフォアポウに売った動物販売業者のハーゲンベックでさえ、彼を殺処分するほうに一枚加わった。公園委員会は、人気のある動物園のアトラクションを失うことと、アメリカ自然史博物館での大きな目玉になることを天秤にかけた。委員会のひとりは、五年間もティップを鎖でつないでおいたのだから残忍な気性になるのは当然かもしれないが、いまやあまりに危険な存在となってしまったために鎖なしで放っておくことはできない、と意見を述べた。この話し合いは主にふたつの疑問をめぐって展開した。ひとつは、ティップが動物園でスナイダー以外の人物を襲ったという記録はないが、それは真実なのか。もうひとつは、ティップはそもそも、自分の飼育員を殺そうとしたことに対して責任を負うことができるのか、ということだ。

新聞がティップを狂気のゾウと呼ぶ風潮が高まりを見せていたにも関わらず、彼はおそらく正気を失ったというよりもフラストレーションを募らせていたのだ。そしてほぼ確実に狂犬病ではなかった。発情期の途上だった可能性もある。[34] ティップはおそらくあまりにフラストレーションを溜め込んでしまったために、その状況を変えようとしたのだろう。その最も理にかなった方法が、自分に極度の制限を加えている飼育員を殺すことだと考えたのかもしれない。

セントラルパークの公園委員会がティップの運命について話し合いを続けていたころ、世間もまた同じことをしていた。ゾウは発狂するに足るほどの知性があると主張する報道陣の声を受けて、ティップを賢く計算高いゾウと見ていた人たちは、彼を始末することを声高に求めた。ティップを死に追いやろうとするこうした提唱者は、ティップに自意識と理性の力がなければ、スナイダーを殺すことを企んだり、完璧な好機を狙ったりすることなどできないだろうということを明確に感じとっていた。「更生か死か」を求めることで人々は、ティップは知性があり、自分の行動を非難するに足るほど正気なのだという自分たちの信念を誇示したのだ。その一方で、ティップはその行動によって非難されるべきではなく、憐れむべき生きものとして見るよう公園委員会に説得する、新しい動物愛護団体や活動家も存在した。この見方はある意味で、こんにちの精神異常の抗弁に似ている。

十九世紀末から二十世紀初頭には、新たな動物愛護団体が協会を設立したり、捕獲された野生動物や家畜など、特定の動物をもっと人道的に取り扱うべきだと世に訴えたりといった新しい波が起こりはじめていた。[35] 一八七七年に初めて出版された『黒馬物語』(*Black Beauty*)などの書物は、動物保護に関するこうした変わりゆく態度を反映していた。ティップの場合、彼が救われることを望む人たちは、そもそもこのゾウは発狂することができるほどの知能をもたないと考えていた可能性もある。

一八九四年五月十日、公園委員会は満場一致で、この狂ったゾウを殺処分することを決定した。[36] ティップはフォアポウのサーカスにいたころに四人の男を殺し、セントラルパークでは、殺害する目的で、さらに少なくとも四人の男を襲ったと彼らは主張した。そこには逃亡の試みや彼の怪力、象舎の脆さ、そしてティップは一般市民にとって危険な存在だと常々思っていたというバーナムサーカスの従業員の証言も引用されていた。

ティップに敬意を示そうと、また彼の死を少しでも見届けようと、公園の象舎の前には大勢の観客がひしめいていた。[37] その週にティップの柵囲いの周囲を撮影した写真には、山高帽や中折れ帽をかぶり、春の肌寒さをしのごうと濃い色のジャケットに身を包み、期待に胸を膨らませるたくさんの男たちの姿が映し出されていた。最初の処刑執行では、中身をくり抜いてシアン化物を詰めたリンゴが与えられた。ティップはそれを拒否した。また、シアン化物を少量混入したニンジンとパンも拒否した。そうしているうちにもさらに何千人という人々が象舎の周りに群がり、劇的な瞬間を待ち構えていた。ライフルをもった自然史博物館からの代表は、その場ですぐにでもティップを射殺したいと思っていたが、アメリカ動物虐待防止協会の会長はこれを許そうとはしなかった。飼育員のスナイダーが、鍋いっぱいに入った大量の濡れた〝ぬか〟をもって現れたとき、ティップはついに屈した。スナイダーはこの〝ぬか〟に青酸カリのカプセルを混ぜ、大きなボール状に丸めた。ティップはあっという間にそれを平らげ、わずか数分で苦しそうにもがきはじめ、口元からは何滴もの血が滴り落ちた。そして最後の力を振り絞り、象舎の後方から公園の芝生へ逃げようと鎖という鎖を引きちぎったが、足首に巻かれた鎖だけは外れなかった。ティップはこの鎖につまずいて地面に倒れこみ、弱々しい声をあげながら息絶えた。

ティップの死から百十七年が経ち、わたしは彼を求めてアメリカ自然史博物館へ足を運んだ。

一八六九年の発足以来、この博物館に寄贈されたあらゆる動植物、鉱物、人工物を記録した、いまにも剥がれ落ちそうな赤い背表紙の重厚な長方形の標本採集図鑑をくまなく調べあげたわたしは、ついにティップへの入り口を探しあてた。彼は一八九四年、死の翌日にここへ到着し、標本番号〝３８９１〟号となった。その公式記録には、〝３８９１〟号は頭蓋骨と下顎から成ると書かれてあった。牙は博物館の象牙室に保管されている。彼の骨格もこの博物館内にあるが、いつ到着したかは記録に残っていない。

その数日後、わたしは哺乳類の学芸員のあとをついて、一階の軒下の奥まった保管スペースへ続く細い鉄筋階段をのぼっていった。「アフリカゾウはここです」と彼は言った。「アジアゾウは上の階です」。彼が言っているのは、この博物館が所蔵するゾウの頭蓋骨のコレクションのことだ。大きくてかさばる頭蓋骨がフロアに沿ったトレイの上に並んでいて、屋根の雨漏れから保護するためにビニールシートがかけられている。そのうちのふたつの頭蓋骨は、セオドア〝テディ〟ルーズベルトと息子のカーミットが、一九〇九年に銃で撃ち殺した仔ゾウとその母親のものだった。

二階は、天井から電球がひとつぶらさがっているだけのスペースだった。どこもかしこもかなりの埃が積もっていて灰色の雪のように見え、そのせいで静まり返っているように感じた。頭蓋骨の長い列がフロアの長さ分だけ続いている。一世紀以上ものあいだに蓄積された骨片が、そこに静かに休んでいる。骨化した顎や眼窩の小さなかけらだ。一番背の高い頭蓋骨は、ほとんどわたしのウエストの高さまである。列の最後尾に、傾斜した屋根に沿ってティップの頭蓋骨が立てかけられていた。年月を経てブロンズ色に変化していて、牙があったと思われるところにぽっかりと穴が空いており、何かに驚いている顔のように見えた。男たちがその亡骸を馬車の荷台に載せて近くの納屋に引きずり込み、ランプの光のもと、展示するために皮を剥いで骨格をきれいに洗って以来、ティップはずっとこの場所にいたのだ。彼の頭蓋骨を見ながら、わたしは公園でおこなわれた彼の処刑と、その死後の、標本としての長く奇妙な在職期間のことを考えた。ティップは単なる「エレファスマクシマス（*Elephas maximus*）」［アジアゾウの学名］の標本ではなく、フラストレーションを抱えた心の標本でもあった。彼は発狂する運命にあった。それは彼がどう猛で、明らかに精神異常と見てとれたからではなく、彼を支配し、鎖で固定し、その感覚的、社会的、肉体的、感情的世界を小さな納屋に閉じ込めようとした男たちに暴力を振るったからだった。彼の反抗心が狂気を引き起こし、狂気が反抗心をより強固なものにした。ティップは、誤解したり恐れたりしているものを懲らしめようとする人間の性癖の犠牲者だった。一八九〇年代のニューヨークは、ゾウが人間を腹いせと悪意で殺し、狂気が動物から人間に乗り移ったような世界だった。ティップの行動に対する人間の扱いかたと、次第に拘束されていく彼の環境、そして結果としておこなわれた処刑は、彼を取り巻く人々の懸念を反映していた。狂気の原因に頭を悩ませ、ともすると自分も狂気に苛まれていたかもしれない人々の懸念を。

ゴリラ、芸者、だれにでも起こりうる致命的なホームシック

その他にも、動物たちを悩ませる伝染性の精神異常がある。こうした疾患のなかには、伝書鳩やドードーの診断のように、すでに絶滅してしまったものもある。特にホームシックとノスタルジアというふたつの病気は、かつては人間の男女の他、水中に棲むアシカからペットのアヒルに至るまで、人間以外の動物にも相当数見られた。十九世紀から二十世紀に入ると、ホームシックは結核や猩紅熱《しょうこう》と同様、身

体的な病気と見なされた。ホームシックが原因で身体が衰弱したり、死んでしまったり、自殺に追いこまれたりするとも考えられていた。この病気のあらわれかたは、家族と離れて都会に暮らしはじめたばかりの新しい住民がしばしば感じる都会化や孤立、戦争の心理的トラウマ、列車や蒸気船の発達によって実現した移民の拡大に対するこの時代の恐怖を反映していた。〝ノスタルジア〟という言葉は〝ホームシック〟と交換可能なものとして使用され、どちらも潜在的に命に関わる病気と見なされていた。[38]たとえばアメリカ南北戦争中、北軍の医師は五千人にものぼる兵士をホームシックと診断し、そのうち七十四人がこの病気のために亡くなった。[39]場合によっては、音楽を聞くと兵士にホームシックとノスタルジアの致命的なケースを誘発するおそれがあるとして、陸軍軍楽隊に「ホームスイートホーム」（埴生の宿）を演奏するのを禁じることもあった。戦後、アメリカ人が農場から都市へ移り住み、何百万人という移民が世界じゅうからアメリカ合衆国へ流れこみ、その多くが公然と故郷を懐かしむようになるにつれて、これらの病気はよりいっそう一般的なものとなっていった。

アフリカ系アメリカ人やネイティブアメリカン、あらゆる民族の女性たちは白人男性よりもこの病気に罹りやすいと考えられ、多くの心理学者や社会派の評論家は、これはダーウィン的な進化論が作用している証拠にちがいないと述べた（つまり、ホームシックに屈する人たちは文化的に未発達であり、順応性とたくましさを好むアメリカ社会にはふさわしくないということだ）。[40]ある慈善活動家は、一九〇六年に次のように述べている。「ノスタルジアは……望ましい移民の自然淘汰に対する、最初の、そして最も効果的な支援だ」[41]

他の動物もまた、喪失、切望、身体的悪化、進化論的適合性といった概念に巻き込まれていった。動物がこうした先入観を反映する便利な鏡としての役割を果たしていたのは、多くの外来種も生まれて初めて故郷から遠く離れて暮らすようになったからだ。十九世紀には聞いたこともなかったスケールで人間の移動を可能にした交通手段が、人間以外の生きものにも同じことを可能にした。動物がひとたび新しい家に到着すると、はるばるやってきた彼らを見て、飼い主もまた過去の自分に思いを馳せるのだ。

ホームシックのゴリラ

アメリカ自然史博物館内にある、ティップの終の棲処の数階下にあるフロアは、哺乳類学のコレクションになっている。その通路は、ロッカーが並ぶ典型的な高校の廊下のようなつくりだ。ただし教科書や代数学のバインダーのかわりに積み重ねられているのは、ゴリラの頭蓋骨、オランウータンの皮ふ、種ごとに整理された歯が入った小さな段ボール箱だ。ドアをそっと開けると、かすかに甘い曇った空気からホルマリンのにおいが立ちのぼる。

大型類人猿セクションの列の端には、「ニシゴリラ。表皮、動物園。データなし」とラベルされたロッカーがある。ここにジョン・ダニエルが入っている。または少なくとも、「霊長類ホール」には展示されていない彼の一部が収納されている。この「霊長類ホール」では、一九二一年以来ずっと、剥製にされ、詰めものがされた彼の皮とガラスの眼が、サルの思想家のようなポーズで観客を見つめつづけている。一九一七年にガボンの森林で捕獲され、デパートの入口のショーウィンドウに展示するためにロンドンに連れてこられたニシローランドゴリラ、ジョン・ダニエルの風変わりで驚くべき生涯は、ホームシックやノスタルジアといった呼称が他の動物にどのように当てはまり、ジョンの場合のように、それがなぜ完全に納得のいくものになり得たかを示す事実に基づく寓話といえる。

ジョン・ダニエルはスーパースターだった。数少ないサーカス歴史学者や根っからのゴリラファンでもなければ、彼のことを覚えている人はもうほとんどいない（「根っからのゴリラファン」とは自称ゴリラびいきで、アメリカ全土の動物園のゴリラを見るために国内を旅しては、休暇をともに過ごしているような人たちだ）。一九二〇年代、ジョン・ダニエルはその驚くべき精神と、類人猿であること、科学の研究対象であること、そしてサーカスの呼びものであることとの意味を覆したことで有名だった。その短いながらも興味深い生涯は、ゴリラは残虐な野獣ではないということ、また思いやりや愛情をもって接すればすくすくと成長し、それが否定されれば人間と同じ精神的ストレスを負う、愛情深い、知性をもつ生きものだということを初めて西洋世界に広く知らしめた。

ジョンは一九一五年から一九一六年にかけて、フランスの陸軍将校の銃撃によって母親の命が奪われたのち、ガボンで捕獲された。当時二歳ぐらいだったジョンは、イギリス政府が実験目的のために発注し、動物ディーラーのジョン・ダニエル・ハムリンから購入した相当数のサルから成るイギリスの一団へ送られた。ロンドンのイーストエンドにあるショップを拠点に活動するハムリンは、大英帝国全土で捕獲された外来動物の売買をしていて、「チンパンジーのティーパーティ」を考案した人物とされている[42]。パンツとシャツを着て、椅子に座ってコップからお茶を飲むこうしたチンパンジーのステージは、二十世紀になっても欧米の動物園には欠かすことのできない定番だった。ハムリンはまた、自宅にも数匹のチンパンジーをわが子として飼っているといわれていた[43]。彼らは服を着て、彼とその妻といっしょに夕食のテーブルを囲んでいた。うわさによると、このチンパンジーのうちの一匹は、ハムリンの店先で客を出迎え、待っている客に応対できる人を探しに、転がるような足取りで奥に入っていったという。この子どものゴリラがガボンから到着すると、ハムリンはすぐさま自分の名にちなんでジョンと名づけ、数ヶ月もすればとびきりのクリスマスアトラクションになるだろうというもくろみのもと、デリー&トムズというデパートに彼を売りとばした。(44)

アリス・カニンガムという若い女性とその甥のルパート・ペニー少佐が、デパートの入口のショーウィンドウにいるゴリラに目を留めた。(45) 興味をそそられた彼らはすぐにこのゴリラを購入し、ロンドン中心部にある自宅へ連れて帰った。ジョンはひどい風邪をひいていて、いまにも倒れそうな状態で体重も減っていた、とカニンガムは記している。また、ずっと孤独だったとも言っている。「わたしたちは、彼を夜なかにひとりにしておくことはできないことがすぐにわかった。ほぼ毎晩、孤独と恐れから金切り声をあげるのだ!」とアリスは綴っている。

これは、販売員が全員帰ってしまったあと、一晩中たったひとりでデパートに取り残されていたあの長い夜のせいだとアリスは確信した。(46) 一日の終わりにみんなが帰りじたくを始めると、彼は泣いて泣いて、泣きつづけていたとデパートの従業員は話す。アリスとルパートは、夜の恐怖が体重の増加を妨げ、彼の病弱なふるまいの原因になっているのだろうと思った。そこで彼らは、ルパートの寝室のとなりの部屋にゴリラ用のベッドをつくることにした。ジョンはこの新しい寝床をとても気に入り、夜な夜なの金切り声はいつしか止んだ。成長が戻り、体重も増えはじめた。

アリスがジョンに期待していたのは、人間の子どものようにジョンが家族の一員になってくれることだった。そこで彼女は、毛のとかしかた、フォークの使いかた、グラスから飲みものを飲む方法、蛇口の開け閉め、ドアの開閉のしかたを彼に教えた。たった六ヶ月で彼はこのすべてを習得し、その後は好きなときに部屋じゅうを自由に歩きまわるようになった。

ジョンは食べものの好き嫌いも激しかった。(47) アリスは知らなかったのだが、いまも母親といっしょにいれば、きっとまだ母乳を飲んでいる時期にちがいない。ゴリラは一般に、三歳ぐらいまで授乳が必要なのだ。ジョンは常にミルクを欲しがった。しかもストーブの上で温めたものを大量に。またゼリー、特にフレッシュレモンゼリーを好んだ。彼は数時間経っても何事も起こらない安全なものにしか触れようとしなかったが、バラだけは別だった。「美しければ美しいバラほど好んだ」とアリスは記しており、しおれたバラは決して口にしようとしなかった

ジョンはゲストを招くことも好きで、初めての訪問客が来ると、興奮のあまり幼い子どものようにはしゃぎ、ドアまで客を出迎えにいってその手を取り、部屋のなかを何周もまわって案内した。そのほかに好きなゲームは、目を閉じて、テーブルや椅子をノックしながら部屋のなかを走りまわることだった。アリスによると、くずかごから中身をすべて取りだし、部屋じゅうをゴミで散らかして楽しんでいたという。お願いすればまたそれを全部拾いあげ、退屈そうにゴミ箱に戻すのだ。

ある午後、アリスは外出用の明るい色のワンピースを着ていた。ジョンはいつものように膝の上に飛び乗ってきたが、彼女はそれを追い払って「だめよ」と言った。ワンピースを汚されたくなかったのだ。むっとしたジョンは床に寝転び、ひとしきり泣いたあと、立ち上がって部屋を見わたし、新聞紙を拾って彼女の膝の上に敷き、そこに飛び乗った。新聞紙もワンピースを汚すことには変わりないのだが、アリスはあまりに感動して気にもならなかった。

ジョンの手柄に関するストーリーはイギリスやアメリカの新聞を賑わし、その人間のような性格を紹介した内容は、ウィリアム・ホーナデイのような著名な動物学者の好奇心をかき立てた。ニューヨーク動物園協会とブロンクス動物園の責任者だったホーナデイは、一九〇五年以来、ニューヨーク市のためにゴリラを確保したいと考えていた。そんなとき、動物園協会のあるメンバーの幼い娘から一通の手紙をもらった。(48)「ゴリラをあげてもいいってお父さんが言っています」と彼女はホーナデイに書いた。「どうかこのゴリラを注文してください。名前は〝チーズ〟がいいです」

ところがホーナデイにとって残念なことに、動物園の展示に耐えるほど長く生きるゴリラを購入するのは簡単なことではなかった。ジョン・ダニエルが来る前は、捕獲ゴリラの死は避けられないものとされており、それは類人猿版のホームシック、ノスタルジア、または致命的なメランコリーが原因とされていた。数ヶ月以上生きた数少ないゴリラの一頭は、有名な霊長類学者で動物収集家のR・L・ガーナー教授が捕獲したダイナーという名のメスの子どもだった。(49)ガーナーは、ゴリラは話をすることができると確信していた。一八九三年、ガボンへの旅の途中、彼はこの持論を試してみることにした。(50)「フォートゴリラ」と彼が呼ぶケージを森のなかに設置し、そこに入って、話をする類人猿が近づくのを待ち構えた。だれも近づいてこないとガーナーは自ら近づいていって、彼がモーセスと名づけたチンパンジーと友だちになり、このチンパンジーに英語を教えようと試みた。しかしこれも計画どおりにはいかなかった。モーセスは喋らなかった。その後に続く一九一四年の旅の途中、ガーナーは一頭のあかちゃんゴリラと出会い、ダイナーと名づけ、彼女をニューヨークに連れてきた。ダイナーは病気がちだったが、十一ヶ月生き延びた。それは、フリルのついた白い帽子と赤い手袋をつけ、乳母車に乗せてブロンクス動物園を定期的に連れまわすにはじゅうぶんな期間だった。ダイナーはバッファローを見るのが好きだったという。

ジョン・ダニエルは人間に囲まれてすくすくと成長しているように見える初めてのゴリラで、当時多くの動物学者を驚かせたのは、彼の健康状態が食事のせいでも住居の室温のせいでも、彼を取りまく環境の物理的側面のせいでもなさそうだということだった。(51) それは、彼の愛情たっぷりの家族生活から来るものらしいのだ。これは欧米の科学者や、特に動物園の職員にとってはショッキングなことだった。そのほんの三年前、捕獲されたゴリラが長生きすることを期待する理由はどこにもない、とホーナディは宣言していたのだから。(52) ゴリラはおとなになってから捕獲されると、その「どう猛で、執念深い性格」によってもちこたえることはできないし、たとえあかちゃんのころに「捕獲され、教化された」としても、その後まもなく死んでしまう可能性が高いと彼は信じていた。ジョンはこうしたすべてに反して、すくすくと成長した。

二年以上にわたり、アリスとルパートはジョン・ダニエルの成長を喜び、曲芸を教え込むことを一切やめて、彼をその気にさせたり刺激したりすることに専念した。(53)「ジョンはいとも簡単に自分で知識を得ていました」とアリスは言う。彼らはジョンを一般の列車の乗客と同じように扱い、ケージもチェーンもリードもない状態で郊外のコテージに連れていった。ジョンは庭や木々は好んだが、広々とした牧場には怯えていた。また、からだの大きいおとなのウシやヒツジには恐怖を感じていたが、仔ウシや仔ヒツジには惹かれていた。時折、他の動物たちに会わせたり、見物客を見て驚かせたりするために、彼らはジョンをロンドン動物園へ連れて行ったりした。(54)

そんなふうにジョン・ダニエルは成長し、まもなくして大きなオスのゴリラ、シルバーバックになった。アリスとルパートは、自由に歩きまわる三百ポンドも体重があるおとなのゴリラなど、民間では受け入れてもらえないだろうと思っていた。しかも不安な状況に置かれると、ジョンはひとりでいることができず、家族が戻るまで大声で吠えつづけるのだ。アリスとルパートは彼の世話をしてくれる人を探そうとしたが、ほとんどの人は、自分が教えたとおりのことをさせようと彼に体罰を加えようとしたため、それもあきらめた。アリスは、自分もルパートも一度もジョンを叩いたことはないという。「彼を扱う唯一の方法は、君はとてもいたずらっ子だと教え、わたしたちから遠ざけることでした[55]。そうすると彼は床を転げまわり、泣き、とても後悔し、わたしたちのどちらかの足首をもって、そこに頭を押しつけてくるのです」

アリスとルパートは、ジョンに新しい家を探さなければならないと考えた。なぜ彼らがジョンに適した場所をイギリスで探すことができなかったのかはわからないが、たしかなことは、この若いゴリラを購入したいという男が現れて、自分はフロリダの私営公園の代表で、そこならジョンのすべてのニーズがかなない、広い庭で生涯を過ごすことができるだろうと語っていたということだった[56]。しかし実際はそうではなかった。あとになってわかったことには、この買い手はリングリングブラザーズサーカスの代表だったのだ。一九二一年、ジョンは船でニューヨーク市へ運ばれ、マディソンスクエアガーデンの古い建物の、冷たいすきま風の入るタワーに収容され、展示された。

ジョン・ダニエルの精神的、肉体的悪化の最初の報告は、彼がアメリカに到着したのとほぼ同時に世に出た。『ニューヨークタイムズ』は次のように報じている。ジョンはホームシックを患い、ほぼ一日じゅう「部屋の片隅でじっと静かに座っていて、自分を見にきた観客のなかに知っている顔はいないかと探していた」[57]。「ベンソン氏［イギリスからの旅でジョンに同行したエージェント］が来たとき、彼はようやく少しだけ活気を見せ、それからその友人と握手をしようと、手すり越しに指をのばしてきた」

ジョンがマディソンスクエアガーデンの檻のなかで感じていたにちがいない孤独と疎外感は、おそらく並大抵のものではなかっただろう。幼少のころに母親と引き離されたあと、毛の生えた人間の子どものように育てられたのだから、四歳にもなればほんものの人間のように成長していたはずだ。ジョン・ダニエルがアリスとペニー大佐のところから連れだされたときに感じたのは、おそらく、同じ年頃の人間の子どもが、両親と、唯一自分が知る家から引き離され、そばにいる見知らぬ人々の視線だけを浴びながら冷たい部屋に座らされているときに感じるものと似ていたにちがいない。彼は英語を理解した。教養もあった。ゴリラ版の愛と慈しみを知っていた。そしてゴリラ版の悲しみも。

サーカスファンとマスコミはすぐさま、子どものゴリラが文字どおり孤独死しようとしていると報じた[58]。アリスはジョンに実際に起こっていることを知るやいなや、蒸気船に乗ってニューヨークへ向かった。しかし間に合わなかった。ジョン・ダニエルは、ニューヨークに到着して三週間後にこの世を去った。『タイムズ』の記者は、ホームシック、監禁、不適切なケアが彼を死に追いやったと主張した。少なくとももうひとりの記者は、ジョンは実際には肺炎で死んだと述べた。おそらくそのどちらもが正しいのだろう。ジョンの免疫組織が、孤独と隔離によって弱まったと考えられるからだ。死の前の数週間は食餌も拒否し、鉄のベッドにしゃがみこみ、ブランケットで身を隠し、檻の前にいる観客から顔を背けていた[59]。あるサーカス団員の妻が彼といっしょに過ごすようになり、おでこに温かい手を乗せ、彼が切望してやまなかった愛情と注目を与えはじめたころには、すでに遅すぎた。ジョンを知るリングリングサーカスの従業員は、一般の博物館の標本のようにジョンを扱ったことが問題だったと語った。「わたし個人としては、前の家でしていたような習慣を続けていれば彼はもっと生きただろうと思います」

彼がふつうの習慣を禁じられるのには理由があった。つまり、金銭的な理由だ。リングリングブラザーズがニューヨークでジョンを展示していた三週間、彼がたとえ無気力で悲しそうに壁をじっと見つめているだけ――サーカスのいちばんの呼びものとはとうてい言えない――だったとしても、カンパニーは、リングリングが彼に支払った三万二千ドル分はなんとか回収することができた。[60] 仮にジョンが生きていて、同じ数の人間を魅了していれば、一九二〇年代の価値でいえば年間約五十万ドルという金額をこのサーカスのために稼いだだろう。現在に換算すれば五百六十万ドルに相当する。

アリスは愛するゴリラの死に大変なショックを受けたにちがいない。それでも類人猿に対する彼女の関心が立ち消えることはなかった。ジョン・ダニエルの死後まもなくして、彼女は別のあかちゃんゴリラを購入し、ジョン・サルタンと名づけた。このゴリラもロンドンのアパートの田舎の邸宅に連れ帰ったが、アリスは今度こそゴリラを手放すようなことはしなかった。リングリングブラザーズとバーナム&ベイリーサーカスの契約書にサインをして、「ジョン・ダニエル二世」の名で展示することを承諾はしたものの、所有権は保持し、常に自分のそばに置いておくことを明記した。またホテルでもいっしょに過ごし、他のサーカスの動物のようにコンテナに入れて移動するのではなく、彼女のとなりの座席に座って車や列車、船で移動することを要求した。

ジョン・ダニエル二世とアリスは、一九二四年四月二十四日にニューヨークに到着した。そのとき彼は三歳だった。船の貨物室でコンテナに入れられて大西洋を渡った初代のジョン・ダニエルとは異なり、ジョン・ダニエル二世はアリスと個室をともにした。到着すると、ふたりは西三十四丁目とブロードウェイの交差点にある豪華なマックアルピンホテルに滞在した。このホテルの屋上で、ジョンは遊ぶことが許可された。彼は前身と同じくサーカスで見世物にはされたが、今回はアリスが近くにいて、毎日仕事が終わるとタクシーでいっしょに帰宅した。彼とアリスはアメリカ自然史博物館も訪れた。ここで彼はぞっとしながらも、剥製となった初代ジョン・ダニエルの姿を目にした。有名な霊長類学者のロバート・ヤーキーズがその日ジョンに会うために、コロンビア大学の医師らと、大きな獲物を狙う名高いハンターであり剥製師であるカール・アケリーとともに博物館を訪れた[61]。アケリーは、アフリカの哺乳類ホールにある、霞んだ色で塗られた火山の前に佇むマウンテンゴリラの一家など、この博物館のドラマチックなジオラマを担当している。マックアルピンまでジョン・ダニエル二世を訪ねてきた『ニューヨークタイムズ』のある記者は、こう呟いた。「ウィリアム・ジェニングス・ブライアンからの要請はないものの、ジョンはまちがいなくダーウィン博士にとっては大切な知人になっていただろう。ジョンは……ダーウィン氏が肯定し、ブライアン氏が否定していたすべてのことを身をもって証明しているのだから」[62]。アメリカの公立学校で進化論を教えたことに対してジェニングス・ブライアンが強引に異議を唱えた、あの伝説的なスコープス裁判が起こったのは、ジョンがイギリスに戻ったほんの数ヶ月後のことだった。

アメリカ合衆国から始まり、ヨーロッパへと旅をしながら、彼がサーカスに在職していた期間、そしてイギリスでアリスと過ごした数年のあいだ、ジョン・ダニエル二世はあまりにもたくさんの人々に囲まれると「神経緊張」を引き起こしがちな、陽気で、目を大きく見開いたかわいらしい生きものだった。彼はショーの合間にピエロと遊んでリラックスしたり、子どもたちにやさしくしたりしていたが、ごくまれに女主人を叩くことがあった。[63] ロンドンで彼の専属医師を務めていた熱帯病の専門家が細心の注意をはらっていたにも関わらず、ジョンは一九二七年にこの世を去った。彼の身に何が起こったのかはわからないし、最初のゴリラが死後に剥製にされ、研究対象になっているのを知っているアリスが、彼を手放さずにグロスタシャーにある田舎の邸宅の近くにお墓をつくって埋めたかどうかもわからない。[64]

ジョンの死からほぼ百年経ったいまでも、ニューヨーカーはジョン・ダニエルに会いに行くことができる。[65] 剥製となったそのからだは、アメリカ自然史博物館の三階のガラスキャビネットのなかにある。そのとなりには、人間に育てられたもう一匹の類人猿の子どものチンパンジー、メシエがいる。彼女の「育ての父親」は、有名な比較解剖学者でありゴリラハンターでもあるハリー・レイヴンだった。ジョンはその死からずっとこの場所にいて、プレートには「ニシゴリラ」とだけ書かれてあり、その数奇な人生については何も記されていない。頭蓋骨と骨は、手書きのプレートがついた小さなオレンジ色の缶といっしょに上の階に保管されている。その缶には彼の乳歯が入っている。きっと、歯が生えてきたころにアリスがそれを保管していたのと同じ小さなボックスで、彼の死後、この博物館にいっしょに寄贈されたものにちがいない。手書きの筆記体は美しく、ていねいに書かれてある。その歯は小さく、年月を経て少しだけ変色している。

ジョンのイギリスでの生活と、それに続くアメリカへの旅は、第一次世界大戦の余波のさなかに繰り広げられた。戦争による心理的影響が、以前には想像もできないほどのスケールで存在していた。[66]三百九十万人のアメリカ人男性が兵役に服し、その七十二%が徴兵されていた。こうした男たちの多くが故郷へのホームシックを患い、前線でも精神的な病気の治療を必要としていた。長く続くホームシックは、それ自体危険なものだっただけでなく、差し迫った神経の崩壊または「感情的シェルショック」(戦争神経症)とも考えられていた。戦時中もそれ以降も、新聞はホームシックに関するストーリーを報じ、前線にいる兵士の精神的苦痛を鎮めるために楽器を買う資金を集めようとした。ホームシックやノスタルジアは、臆病という言葉を使わずに逃亡を説明するのにも利用された。[67]前線から遠く離れたところでホームシックを患う戦時下の花嫁はガス自殺をはかったり、あかちゃんといっしょにサンフランシスコ湾に身を投げたりした。[68]

ホームシックは新しい病気ではなかった。オックスフォード英語大辞典(*Oxford English Dictionary*)にこの語句が最初に登場したのは一七四八年だが、ホームシックによる死の騒動が世紀の変わり目にあったことが報告されており、この診断を受けるケースは第一次世界大戦中、そして戦後に徐々に増えていった。都会に不慣れな田舎の少年たちは、特にホームシックにかかりやすいと思われていたが、この病気は他の多くの人々をも悩ませた。[69]一九〇四年にシカゴでおこなわれた世界博覧会に日本から連れてこられた芸者や、ホームシックがひどすぎるために、自分にやさしく話しかけてくれるオウムを盗んだ男などさまざまだ。

動物もホームシックとノスタルジアで命を落としている。その一例は一八九二年、ルイジアナ州のインデペンデンス近郊の農場へ鉄道輸送されたラバに関するものだ。[70]三週間後、このホームシックになったラバは、六百四十キロも離れたテネシー州の家まで歩いて帰ってきたという。ノスタルジアが原因で何かを訴えるようにくんくん鳴くというイヌがシカゴの新聞各紙を賑わせたかと思えば、[71]世紀が変わってすぐに、米西戦争中に捕獲された米海軍船のサルのマスコット、ジョッコが、元のスペインのクルーへの懐かしさが募ってホームシックになり、船上で毒を飲もうとしたこともあった。ジョッコの死は戦場での致命的なメランコリーが原因とされている。[72]同じ年、バーナムサーカスのジャンボの後釜として、イギリスからニューヨークまで木製のコンテナに入れられて運ばれたジンゴという名のアフリカゾウは、食べることを拒否し、船の上で息を引き取った。[73]彼の亡骸は船外へ引きずるように運び出され、その死の原因はホームシックの可能性があると報じられた。ジョン・ダニエルの死後まもなく、霊長類学者のロバート・ヤーキーズの長年の研究対象だったメスの子どものマウンテンゴリラ、コンゴが、南フロリダにあるジョン・リングリングの敷地内で死亡した。[74]『ニューヨークタイムズ』は、「原因は不明だが、おそらく孤独、傷心、そして自分と同じ種の仲間を切ないほど求める気もちが死因だった可能性が高い」と報じた。[75]

鳥でさえ、この病気にかかることがあるとされている。第一次世界大戦も終わりに近づくころ、サンフランシスコに住むある少年の家族が、一軒家からアパートに引っ越すことになり、少年はワドルズという名のペットのアヒルを手放さざるを得なくなった。[76]少年はこのアヒルをゴールデンゲートパークへ連れていき、そこに置いてきた。ワドルズは数日間、ガアガアと鳴きわめいて飼い主を探しつづけた末、失った相棒へのノスタルジアのために死んだと『サンフランシスコクロニクル』は伝えた。このストーリーのとなりにあったのが、「負傷して気落ちした兵士、窓から飛び降りる」という記事だった。

ジョン・ダニエルは、ノスタルジアとホームシックに苦しむ動物たちがひしめく船に乗って海上にいた。こうした動物たちは、二十世紀の変わり目の人間と同様、自分の家から遠く離れたところで、簡単には順応することのできない状況に置かれるという経験をしていた。動物もこうした病気を患うことがあるという事実は、ラバもゴリラも、その他の動物も、自己の感覚をもち、自分が強制的にどこかへ連れていかれることを理解しているという考えが広く受け入れられていたことをほのめかしているように思える。

こうしたホームシックやノスタルジア関連の死の報告はときに、白人を他より優位に位置づけるという人種的ヒエラルキーを正当化するため――つまり、ある人間を他の人間よりも感情的に脆弱だと見せかけるような、横柄で不公平な試みにも利用されていた。二十世紀初頭にアメリカ合衆国に連れてこられ、ブロンクス動物園の霊長類舎のなかで一定期間見世物にされたアフリカのピグミー族の男性、オタ・ベンガもその一例だ(77)。彼は一九一六年、ヴァージニア州のリンチバーグで拳銃自殺をはかった。致命的なノスタルジアとホームシックの末路だった。

傷心のクマ、ヒト、そして母親

十九世紀末から二十世紀初頭にかけて、当惑するような行動や時期尚早の死に対するもうひとつの一般的で幅広く解釈できる診断は、傷心だった。ホームシックやノスタルジアと同様、傷ついた心は人間と他の動物の両方に影響を与える致命的な医学上の問題となる可能性のある病状と考えられていた。さらに、傷心は単にそれ自体で悪いというだけでなく、メランコリーやその他のかたちの精神異常につながるおそれのある問題とも考えられていた。この主題について書かれた一八八八年の論文は、「この国、そして世界のどの国の精神病院も、こうした感情的サイクロンが引き起こす精神的に破綻した人で溢れかえっている」ことを示していた[78]。

傷心を原因とするこれらの死の多くは、二十一世紀の観点から評価すれば自殺と考えられるかもしれないが、二十世紀に入ると、自殺の原因が傷心にあるということが社会的にもすんなりと受け入れられるようになり、ついでに言えば、傷心関連の生命保険を受け取るのもかなり容易になった[79]。懐疑論者が傷心の事後分析を鼻で笑っていた一方で、マスコミは傷心にまつわるストーリーを息せき切って報道した。まったく同じ瞬間に停止した恋人同士の心臓や相手が他の若い愛人と駆け落ちした後に止まった心臓、市場が崩壊したり投資に失敗したりした瞬間に張り裂ける銀行家の心、自分の子がスケート中に氷のなかに落ちてしまったり、電車に轢かれたり、誘拐されたりしたときの引き裂かれるような親の心……挙げればきりがない[80]。ブリガム・ヤング［多妻結婚を慣行した教会指導者］の妻たちのひとりも、他の男と寝たことを夫のブリガムに咎められ、傷心の犠牲となった。悲嘆にくれる元軍人や征服された将校もこの病気に屈した。エリス島で抑留され、膠着状態になった移民も同じだ。シンシン刑務所に服役する男の妻たちや、インドの王妃の少なくともひとりは、傷心の犠牲者だったと考えられている。

傷心の診断は複雑な教訓、多くの場合、悪行のリスクや愛にまつわる代価に関する教訓から発展していった。その診断は奇妙な行動を説明する便利な方法でもあり、のちにそうなったように、うつ病や自殺衝動に発展するものとして薬物治療がまだおこなわれていなかった精神的苦痛に対する生理的論拠でもあった。そしておそらく最も重要なのは、こうしたストーリーを人々は楽しんでいたのだ。

ホームシックと同じように、一般大衆向けの、ときに科学的な報道機関は傷心した動物を取りあげたが、その多くはイヌだった。傷心によるイヌ科の死は、特に新しい現象ではなかった。飼い主や相棒が死んだときに傷心と悲しみで死ぬロイヤルハウンドは太古の昔から賞賛され、人間にとっての理想として掲げられていた。[81] ヴィクトリア朝エディンバラでは、グレイフライヤーズボビーやスカイテリアが、自らの死を迎えるまで亡き主人の墓の前で十四年間野宿して暮らしたと言われている。[82] 他にも、動物の友だちが死んだために命を落としたとうわさされるイヌもいる。一九三七年、テディという名のジャーマンシェパードは、ウマの友だちが死んだのを機に食べることをやめた。彼は馬舎のなかで三日間を過ごし、自らも餓死したという。[83] ウマもまた、傷心で命を落とすことがあると言われていた。[84] ラバはおそらく傷心にはならないだろう。第一次世界大戦についてのある記録によると、水が満ちた砲撃の穴にはまった一頭のウマが「懸命にはい上がろうともがき、ついには実際に傷心のために死んでしまった。ラバはそうはならない。ラバには想像力がなく、生活のなかにそうした概念が存在しない。ラバはだれかがやってきて自分を引き上げてくれるまで、おだやかに、哲学的に、砲撃の穴に横たわっているだろう[85]」

忠犬やその他のコンパニオンアニマル以外にも、十九世紀後半から二十世紀前半の傷心にまつわるストーリーは動物園やサーカスの動物を中心に展開していた。[86] おそらくは、こうした生きものも人間と近しく生活していて、夕食の食卓に出されるような運命の動物ではなかったからだろう。人間と似た傷心を、将来のステーキや鶏胸肉のソテーになるような動物に認める気にはならなかっただろうから。一八八〇年代から一九三〇年代半ばにかけて、セントラルパークに住んでいたボンビーという名の寡黙なサイや、トルーディという名の盲目のアシカ、ワシントンD．C．でペンギンの友だちが死んだことで強制的に食餌を与えられることを拒否した皇帝ペンギンなどは、傷心のために死んだと言われている。野生動物もときに致命的な傷心に苦しむことがあると考えられていたが、そのほとんどは捕獲にまつわるものだった。(87) 二十世紀に入っても、ライオンから鳴き鳥まで、多くの動物が捕獲された状態で生きつづけることができなかったのは傷心が原因とされていた。(88) 一九六六年、ナムという名のシャチは、生きたまま捕獲された二番目のシャチだった。彼はシアトル水族館に運ばれたが、監視人はナムが頭を水槽の壁に打ちつけ、囲いのなかから大きな声で叫び、ときどきその声にピュジェット湾にいるシャチが応答しているのに気づいた。(89) ナムは網にかかって溺死したが、『ニューヨークタイムズ』はその死を傷心が原因だと報じた。当時ナムの仲間として捕獲されていた子どものシャチは、サンディエゴのシーワールドへ送られた。彼こそ、世界初の水族館ショーのスターとなったシャチだ。

二十一世紀の多くの動物園の飼育員は、自分が世話をする動物の孤独、悲しみ、傷心のリスクについて、またそれに付随すると彼らが考える生理学的問題について話し合いをおこなった。一九二七年から一九五三年までサンディエゴ動物園の園長を務めたベル・ベンチリーは、かつてこう語った。(90)「孤独はほとんどの動物にメランコリーをもたらします。彼らは純粋に孤独だけが原因でやつれ、死んでしまう。それは、彼らの奇妙な友情関係の多くを物語っています」。一九二四年、ベルリン動物園で、一匹のサルを抑うつ状態から救ったのもこうした友情関係だった。(91) 彼を救ったのは、飼育員が仲間として与えたヤマアラシだった。

モナーク

二〇一二年、リノベーションのためにその展示が移動させられるまで、剥製にされたある一頭のグリズリーベアが、サンフランシスコにあるカリフォルニア科学アカデミーのカフェテリアの外に立っていた。訪問客は彼の陳列ケースの前を通ってスープやピザを買いに行くのだが、レジェンドの前を通りすぎていることには気づいていない。生前よりもずっとかわいらしい剥製となったモナークの姿を見ると、少しばかり心がかき乱される。それはあたかも、クマらしいどう猛さのすべてが枯渇し、ソーダ水に置き換えられてしまったかのようだ。彼の顔は、わけのわからない気まずい笑みを浮かべたまま剥製化され、どちらかといえばどなりたくなるような相手と話しているときに、なんとか取りつくろおうとする笑顔に似ている。いや、それよりもっとひどいかもしれない。実際、クマは笑わないからだ。この剥製で唯一ほんものに見える部分は、伸びすぎて丸まってしまったかぎ爪だけだ。彼があまり歩かないクマだったことがうかがわれる。

モナークは一九一一年にゴールデンゲートパークにある檻のなかで死んでから、ずっとこのアカデミーで展示されている。一九五〇年代、剥製となったモナークのからだは、カリフォルニアの州旗をつくりなおす際のモデルのひとつになった。カリフォルニア州議会が、当時の州旗に使われていたクマが、威厳のある長というよりもどうしても毛むくじゃらのブタのように見えると判断したからだ。[92] 以来、その姿は何百万回も複製され、ボクサーショーツや銀行のロゴから、トラベルマグやタトゥーに至るまで、あらゆるものにプリントされてきた。それでも、このクマが実際に生きていて、息をしていて、何かを引っかく生きものとして存在したことを知る人はあまりいないし、このクマがかつて傷心による死というリスクに晒されながら、深刻すぎるほどのけん怠感に苛まれていたと言われていたことを知っている人はさらに少ない。(93)

展示のために剥製にされたカリフォルニアのグリズリーのなかで、唯一知られているモナークは、ゴールドラッシュ前後にアメリカで起こった生態学的、社会学的な大きな変化を象徴する毛むくじゃらの換喩《メトニミー》であり、十九世紀の半ばまでそうした変化を取り囲んでいた荒野に対する、サンフランシスコの人々の変わりゆく態度を示すクマのかたちをした隠喩《メタファー》だ。ティップやジョン・ダニエルと同様、モナークの檻の前を歩きまわったり、新聞で彼のことを読んだりしたアメリカ人は、自分たちが生きている時代を照らしだすように彼の行動や精神生活を理解していた。モナークは、去勢されたばかりの荒野の象徴であり、彼の精神的健康をめぐる懸念は、この国の荒地――ネイティブアメリカンと、モナークのような恐ろしい捕食動物を風景から抹殺し、消去することによって徐々に「飼いならされていった」土地――に対する社会の新たな空想的態度を反映していた。(94)

十九世紀後半になるまで、カリフォルニアの森林、牧草地、川岸は、グリズリーベアで溢れていた。自分の行動を心得てさえいれば、彼らを捕獲するのはかなり簡単なことだった。一八五八年、サクラメントの軍保安官が野生のグリズリーを一頭十五・五ドルで、訓練されたグリズリーを二十・五ドルで売却した。(95) わな猟師のジョージ・ヤントは一八三一年にカリフォルニアの地に足を踏み入れ、ナパバレーに居を構えた。彼は記者にこう話している。当初、クマは「至るところにいました――草原、峡谷、山のなか、そして勇敢にもキャンプ場に出没したこともあります。[96] だから一日に五、六頭殺すこともしばしばありました。それに、二十四時間以内に五十～六十頭見るのもまれなことではありませんでした」

有名なクマ猟師でありショーマンだったグリズリー・アダムズは一八五〇年代、訓練された二頭のクマ、レディー・ワシントンとベン・フランクリンといっしょに旅をし、サンフランシスコの見世物動物園ではさらに何十頭ものクマを展示していた。[97] ベン・フランクリンは、まだ授乳が必要な子どものころに捕獲されたため、アダムズは、ひと腹の仔犬を産んだばかりのグレイハウンドに彼を託し、授乳してもらっていた。そしてグレイハウンドを傷つけないように、バックスキンのミトンをベンの前足にはめた。二頭のクマはアダムズといっしょに何百キロも旅をし、ときには荷馬車に鎖でつながれ、ときにはその横を自由に歩き、またときにはアダムズやイヌとともに荷馬車のなかで過ごした。レディ・ワシントンも荷物を運び、そりをひき、材木を運んだ。どちらのクマも、グリズリー狩りをしたり、自分たちの食糧にする他の獲物を狩ったりするアダムズを手伝った。

一八六〇年代になっても、捕獲されたクマが鉄道駅に鎖でつながれていたり、檻に入れられたりしている光景がふつうに見られた。[98] 彼らはここで曲芸をしたり、列車を待つ客からもお菓子やケーキをもらって食べたりしていたのだ。フルートを吹くクマもいたと言われている。人々はチケットを買って、クマが雄牛と闘うのを見物した。カリフォルニアの人々のなかには、クマをペットとして飼う人もいた。女優でありダンサーでもあるローラ・モンテスは、グラスバレーにあるコテージの正面玄関のドアに、二頭の大きなグリズリーを鎖でつないでいた。ところが十九世紀末には、こうしたクマはほとんど姿を消した。殺されずに生き残ったクマはますます人里を離れ、捕獲されたクマは以前にも増して購入が難しくなった。[99] ほんの数年前にはどこにでもいた動物が、ほとんど壊滅寸前となるまで乱獲されてしまったのだ。

カリフォルニアの風変わりな〝新聞王〟ウィリアム・ランドルフ・ハーストは、これまでになく希少な存在となっていくクマたちに鋭い視線を向けていた。[100] そのカリスマ的な動物の差し迫った絶滅危機に読者はきっと興味をもつだろうと、これを利用することにしたのだ。一八八九年、彼は多少の狩猟とわな猟の経験をもつアレン・ケリーという名の新聞記者を雇い、グリズリーベアを捕獲させ、「日刊紙の君主《モナーク》」として知られる自身の新聞、『サンフランシスコエグザミナー』のマスコットにしようとした。この州最後のグリズリーの捕獲というストーリーが、読者層にうけるだろうと考えたのだ。ハーストはこのクマを、自分の新聞にちなんでモナークと名づけた。

ケリーは、ヴェンチュラ郡サンタパウラの奥深い丘で狩猟を始めたが、クマは彼が仕掛けたわなには掛からなかった。数週間が数ヶ月になり、それでも何も捕獲できなかった。[101] 編集者はケリーをクビにしたが、彼は諦めずに狩りを続けた。数ヶ月後、あるメキシコ人の男がロサンゼルス郡サンガブリエル山で大きなクマを一頭わなにかけ、このクマを売ってやるという話をケリーにもちかけてきた。[102] クマは怒り狂って木製のわなから逃げだそうとし、丸太を噛んだり引き裂いたり、からだを壁に打ちつけたりした。彼は丸々一週間暴れつづけ、餌に手をつけようともしなかった。[103] その足の一本に鎖をつけるだけでも一日がかりだった。ついにクマはでこぼこのそりに載せられ、けんか早いウマに引きずられていった。サンフランシスコまでの残りの長い旅路には、荷馬車と列車が使われた。

『エグザミナー』にその捕獲ストーリーが尾ひれをつけて掲載されたことで、この街のミッション地区にあるアミューズメントパーク、ウッドウォードガーデンにモナークが到着した初日から、彼をひと目見ようと二万人もの群衆が押し寄せた。[104] 彼はその金属の檻に五、六年間入れられ、最後にはみな興味を失い、訪れる人もいなくなった。一八八五年、ハーストはこのクマを、新しくオープンしたゴールデンゲートパークに寄贈した。モナークが到着しても、公園委員会はクマよりももっと急を要する問題に心を奪われていた。自転車や新しいマシンなどが、ウマをびっくりさせるのではないかとか、激しい衝突が起こるのではないかと公園のリーダーらは懸念していたのだ。モナークの到着は、公園の年次報告書にもほんの二行分だけしか取りあげられなかった。つまりこうだ。『エグザミナー』からのこの大きな贈り物は「最初はその見慣れない環境に反発し、逃亡を試みたが、ようやく自分の運命を受け入れ、いまや非常に人気のあるアトラクションとなっている」

しかし、ときが経つにつれ、モナークは見るからに塞ぎこむようになった。一九〇三年には、ふたつの大きな岩間のくぼみに自ら掘った穴のなかで一日を過ごすようになった。[105] この穴のなかで、前足に巨大な頭を載せ、檻の手すり越しに空中を呆然と眺めていた。人目を避けようと岩陰に隠れたり、むき出しになった泥の冷たさを楽しんだりしていたのかもしれない。とはいえ、サンフランシスコの二月は決してあたたかいとは言えないため、こうしたことは彼の行動が長期的にゆっくりと変化していった証拠と見えた。公園委員会は、モナークはときどき「心ここにあらず」の状態で極度のけん怠感を抱えていると公表した。そして、他のクマといっしょに自由に生きていた昔の生活を求めて嘆き悲しんでいるのかもしれないとし、彼が傷心のために死んでしまうこともあり得ると主張した。[106]

実際、その自然の活動領域が何百とは言わないまでも何十平方キロメートルもあり、牧草やベリー、げっ歯類や幼虫、魚やときには大きな獲物までも餌として食べていたはずのこのおとなのグリズリーベアは、一九〇三年になるころには、最初は小さな金属の檻に、次に少しだけ大きいけれど物寂しげで格子のある檻のなかで十四年という歳月を生きつづけたのだ。狩りや襲撃によって食糧を得ていた自由な生活から、完全な監禁状態のなか、まったく異なる食餌が与えられ、運動もせず、うるさい人間たちに囲まれ、公園にいるバイソンの群れのにおいがたまに風に乗ってやってくるだけという毎日の生活の極端な変化は、彼の行動を変えるにじゅうぶんだったはずだ。通りすがりの人が彼の行動をどう解釈しようとも、それはクマではなく人間たちの影響によるものだった。

公園にいるモナークを見、新聞で読み、その無表情な凝視を理解しようと努めたサンフランシスコの人たちもまた変わろうとしていた。いや少なくとも、彼らを取り巻く世界が変わっていった。モナークを捕獲するまでの数年間、そして彼が捕獲されていた初期の数年のあいだに、おびただしい数の新しい道路や水路、鉄道や蒸気機関車が建設された。ホイットニーの綿織り機やその他の最新発明が農業に革命を起こした。より多くのアメリカ人が、アメリカ史上初めて田舎を離れて都会に暮らすようになり、そうした都会の街は憂慮すべき場所だということが明るみに出るようになった。そのようすは、一九〇六年に出版されたアプトン・シンクレアの『ジャングル』(*The Jungle*)などの本に生き生きと描かれている。西部の荒野は放牧場や農地、牧草地、そして大きな街や都市になり、バッファローは姿を消し、オオカミもまばらになり、カリフォルニアグリズリーなどの動物も絶滅した。この国に昔から住む人々は、人口もだいぶ減り、残された土地を離れることを余儀なくされ、もはや開発や採鉱、伐採、農業、放牧地の買収を止めることはできなかった。

こうした大きな変化は、集中的な採鉱、伐採、製造業の成長とあいまって、十九世紀末、アメリカ合衆国の経済大国への道に拍車をかけた。[107] 一八九六年、モナークがサンフランシスコでの任務を始めて七年が経ったとき、フレデリック・ジャクソン・ターナーは、西部開拓時代の終焉を告げた。[108] この開拓はアメリカをそれまでと異なるものにしただけでなく、より良いものにした、と彼は述べた。

この国の荒野と野生動物は長いあいだ、トーマス・ジェファーソンなどの人々にとって国家主義のプライドの象徴だったが、一八八〇年代から一八九〇年代になって初めて、このプライドの源泉を保護しなければならないと感じるアメリカ人が増えはじめた。[109] モナークがゴールデンゲートパークで前足に頭をうずめて丸くなっていたころ、ジョン・ミューアはこの州の山々の尾根を旅し、シエラクラブを創設した。多くの人々が新しく形成された全米オーデュボン協会に加盟し、ターナー、ルーズベルト、ミューア、ギフォード・ピンチョットといった人々は、この国の荒地の喪失と、その喪失が国の特徴——その多くが白人的・男性的なこと——に与えるであろう影響を嘆き悲しんだ。グレイシャー国立公園からヨセミテまで、新しい国立公園が次々と建設された。

消えゆくフロンティアへのノスタルジアは、その余裕がある男たちを刺激し、アディロンダック山地の私有地で、またグレートプレーンズではガイドをつけて、キャンプや狩猟、その他の野外活動に目を向けさせた。一九一〇年、モナークが公園で過ごした最後の年、アーネスト・トンプソン・シートンは、若い少年たちに開拓民のスキルを教え、彼らが都会かぶれしすぎないようにするため、ボーイスカウトアメリカ連盟を創設する援助をした。裕福な都会の観光客やスポーツマンが、猟区管理人やパークレンジャーが常駐する派手なロッジやリゾートタウンが併設された、新しい国立公園を訪れた。「アメリカ西部」という概念は、次第に牧歌的なものとなっていった。

しかしこうしたことと引き換えに、その歴史は一掃を余儀なくされた。ヨセミテやイエローストーンといった場所は、荒野はもはや戦闘の地でもなければ動物の捕食者で満たされている土地でもないというだけの理由で、次第に非衛生的で不潔になっていく都市に対する解毒剤として見られるようになった。[110] 荒野は、少なくともお金のある人たちにとっては再生の地となった。こうした場所を守り、奨励しようという努力は、ある意味でアメリカ合衆国の原点神話と、それを生じさせた個性的なフロンティアマンを守るひとつの試みだった。[111] 荒野のこの新しい概念に内在する矛盾を、モナークほど体現した存在はなかった。ゴールデンゲートパークを訪れる一般の人々を簡単に食べてしまうこともできた、かつてはどう猛な生きものだったモナークが、いまや檻に入れられている。その巨体は萎縮し、使われなくなったかぎ爪は丸まってしまった。彼を見に訪れることは娯楽であり、モンタナのリゾートロッジに行くよりも安上がりだった。グリズリーがカリフォルニアの人々にとって実質的な脅威ではなくなってから、モナークはノスタルジックな、種族最後の生きものの象徴となった。グリズリーは憐れむべき存在だった。その無気力、無関心、そしてともするとその悲しみに気づいた公園委員会は、この年老いたマスコットの相手として、一頭の雌クマを捕獲するよう指示した。

残念ながら、捕らえることのできるグリズリーはカリフォルニアには残されていなかったため、その雌クマはアイダホ州で捕獲された。彼女を入れた輸送用のコンテナがモナークのとなりの囲いに降ろされたとき、彼は立ち上がって地面を掻き、空気のにおいを嗅いだ。ある監視人はこう語る。この新しく来た雌クマは「文字どおり〝恐ろしく機嫌が悪い〟態度を示していました。彼女は凶暴で、カメラマンに反抗しました……おそらく、老いたモナークはけん怠感に苛まれたままのほうがまだよかったのかもしれません」[112]。しかし結局、モナークとそのアイダホから来たグリズリーはとても仲良くなった。彼らはつがいになり、一九〇四年のクリスマス前には二頭の仔グマが生まれた。

それでも、モナークにつきまとうわずかな精神疾患は、報道機関がモンタナと名づけた彼の「妻」が歓喜とともにやって来ても、その愛の結晶である仔グマが無事に生まれても、完全に消え去ることはなかった。人々がモナークのなかに人間と同じようなけん怠感を見ていたころ、生まれてほんの三日後に仔グマの一頭が死んでしまった。『クロニクル』は、今度はそのだらしのない妻のほうに虐待的な態度を見てこう報じた。「この生まれたばかりのかわいそうな仔グマは、ネグレクトと生きることへの嫌気があいまってこの世を去った」[113]。それは、あかちゃんを世話することもなだめることも拒絶した、人情に背く、利己的で怠慢な母親のメロドラマのようなストーリーにも聞こえた。しかし実際は、モンタナにその小さくてふわふわした子どもへの責任感を目覚めさせようと躍起になっていた公園責任者が、その仔グマを彼女から取りあげたのだ。仔グマが病気になって死んでしまうと、公園責任者らは、この仔グマは「生きることに嫌気がさしていた」と報じた。

数年のときが過ぎるとともに、モナークに注目する人は日に日に減っていったが、ひとつだけ例外があった。一九〇六年のこの街をがれきの山に変えた地震と激しい火災の余波のなか、あるアーティストのポスターに描かれたモナークが、サンフランシスコの廃墟の上にゴジラのように聳えたち、その背中には矢が刺さり、唸り声で唇を震わせ、〝強くあれ、荒れた街を立て直せ〟と住民に向かって叫んでいる。

その四年後、モナークは捕獲動物も野生動物も含め、カリフォルニアで唯一生存するグリズリーだということが確認されたが、その後あまり長くは生きなかった。[114] 一九一一年、二十二年間の捕獲生活を経たモナークは、公園責任者から老衰と判断され、安楽死によってこの世を去った。[115] その表皮はレイバーデイ（労働者の日）に間に合わせてパークミュージアムに展示されることが発表された。標本にされた頭蓋骨の大半を除く彼の骨格は近くの土に埋められた。それはのちに掘り起こされ、きれいに清浄して、カリフォルニア大学バークレー校の脊椎動物博物館に寄贈され、いまもそこに保管されている。ジョン・ダニエルやティップなど、彼より前の時代に生きた数えきれない動物たちと同じように、モナークもまた標本となった。しかしジョン・ダニエルやティップと異なり、彼はそのがまん強さ、健康、意志の強さ、そして幸運に恵まれたためにこんなにも長く生きることができた。実際にはそれほどすくすくと成長したわけではなかったが、とにかく生き延びたのだ。

子どものころに大好きだった本のひとつに、E・B・ホワイトの『シャーロットのおくりもの』（*Charlotte's Web*）というお話がある。わたしが育った農場は、気性の荒いミニチュアドンキーのマックの棲処だが、ネコや鶏、ときにはヤギや数匹のウサギ、ノーマルサイズのロバや、ミッドナイトという名のポニーも家畜として飼っていた。わたしのいないところで動物たちはうわさ話をしたり、お互いにけんかをしたりしているにちがいないと、おそらくわたしは必要以上に確信していた。抜き足差し足忍び足でロバの柵や鶏小屋の影に現れたら、そんな光景を目撃できるのではないかしらとも思っていた。一度も見ることはなかったけれど。それでもわたしはチャンスさえあれば、傷心について会話をするブタのウィルバーのように、彼らから何かを聞きだすことができたかもしれない。
この物語の結末に向かうドラマチックなシーンのなかで、ウィルバーは死に瀕する友だちの蜘蛛のシャーロットの卵を助けだそうとする。自己中心的なネズミのアンチヒーロー、テンプルトンに、大急ぎで屋根までのぼって、その卵が入った袋を救いだしてくれと懇願する。

「テンプルトン」とウィルバーは自暴自棄になって言う。(116)「おしゃべりばかりに夢中になっていたら、すべてが台なしになる。そしたらぼくは、心に傷を負って死んでしまう。お願いだから屋根にのぼって!」

テンプルトンは藁のなかで仰向けになっていた。完全にリラックスしていますとでも言いたげに前足をだらしなく頭のうしろにやり、膝を交差させていた。

「心に傷を負って死んでしまう」と彼はまねた。「なんて感動的なんだ!」

物語のなかの動物でさえ、こうした考え方に少しばかり皮肉っぽい意見をもつようになっていたのだ。アパートの窓から飛び降りたあとの、オリバーのズキズキと痛むあざだらけのからだをめぐり、彼の傷ついた心をどうやって癒せばよいかと尋ねたら、あの動物行動学者は何と言っただろうか想像もできない。見出しはきっとこうだろう。「拒絶され、愛に飢えたイヌが家族を求めてビルから投身」、「恋しい気もちを抱くこと数ヶ月」、「十五メートル落下したがかろうじて生存……獣医の勘定書を見て絶望する飼い主」

奇妙なことに、動物は傷心で死ぬと最初に言われるようになってからだいぶ時が経ったいまも、この考え方は消滅するのを頑なに拒んでいる。それは、謎めいた動物の死を説明する方法としてことあるごとに登場する。そしてほとんどの獣医は、おそらく患者のカルテに「傷心」と書くことはしないだろうが、一方で、まさにそれが原因で死んでいく動物たちの話は、うつ病や全身性気分障害といったより現代的な病気を患う動物の記述とともに存在しつづけている。

たとえば二〇一〇年、ニュージーランド動物園で、十五年間かたときも離れることのなかった二匹の年老いたオスのカワウソが、一時間ちがいで二匹とも死んだという事件があった[117]。病気だったのはそのうちの一匹だけだった。飼育員は、二匹目のカワウソは傷心のせいで死んだと信じている。動物行動学者のマーク・ベコフも動物の傷心について書いている。『動物たちの心の科学』（*The Emotional Lives of Animals*）のなかで、ベコフは、ある獣医から彼の父親に贈られたペプシという名のミニチュアシュナイザーの話をしている[118]。ペプシはベコフの老いた父親ととても仲良しになり、何年ものあいだ食べものも椅子もベッドも分けあって暮らした。八十歳になったとき、父親は自殺した。ペプシは次第に弱って引きこもりがちになった。相棒の死後、彼はついに回復することなくこの世を去った。これは傷心によるものだとベコフは確信した。このイヌは人間の仲間が自分の元を去った後、生きる意欲を失ってしまったのだ。

二〇一一年三月、傷心にまつわるもうひとつのストーリーがインターネットを賑わせた[119]。王立陸軍獣医軍団のあるイギリス人兵士、ランス・コーポラル・タスカーは、アフガニスタンのヘルマンドの銃撃戦で命を落とした。彼のイヌはテオという名のスプリンガースパニエルミックスで、爆発物を嗅ぎ分ける訓練を受けていた。彼はその一部始終を見ていた。テオはこの戦闘で負傷することはなかったが、目撃者によると、タスカーが死んだ数時間後に、主人を失ったストレスと深い悲しみのために突然発病し、致命的な発作に見舞われたという。

動物の傷心についての過去の物語と同じように、こうした現代のストーリーは、動物そのものと同じくらい、彼らを語る人間についても語っている。わたしたちは、イヌやカワウソの頭や心の内部にいる自分自身を想像する。わたしたちの「彼らの」なかにわたしたちの感情や恐れが反映されるのを見ることによって、動物たちの行動を理解するのだ。これはまさにある種の擬人化だが、それもまた有効な方法になり得る。わたしたちは人間として、自分にとって大切なだれかを失うと、自分が消えてしまったり死んでしまったりすることを想像することができる。ほとんどの人間は、こういうことが起こった人を知っている。

二〇〇〇年に入って間もないころ、UCLAの心臓専門医バーバラ・ナターソン＝ホロウィッツはたこつぼ心筋症の初めてのケースに遭遇した。これは、押しつぶされるような胸の痛みと、著しく異常なEKG（心電図）によって特徴づけられる新たに特定された症状だ。彼女は急いで患者らを手術室に運んだ。血管投影図が血栓または心臓病の兆候を示していたからだ。ところが、冠動脈を詰まらせているものは何も見あたらなかった。患者は心臓病ではない。彼らの心臓で唯一異常なのは、左心室に奇妙な電球のようなかたちをした隆起があり、これが臓器を強く収縮しつづけていたことだった。

一九九〇年代半ばに、この症状にこの名前をつけたのは日本人の心臓専門医だった。球根状の組織が彼らにとっては電球ではなく、〝たこつぼ〟を思い起こさせたのだ。日本の漁師がタコなどの頭足動物を捕まえるために使用する丸いセラミック製の壺だ。心臓の筋肉の、たるんで膨張した部分が心室を予測できないほど弱く収縮させ、断続的なけいれんによって血液を送り出す。心臓のトラブルで倒れたあと、緊急治療室に運ばれてくる患者が胸の痛みを訴える原因がこれだ。しかしナタ－ソン＝ホロウィッツを驚かせたのは、たこつぼが心臓病や先天性の欠陥ではなく、急性のストレスや精神的苦痛からもたらされるということだった。患者は、愛する人が死ぬところを見たあとや、牢獄に送られる前や、全財産を失ったとき、また大地震から生還したあとなどに、弱い心臓収縮を訴えて病院にやってくる。ナタ－ソン＝ホロウィッツがジャーナリストのキャスリン・バウアーズと著した『人間と動物の病気をいっしょにみる――医療を変える汎動物学の発想』（*Zoobiquity*）のなかで著者らは、この新しい診断が心と心臓の健康とのあいだのパワフルなつながりを証明するとし、多くの医師が「診断的というよりも隠喩的」と考える因果的関係性を立証している。ナタ－ソン＝ホロウィッツとバウアーズは、いくつかの興味深い公衆衛生統計を挙げている。たとえば一九九一年の湾岸戦争中、スカッドミサイル攻撃を恐れるイスラエル人に見られた心臓麻痺の増加率などは、攻撃によるパニックと恐怖が、ミサイルそのものよりも多くの人々の命を奪う可能性があることを暗示している。

9・11のアルカイダによる攻撃を受けた当時、埋め込み型追跡装置をつけたアメリカ人患者においては、命に関わる心拍リズム数が二百％増加した。また一九九八年のサッカーのW杯で、延長時間の最後の数分でペナルティキックを取られ、イングランドがアルゼンチンに敗北を喫したとき、イギリス全土で心臓発作を起こした件数はその日だけで二十五％上昇した。以来、ヨーロッパでの他の多くの研究が、観客のストレスと心臓の健康とのあいだの関係性を裏づけてきた。皮肉にも、「サドンデス」［「突然死」の意］の激戦で終わったゲームは、ファンにとって特に危険なもののようだ。

二〇〇五年の春、ナターソン＝ホロウィッツはロサンゼルス動物園の獣医長の依頼で、心臓に欠陥をもつシュピッツブーベンという名のエンペラータマリンを診察することになった。この小さなサルはフー・マンチュー博士［英国作家サックス・ローマーがつくった架空の中国人］のような印象的な白い口ひげをはやしているため、子どものメスでも老齢の賢者のように見える。ナターソン＝ホロウィッツは心を躍らせながらこの生きものと会ってアイコンタクトをし、人間の患者にするのと同じようになんとかしてなだめようとした。そのとき、獣医が彼女を制した。潜伏期間を与えることなくサルを死に至らしめる「捕獲性筋疾患」を感染させてしまうおそれがあったからだ。動物、特にシカやげっ歯類、鳥、またシュピッツブーベンのような小型の霊長類など、神経が過敏な餌動物が敵に噛まれて身動きが取れなくなったり、ハンターのわなにかかったり、獣医とアイコンタクトをしたりしている自分に気づくと、アドレナリンやその他のストレスホルモンでからだが飽和状態になる。こうしたホルモンの過剰分泌があまりに強すぎると、心臓のポンプ室を傷つける可能性がある。つまり収縮が弱まり、血流が止まり、死んでしまうこともあり得るのだ。捕獲性筋疾患は、一世紀以上も前にハンターたちが最初に確認した病気だ。シマウマやヘラジカなどの大きな獲物はときに、ハンターの銃が実際に命中していなくても、長時間追いかけられただけで死んでしまうことがある。以来、恐怖に見舞われた動物の突然死は、動物王国の至るところで観察されてきた――たとえば、海底からトロール網で捕獲されたノルウェーロブスター、米土地管理局のヘリコプターによる一斉検挙に脅かされた野生のマスタングなどだ。また、一九九〇年代半ば、デンマーク王立管弦楽団がコペンハーゲンの公園でおこなったワーグナーの『タンホイザー』の演奏を、捕獲されていた六歳のオカピが聞いたとき、彼は不安そうに徘徊し、小屋から脱走し、最終的には死に至ったという。オカピの獣医は、死因として捕獲性筋疾患を引き合いに出した。

人々が精神面での健康や病気を何年もかけて記してきたさまざまな方法を見ると、わたしたちが自分自身の感情や心をどのように理解してきたかという、それと平行する歴史もたどることができる。これらは、精神的トラウマを生理学から分離する試みがいかに無益かということだけでなく、病気を歴史から切り離すことは不可能だということも示している。先の世代が狂気、ホームシック、ノスタルジア、傷心を見たところに、獣医や医師はいま、不安障害や気分障害、強迫性障害、抑うつ症、捕獲性筋疾患を見ている。同様に、いまとなってはウマが引く消防車やちらちら点滅するガス灯に、人間もペットもそれほどの恐怖を感じることはないが、当時の人や動物にとっては、おそらく神経がすり減るほどの恐怖だったのだろう。

第五章　動物薬場

この世はどんな動物をも癒してくれない。

カート・ヴォネガット

二〇〇七年、リアリティ番組のスター、アンナ・ニコル・スミスは、プロザックを含む混合処方薬を過剰摂取して死亡したが、そのとき、彼女の愛犬のシュガーパイもプロザックを服用していた。(1) 元フランス大統領ジャック・シラクの飼い犬で、普段は人なつこいマルチーズ犬スモウも、同じくプロザックを飲んでいた。小型で真っ白なスモウは、どこへ行くのも主人といっしょだった。(2) オフィスにいるときも、ピカピカに磨かれた大統領専用車のシトロエンの後部座席で、お抱え運転手にパリ市内を送迎してもらうときも、彼の定位置はシラクの膝の上だった。ところが、シラクが大統領の座をニコラ・サルコジに明けわたし、一家が宮殿を離れることになってから、スモウは食欲をなくした。無気力になり、いつもの彼らしくない行動をとるようになった。エリゼ宮の広大な庭に慣れ親しんでいたスモウは、主人が大統領を辞したあとのゆったりとしたアパートでの生活になじむことができず、不安と抑うつ状態に苦しんでいるのだろうと、シラクの妻ベルナデットは考えた。獣医はプロザックを投与したが、スモウは元大統領に二度も噛みつき、あまりに激しく噛んだためにシラクは病院行きとなった。ついにスモウは、一家の友人が住む郊外の農場《ファーム》へ送られた。ここへ来てからというもの、一度もだれかに噛みついたことはない、と友人は言う。

シュガーパイとスモウだけが特別なわけではない。プロザック国家は何年ものあいだ、人間以外の動物にも市民権を与えてきた。フルオキセチン（プロザックのジェネリック薬）がさまざまな形状やフレーバーで売られているのを見ると、動物向けのお祭りに出店するかき氷屋を連想させる。[3] ペットの飼い主や獣医は、アンチョビ、りんご糖蜜、バナナマシュマロ、ビーフ、風船ガム、バタースコッチ、チェリーバニラ、チキン、チョコレートミント、ダブルビーフ、ダブルチキン、ダブルフィッシュ、ダブルグレープ、ダブルレバー、ダブルマシュマロ、ダブル糖蜜、オレンジ、ピーナツバター、ペパーミント、ピニャコラーダ、ラズベリー、ストロベリー、トゥッティフルッティ、スイカ、ウィンターグリーン、そして――ダブルフィッシュではもの足りないとばかりに――トリプルフィッシュといった膨大な種類のなかから、フルオキセチンの味を選ぶことができる。その処方もまた多様だ。「グルメッド」「グルメとメディスン（薬）の合成語」という名で売られている噛める錠剤から、飲み込むことが困難または苦手な動物のために注射やドロップ、経皮ジェルなどの形状もある。

こうしたすべての何に驚くかといえば、動物の精神面に作用する合成物をわたしたちが与えているということではなく、動物が〝わたしたち人間〟とうまく過ごしてくれることを願って彼らに薬を与えているということだ。つまり、一九五〇年代に人間以外の動物から始まり、世界じゅうの何百万人もの人間に移行し、そしていままた、ある一定の動物種へと戻ってきた医薬品《ファーム》開発のループを、いまわたしたちが閉じようとしているということなのだ。人間以外の生きものに向精神薬を投与することは、ある種、人間と他の動物とのあいだの情緒的な（そして神経系に影響を与えるような）類似性を暗黙のうちに了解しているということになる。行動学者ニック・ドッドマンが主張しているように、これは人間の薬を飲む動物のストーリーではなく、〝動物の〟薬を飲む人間のストーリーなのである。現代のほとんどすべての向精神薬――ソラジンなどの抗精神病薬から、バリアムなどのおだやかに作用する精神安定剤や抗うつ剤に至るまで――は、二十世紀中頃に開発され、そもそもの初めは動物が実験対象として使われていたのだ。

エグゼクティブモンキーと、ミルタウン、ザナックス、バリアム、抗うつ剤の生産

二十世紀の変わり目まで、ほとんどの小動物の治療はペットショップのオーナーがおこなっていた[4]。人々は処方せんなしで購入できる薬や、自分自身の治療に使うあまり効き目のない民間療法（おかゆやビーフシチューなど）をペットに与えていた。たとえば、イヌ科と人間の両方の便秘治療には酸化マグネシウムとヒマシ油のミルクが使われていた。咳シロップやカモミールのスチームバスは、人間と動物の呼吸器系の感染症治療に使われていた。一九一〇年には、疥癬《かいせん》や蠕虫《ぜんちゅう》といった問題への対処法として、イヌに特化した医薬品が飼料倉庫や近所のドラッグストアで購入できるようになった。ネコにも同じ薬が少量与えられた。ペットの飼い主のなかには、イヌ科の喘息治療用の薬など、レシピ本を頼りに家で調合する者もいた。

一九五〇年代に、世の中に変革をもたらすような新種の薬が出まわるようになって初めて、動物が人間と同時に、また一部では人間よりも先に、向精神薬投与の時代へと導かれていった。一九五〇年代か

ら六〇年代にかけて、実験動物は新しい向精神薬の開発になくてはならない存在だった。サル、ラット、マウス、ネコは不安症、精神病、その他の精神的問題に対処する非鎮痛剤型のソリューションを求める上で、人間の重要な代用物だった。こうした新薬に対する動物の感情的行動的反応が、障害そのものを定義するために利用されていたのだ。

一九五〇年五月、ニュージャージー州の小さな製薬会社の研究員だったヘンリー・ホイトとフランク・バーガーは、メプロバメートと呼ばれる物質の特許を申請した。[5] 彼らは、この薬がマウスの筋肉の緊張をほぐし、怒りっぽいことで有名だった実験室のサルを落ち着かせるのを見て感銘を受けた。「わたしたちは約二十四のアカゲザルとジャワモンキーを飼っていました。乱暴な彼らを扱うときは、分厚いグローブとフェイスガードが必須でした。ところがメプロバメートを投与すると、彼らはとてもおとなしいサル――フレンドリーで俊敏なサルになったのです。人前ではものを食べようとしなかった彼らが、その手からじかにブドウを取るまでになりました。とても感動的でした」。この薬はサルの精神をリラックスさせる効果があることがわかったため、研究者らは、メプロバメートが人間の精神分析を生産的に補うものになるかもしれないと期待した。

同じころ、他の製薬会社もラットの鎮静に成功した。[6] 一九四〇年代末、フランスのローヌプーラン社で働いていた薬剤師らは、抗ヒスタミン薬の開発をおこなっていた。一九五一年、ある社内薬剤師が、これら新しい薬のひとつクロルプロマジンがラットの行動にどのような影響を与えるかを検査した。[7]（それ以前は、混合薬の毒性の有無について検査されることはあったが、それが人間や動物の〝行動〟にどう影響するかということについて検査されることはなかった)。抗ヒスタミン薬を投与したラットが、餌を載せた台があるかごのなかに入れられる。その台に到達するには、ロープをのぼらなければならない[8]。そうしないとショックが与えられるしくみになっている。薬を投与されたラットは、ショックが来るとわかっていてもロープをのぼらなかった。ローヌプーラン社の研究員が興味深く思ったのは、ラットがまったく無関心に見えたことだった。ショックにも関心を示さず、食餌に〝すら〟無関心だった。しかもそれは、彼らが鎮静状態や協調運動障害に陥っていたからではなかった。ラットは覚醒していて、身体にもまったく異常がなかったのだ。

この無関心なラットの態度は、スイス、カナダ、アメリカ合衆国の他の研究者の好奇心をかき立て、まもなくこの新薬は、人間向けの軽い鎮静剤として心臓外科手術、戦地、精神科診療で試験的に使用されるようになった[9]。しかしフランスでは、この薬によって精神医学を劇的に変化させる準備が整っていた。一九五〇年代初頭、パリのサン=タンヌ病院の医師らは、せん妄、躁病、精神錯乱、精神病の患者にクロルプロマジンの処方を開始した。この薬はこうした患者への鎮静効果はなく、他の鎮静剤のように眠気を誘うこともなかった。そのかわり、クロルプロマジンを投与された患者は覚醒し、ラットと同じように外的世界には無関心ではあったが、必要とあらばそれに関わることはできた。この薬はさらに、何年ものあいだ緊張型昏迷状態に陥っていたサン=タンヌ病院の一部の患者と、のちに他の多くの精神病院の患者を目覚めさせることにも成功した[10]。

フランスのリヨンに住む理髪師は、その典型的な例だった[11]。彼は何年ものあいだ精神病で入院していて、周囲の人間や活動に対してまったくの無反応だった。クロルプロマジンの投与後、無意識状態から覚醒し、自分がどこにいるのか、自分は何者かを医師に告げ、家に帰りたいと訴えた。それから、ひげ剃り用のかみそり、水、タオルを要求し、自分のひげを完璧なまでに見事に剃ったという。何年ものあいだ、一連の奇妙な姿勢のままからだが凍ったように動かなくなってしまった別の患者は、たった一日で薬の効果があらわれた。病院のスタッフに挨拶をし、ビリヤードのボールが欲しいと求め、これを使ってジャグリングを披露した。のちにわかったことだが、彼は入院する前、ジャグラーだった。

一九五四年、ローヌプーラン社がスミスクラインに米国のクロルプロマジンのライセンスを売却すると、薬の名前はソラジンに変わった。[12] この薬は吐き気どめとして売られていたが、ちょうどそのころ、これが精神病患者に驚くべき効果があることをだれもが知るようになる。[13] この新薬の市場は急成長を遂げ、初年度に七千五百万ドルの売り上げを記録した。多くの州の精神病院で、あらゆる患者がこの薬を受けとり、退院して自分で生活ができるようになった患者のケアのために外来用クリニックも多数設立された。

まもなくして獣医や研究者は、抗精神病薬を動物の患者にも徐々に与えるようになった。一九六八年のある雑誌の記事には、この新しい精神薬理学を神経過敏、不安症、恐れや激しい恐怖、葛藤、パニック、残虐性、動揺、興奮を抑えるだけでなく、繁殖目的で精子を回収する前のリラックス剤としても使用している獣医のことが書かれていた。[14]「同腹に対して残虐な行為をする」ブタ――子ブタを共食いするブタ――にも、クロルプロマジンがよく効くという報告もある。[15] それからまもなくすると、レセルピンなど他の新しい抗精神病薬も、視界を遮るプラスチック製のメガネ（表向きは鶏の小さな頭にくくりつけて方向感覚を失わせたり、群れの他の鶏がおいしそうに見えないようにしたりするもの）とともに、共食い

をするニワトリやキジの治療に使われはじめた。(16)

スミスクラインがクロルプロマジンのライセンスを購入した翌年、ホイトとバーガーは、いまでは「ミルタウン」と呼ばれている独自の新しい薬を題材にした映画を製作した。(17)『動物の行動に対するメプロバメート（ミルタウン）の影響』と題されたこの映画は、三つの状態——残忍なありのままの状態、バルビツール酸塩でまったく意識を失っている状態、メプロバメートにより穏やかではあるが覚醒した状態——におけるアカゲサルを特集したものだった。彼らは一九五五年四月、サンフランシスコの米国実験生物学会連合の会議でこの映画を上映した。これは聴衆を熱狂させたばかりか、ホイトとバーガーにこの薬を購入したいというオファーをしたワイスラボラトリーズの経営陣の血を騒がせた。彼らはそれでもこの新種の合成物に名前をつけたかったため、あるディナーの席でバーガーはふたりの友人に、この新しい薬を何と名づけたらよいか相談した。「いまの世の中に鎮静剤は必要ないよ」と友人のひとりが言った。「世間が求めているのは平静さ。だからトランキライザー（平静をもたらすもの）というのはどうだろう？」

その間、ウォルターリード陸軍研究所の神経精神病理学の科学者らは、トランキライザー時代の真の先駆けとなる第二の動物実験をおこなっていた。(18)研究者は同じ檻の両端に二匹のサルをそれぞれ拘束し、足に二十秒ごとにショックを与えた。一匹のサルは「エグゼクティブモンキー」（責任者のサル）とみなされ、自分の側にあるレバーを二十秒ごとに押せば、そのショックから両方のサルを守ることができた。自分と仲間を守る責任を負ったこのサルは、二匹のサルをショックから守ることができるのは自分なのだということをすぐに学んだが、同じような実験を何度も重ねるうちにどんどん気もちがかき乱され、ついに息絶えてしまった。科学者がエグゼクティブモンキーにトランキライザーを与えたとき、レバーを押す手は穏やかで、成功率も高かった。研究者は、責任感という重圧を抱えたサルに作用したものが、同じように責任感を抱えた人間（たとえば男性の新聞記者やビジネスマンなど、他の人よりも多くのストレスを抱えている人間）にも作用するのではないかと結論づけた。製薬会社はすぐさまこの研究結果に飛びつき、まもなくロシュラボラトリーズが『リラックスした妻』などのプロモーション映画を通じて、こんな提案をした。一家の稼ぎ手を救うトランキライザーのおかげで、各々の仕事を終えた家族は互いに円満な夜を過ごせる、と。

一九五〇年代は人間と向精神薬業界との新しいつながり、ひいてはペットや動物園の動物にまで拡大するつながりが築きあげられた重要な十年だった。[19] たとえば、向精神薬の奇跡的な治療法に関する記事が『ニューズウィーク』や『タイム』などの主要雑誌、そして『レディースホームジャーナル』といった女性向け雑誌のページを賑わせた。女性の浮気、不感症、気移りといった問題は、薬を飲むことで解消できると著者らは主張した。歴史家のジョナサン・メツルは、一九五〇年代全般にわたる精神分析学の人気は、女性の精神衛生が男性に直接的な影響を及ぼすという考え方、特に精神医学的症状は母親との初期の関係性の結果だという広く普及した考え方を形成するきっかけになったと論じている。薬を飲めば、女性は息子や夫に対してもっとやさしくなれる。その結果、大衆メディアで最もトランキライザーが必要と報じられたのは、未婚女性、ふしだらな女性、戦時中の仕事を続けたいという女性、そして夫の性的な誘いかけを拒絶する女性だった。

勢いを増す製薬会社のマーケティングは、独身女性、レズビアン、頑固に自説を曲げない女性は病気だという概念をつくりあげた。[20]最もわかりやすい例はヒステリーだったが、一九四〇年代まではアメリカの独身女性、働く女性、母親になることを選ばなかった女性は、『現代女性——失われた性』(*Modern Women: The Lost Sex*)などの書物で病的と記述された。この本では、家を出たいと願う女性は深刻な病気だと論じている。トランキライザーが世に出まわるようになると、こうしたあやうい状態を一粒の錠剤で解決することが可能になった。[21]この薬は、行動制御の新しいかたちを約束し、最初にこの薬の実験台となった動物たちにも、時を待たずして処方されるようになるだろうと予想された。

一九五〇年代半ばより前の時代は、感情的に取り乱した人間が不安に対処するための方法として、薬を使わないトークセラピーが主流だった。[22]メプロバメートの登場とその急速な普及により、この状況は少しずつ変わっていった。多くの精神科医はすでに、精神医学的問題(フロイトの興味の対象でもあった)の生物学的原因を究明する準備を始めていた。ミルタウンはトークセラピーに置き換わるのではなく、これをもっと促進させることができることが立証されたとき、この薬は新しい生物学的精神医学への興味をかき立てた。『米医薬品便覧』(*Physician's Desk Reference*)にも、この薬は患者に心理療法を意識させ、よりいっそう快くこれを受け入れるようにさせる、と書かれていた。[23]ミルタウンは一九五五年に市場に出まわり、アメリカ史上最も売れ行きの良い薬となった。製薬会社が発行する医師用の参考書は、ビジネスマンが抱える不安症を治療しないままにするとどんなリスクがあるかということを強調した。[24]ロシュラボラトリーズのマニュアル『不安の様相』(*Aspects of Anxiety*)は、職場のストレス要因を変えるのは非常に難しいと論じ、一家の稼ぎ手である男性が不安症の診察を受けないと何らかの影響が生じることを深刻に警告している。そこにはこう書かれている。「医師は薬物療法によって、患者の人生観や自己価値に対する考え方を変える試みをしなければならない」

ミルタウンが発売されたほんの二年後、アメリカの会社経営陣を対象にしたある調査で、回答者の三分の一がトランキライザーを服用していることがわかった。[25] そのうちの半数は常用しており、約四分の三がこの薬は仕事のパフォーマンスを上げると言っている。一九五〇年代のアメリカ人は、好奇心と興奮とともにこの錠剤を迎え入れた。「心の鎮痛剤」とか「平和の薬」と呼ばれるようになったミルタウンのうわさを聞きつけた患者は、医師に直接この薬を求めた。サルとエグゼクティブから始まったセンセーションは、まもなくしてハリウッドに流れついた。ルシル・ボールはデジ・アーナズとけんかしたあと、撮影現場でコーヒーのなかにこの薬を入れて飲んでいた。ローレン・バコールは夫のハンフリー・ボガードの死後、この薬の処方せんを手に入れた。テネシー・ウィリアムズは『イグアナの夜』撮影中、これを服用していた。まもなくほかのだれもがこの薬を欲しがるようになった。軍人でさえ欲しがった。一九五八年から一九六〇年にかけて、米国軍はミルタウンに何百万ドルも費やし、空軍のパイロットから復員軍人援護局病院の患者に至るまで、多くの軍人にこの薬を与えた。精神科医はこれを自分に処方していた。スポーツ選手もこれを飲んでいた。そしてジョン・F・ケネディ大統領も、不安症と大腸炎を克服するために服用していたという。不安や動揺を抑えるために、子どもたちにも薬が与えられた。[26] 一九五七年までに、三千六百万ものミルタウンの処方せんが作成され、何十億もの錠剤が製造された。トランキライザーは、アメリカ合衆国のすべての処方せんの三分の一を占めるに至った。メッツルの主張どおり、この薬は不安症とは何か、そしてどんな人がこの病気になるかという、まさにその概念の再定義にも関わるものとなったのだ。

ミルタウンブームのもうひとつの興味深い成果は、少なくともこの薬の開発に携わっていたフランク・バーガーのような科学者のあいだで、精神的苦痛が母子関係や抑圧された無意識の葛藤、欠陥のある個人間の関係性といったフロイト的理論に起因するという見方から、大脳辺縁系をともなう問題など生物学的理由へとシフトしていったことだ。ある薬が不安症を治癒することができるとすれば、それは母親とのあいだに起こった過去の経験よりも、生理学的問題の結果としてのほうが起こりやすいとバーガーは述べている。[27] こうした薬が人間以外の動物にも効果があると思われたという事実は、生物学的主張をより有効なものにしただけだったのかもしれない。

ところが一九六〇年代半ばにミルタウンの依存的性質が明るみに出たとき、この薬への熱狂はしだいに低下していった。[28] 一九六七年、ミルタウンは連邦食品・医薬品・化粧品法の薬物乱用制御改正のもとに置かれることになった。[29] しかしそれが製薬業界に残した影響は、その後も消え去ることなく続いた。この業界が初めて生活になじむ薬で成功したことは、リブリウム、バリアム、ザナックスといったベンゾジアゼピン（抗不安薬）のみならず、幅広い範囲の抗うつ剤の開発の下地をつくった。[30] 歴史家アンドレア・トーンが述べているように、ミルタウンの人気は薬もファッショナブルになり得ることを証明した。そして、とにかく少しのあいだはだれもがそれを服用するようになったということは、ある種の薬の摂取が社会的に容認できるものになったことを意味する。

同じころ、人間以外の動物において発展した向精神薬が他にもある。[31] 一九五七年、ホフマン＝ラ・ロシュで働いていたある化学者が、「傾斜板試験」でマウスに驚くべき行動をさせた新しい合成物、Ro 5-0690 を発見した。このテストでは、実験薬を投与したマウスを、頭を下向きにして傾斜のある板上に置く。薬を投与していないマウスは、からだの向きを変えて板のてっぺんまでのぼろうとする。安定剤を飲まされたマウスは、そのまま斜面をゆっくりとくだって下まで滑っていく。しかしRo 5–0690を投与されたマウスは、筋肉を弛緩させたまま下まで滑り落ちていくのだが、安定剤を飲んだマウスと異なるのは、彼らはずっと警戒しながらも活動的な態度を示していたということだ。これらのマウスはまた、からだの一部をつつかれてもよろけることなく、歩行にもまったく問題がなかった。

この新しい薬は、業界で広くおこなわれていた「キャットテスト」にも合格した。[32] このテストはあるグループのネコに薬を投与し、その後、襟首をつかんだ状態でネコを吊りさげ、その行動を観察する。Ro 5–0690を投与されたネコは、もがくことなくだらりとぶら下がっていて、そのなかから特に「劣等生」として選ばれたネコでさえ、同じようにぶら下がっていた。研究員によると、驚いたことにこうした特に難しい「劣等生」は、Ro 5–0690を投与されたあと、心が満たされ、社交的で、遊び好きになったという。研究員はこれらのネコの反応を、ソラジン、ミルタウン、フェノバルビタールでの反応と比較した。この新しい薬はミルタウンと互換性があるという結果になったが、こちらのほうがより強い効き目があった。市場に出まわっている他のどんな薬よりも毒性が少なく、鎮静作用も緩やかだった。受刑者など倫理的に解決の難しい研究をはじめとする人間の臨床試験においては、Ro 5–0690は不安、動揺、攻撃性を緩和する効果があることがわかった。ロシュはこの薬を、「イクイリブリウム」［「均衡」の意］をもじって「リブリウム」と名づけ、一九六〇年に販売を開始した。

このネコーマウスーヒト用の弛緩薬は、あっという間にアメリカでトップセラーとなった。[33] その売れ行きは、ホフマン・ラ＝ロシュが一九六三年に第二の大ヒット商品となったバリアムを発表するまで続いた。バリアムは史上初の一億ドル規模の売り上げを誇る医薬品ブランドにのぼり詰め、一九六八年から一九八一年のあいだに、西欧諸国で最も幅広く処方された薬となった。バリアムやリブリウムのようなベンゾジアゼピンとその効用を最初に証明した動物たちのおかげで、ホフマン・ラ＝ロシュは、世界で最も利益をあげた企業のひとつとなったのだ。

カッコーの巣のなかの最初の里親

実験対象としてではなく〝患者〟として向精神薬を投与された最初の動物は、ウィリー・Bという名のゴリラだった。トランキライザーの使用により不安を和らげ、現状維持を遵守するよう仕向けられていた世紀半ばの多くのアメリカ人女性と同じように、ウィリーにも、良い行動をとらせるため、また毎日の生活の厳しい制約への不快感をあらわにしないようにするために薬が与えられた。

ウィリー・Bは、アトランタでは有名なニシローランドゴリラだった。一九六〇年代のある時期、まだあかちゃんだった彼はコンゴで捕獲され、アトランタ動物園に送られ、そこで三十九年間を過ごした[34]。そのうちの二十七年間は、タイヤでつくったブランコとテレビが置かれた屋内の檻のなかで、たったひとりで過ごした。市長のウィリアム・ベリー・ハーツフィールドにちなんで名づけられたウィリーは、さまざまな新聞記事やテレビ番組の主役になり、地元のサッカーチーム、アトランタ・シルバーバックスにもインスピレーションを与えた［〝シルバーバック〟は背中の毛が白い、成熟した雄のゴリラのこと］。二〇〇〇年二月に彼がこの世を去ったときは、八千人の人々がその葬儀に訪れたという。

当時アトランタ動物園の獣医だったメル・リチャードソンによると、一九七〇年から七一年になる冬のあるとき、ウィリーは檻の窓ガラスを壊してしまい、そのガラスを重い金属製のバーに交換するまでの半年間、さらに狭い檻に強制的に移動しなければならなかった。「体重百八十キロ以上もある彼には、その檻は狭すぎました。「立ち上がって腕を真横に伸ばせば、両側の壁に指先がついてしまうほどでした」とメルは言う。獣医スタッフはこの半年間彼が耐えられるように、薬を投与することにした。毎朝飲むコカコーラにソラジンを混入したのだ。メルによれば、ウィリーはこの薬に対して、施設に収容されている多くの人間がするのと同じ反応を示した。うつろな眼ざしで檻のなかをあちこち動きまわっていたという。『カッコーの巣の上で』に出てくる男たちを見ているようでした」とメルは振り返る。「ウィリーがゴリラだということを除けば」

それからというもの、ハルドール（ハロペリドール）のような人間用の抗精神病薬が、世界じゅうの動物園や水族館の動物たちにさまざまな方法で与えられるようになった。抗精神病薬は、捕まえられるのを恐れるキビタイボウシインコなど、鳥類の恐怖症克服に使用されている。[35] アカクビワラビーでは、捕獲生活への移行をスムーズにおこなうためにハルドールが使われた。捕獲されたクロクマの子どもには、ひとりぼっちの檻へ移動したあとの分離不安を治療するためにハルドールが投与された。シーワールドは、パフォーマンスをするカリフォルニアアシカに投薬した。カリフォルニアのシックスフラッグスマリンワールドは、食べたものを強迫的に吐き戻す若いメスのセイウチに抗精神病薬を与えた。オハイオ州のトレド動物園では、不安症のジャイアントシマウマや野生動物の一団、ペアのダチョウ、マキシンという名の無気力なサルなどを落ち着かせるためにハルドールが使用された。[36] 動物園の飼育員は、マキシンが自分の産んだ娘と仲良くやってくれることを望んだが、ハルドールの効果はなかった。獣医スタッフによると、抗精神病薬はトレド動物園の楽園の鳥のうち、トラブルとその姉のダブルトラブルという名の鳥には効き目があった。二羽とも深刻な抜毛症だったが、ハルドールを投与してから三日後に収まったという。この薬は「実にすばらしい管理ツールです」と哺乳類学芸員はトレドの新聞記者に語った。「これが本来の姿です。痛みや緊張を和らげることができるだけでも、見ているわたしたちは少し安心しますから」

こうした抗精神病薬はしばしば、捕獲動物をより「管理しやすい」状態にする。それは、施設に収容された人々に与えられる抗精神病薬や、一九五〇年代に主婦らに処方されたトランキライザーに関する論争を彷彿とさせる。一九六〇年代に反精神医学運動が展開を見せ、精神医学を「化学的拘束」の実践の場として位置づけた精神病院における虐待を新聞が暴きだしたとき、抗精神病薬は精神疾患の解決策ではなく、むしろその根源とみなされるようになった。[37] ケン・キージーは、抗精神病薬によって心を麻痺させられた施設入居者が、足を引きずりながら院内を歩く暴虐的な場所として精神病棟を描いた。[38]

およそ一九六五年から一九七五年まで、精神医学の分野は、精神疾患の治療と監禁に対する社会の関心の高まりとともに変化していった。歴史家のデイヴィッド・ヒーリーが指摘しているように、電気ショック療法など、精神医学はその慣習の多くを悪として見ていた。[39] しかし製薬会社は、好ましくない行動をさせないようにするために薬を使用するのは良いことだとして奨励しつづけた。一九七〇年代から八〇年代にかけて、その医者寄りの広告キャンペーンは、若者に反社会的、暴力的行為を制限するための「行動制御」として抗精神病薬の使用を促した。[40] それから三十年以上経っても、向精神薬は受刑者の行動をコントロールしたり、精神医学的治療を強制的に受けている患者を管理したりするため、また、自分の感情の爆発を抑えるために薬物治療を受けることにプレッシャーを感じる人々に使用されつづけている。[41]

化学的拘束という言葉ほど残忍には聞こえない行動制御も、動物の医療や治療の現場では健在だ。とはいっても、これがかならずしも役立つということではない。たとえば向精神薬、抗うつ剤、抗不安薬は、なんらかの理由で研究室から解放することのできない実験用のマカク属や、その他の霊長類の治療に使われてきた。[42] はかり知れないほど心を痛め、自分に噛みついたり、失墜した気分を味わったりしているこれらのサルに抗精神病薬や抗不安薬が与えられるのは、与えないよりは思いやりのある行為だからだ。また別のケースのオハイオ州に住む怒りっぽいオスのゴリラは、群れのゴリラが手術やその他の治療を受けるために精神安定剤を打たれたときに非常に動揺したため、事前にバリアムが投与された。しかし鎮静効果はあったものの、神経性の下痢は止まらなかった。[43] こうした動物の世話係は、向精神薬を否定するのではなくあえて処方することこそ、動物たちの苦しみを改善する唯一の方法だと考えていた。

メキシコのグアダラハラ動物園では、十六歳のメスのゴリラが食べものを口にしなくなり、嘔吐を始め、ひどい下痢を発症した。[44] 獣医スタッフによると、彼女はふさぎこんでいるようにも見えたという。便検査でサルモネラ菌の感染が見つかると、飼育員は治療に専念するため、また他のゴリラに感染しないようにするため、彼女をあかちゃんや仲間の群れから引き離した。サルモネラ菌がからだからすべて取り除かれるまでの十日間、彼女はひとりぼっちで過ごした。十日目、彼女は手指と足指を一度に数時間、血が滲み出るまで噛んだ。仲間の群れとあかちゃんと再びいっしょにしてやっても、やめることなく噛みつづけ、皮ふの組織をかなり傷つけてしまった。獣医スタッフはハルドールの投与を始めた。飼育員によると、このゴリラはようやく噛むのをやめたため、スタッフは徐々に抗精神病薬の量を減らしていった。半年後、完全にハルドールを断ち、薬なしでも自分を噛むことはなくなったという。

獣医のヘイリー・マーフィと精神科医のマフソンは、ボストンでゴリラのジジの世話をした経験から、捕獲された他のゴリラへの向精神薬の使用について興味をもち、ゴリラを展示しているアメリカとカナダのすべての動物園の調査をおこなった。[45] 回答のあった三十一の施設の半分近くが、ゴリラに向精神薬を与えたことがあるという。最も頻繁に処方されるのがハルドール（ハロペリドール）とバリアム（ジアゼパム）だったが、クロノピン、ゾロフト、パキシル、ザナックス、バスパー、プロザック、アチバン、バースト、メラリルなどもすべて試したことがあるという結果になった。

マフソンは、自分のデスクの上にある妻と子どもたちの写真のとなりに、ボストンのゴリラの群れの写真を飾っていて、毎年交代で精神科の医学生を動物園に招き、類人猿を観察させている。ジジの世話を始めて以来、マフソンは抜毛症や汚食症などの問題を抱えるアメリカの他の動物園にいる数多くのゴリラの治療をしてきた。抜毛症については人間の患者と同じく、一キログラムにつきミリ単位の投与量でルボックスやセレクサを処方している。

旅のストレスに耐えられるように、類人猿に薬が投与されることもある。一九九六年、ヴィップという名のオスのニシローランドゴリラが、メスにまったく性的魅力を示さなかったために、ボストンからシアトルのウッドランドパーク動物園へ送られることになった。これは、捕獲ゴリラ全体における遺伝子の多様性を管理するアメリカ動物園水族館協会（AZA）のプログラムの一環だった。飼育員はヴィップに精神安定剤を打ち、彼をコンテナに入れて船に載せようとした。ところがなかなかコンテナに入ろうとしなかったため、作業は思ったよりも難航した。結局彼は、ボストンのローガン空港でジェット旅客機に載せられ、飼育員のシャナ・アベレスは客室の席に落ち着いた。数時間後、米国中西部の上空を飛行中、ヴィップの鎮静剤効果が切れた。暗く寒い貨物室のなかで目を覚ました彼は、自分がどこにいるのかわからず、恐ろしさと混乱に襲われた。アベレスには、ヴィップが貨物室のなかで胸を叩きながら叫んでいるのが聞こえた。操縦席にもそれが聞こえ、パイロットは恐怖を覚えた。ジェット機がユタ州上空まで来たとき、ゴリラがコンテナのなかから外に出てしまうのではないかと心配したパイロットは、ソルトレイクシティに飛行機を緊急着陸させた。ほんの少しのあいだ停留し、ヴィップのようすを探り、飛行機を再び滑走路に戻そうとしたが、ヴィップが貨物室で発するドスンドスンという大きな音を聞いたとき、パイロットはまたもや方向を変え、ターミナルへ引き返した。これ以上ヴィップを乗せたまま飛行するのは不可能だった。ゴリラと飼育員はそのまま空港の駐機場で降ろされた。[46] ヴィップを落ち着かせるため、アベルズはバリアムを練りこんだバナナを彼に与え、シアトルまでの残りの道のりを運んでくれるトラックを待った。こうしてヴィップは、商用機への搭乗が許可された最後のゴリラとなった。以来、ゴリラはフェデックスで運ばれている。

イルカ、クジラ、アシカ、セイウチ、その他シーワールドなどのパークで暮らす海洋生物にも、うつ病、不安症、強迫性嘔吐、または脇腹を吸ったり、一定のパターンで泳ぎつづけたりといった行為に獣医が気づくと向精神薬が与えられている。[47] これらの薬は、ヴィップのように、新しい水族館やアミューズメントパークにイルカを動揺させることなく送りとどけるために投与されることもある。

シーワールドなどの施設には、このような情報を機密にしておく明確な誘因があり、特にシーワールドオーランドで、トレーナーのドーン・ブランショがティリクムという名のシャチに殺された二〇一〇年の悲劇以降、この措置は厳しくなった[48]。ティリクムがおぞましい攻撃を加えようと思った動機は、あれほど大型で社交的な捕食動物を、押しつぶされるほど狭い水槽に閉じ込めたことによる過度のストレスが原因とされてきた。捕獲動物のブリーディングの産物である彼の子どもたちもまた、精神障害を負っているように見える。ティリクムの二頭の息子が攻撃的な態度を示しはじめたとき、シーワールドは彼らに抗不安薬を与えて治療した[49]。そのうちの一頭は、生後九日目のあかちゃんシャチと交尾をしようとした。このあかちゃんの母親にも、禁忌とはされているが、授乳中にジアゼパムが与えられた。その他の母親シャチには、強制的に子どもと引き離されたあとに抗不安薬を与えていた可能性がある[50]。

精神疾患の兆候を示す動物の治療に向精神薬を与えることは、たとえそれが人間のあいだではすでに当たり前になっているにせよ、業界にとって望ましくない批判を誘発するおそれがある。多くの海洋哺乳類のトレーナーや動物園の飼育員は、雇用者と非開示契約を結び、広報活動の手続きを複雑にすることで、動物の世話係を一般市民から保護している。わたし自身の経験からも、抗うつ剤、向精神薬、抗不安薬、抗強迫薬を園内の動物に使用することについて話を聞かせてくれる広報部を確保できたことはこれまでに一度もなかった。ガラスの向こうのゴリラやアナグマ、キリン、シロイルカ、ワラビーが、バリアムやプロザック、その他の向精神薬を飲みながら展示動物としての毎日をなんとかやり過ごしているというのは、動物園やテーマパーク、水族館を訪れるほとんどすべての人々にとって、あまり心あたたまるニュースではないからだ。アメリカの動物展示施設、軍の海洋哺乳類プログラムで数十年働き、その相談を受け、さまざまな研究をおこなってきたふたりの海洋哺乳類の獣医は、わたしにこう話してくれた。抗うつ剤や向精神薬は一般的に使用されてはいるが、「そのことを［わたしに］話そうとする者はだれもいなかった」と。彼らは公表を前提とした場所では、そのことを話題にすらしなかったという。

公開されたケースとしては、イリノイ州のシェッド水族館で、四歳のシロイルカの強迫性嘔吐の治療のために抗うつ剤が投与されたという例がある。(51) トレーニングセッションのあと、食べた魚をすべて吐き戻し、しまいには危険な状態になるまで体重が減少してしまった。水族館の獣医が抗うつ剤を処方したところ、嘔吐の頻度は減ったように見えた。この子どものイルカは体重が戻ったあとも、その維持のために薬の投与が続けられたという。

〝抗うつ剤〟という言葉は一九五二年、心理学者マックス・ルーリーによる造語だが、この用語とそれが表す薬物の両方が世に知れわたるには時間がかかった。(52) およそ一九〇〇年から一九八〇年にかけて、うつ病は神経過敏症や不安症と比べてまれな障害と考えられていた。(53) ヨーロッパでは一九五〇年代以前、うつによる障害はメランコリーとして理解されていた。(54) 深刻な抑うつ性パーソナリティ障害を患う人は、百万人のうち五十〜百人の割合で入院していた。二〇〇二年、抑うつ性障害は百万人のうち十万人が罹患し、二十五万人以上にうつの兆候があると報告された。歴史家のエドワード・ショーターは、うつ病にかかっているとされる人々が千倍もの割合で増加している原因は、抗うつ剤そのものにあると主張している。(55) つまり、うつ病という概念は、それを治すものとされている抗うつ剤が世に現れるまで一般的になることはなかったということだ。

一九九〇年代、抗うつ剤、特にプロザックが大衆文化のなかに登場し、服用した人の症状を劇的に改善する薬としてその地位を確立した。[56] セロトニンが突如として人々の話題にのぼりはじめ、これらの新薬の効能が『プロザックに傾聴』(*Listening to Prozac*) などの書物でも取りあげられるようになった。動物たちも、こうした新薬に関する話題のなかに登場した。そして、向精神薬や抗不安症薬のときと同じように、抗うつ剤の投与を頻繁に受けていたのは、やはり霊長類だった。交尾に無関心で無気力になる原因となった呼吸器感染症を患うロサンゼルス動物園のオスのオランウータン、ミニャックに、ある精神科医はレメロンを処方した。[57] この動物園の獣医長である彼は、ミニャックがうつ病を患っていると考えたのだ。この薬は彼の食欲と性欲を刺激した。しかし、あかちゃんの父親となって二年経ってからも、ミニャックは完全にこの薬を断つことはできなかった。

トレド動物園のメスのゴリラ、ジョハリは、飼育員が月経前症候群(PMS)ではないかと疑った症状に対して、フルニルというプロザックのジェネリック薬が処方された。[58] 飼育員はジョハリの生理周期と照らし合わせながら、彼女が群れの他の仲間にもたらした傷害の件数を追跡したところ、生理の前の週に最も攻撃的になりやすいことがわかった。抗うつ剤を一ヶ月間投与すると、彼女が暴力をふるったという話は聞かなくなった。その後ジョハリが妊娠すると、動物園スタッフは、妊娠や授乳によるホルモン変化が彼女のPMSを軽減するのではないかと期待した。薬を断つと、「今度はわたしたちに対して凶暴になりました」と飼育員は語る。こうしてジョハリは、再びプロザックが投与されることになった。

一九九〇年代なかば、セントラルパーク動物園のホッキョク《ポーラー》グマのガスが、水槽のなかで最高一日十二時間、毎日六ヶ月にわたって強迫的に「8の字」を描いて泳ぎつづけたため、動物園は彼を救おうと、ある行動学者に二万五千ドルを支払ったというストーリーをタブロイド紙が初めて報じたとき、ちょっとしたガスフィーバーのようなものが街じゅうに広がった。[59] このクマは『ニューズデイ』の表紙を飾り、アメリカのコメディアン、デイヴィッド・レターマンが彼のジョークを言うようになり、『ニューヨークタイムズ』はアメリカの新聞を賑わす「双極性の《バイポーラー》」クマを特集した漫画記事を掲載し、カナダのバンド、ザ・トラジカリー・ヒップは「ガスは何に悩んでる?」という曲までつくった。[60] こうしたものの多くにはちょっとした皮肉が込められていたが、ガスはその時代のシンボルでもあった。一九九〇年代は、双極性障害が流行の兆しを見せていたからだ。[61] 発症頻度が増し、発病推定年齢のしきい値は、一、二歳の子どもが突然双極性障害と診断され、気分安定薬で治療されるほどにまで低年齢化していた。

動物園の広報担当マネージャーは、ガスのストーリーにはほんとうに心を奪われると言っている。[62]「常に何かの治療を受けているウッディ・アレンのように——すべてのニューヨーカーがノイローゼを患っているということをガスが体現しているから」だ。ガスのニュースが特集されると、このクマがどうしているかようすを見ようと世界じゅうから人が訪れた。[63] 答えは複雑なものだった。ガスは四百六十平方メートルほどの囲いのなかで暮らしていた。つまり、北極での活動範囲の〇・〇〇〇〇九%以下ということだ。彼は主要な捕獲動物でもあり、捕われた状態で生まれたにも関わらず、いまもまちがいなく捕食衝動を感じているはずだ。実際、一九八八年にガスが初めてオハイオ州のとある動物園からやってきたとき、彼のお気に入りのゲームは、水槽の窓からこっそり見物客の子どもたちのあとをつけることだった。(64)「子どもたちが叫んだり、怖がって逃げたりするのを見るのが好きでした――彼にとってはゲームをしているつもりだったのです」と動物園の管理者は記者に語った。しかし動物園スタッフは、見にきてくれた子どもや親を怖がらせるようなことをして欲しくなかったため、見物客と檻の窓に一定の距離が保てるようなバリアを建てた。その後まもなくすると、ガスは休むことなく「8の字」を描いて泳ぎはじめるようになったのだ。

神経症的な行動を抑制したいと願った動物園は、映画『フリー・ウィリー』でウィリー役を演じたシャチのトレーナー、ティム・デズモンドを雇った。(65)デズモンドはガスに何か新しいことをさせて、彼の衝動強迫を抑えることに成功した。たとえばクマ用のフードパズルや、食べるのに時間のかかるおやつ、アイスブロックのなかで凍らせたサバ、生皮でつつんだチキンなどを与えたのだ。動物園は展示スペースの再設計もおこない、ガスが乱暴に扱っても壊れないゴム製のゴミ箱や三角コーンをたくさん置いた。(66)また、プロザックも投与した。どれくらいの期間、投与していたかは定かではないし、展示時間やショーのスケジュールを見直したのと同じくらいそれが効果的だったかどうかもわからないが、結果的にガスの強迫的な泳ぎは徐々に減っていった。しかし完全になくなることはなかった。

二〇一三年八月、ガスは安楽死でこの世を去った。(67)このときすでに二十七歳で、手術不可能なほどの腫瘍を体内に抱えていた。最後に会いに行ったとき、彼は強迫的に泳いではいなかった。そのかわり、クマ用ファストフードをテイクアウトしてきたかのように、肉の入った茶色い紙袋を引き裂いていた。

ホッキョクグマが野生でおこなっている生活を再現することは、たとえほんの少しであっても不可能なので、彼らは抗うつ剤のお世話になる最も一般的な動物園居住者と言えるかもしれない。[68] しかし、抗うつ剤を投与されているクマはホッキョクグマだけではない。

アブディは一九九二年の真冬、トルコのクレマウンテンで生まれたオスのヒグマ（学名 *Ursus arctos*）だ。[69] まだ小さなあかちゃんだった彼が母親のそばにいたとき、ハンターがその母親を撃ち殺し、アブディをペットにするために捕獲した。アブディは二年間、短いチェーンにつながれ、日光や雨、冷たい冬の空気を遮る隠れ家もなく、たったひとりで屋外に置き去りにされた。最終的には、動物小屋のなかにあるコンクリートの床のケージに移され、屋根の隙間からわずかに漏れる光だけを見ながら、その後の八年間を過ごした。村人は暗い穴から食べものを投げ入れることはしたが、ケージを掃除することも、彼をそこから出してあげることもなかった。アブディは痩せおとろえ、寄生虫に冒され、毛並みはくすんでところどころ禿げてしまった。こうした監禁生活が十年以上続いたころ、カラカベイのクマ保護区域という団体がアブディを救出し、この施設にある屋内外共用の展示室に彼を移した。一ヶ月が経つころ、スタッフは彼に他のクマたちといっしょに過ごすよう促し、社交性を身につけさせようとしたが、仲間の姿が目に入っただけでアブディは怖がり、隠れ家から出てこようともしなかった。そこでスタッフは、他のクマが見えるけれど身体的に接触することはない、もっと小さな囲いに彼を移した。半年後、体重は増え、毛並みは厚みを帯び、クマらしく見えるようになったが、やはり他のクマはどうしても怖いようだった。飼育員がさらに心配したのは、囲いのなかを忙しそうに行ったり来たりしていることだった。スタッフは時折、他のクマを連れてきて引き合わせようとしたが、アブディは歩きまわるのをやめず、仲間を認識することすらなかった。時を追うごとに、アブディの歩行は少しずつ不活発になったが、やはりほとんどの時間をきっちりと円を描きながら歩きまわっている。スタッフはフルオキセチンを投与し、この抗うつ剤が彼の心を軽くし、新しい生活に順応できるようになることを願った。半年間、毎朝、大好物のレーズンナッツブレッドのなかに薬をこっそり混ぜて与えた。ゆっくりとではあるが何ヶ月もかけて、彼の歩行は完全に止まった。薬を完全に断つのにさらに数週間かかり、その後、保護区域のスタッフは、他の二十八頭のクマがいる大きな囲いのなかにアブディを放した。ほんの一年前には、彼を死ぬほど怖がらせたのと同じ囲いだ。

それから十年以上経った現在も、アブディはあいかわらずうまくやっている。(70) ありきたりな表現だが、好奇心旺盛なクマになった。最近の写真を見ると、池の端で倒れた丸太を熱心に凝視する彼の姿がある。保護区域のスタッフからの手紙には、「あれほどのトラウマを克服することは、もちろんアブディにとって簡単なことではありませんでした。長いあいだ、他のクマを見ることさえできませんでした。そうしたくなかったのかもしれないし、怖かったのかもしれません。彼は孤独を選んだのです。時間をかけて慎重に社交性を身につけさせたことで、ようやく彼は自分も他のクマといっしょだということを理解することができたのでしょう。いまではすっかり群れの一員ですが、過去の記憶を全部消し去ることは、わたしたちには決してできません」

ペット用医薬品《ファーム》

動物界で向精神薬を最も消費するのは、動物園でも保護区域でもなく、わたしたち人間といちばん近くでいっしょに暮らしている動物、すなわちペットだ。二十世紀初頭にだれもがやっていたおかゆによる治療とまったく同じように、いまやわたしたちが服用しているものと同じ薬をネコやイヌ、カナリアにも与えている。二〇〇一年から二〇一〇年にかけて、二百五十万人のアメリカ人被保険者のあいだでおこなった処方薬の傾向調査によると、おとなの五人にひとりが、精神科で一種類以上の薬を処方されていることがわかった。[71] 二〇一〇年、アメリカ人は抗精神病薬に百六十億ドル、抗うつ剤に百十億ドル、注意欠陥・多動性障害（ADHD）に七十億ドル以上を消費した。[72] そしてアメリカ疾病予防管理センターの最近の研究によると、精神科に通う人々の八十七％に処方せんが出されているという。[73]

アナ・ニコル・スミスのシュガーパイとジャック・シラクのスモウ、そしていちばん最近ではレナ・ダナムのレスキュー犬、ランピーにもプロザックが処方されていること、それは、動物用医薬品市場――精神薬理上のものにせよ、そうでないにせよ――の活況を示している。ペット用医薬品の米国市場は大きな成長を続けており、二〇一一年の六十六億八千万ドルから二〇一五年には九十二億五千万ドルまで増加する見込みだ。[74] ゾエティスは動物用医薬品の世界最大メーカーである。かつてファイザーの子会社だったゾエティスは、二〇一三年一月に株式を公開し、初期公募価格を二十二億ドルまで引き上げ、フェイスブック以来、アメリカ企業最大のIPO取引となった。[75] イーライリリーが所有するペット用医薬品会社エランコは、年間十四億ドルの売り上げを記録し、世界第四位のアニマルヘルスビジネスを誇っている。[76] イーライリリーの動物部門の成長は、最近では人間向けの一般医薬品部門をしのぐ勢いだ。ファイザーの動物用医薬品は年間約三十九億ドルに相当し、コンパニオンアニマル用の医薬品と合わせれば全体の四十％を占めることになる。[77]

フルオキセチンなどの、ペットの行動に関する医薬品の売上げ全体を正確に定量化するのは難しい。というのも、飼い主の多くは、CVSやウォルグリーンといった薬局で、人間用のジェネリック薬をペットのために購入しているからだ。プロザック、バリアム、ザナックス、その他イヌやネコ、オウム用の薬の売上げは、したがって、人間用の同じ薬の売上げとひとまとめに扱われてしまっているということだ。

ペットの医薬品業界はまた、不況知らずともうたわれている。[78] アメリカ人はこの厳しい経済不況のなかで、ペットと過ごす時間が〝さらに〟長くなっているのかもしれない。最近のある市場調査会社によると、人間が抱く動物への愛情は景気後退による節約の影響をまったく受けないと主張している。[79] 同社はまた、多くのペット所有者は、裕福な家庭であろうと中産階級であろうと、人間の家族のメンバーが危機的状況にあっても、ペットにかける出費は控えようとしないという。このことは、つい最近の経済的下落の期間だけでなく、歴史家スーザン・ジョーンズが示しているように、ペットのイヌやネコの食べものを確保するために家族が多大な犠牲を払っていた大恐慌時代にも証明されていた。[80]

向精神薬は特に利益率が高い。二〇一二年、がん治療に次いで最も利益を出した人間用の医薬品は抗うつ剤、気分安定薬、その他の精神衛生関連の薬だった。[81] 人々は鎮痛剤よりも向精神薬のほうにお金をかけ、この市場はつい先ごろの財政危機のただ中でさえ、世界で年間十～二十%の安定したペースで成長を続けた。こうした医薬品の売価は原価に対して利益幅は数千%以上で、いまや金の重量を超える価値があるとデイヴィッド・ヒーリーは述べている。

こうした人間と動物向けの大ヒットした向精神薬の発展とマーケティングに対する投資スケールは、これらの薬が治療に使われる病気の一般的な理解と密接な関係がある。[82] この種の薬物を製造する業界は、財政的成功を保証するために懸命に努力している。つまり、より多くの人々に自分のため、そしてペットのためにこれらの薬物を使ってもらおうとしているのだ。アメリカ合衆国で医薬品の使用を現在のように普及させたのは、特にふたつの鍵となる歴史的決定だった。[83] 最初の決定は一九五一年、(アメリカ食品医薬品法に対するデュラムハンフリー改正法を通じて)FDA(米国食品医薬品局)が、新しい薬物は処方せんによってのみ入手可能とするという宣言をしたときだった。それ以前は、人々は主に自分で薬を調達し、必要なものを店頭で買い求めていた。このFDAの決定を批判する者は、処方権をもつ、医薬品業界に依存している少数集団に一般市民が完全に恩義を受けるかたちになってしまうため、市民に悪影響を及ぼすと主張した。一九九七年の第二のFDAの決定は、消費者向け直接広告(DTC広告)を制限する規制を緩和し、医薬品のマーケティングマシン(テレビや新聞など)にその大きな水門を開いたことにより、新しいプロザックのような合成物で簡単に治療できる障害の兆候や症状が、にわかに世に知れわたるようになった。[84]

動物に向精神薬を使用することを最も声高に主張する支持者のひとりに、タフツ動物行動クリニックの獣医兼動物行動学者、ニコラス・ドッドマンがいる。「わたしはときどき、獣医専門職のティモシー・リアリーと呼ばれることがある」とドッドマンは言う。[85] リアリーと同じく、ドッドマンも「ハーメルンの笛吹き男」の役割を演じ、さまざまなテキストや検証された記事、また「心が健康な猫」(〝The Well-Adjusted Cat〟)というタイトルのワークショップなどを通じて、他の獣医やペットの飼い主を自分のメソッドに引き込んできた。[86]

ドッドマンによると、彼が見届けてきた研究（そのいくつかは、イーライリリーなどの製薬会社の支援を受けておこなわれた）は、プロザックが動物の分離不安や強迫性障害を緩和すると同時に、攻撃性やその他の「問題ある」行動を抑制することを証明したという。彼は、強迫性障害をもつドーベルマンピンシャーや尻尾を追うテリアから、囲いの柵を噛むウマ、自分の毛を抜いてしまうネコに至るすべての治療に、抗うつ剤と向精神薬を使った研究結果も発表している。[87]

著書『心が健康な犬』（*The Well-Adjusted Dog*）のなかでドッドマンは、向精神薬はイヌが抱える問題を「徹底的に」治療すると述べているが、この薬を行動修正トレーニングと併用すればよりいっそう効果があると信じている。[88] その目的は、なるべく早く薬物の量を減らしていくことにあるべきだと彼は言う。しかしいくつかのケースでは、薬の量を減らすことで動物の不安症やうつ病、恐怖や攻撃性が舞い戻ってくる原因をつくってしまうこともあるため、彼は特に決まりのない投薬計画を提案している。

ドッドマンは、彼のアイディアを自らの慣習に統合した多くの獣医と同様に、幅広い種類の向精神薬を処方している。[89] イヌのうつ病、恐怖症、攻撃性のいくつかのケースには、三環系の抗うつ剤（エラヴィルやトフラニールなど）を使用する。しかしプロザックやゾロフト、パキシル、セレクサ、レクサプロ、ルボックスといったＳＳＲＩ（選択的セロトニン再取込み阻害薬）については、動物の行動問題を治療する上での特効薬に近いものと彼は呼ぶ。ドッドマンはかつて、バリアムは不安症の治療に効果があると考えていたが、いまではアルコールと同じように、この薬は心の抑制を減少させ、攻撃性の強いイヌをもっと残忍にしてしまう薬だと確信している。さらにバリアムには依存性もある。しかしドッドマンは――たとえば、オリバーの雷恐怖症のような――深刻な恐怖症の治療にはバリアムが効くという見解を現在ももちつづけている。

ドッドマンは、常にイヌの世界へ向かう「メリー・プランクスターズ」〔「陽気ないたずら者たち」の意味。一九六〇年代にケン・キージーが率いていたアメリカのサイケデリック集団〕のバスを運転していたわけではなかった。イギリス人の彼は一九七〇年代の十年間を、イギリス人獣医ジェイムズ・ワイトの作品上の分身であるジェイムズ・ヘリオットの現代版のように、英国を放浪する地方獣医としての仕事に費やしていた。彼は一九八一年にアメリカに移住し、タフツ獣医学校の麻酔科教授となった。ここで彼は、向精神薬が人間の精神医学を変革しようとしているのと同じ方法で、獣医の慣行を変えることはできないだろうかと考えはじめた。そして、一九八〇年代末におこなわれたある獣医会議で初めて自分の考えを語った彼について、のちに『ニューヨークタイムズ』の記者はこう述べた。[90]「会場にいた人たちは驚きで口をあんぐり開けていた。〝この奇妙な顔をした男はいったいだれだ？〟と」。三十年後のいま、公開されている彼の数多くのサクセスストーリーを通じて、動物の向精神薬産業はアメリカ合衆国を席巻しようとしている。

ドッドマンは、タフツ獣医学校の元学長が、プロザックを、広範囲の効果をもつ有名な駆虫薬イベルメクチンの行動において同じ効果をもたらすものと呼ぶのを聞いたことを思い起こす。[91]「イベルメクチンが世に出る前は、獣医はイヌやネコ、家畜の腸内寄生虫や、その他の害虫蔓延の治療にどの駆虫薬を使うか、慎重に選ばなければなりませんでした。イベルメクチンが開発されてから、こうした実質的にすべての問題を取り扱うのに、このたったひとつの薬剤を使うだけでよくなったのです。プロザックと他のＳＳＲＩに感謝です」と彼は語る。

ドッドマンと彼の同僚ニコール・コッタムは、タフツクリニックにやってくる人々の五割から六割が、自分が飼っているイヌやネコ、鳥のために薬を欲しがると言う。「わたしたちのクライアントのほとんどは、リフィルをもらいに来る以外、初診後に電話をかけてきたり、再来したりすることはありません。処方せんと行動演習の手引きを手にこのクリニックをあとにすれば、あとはただその錠剤をペットに飲ませるだけです」

ペットの問題に錠剤を使うという考え方は、卒直に言ってあまりに魅力的だし、多くの場合あまりにも便利でもある。それはわたしにも経験からわかる。

あの飛び降りの後、オリバーに最初のバリアムを処方したのは動物病院だった。次のバリアムは動物行動学者からもらった。先に述べたように、わたしたちは嵐が来る三十分前に、オリヴァーにバリアムを与えることになっていた。そうすれば、雷と稲妻が来るころには、彼はすっかりハイな気分になってそれに気づくことはないからだ。また、録音された雷雨の音を聴かせることにもなっていた。これが鳴っているあいだは、ただ彼をやさしく撫でるだけなのだが、こんなふうにできるのも彼が穏やかに反応しているときだけだった。偽の嵐トレーニングの間隔を分単位で増やしていき、オリバーがＣＤを数時間穏やかに聞ける状態にまでもっていった。動物行動学者はまた、彼の分離不安症にプロザックも処方し、効果が出るまでには数週間かかること、そしてオリバーの行動になんらかの変化が現れたら連絡するようにとわたしたちに伝えた。わたしたちは、いまや自分たちが不安症になりながらも観察を続けたが、彼は以前より幸せそうにも穏やかにも見えなかった。

しかし、バリアムはたしかに効果があった。オリバーの雷不安症が和らいだのだ。唯一の問題は、ジュードとわたしが外で働いていたこと、そしてワシントンでは通常、午後に雷雨が来やすいということだった。わたしたちはふたりとも、嵐が彼を襲う三十分前に家に戻って薬を与えることはできなかった。週に五日、午後の雷不安症が訪れるときに、オリバーはひとりぼっちで過ごしていた。録音した雷雨の音を聞かせて感覚を鈍らせようとしたが、CDの音はバリアムほど効果がなかった。オリバーはただ、この嘘の雷を迷惑そうに聞いているだけだった。このリスニングセッションにやさしい無関心で耐えていたのだ。

行動学者はさらに、オリバーの分離不安症の治療にもバリアムを勧め、ジュードとわたしが家を出る三十分前にこれを与えるようにと言った。また、わたしたちが家を出るときの行動について、彼を再教育するよう強く勧めた。

獣医がまとめたその行動療法またはトレーニングプロセスというのはこうだ。まずジュードとわたしが玄関のドアに近づき、でも実際には外に出ず、ドアノブに触れることもしない、ということから始まる。これを繰り返しおこない、オリバーが心配そうな態度を見せなくなるまで続ける。次のステージは、玄関のドアに行ってノブに触れることだった。これに彼が飽きて、もはや反応しなくなったら、ドアノブを回してドアを開けるが、そこから外には出ない。こうして段階ごとに進めていき、最終段階として、オリバーにまったく構わずに家を出てください、と獣医はわたしたちに約束させた。問題は、この種のトレーニングは数ヶ月とは言わないまでも数週間かかり、その間ずっと、わたしたちはドアから外へ出つづけなければならなかったことだ。

わたしたちはこの演習を一生懸命やった。ベストを尽くした。いや正直に言えば、しばらくはベストを尽くしていた。しかし、わたしたちもオリバーも疲れてきた。それにオリバーは、このトレーニングのそれぞれの段階にあまりに見事に慣れてしまったため、「あの人たちは自分を置いていってしまうのではないか」という不安と、たとえばわたしが鍵を手に取るといった何らかの手がかりを切り離すと、すぐにまた別の手がかり、たとえばわたしたちが弁当をつくったり、仕事用の服に着替えたりといったことを連想してしまうようになった。オリバーは機能異常で精神障害があったかもしれないが、頭は悪くなかったのだ。

時折、わたしは自分のパソコンのバッグをアパートの共有スペースに置いたりもした。このバッグが目に入るだけでも、オリバーはわたしたちが家を出ていってしまうのではないかと警戒して見つめ、荒く喘ぎ、うろうろと歩きはじめるからだ。彼はまたスーツケースにも反応した。そして靴を履いたり、コートのクローゼットを開けたりする行為にも。おそらく、ジュードとわたしが素っ裸のまま、弁当も鍵もバッグももたず、靴も履かず、おかしな時間に窓から外に出て仕事に行けば、オリバーの不安症のきっかけをつくることは回避できただろう。

わたしのように、自分や自分のペットを再教育するための時間がもてない人もたくさんいる。またはそれが役に立たないという人も。ときに、オリバーのプロザックのように、薬も役に立たず、効果もそれほどかんばしくないということもある。こうなると残念ながら、ほとんどの動物が行きつく結果が待っている。彼らは見捨てられるか、または動物行動学者エリーゼ・クリステンセンが「大いなる眠り」と呼んだもの、そしてデビッド・セダリスが短編「ユース・イン・アジア」で言及しているものを強要されることになるのだ［〝Youth-in-Asia〟（アジアの若者）と〝euthanasia〟（安楽死）の発音が似ていることから、この短編の主人公は獣医からペットの安楽死（euthanasia）を提案されたとき、一九五八年当時アメリカのＣＢＳで放映されていた日本の映画に登場する日本人の少年（Youth-in-Aia）を思いだしたと言っている］。問題行動の治療薬は、もし効き目があれば、そうした死に至る結果を阻止することもできるだろう。

ドッドマンは、ほとんどのイヌとネコは「扱いきれない」という理由でシェルターに連れていかれるか、安楽死させられるという。毎年、実に六百万から八百万匹のイヌとネコが殺処分されている。ＡＳＰＣＡ（アメリカ動物虐待防止協会）によると、二〇〇八年にはそのうちの三百七十万匹が安楽死させられた[93]。訪問客に脅威を与える攻撃的で精神的に不安定なイヌや、ベッドカバーにおしっこをひっかけるのをやめようとしないネコは、最も頻繁にシェルターに追いやられる。ドッドマンはこうした素行の悪いイヌとネコの偉大なる救済策は薬物治療だと主張する[92]。薬物だけの治療法が行動療法と同じくらい効果がある、または少なくとも行動療法と薬物療法の組み合わせと同じくらい効果があるという考え方には疑問の余地が残るものの、ペット用の精神関連の医薬品は、回復への道のりの有益な中間駅、またはガス室へ向かう途中の一時しのぎの方策にはなり得る[94]。

エリーゼ・クリステンセンは向精神薬を支持している。その理由を彼女はこう説明する。「人間の医薬品と異なり、動物の患者には入院治療のための施設がないからです。たとえば窓から往来に飛び降りてしまうイヌを飼っていたとすれば、自分を傷つける前に大量の薬を飲ませるしかありません」

イヌに大量の薬を飲ませることは、人間に大量に飲ませることとはまったくわけが違う。イヌの肝臓はもっと多くの薬を処理することができるからだ。だから多くのイヌに、人間にとっては致死量に至るほどの抗不安薬を飲ませることになる。「現在、ゴールデンレトリバーの患者を診ています。このイヌは四時間ごとに八十ミリグラムのバリアムを飲んでいます」とクリステンセンは言う。この量を人間が飲めばぐったりとして、ほとんど緊張病ともいえる状態になるが、レトリバーならパニック発作の症状を抑えることができる。

クライアントの多くがペットと同じ薬を服用しているという事実にも関わらず、クリステンセンは、ペット用の薬の隠し場所からこっそり盗んで飲む人間をそれほど多くは見ていない。これは、彼女が患者に対して、イヌへの投与量が人間よりどれほど多いかということをはっきりと伝えているからであり、しかも飼い主が彼女のところに来るのはペットを助けたいという一心だからだ。

「もっと一般的なのは、人間用の精神安定剤をペットに与える人がいることです」と彼女は言う。ありがたいことに、人間の投与量は動物のそれよりもかなり少ないため、投与しても動物に危害を加えることはほとんどない。彼女のクライアントの医者は、自分自身の処方せん用紙を使って自らのペットに処方せんを書いているという。「精神科医の患者には、興味深いことに、そんなことをする人はあまりいません。彼らはわたしが処方せんを書くのを待ちます」

それでも、患者の健康を長期的に改善するためには、薬ではじゅうぶんではないとクリステンセンは考える。治療の黄金の法則は薬と行動療法の組み合わせだと確信しているのだ。つまり、恐怖や不安の引き金となるものが、ひとりで置き去りにされることだろうと、掃除機の音を聞くことだろうと、とにかくそうしたものを動物から遠ざけながら治療をおこなうということだ。「トリガーとなるものに晒されていなければ、動物が怖がるものを怖くないものに変えることができます」と彼女は言う。わたしが玄関のドアを使っておこなったオリバーへの再教育の話をすると、彼女はそうしたことはすべて、〝言うは易くおこなうは難し〟だと認めた。

クリステンセンは最近、ブルックリンに住む神経症のイヌの治療をした。このイヌは恐怖と不安から見知らぬ人に噛みつく傾向がある。ただ歩道を歩いているだけでもストレスを感じるため、飼い主の若い女性は他人と安全な距離を保ちながら散歩をするのが大変だという。「この飼い主は道行く人に、わたしのイヌは噛みつくかもしれないから立ち止まらずに歩きつづけてくださいと言うのですが、そうすると、撫でさせてもくれないと怒りだす人がいるというのです」。その解決策として、彼女はホワイトプレーンズにある庭つきの家に引っ越し、いまは都心まで電車で通勤している。彼女の愛犬は以前よりずっとリラックスしているという。これはほとんどのイヌの飼い主にとって過度の要求だということを、クリステンセンはわかっている。「ニューヨーク市で何か変えることができるものがひとつあるとすれば、それは、見知らぬ人間に接するのと同じように、歩道を散歩するイヌにも接して欲しいということです。たとえば、人間の家族がいっしょに道を歩いているとします。でもその家族のだれかひとりに近づいていって、その人を撫でようなどと思うのは、よほどぞっとする考えの持ち主しかいないでしょう」

これを聞いて、わたしは自称「イヌ好き人間」のことを思いだした。自分のことをこう呼んでいる多くの男性や女性は、見知らぬイヌのプライベートな空間に身をかがめて入りこみ、その思いあがった手をイヌの鼻づらに届くほど伸ばしてきて、攻撃的なまでに頭や背中の毛をくしゃくしゃと撫でる。こうした人々は、自称色男と少し似ている。つまり、自分をイヌ好き人間と呼ぶのなら、おそらくその人は、実際のところはイヌには好かれてないということだ。

クリステンセンは、大都市の歩道を神経症のイヌに歩かせるときは、イヌと、そのイヌを触るであろう人とのあいだに入って、緩衝材のような役割を果たすようにと助言している。人間は本質的に、自分自身のペットのセラピーアニマルになるのだ。

ニューヨーク州北部の田舎にあるコーネル大学の獣医学生として寮生活を送っていたころ、クリステンセンにとって行動療法中のペットをトリガーに近づけないようにとクライアントに忠告するのはもっと簡単なことだった。たとえば、ひとりぼっちにされるとかならずパニックになるイヌは、どこへ行くにも人間に同行している可能性がある。ニューヨーク市街では、クライアントはこうしたトリガーからペットを年じゅう引き離しておくことはできない。都市部の多くの獣医と同じように、彼女も動物の恐怖や不安を抑えるために、長期にわたる可能性のある治療中も行動関連の薬物に頼ることになる。「わたしのオフィスを訪れるころには、イヌの飼い主の多くは精神が破綻する寸前の状態になっています。みな絶望し、疲れ果てています。とにかくペットをなんとかしようと一生懸命なのです」

そのほとんどの人は、一日に四、五分程度なら行動トレーニングができるということを彼女は知った。二日で十五分が理想だが、彼らの大半はこれができない。わたしは、オリバーを再教育しようとしたときの残念な結果と、万策尽きたときにわたしがおこなった絶対成功する方法のことを彼女に話した。わたしは車を利用したのだ。オリバーはいつも、わたしたちのスバルのなかに置き去りにされても穏やかでいられたからだ。フードやドリンクを車までもってきてくれて、イヌの散歩をしてくれるやさしい人たちが働いているような、不安症のイヌのためのパーキングをオープンすることまで、わたしは漠然と考えていた。

驚いたことに、クリステンセンはそんなわたしを変だとは思わなかった。「多くの行動学者は実際にクライアントに対して、イヌをひとりにさせなければならないときは車を利用して、そこでイヌを落ち着かせることを奨励しています」と彼女は言った。「温暖な地域に住んでいて、しかもじゅうぶんに気をつけていれば、そしてそれが市や州の法律に違反していない限り、これは良い解決策になり得ます」。オリバーやその他多くの神経症のイヌが車のなかを心地よいと感じるのは、そこが快適な場所だということをわたしたちが知らぬうちに彼らに教えているからだ。少なくともはじめのうちは、車のなかにイヌを置いたまま長時間放っておく人はほとんどいない。だからイヌは徐々に、車のなかに長時間いることをからだで学び、何があっても自分の飼い主は絶対に戻ってくるということを知るようになる。

イヌの小さな救済者

イヌは、感情的にも肉体的にも、そのままそこに存在し続けている。なぜなら彼らは、わたしたちのまわりにいるのが好きだからだ。一万五千年以上もの間、わたしたちが食べものを与え、大切にし、繁殖させてきたイヌは、だからこそ一日の大半を大好きな人間と離ればなれになったときに苦悩するのだ。オリバーのような現代のイヌ科の不安障害は、わたしたちがイヌを高く評価し、ペットとして選んできた結果だ。彼らは人間、特に飼い主といっしょにいるのがこの上なく好きで、わたしたちとともに過ごすことが嬉しいのだ。

こんにち飼われているペットのイヌは、人間にもそれができるかどうか確かめるために一九六一年に宇宙へ送られたチンパンジーのハムに少し似ている。つまり、現代の都会や郊外の家で暮らす多くのイヌは、宇宙人の土地を占有しているということだ。彼らはただ、ほとんど運動もせず、社交の時間もなく、イヌらしさを表現する能力ももたず、一日じゅうひとりぼっちでいても問題のない生きものに進化するためのじゅうぶんな時間をもたないままここまで来た。これをドイツ人はときに、「機能快」と呼ぶ。生きものは本来、ベストな能力を発揮しているときに喜びを感じる。たとえば全速力で走るチーター、夜じゅう超音波を発するコウモリなどだ。イヌは走り、においを嗅ぎ、追いかけ、見境なく交尾するようにできている。彼らの多くは、死んだ魚のなかを転げまわったり、ゴミ箱から生理用のタンポンを引きだしたり、自分や他のイヌの性器を舐めたりするときがいちばん幸せなのだ。

多くのイヌの飼い主は、人間の思うままにイヌに接することに満足しているが、イヌの思うままにそうしようとはしない。わたしたちは、仕事終わりに愛犬が自分を見て嬉しそうにしてくれるとわくわくするが、仕事中に走りまわったり、飛び跳ねたり、強迫的に尻尾を追いかけたり、あちこちを引っ掻いたりはして欲しくない。そのかわり、静かに寝ていたり、穏やかに毛づくろいをしたり、おそらくはリビングの窓ぎわでだれかを待ちわびるのではなく、道行く人をただぼうっと見るだけのために外を眺めたりしていて欲しいのだ。こんなふうにイヌに期待するのはフェアではない。それは、どこか他の人と違うところに興味をもって最初は惹かれたけれど、時が経つにつれてその同じ性癖にがまんができなくなった、昔恋におちた男たちのことを思い起こさせる。自分が恋におちた人がそういう人であることを非難することはできない。これと同じように、イヌにイヌであることを責めることはできないのだ。

都会や郊外で生活するほとんどのイヌは、一日のほんの一瞬だけイヌであることが許される。サンフランシスコ郊外のわたしの家の近所では、日が沈む少し前の早い夕方がその時間だ。何千というイヌの尻尾が揺れ、ドアの前で期待に満ちた喘ぎ声をあげ、襟元でリードをカチッと留めてくれる音を待ち焦がれ、それから外に出ることへの極端なまでの喜びが街じゅうに充満するのを感じることができる。「アウト！」（外に出ろ！）の掛け声とともに、彼らは抑えつけられていたフラストレーションを解き放つように、わたしの家のまわりの歩道に躍りでて、おしっこをしたり、あたりを嗅ぎまわったり、水上スキーヤーのように、飼い主の先を走ってご主人さまを引っ張りはじめる。ドッグパークでは、人間たちは立ったままボールを投げたり、おしゃべりに花を咲かせたり、他人の尻から自分のイヌを引き離したりしている。三十分か一時間もすると、夕食が待つわが家へ帰る時間だ。撫でてもらうイヌもいれば、家族といっしょに映画を見るイヌもいたりして、それからみんな寝床に入る。しかし、たとえ午前中にもう一回これと同じことをしたとしても、それだけではイヌにとってイヌらしいことをする時間としては足りない。

多くの人々にとっての選択肢のひとつは、単にイヌを飼わないということだ。都会に住んで働いていると、ほとんどの人は、イヌに良かれというだけの理由で農場に移り住むことはできない。イヌがひとりぼっちにされるのが嫌いだからといって、仕事を辞めてずっと家にいてあげることもできない。もちろん他にも選択肢はあるだろうが、どれひとつとして簡単なことではない。散歩代行者を雇って、一日に一、二回、散歩に連れて行ってもらうこともできるが、お金がかかる。毎日リードを外して解き放つことができるような、公園近くのアパートに引っ越すこともできるかもしれないが、おそらく住宅事情が悪すぎて、いまの家が期待した高値で売れることはないだろう。もう一匹飼って友だちをつくってあげるという手もあるが、大家さんにペットは一匹だけだと釘をさされるかもしれない。大枚はたいておもちゃやごほうびを買ってピーナツバターを詰めたり、ドッグフード用の髄骨を凍らせて、気味の悪いイースターのエッグハントのように家じゅうに隠しておいたりすることもできるが、どこに隠したかこちらが忘れてしまったりする。これが現実だ。わたしたちは自分のイヌを愛している。そしてベストを尽くそうとがんばっている。でも多くの場合、失敗するのだ。実際のところ、世界じゅうにあるすべてのおしゃぶりおもちゃをもってしても、リードのない毎日の刺激と多くの人間や他の動物との関わりあいには到底かなわないのだ。これが、イヌを歓迎しないオフィスや工場、ショップなどの仕事場に出かける、数多の飼い主に飼われているイヌの生活だ。そしてこれこそがまさに、ほとんどのイヌを、自分の手足を舐めすぎて血みどろになったり、ソファを食いちぎったりしないようにしておく生活なのだ。

イヌが長い時間何もせずに過ごしていると、エネルギーのやり場に困り、幸せ気分で丸くなることもできなければ、ベッドの端で満足げに眠ることもできなくなる。彼らのエネルギーはどこかに発散させなければならない。神経の弱いイヌや、不安症や強迫症にかかりやすいイヌにとって、その〝どこか〟とは「狂った街」だ。この街は無数の診断で溢れかえっていて、比較的一般的なもののひとつが分離不安だ。製薬会社はこれに気づき、この障害の概念を形成する手助けまでしてきた。

アメリカ合衆国で七千八百万匹のペット犬を所有する人間は、ファイザーやイーライリリーといった製薬会社にとっては一大市場だ。[95] 二〇〇七年、イーライリリーは化学的にはプロザックと同等のリコンサイルの発売を開始した（二〇〇一年に特許期限切れとなった）が、プロザックと異なり、これはビーフ味で噛むことができ、イヌの分離不安の治療に関してＦＤＡの認可が下りている。同時にイーライリリーは、この会社が資金を提供しておこなった、アメリカ合衆国のイヌの十七％が分離不安にかかっていることを示す研究結果を公表した。[96] 二〇〇八年の別の調査は、アメリカで飼われているイヌの十四％が、ある程度の障害を抱えていると見積もった。[97]

たとえばリコンサイルのウェブサイトは、実質的には仔犬に舐められているのと同じ感覚で、飼い主の良心の呵責に訴えるように仕立てられている。[98]「わたしといっしょにいたいからものを引き裂くのかしら。それはわたしのせいかしら」といったフレーズが、スクリーンの上部にフラッシュアニメーションのかたちで現れる。南部訛りの日に焼けた獣医のビデオクリップが、流涎症、破壊的咀嚼、うろうろ歩き、うつ病、拒食症、吠えすぎ、〝舐毛症〟といった分離不安症状のリストを読み上げている。この獣医が話をしているあいだ、子どものゴールデンレトリバーが高価なハイヒールのように見えるものを乱暴に引き裂いている。

このサイトの旧バージョンには、「分離は避けられません。でも不安は避けられないものではありません」と書かれた大きなバナーがあり、イヌの吠え声の着信音と陰気な表情のビーグル犬のスクリーンセーバーを提供していた。[99] そこでは、行動トレーニングとの併用で分離不安症に使用されたリコンサイルの効用に関する研究にもリンクがはられている。二百四十二匹のイヌに対しておこなわれた研究は、二〇〇七年に『獣医治療学』という雑誌に発表され、イーライリリーが資金を提供したものだった。[100] 対象となったイヌはふたつのグループに分けられた。一方にはビーフ味のプラセボ錠が、他方にはリコンサイルが投与された。どちらのグループにも行動トレーニングが課せられた。実験の最後に、すべてのイヌの不安症状は減っていた――リコンサイルを服用したグループは七十二％、プラセボを飲んだグループは五十％の減少だ。この研究は、たしかに薬の効用を示してはいるものの、それよりももっと着目すべきは行動トレーニングの重要性だ。

また、クロミカルムという一九九八年にノバルティスが導入した薬もある。この薬に含まれる活性成分クロミプラミンは、人間用にこの会社が販売している抗うつ剤／ＯＣＤ薬に含まれる主要成分アナフラニルと同じだが、このバージョンはＦＤＡによる認可を受けた動物専用のものだった。ノバルティスはクロミカルムについて、イヌの分離不安症の治療薬だと説明しているが、人間の場合と同じように、これは精神的苦痛の他の兆候の治療にも頻繁に使用されている。ある奇妙な実験では、二十四匹のビーグルが一時間、三つの異なる状況でトラックに載せられ、この薬が旅行不安症に効果があるかどうかを確かめた[101]。結論の出ないままに終わったが、ビーグルはふだんよりはよだれの量が少なかった。この薬は、イヌの尾追い行動とコカトゥー（キバタン）の抜羽症の軽減により効果があるとされている[102]。

クロミカルムは投与量によって茶色のラブラドール、ゴールデンレトリバー、ジャックラッセルテリアという三種類のイヌが箱に描かれている。イヌたちは幸せそうに舌をだらりと垂らしている。小型犬への薬物治療は年間で約六百ドルかかる[103]。大型犬にはより多くの量を投与する必要があるため、必然的にコストもかさむ。このウェブサイトはビジターに、クロミカルム錠はトランキライザーでもなければ鎮静剤でもないので、イヌの性格や記憶には影響を与えないとはっきり断りを入れることで、消費者の恐怖を和らげ、おそらくは飼い主の罪悪感も和らげている。そのかわり、この薬は動物が「ふつうの生活に戻る」お手伝いをすると確信をもって伝えている。

ペット用の医薬品に対して最もはっきりと意見を述べている批評家は、獣医であり動物行動学者であるイアン・ダンバーだろう。彼は「シリウスドッグトレーニング」と呼ばれるイヌ科のトレーニングスクールを運営し、『ドッグトレーニングバイブル』（*How to Teach a New Dog Old Tricks*）など数々の本も著している[104]。また、世界各国のトレーニングクラスやワークショップを先導し、『ドッグスウィズダンバー』というイギリスのテレビ番組シリーズのホストも務めている。彼は、行動上の問題を治療するために薬を手段として利用したことは一度もないと言う。「薬は単に必要がないだけです。即効性があり、すべての問題の特効薬ともてはやされていますが、それは真実ではありません[105]」

向精神薬でイヌに薬物治療をすることは、健康管理に対する人間の無責任なアプローチを反映している、と彼は信じる。そのかわりダンバーは、ペットの飼い主は行動修正トレーニングを利用し、動物の問題行動にほうびを与えることにならないように、自分自身の行動を変えるべきだと述べている[106]。「自分の飼っているイヌに何か問題を感じていたら、わたしはいつもそんな人たちに〝イヌの問題はあなたの問題だと思ってください。このことからきっと多くのことを学ぶでしょう〟と伝えます」とダンバーは言う。

それでも、イヌの問題のなかには、だれの問題でもないものもある。オリバーにプロザックとバリアムの処方せんを出す段になったとき、たとえリコンサイルがビーフ味で噛むことができたとしても、わたしはFDAがイヌ用に認可したどんな薬も彼に与えることはなかった。わたしの地元のドラッグストアにはジェネリック薬が置いてあり、十五分もあれば適切な量のカプセルをつくってくれた。オリバーはそれが何味でもまったくお構いなしに、チーズのかたまりに混ぜてしまえば食べてくれることはわかっていた。わたしはウォルグリーンの店頭窓口に獣医の処方せんをもっていった。精算の際、受け取り窓口から薬剤師が「オリバー・バイトマンさん」と呼んだときは笑ってしまった。彼女は（プライバシーのために何も書かれていない）薬の袋を手渡し、何か質問はないかと尋ねた。

「これはイヌに飲ませる薬なんです」とわたしは言った。

「あら」と彼女。「よくあることよ」

プロザックの海、プロザックのナゲット

動物に向精神薬を与えるのが良いことか悪いことかという議論は、次第に的外れになってきているように思える。[107] ある意味で、わたしたちは選択の余地があまりないのかもしれない。こうした薬はいま、わたしたちの環境を満たし、食料供給の一部になっている。二〇一〇年には、アメリカ合衆国で二億以上の向精神薬の処方せんが発行された。これらの薬の活性成分の多くは人間の尿として排出されるか、余剰なピルという形でトイレに流されている。下水処理場は医薬品をろ過する設備がないため、これらの薬は処理済の水と同じところへ行きつく。つまり、海や川、湖、水源などだ。『環境毒性化学』（*Environmental Toxicology and Chemistry*）に掲載された最近の研究では、ある範囲の抗うつ剤とその代謝産物の存在が飲料水や川の水、ヒメハヤの体内に認められた。[108] 研究者のなかには、これが水生生物に与える影響

について調査している者もいる。

ある実験では、プロザックに晒されたバスが何も食べなくなり、最終的には水槽のなかで完璧に垂直に浮いた状態になってしまった[109]。他に、エビへのプロザックの影響を調べた研究もある[110]。エビが生息を好む川の河口や海岸沿いに排水が集中しているということは、そこに住むエビやその他の生きものが市街全域で排泄された薬に晒されているということだ。抗うつ剤に晒されたエビは、そうではないエビの約五倍の割合で光に向かって泳ぐ傾向があり、魚や鳥から非常に捕食されやすい状況にあるということになる。

『環境科学とテクノロジー』（*Environmental Science and Technology*）に発表された最近の別の研究は、養殖鶏の羽に向精神薬の成分を発見した[111]。フェザーミールはすりつぶした鶏の羽でできた栄養補助食品で、ブタやウシ、魚、そして鶏自体にも与えられる。二〇一二年には、ミールのサンプルが、二〇〇五年に動物への給餌が禁じられたシプロなどの抗生物質に陽性反応を示した。ひどく気がかりなことに、フェザーミールのサンプルの三分の一にフルオキセチン（プロザック）、アセトアミノフェン（タイレノールの活性成分）、そして抗ヒスタミン剤（ベナドリルの活性成分）も含まれていた。家禽農家は鳥にベナドリルやタイレノール、プロザックなどの薬を与えて落ち着かせ、不安を軽減している。苦痛とストレスを抱える鶏は成長が遅く、不安のない鶏と同じような柔らかい肉にはならない。緑茶やコーヒーパルプといったかたちでのカフェインも鶏の餌となり、よりエネルギッシュに、そしてより長い時間覚醒して食べたり卵を産んだりするようにさせている。こうした鳥たちが刺激剤の影響を中和する目的で不安を軽減する薬を必要としていることは、じゅうぶんに考えられる。

ジャーナリストのニコラス・クリストフによると、家禽農家は自分たちが鳥に何を食べさせているかかならずしも把握していないという[112]。大規模な農業関連産業は、鶏を提供する家禽農家に専売のフードミックスを使用するよう要請しているため、農家はこのミックスに何が含まれているかを知らない可能性があるからだ。エビの場合と同様、こうしたすべてが鳥に与える影響、ひいては最終的にそれを食べるわたしたちに与える影響は未知のものであり、人を不安に陥れるものでもある。

第六章　ジュリエットがオウムだったら

わたしたちが自殺を考えるとき、それは寂しいからではなく、世界がわたしたちとの関係を断つ前に、自分から世界との関係を断とうとしているからだ……それがわかり始めてきた。

パム・ヒューストン
『お荷物が移動しているかもしれません』

ひどく調子はずれに歌っているのはヒバリよ。

ウィリアム・シェイクスピア『ロミオとジュリエット』
第三幕第五場

チャーリーは、フロリダ州で人間の家族に育てられた青と金色のコンゴウインコだった。あかちゃんのころはどこへ行くにも家族といっしょで、一家のメンバーとして育てられた。しかしそんな日々も終わりを告げた。チャーリーが五、六歳のころ、最初の飼い主が亡くなり、彼はオウムのブリーディング施設に預けられた。オウム——特にコンゴウインコは五十年以上生きるため、そのあいだに身寄りのない状態になることも多い。飼い主を失ったことで常軌を逸するほど悲しむ鳥もいる。ところがチャーリーは、この最初の喪失感をとてもうまく乗りこえたように見えた。ブリーディング施設で他の一羽のオウムとすぐに仲良くなったのだ。

この施設に着いて間もないころ、チャーリーとその友だちのオウムが盗難にあった。チャーリーは最終的に見つかって施設に戻されたが、もう一羽の友だちは帰ってこなかった。チャーリーは明らかに動揺したようすで、自分の羽をむしりはじめた。その行為があまりに度を超えていたため、数ヶ月後には完全に毛が抜けてしまった――尾と頭の数本の羽を除いて。ブリーディング施設は、チャーリーをフロリダ州タンパのローリーパーク動物園に送った。

アン・サウスコームは当時、この動物園の飼育員をしていた。彼女は、まだ幼かったゴリラのジジの世話をしていたあの細身の女性と同一人物だ。小さな手と子どもっぽい声の持ち主である彼女は、常に温かく献身的に動物に接する。わたしは彼女がしばらくのあいだ、おてんばなリスをなだめている姿を見かけたことがある。子どものころに巣から落ちた、この尻尾のふさふさしたリスを助け、メアリーと名づけたのだ。メアリーはいま、アンの家の空いた寝室の一角にあるリスのお城に住んでいる。過去三十五年以上、彼女は動物園の飼育員としてだけでなく、研究助手や野生動物のリハビリ担当員として、ノアの方舟さながら、さまざまな動物たちとともに過ごしてきた。たとえば、一九七〇年代から八〇年代にかけては、人類学・類人猿の言語研究の一環として、テネシー大学のトレーラーハウスで、チャンテックという名のオランウータンを育てる手伝いをしていた。チャンテックに手話を教え、彼が自分のグラスにミルクを注いだり、トレーラーを掃除したりするのを観察し、ときにはキャンパスの本屋まで逃げてアイスキャンディーを盗んで食べてしまった彼を追いかけたこともあった。この研究のリーダーを務めていたリン・マイルズによると、三十年以上経ったいまも、チャンテックは自分を「オランウータン人間」だと手話で表現するという(1)。

アンは、仲間のココほど有名ではないマイケルという名の手話をするゴリラと、しばらくのあいだいっしょに過ごしていた。また、家の前庭の噴水で、店で買ってきた金魚を使って傷ついたカワウソに狩りのしかたを教えたり、孤児になった数頭のブラックベアのあかちゃんやオオヤマネコ、チンパンジーの子ども、人工のくちばしをつけたイヌワシ、そしてたくさんのフクロウやウサギ、リスなどの世話もしてきた。また、オウムの面倒もみている。しかしそのどれひとつをとっても、チャーリーほど哀れな動物はいなかった。

「チャーリーは羽を抜きすぎてすっかり禿げてしまい、ローストされるのを待つ鶏のようでした。わたしはチャーリーを家に連れて帰り、自分でなんとかしようと思ったのです」と振り返る。

アンはまず、自分のからだが見えないようにすれば抜毛を遅らせることができるかもしれないと考え、チャーリーにエリザベスカラーを買った。しかしこれは役に立たなかった。鍼療法を試したり、薬草を与えたりもした。でも毛を抜くのをやめることはなかった。

「夜はわたしの部屋で寝かせます。悪い夢を見るので。わたしにはそれがわかるのです。夜遅く、彼女は止まり木で目を閉じて寝ていました。ところが苦しそうにギャーギャーという声をあげるのです」

日中はチャーリーを外に連れだした。「家の裏庭に昔からある、この大きな木のところまで連れてきて、低い枝にとまらせ、そのあいだにわたしは家の片づけをしていたのです――そうしているときだけ、彼女は屋外での遊びを楽しんでいました。とにかく外遊びが好きでした。でもたまに木から落ちるのです。羽がありませんから飛ぶことができません。でも落ちたとしても、地面を歩いて木まで戻り、もう一度自力で一生懸命のぼるのです」

たった一度を除いては……。アンはチャーリーをひとりで枝に止まらせたまま、買いものに出かけた。一時間もしないうちに帰るつもりだった。

「戻ってみたら、彼女は死んでいたのです」

そのいきさつを振り返るアンの声は途方に暮れていた。「ただ、とにかく悲しいだけです――地面から突き出ていた細い金属の棒に突き刺さっていました。最大の皮肉は、まさにその金属の棒です。当時、ピンク色のプラスチック製のフラミンゴを芝生に刺して飾っていたのですが、地面から突き出ていたその細い金属の脚に、まさか突き刺さるなんてだれが思うでしょうか？　そう、あるときから、そのプラスチックのフラミンゴの胴体だけがどこかに行ってしまい、小さな金属の杭だけが残っていたのです。わたしが買いものをしているあいだにチャーリーは木から落ちて、そこに並んでいる杭のひとつに落ち、それが胸を完全に貫通していました。でも、頭がおかしいと思われるかもしれませんが、チャーリーはもうじゅうぶんだったのではないかと思うのです。彼女はとても聡明な鳥でした。そして彼女が止まっていた木は大きく、その木があった庭も広大で、その両方の巨大なスペースで彼女はいつも遊んでいました。ほんとうに自分のことを傷つけたり殺したりしたいと思っていれば、故意にそうすることができたはずです。そうではないとだれに言えるでしょう――あまりに擬人化しすぎているかもしれませんが、そんな、何か不可思議な偶然みたいなもののように思えるのです。他にどこにでも落ちることはできたのに、よりにもよって、ちょうどその小さな杭の上に落ちたのですから」

オウムは人間と同じように、ふつうは抜毛のしすぎで死ぬようなことはない。チャーリーの話がとても興味深いのは、丸裸になるまで羽をむしったからではない。その死をとりまく環境があまりにふつうではないからだ。

　人間以外の動物に自殺する能力があるかどうかという問題は、動物の狂気を解決する上で最もやっかいな側面かもしれない。この疑問は、古代の昔から哲学者たちの興味をかき立ててきた。アリストテレスはスキタイの種馬の物語を語った。[2] この種馬は、母親との姦通が企まれていることを知ったとき、底なしの深淵に身を投げたと言われている。また、キリスト教は一般に自殺を認めていなかったが、ペリカン――聞くところによると、自らの肉を引き裂いて子どもに食べさせるという――はキリストの生贄として仕え、自己犠牲のシンボルとされていた。十七世紀にはジョン・ダンですら、ペリカンのことを「死への自然な欲求」の象徴として記した。

　一七三二年の英語による最初の文献に登場して以来、〝自殺〟は死を意図して自らを故意に傷つける行為を意味してきた。[3] ところが、その行為そのものが含意する定義を定着させるのは難しかった。『精神疾患の診断と統計マニュアル第五版』（DSM－V）には、自殺という項目は含まれていないものの、自殺行動障害というものの定義はされている。[4] この診断を下すためには、自殺の試みを途中で断念したか、自殺を実行する前にだれかに引き止められたか、いずれにしてもその人が過去二年以内に自分を殺すという明白な意図をもって自己破壊的行動に携わっていたことが要件となる。DSMによると、自殺が政治的・宗教的理由でなされることは認められていない。〝非自殺的〟自傷行為の診断は、一見死にたいと思っているようには見えないにも関わらず、意図的に切ったり、焼いたり、刺したり、叩いたり、また〝過度にこすったり〟することで自分を傷つける人に適用される。

　人間以外の動物における同様の自己破壊行動――思い切り自分に噛みついたり、こすったりする行為から、何度も繰り返し壁に頭をぶつける行為に至るまで——については、行動学者、獣医、生理学者、心理学者、その他の研究者が、これまでさまざまな文献に著してきた。[5] 一九八五年に『北米臨床精神医学』誌が発表した「自己破壊的行動および自殺の動物モデル」と題される論文は、自殺をする人間と自傷行為をする動物の両方に自己破壊衝動の研究が適用できるほど、両者は類似していることを示している。アメリカ国立衛生研究所（NIH）の神経行動薬理学の学長である主著者のジャクリーン・クロウリーと、同じくNIHの臨床研究所長である共著者は、自殺は複雑な認知を必要とする人間独自の行動である一方で、他の動物も野生生活で、また実験室のなかで、自分を致命的なまでに傷つけることがあり得ると論じている。「自己破壊的行動と自殺行為は同義ではないが、両者の境界はしばしば非常にあいまいである」と彼らは記している。[6]

この研究が発表されてから二十五年のあいだに、他の研究者も動物モデルを使って、人間における自己破壊的行動と可能な処置を理解しようとしてきた。[7] そのひとつが、これもNIHの研究者らが二〇〇九年に完了させた研究で、自殺傾向の問題を取り扱ったものだ。「自殺は人間においてすら研究が難しく、動物モデルに完全に当てはめることはとうていできないような複雑な行為である」と著者らは書いている。[8]「しかしながら、異種間の明確な共通点と人間の自殺との関係性を示す特性を探ることによって、動物モデルは、選択的セロトニン再取り込み阻害薬（SSRI）と若者の自殺願望や自殺行為とのあいだにあるメカニズムを明らかにすることができるかもしれない」としている。すなわち、実験室の動物に関する研究が、若者における抗うつ剤と自殺願望とのあいだに見られるような関係性を理解するのに役立つということだ。著者らが指標と考える、実験室の動物がもつこれらの特性と行動には、

攻撃性、強迫性、怒りっぽさ、絶望、無力感などが含まれる。(9)

これらの研究はある意味で、ローダー・リンゼイ、チャールズ・ダーウィン、ジョージ・ロマネス、その他、人間と他の動物の情緒経験のあいだにシンプルな連続性を見るヴィクトリア朝時代の自然科学者の研究に対する二十一世紀における賛同のようなものだ。動物の怒りっぽさやげっ歯類の絶望に左右される現代の調査が示唆しているのは、NIHのような定評ある機関の少なくとも一部の研究者は、自傷行為を連続して展開するものとして見ているということだ。意図的な自殺が一点にあり、自分を噛んだり切ったりといった命にかかわることが少ない行動が他にある連続体にそって展開している。わたしたち人間が熟考したり計画したりすることがどれほど独自のものであろうと、どうやら自己破壊性は人間の専売特許ではないらしい。

西洋の精神医学、心理学、精神衛生科学に関する限り、自分を故意に殺すという行為は、人間には存在することは知っていても、他の動物にもあることは証明できないという特別なかたちの自意識を暗に含んでいる。それでもチャーリーは、彼女自身の方法でそれに気づいていたのかもしれない。とはいえ、木から落ちることが命の終わりを意味することを彼女が理解していたかどうかについては言うまでもなく、彼女が〝どの程度〟気づいていたかについては謎に包まれたままだ。このように未知の部分がまだあるとはいえ、チャーリーが自分の存在をあまりに耐え難いと感じ、これ以上生き延びることを考えるくらいなら、何か自己破壊的な行動と認知の飛躍を試みたほうがよいと思ったということは考えられる。

ベアトリス・レイエス＝フォスターは、セントラルフロリダ大学の人類学部教授で、社会文化人類学の博士号を取得している。カリフォルニア大学バークレー校の大学院生だったころ、彼女はメキシコのユカタン半島にあるマヤ族のコミュニティにおける自殺予防対策について研究していた。その後、公立精神病院の短期治療病棟で過ごし、マヤ族の患者が精神科医とどのように意思疎通を図っているかを観察した。

わたしがベアトリスと会ったのは、それまで参加したなかで最も陰気な気分にさせられたある会議だった。マックスプランク社会人類学研究所の、自殺とその作用に関するワークショップは、チョコレート工場で有名な生活感のあるドイツの都市ハレで、暗く、ひどく寒い十一月の末に開催された。驚いたことに、ベアトリスとそのワークショップに出席していた自殺を専門に研究する人類学者のほとんどは、自分たちが選んだ研究トピックについて目を輝かせ、ユーモアたっぷりで、控えめに悔やんでいた。ある午後、ベアトリスはわたしを呼び寄せ、こう言った。あなたが動物の自殺に興味をもっていると聞いて、ユカタン半島でのことを思いだしました、と。

マヤ族の家族のほとんどは、鶏と七面鳥とイヌを飼っている。比較的裕福な家庭は、その他にブタやウシ、アヒルやガチョウ、ハトなど、多かれ少なかれ役に立たないと思われている鳥を飼っている場合もある（「どういうわけか、ユカタンの人々はこうした家禽類を食べたがらない」）。マヤ族の大多数が貧困状態で暮らしているため、自分たちが飼っている鶏や七面鳥やイヌを、お金を払ってまで獣医に連れていくという話は実質上聞いたことがない。こうした動物が病気になり、食べなくなったり、無気力・無関心になったりすると、人々はこう言うのだ。「きっと悲しくなってしまった」のだろう、と。ある生き物の死が差し迫っているとき、その動物は「生きることに」「絶望したのだ」と語る家族の話を、ベアトリスは聞くともなく聞いていた。「そういうのを目の当たりにすると、人生とは、結局は疲れ果てるだけの葛藤に過ぎないのではないかと思えてきます」とベアトリスは言う。「死はありふれたことであり、ネグレクトや虐待の結果ではないと理解されています。動物が悲しくなり、希望を失ったら、ただそのときが来たのだと人々は単純に考えるだけです」

時折、同じようなことがマヤ族の人間のあいだにも起こる。ベアトリスは、かつて自分が働いていたユカタン半島中心部の小さな村に住む年老いた男性の話に触れた。トーマス叔父さんと家族に呼ばれていたこの男は、七〇代後半に脳卒中を患い、全身麻痺に苛まれ、とうもろこし畑の仕事をすることも、そこに出向くこともできなくなった。もう自分は使いものにならないと他の人にもらしていたという。ある日、自らの手で首を絞めて自殺を試みたが、そこまでの力を込めることができなかった。「トーマス叔父さんの家族は、悲しみとともにこの事態を受けとめました」とベアトリスは語る。「でも、彼の行為に歩み寄るための特別な救済策は何もなかったのです」。実際、再び自殺を試みることのないように対策は取ったが、あるときから彼は食べものを拒みはじめた。最初、家族はなんとか説得して食べさせようとした。それでもトーマス叔父さんの意志が固いこと、そして出された食事を絶対に口にしようとしないことがわかったとき、家族は無理強いするのをやめた。

「わたしよりもっと批判的な人なら、この事態を、役に立たなくなった老人の扱いに関する、ぞっとするような実例だと捉えるかもしれません」とベアトリスは言う。「でもそうした見方には、どんな犠牲を払っても命は守るべきものだという非常に現代的な考えかたが反映されているのです。トーマス叔父さんの人生は、よくなることはないでしょう。それは、人間に飼われている動物の一生がよくならないのとまったく同じことです。人はその生に本来備わる厳しさに気づくことができます。だからこそ、そのときが来れば（*ya nos llegó la hora*）、わたしたちはみな悲しくなったり（*triste*）、生きる希望（*ganas de vivir*）を失ったりするのだとわたしは思います。わたしたちはみな死ぬときが来るのであって、この種の死だけが自然死と呼べるものなのです」

だれもがトーマス叔父さんのように、死に対して明確なモチベーションをもっているとは限らない。突然の死はよりいっそう人を混乱させる。米国自殺学会によると、遺書をのこして死ぬ人は五、六人にひとりしかいないという。[10] 友人、家族、精神衛生の専門家は、たとえそれが故意の行為だったとしても、なぜそのようなことをしたのかと首をかしげる。「車で木に突っ込んだ彼は事故だったのか？」「彼女は景色を眺めているうちに、足を滑らせたのか、それとも自ら飛び込んだのか？」「誤って薬を飲みすぎてしまったのか、それとも自ら望んでそうしたのか？」

トーマス叔父さんのような説得力のあるおとなが薬物治療を拒んだり、食べることを拒否したりするとき、それは非常にゆっくりとではあるが自殺に向かっているといえる。高所から飛び降りたり、車の往来に飛び込んだりといった、ともするともっと強迫的な行動をとる人は、その衝撃が致命的なものになるかどうか、はっきりとは計算していないかもしれない。こうした男性や女性は死のうとしているのか、それともオリバーに少し似ていて、パニックに襲われ、とにかく何かをやることでその辛さから抜けだそうとしたのだろうか？　数多くの人間の死は不可解な謎に包まれているため、わたしは人間以外の動物も自殺をするということをここで証明しようとは思わない。そうではなく、ある種の生き物は、疑わしきは罰せず、つまりどんなに疑わしくても信じてあげるべきだ、ということが言いたいのだ。

法廷のウマ、自分に毒針を刺すサソリ

二〇一〇年、科学と医薬の歴史を研究するふたりのイギリス人、エドマンド・ラムスデンとダンカン・ウィルソンが、過去における動物の自殺現象を解明しようという説得力のある調査を発表した。その論文「自殺の本質――科学と自己破壊的動物」は、動物は自殺することができるのかどうかについて著者らがまったく特定していないにも関わらず、おおいに注目を浴びた。[11] そのかわりに彼らが論じているのは、歴史上語られてきた動物の自殺の話は、自己破壊へ向かう一般的な人間の考えかたを反映しているということだ。

「科学者や社会集団は、動物の自殺を利用することで自己破壊的行動を理解、定義し、人間と自然界との関係を補ったり、非難したり、それらの問題に取り組んだりしてきた」と彼らは書いている。[12] つまり、動物の自殺に関する説明が、科学者や博物学者、一般大衆に対して、人間について一切語ることなく、人間の自己破壊の概念と、人間性と自然との関係性に関する考え方を反映する手段を与えたということだ。動物の傷心やホームシックの場合でも見てきたように、たとえ彼らの行為が無意識のものであったとしても、動物の自殺について書いたり考えたりすることが、人間に自らの苦悩を熟慮するひとつの方法を与えたのである。

ヴィクトリア朝時代は、この種の疑問について考える上で非常に興味深い時代だった。[13] ロマン主義的

な自己滅却やスキャンダルといったものが増加の一途を辿っていた時代だ。自殺は不安と不名誉の源泉だった。イギリスでは、自殺をした人の家族は、その証拠をなんとしても隠そうとした。[14] というのも、自殺は違法であるばかりか不道徳なものとも考えられていたからだ。そうした「有罪判決を下された人々」の財産は国王に返還され、彼らの遺体は教会の墓地に埋めることを禁じられた。

この自殺は他の種にも拡がった。一八七九年、ウィリアム・ローダー・リンゼイは著書『下等動物の心』（*Mind in the Lower Animals*）のすべての章をこのトピックに捧げている。[15] 動物には自殺をする九つの正当な理由がある、と彼は考える。つまり、老齢、傷心、肉体的な痛み、精神的肉体的病気の組み合わせ、絶望、捕獲によるフラストレーション、メランコリー、人間による残酷な行為、そして（たいていは親が子どもたちのためにおこなう）自己犠牲だ。彼は、イヌ、ウマ、ラバ、ロバ、ラクダ、ラマ、サル、アザラシ、シカ、サソリ、クモ、コウノトリ、雄鶏、キャンバスブラックダックなど十六種類の動物のなかで、自殺と考えられる二十以上の事例を収集した。リンゼイの研究は、自殺に対するヴィクトリア朝時代の考えかたの大きな変化を反映しており、これは道徳的問題だけでなく医学的問題にまで発展していった。[16]

とはいえ、ヴィクトリア朝時代のすべての動物学者が、自己破壊的動物という考えかたに夢中になっていたわけではない。最も有名なところでは、一八八一年にコンウィ・ロイド・モーガンが、少なくともイギリスの科学学会の内部で、動物の自殺は疑わしいという意見を述べた。モーガンは、火に囲まれたときにサソリが実際に自殺をするかどうか実験をおこなうことにした。彼は「少しでも自殺傾向を見せたサソリをおびきだし、自己破壊的行動に慰めを見いだすよう仕向けるという、じゅうぶんに残忍といえる」一連の実験を考案した。[17] サソリを瓶のなかで熱し、酸で焼き、電気ショックを与え、「不安を誘発させながら執拗に苦しめる過程」に晒した。そして、毒をもつ自らの尾を背中に打ちつけるサソリの姿を実際に見たのだが、彼はこの行為を刺激と炎症を取りのぞくための本能的な方法だと説明し、さもなければ「観察になれていない」と考える人たちを非難した。

動物の自殺という考えかたに反証をあげようとするモーガンの奮闘は、主にリンゼイやジョージ・ロマネスといった、動物は知性と理性をもつことができると考えていた進化生物学者の研究への反論だった。ダーウィンの友人で進化論の忠実な支持者であり、〝比較心理学〟という用語を最初に使用したロマネスは、動物の心に関する研究のなかでダーウィンとリンゼイの両者について触れた。モーガンのサソリの実験から二年後、ロマネスは『動物の精神的進化』(*Mental Evolution in Animals*)と題する本を出版し、ここにダーウィンが生前に記した本能に関する論文をおさめた。[18] 想像力に関する別の章には、「よく知られているキツネの小賢しさや、猟犬をかわすオオカミ」など、動物の知性と創造力のさまざまな事例が網羅されており、動物の夢や妄想といったトピックについてリンゼイを引き合いに出している。眠っているあいだにピクピク動いたり、ギャーギャー鳴いたり、いないいたり、走ったりといった、ウマや鳥、猟犬やゾウに見られるこうした無意識のとっぴな行為は、ロマネスにとって想像力の証だった。つまり、眠っているあいだに前足がピクンとしたり、鼻がぴくぴく動いたりする猟犬は、猟をしているところを〝想像している〟と彼は考えたのだ。また、彼が「不完全な本能」とか「本能の異常」と呼ぶもの、すなわち人間以外の動物に奇妙な行動を引き起こす、ある種の精神的欠陥についても論じている。たとえば、ガラス瓶に強い興味を抱き、この瓶に求愛行為を行うハトなどだ。リンゼイやダーウィンと同じく、ロマネスにとって狂気は「動物のあいだでは珍しいことではなかった」のだ。[19]

その一方で自殺を罪とする考えかたは、自殺はある種の病気であり、人間の生活条件によってもたらされる可能性があるとする概念に道を譲った。[20] 一八九〇年代末になると、イタリアの精神科医エンリコ・モルセリは、自殺は無意識によっても引き起こされることがあると主張した。彼は一八七九年に出版された『自殺――比較道徳統計について』(*Suicide: An Essay on Comparative Moral Statistics*)に、自殺をする人々の動機には本人でさえ気づいていない「秘密の原因」がある、と書いている。[21]

一八九七年、動物の自殺という問題は、学術的探求の中心からさらに拡大して解釈されるようになった。この年、エミール・デュルケームは、そのランドマークともなる著書『自殺論』(*Suicide: A Study in Sociology*)を出版し、当時の自殺統計をベースに、自殺は個人の内面に起こる混乱の結果というよりも社会問題の結果であると主張した。[22] このテーマについて独自の研究はしなかったものの、デュルケームは自らに毒針を刺すサソリから、絶望して食べることを拒否するイヌに至るまで、過去に報告された動物の自殺のケースには、いずれもじゅうぶんな意図や事前の考慮といったエビデンスが含まれていないと論じている。つまり、サソリは自分の尾をライフルとして使ったのではなく、イヌは絞首刑のつもりで飢餓を利用したのではないということだ。

まさに同じ年、雑誌『精神』に投稿した記事のなかで、精神科医のヘンリー・モーズレイは、我が子が溺れ死んだ後、木の枝の股の部分で首吊り自殺をしたとされるネコを例にとったリンゼイを、動物の自殺研究の擬人化された論拠の犠牲者だとして批判した。[23]

一九〇三年、モーガンは、その後「モーガンの公準」として知られるようになるもののなかで、動物の精神的能力における自らの初期の立場を繰り返し表明した。[24]それはおそらく、現代史のなかで最も有名な擬人化への警告であり、一九三〇年代までに、動物の行動を広く無意識的プロセスの機能として捉えていた徹底的行動主義者に強い影響を与えた。「オッカムの剃刀」に少しひねりを入れるかたちで、モーガンは次のように書いている。「動物の行動が心理学的進化や発達の尺度において低次の心的過程として説明できる場合は高次の心的過程として説明すべきではない」。[25]彼は動物の自殺に特定して言及したわけではなかったが、ともすると本能では説明のつかないような行動能力が、人間以外の動物にもあるという考えを拒絶したのだ。

行動学および心理学の研究者のあいだで、動物の自殺への懐疑が次第に高まっていったにも関わらず、世紀の変わり目のイギリスやアメリカは、これまでになく自己破壊的な動物のストーリーを求めていた。モーガンやデュルケーム、モーズレイが動物の自殺を否定する以前も、その間も、そしてそれ以降も、動物の自殺に関する記述は国内の新聞や大衆本（フィクションもノンフィクションも）に掲載された。実際、この状況は二十世紀に入るまで続いた。[26]

一八八一年に『ニューヨークサン』に発表されたある初期の記事は、こうしたストーリーのなかでも典型的なものと言える。[27]これは、アリ、サソリ、クモ、ヘビ、雄ブタ、イヌ、ヒトデの自殺衝動を研究した長文の調査論文で、ヒトデに限っては、捕獲されるとただちに自分の手足を切り落として自殺すると書かれている。著者は、ほとんどの動物の自殺は、捕獲と痛みを回避したいという願望に辿ることができると論じている。これらの話は、社会的に適切とされる死にかた、自己犠牲に関する道徳的教訓、適切な性役割、そして捕獲と監禁の倫理に関する人間の意見を反映していた。それらはまた、ほとんど常に、それを見守る人間にもわかるようなかたちで複雑な動物の行動を説明しようとする努力でもあった。

ライオンのレックスは、こうした不可解な生き物の一例だった。リングリングブラザーズサーカスの一員だったレックスは、一九〇一年、首のチェーンが絡まって窒息した状態で檻の側面にぶら下がっているところを発見された。飼育員によると、これは若いオスとの激しい闘争に負けたことが原因となった自殺だという。「ライオンは上流階級の貴婦人と同じくらいうぬぼれが強いのです。だれよりも先に殴りかかられ、地面に叩きつけられるということは、長いあいだボスの座にいた彼にとっては傷心以外の何ものでもありません。わたしはできる限りのものを彼に与え、思いきり撫でてあげましたが、どれも役には立ちませんでした。かつてのように自信満々に顔を上げることも、もはやなくなりました。檻の奥のほうを、ただうなだれてとぼとぼ歩き、ついにある日、自殺したのです[28]」

世紀の変わり目に、イギリスとアメリカの両国で最もよく報告されていた動物の自殺はイヌとウマだった[29]。動物のなかでもイヌは、人間といちばん関係が深いという憧れの地位をめぐって霊長類と闘ってきた[30]。また、イヌとウマは観察するのが最も簡単であり、それに加えて彼らの幸福を守ることへの人々の関心も高まっていた。十九世紀末から二十世紀初頭にかけて、RSPCA（英国動物虐待防止協会）をはじめとする団体は、より人間味のある動物の取り扱いを擁護する闘いに信ぴょう性を持たせることができるとの理由で、自己を犠牲にするイヌのストーリーを社会に広めた[31]。ウマに関しては、有名な博物学者の作家が、しばしば彼らを気高い動物として特徴づけ、ときに人間より気高いとし、自分が背中に載せる御者と同じような情緒的問題に彼らも苦しんでいるということが、それほど的外れなことではないように見せかけようとした[32]。

一九〇五年二月、南ワシントン州の最高裁は、一頭のウマが自殺をしたという判決を下した[33]。地元でウマの世話を請け負う厩舎から借りてきたこのウマは、泥道で馬車を引いていたときにぬかるみにはまってしまった。御者の話では、最初はなんとかそこから救いだそうとしたのだが、ウマはその手を阻もうとしたというのだ。御者は助けを求めてその場を離れたが、彼がどこかに行っているあいだに道が洪水状態となり、ウマは溺死した。このウマの所有者は御者を訴え、管理責任を問うたが、「過去にもこのウマは、生きることに何の興味ももっていないように見えた」ということを法廷で認めた。法廷はその後、本件は「動物の自殺を代表する明白な事例だ」という裁定を下し、ウマの所有者は訴訟に敗れた。他にも、ウマが走っているバスの前に故意に飛びだしたり、鉄橋から身を投げようとしたりしたことが報告されている[34]。

こうした話はたしかに、自己犠牲に関する道徳的教訓、男らしさ（少なくともレックスの場合）、捕獲と監禁の倫理、そして受けいれることのできる死にかたなどに関する意見を反映している。しかしそれらはまた、それを見る人によってどれほど歪められ、フィルターがかけられようとも、動物の実際の行動の記録でもあるのだ。動物の死にはたいていひとつの原因があるため、こうしたストーリーは自殺したイヌやウマ、ライオンに、ある種の合理性を与えてもいる。動物の自殺を否定する者たちの精一杯の努力にも関わらず、人々はそれでも自己破壊的動物と自分を同一視することをやめなかったのだ。

自殺したフリッパー

歯に絹を着せないもの言いの元イルカトレーナーで、のちに動物愛護者となったリック・オバリーは、一九七〇年代以降、イルカも自殺をすると主張してきた[35]。動物愛護団体のなかでも意見を二分する彼は、日本の太地町のイルカ漁について記録したアカデミー賞受賞のドキュメンタリー映画『ザ・コーヴ』の被写体にもなった人物だ。かつては抗議のために、イルカ殺しの映像を映しだすテレビモニターを胸につけ、国際捕鯨委員会の会議に出席した。パフォーマンス、実験、アメリカ海軍などに使用される捕獲イルカを逃そうと試みたことで、投獄されたこともある。

オバリーはまた、シーワールドなどのアミューズメントパークでの現代的なイルカやクジラのショーについても、少なくとも責任の一端を負っている。こうした場所では、奇妙な水しぶきのアニメーションを映しだす陳腐なジャンボトロンの巨大なスクリーンの前で、クジラ類が尾で立ってダンスをしたり、身をよじらせたり、合図でキーキー鳴いてみたり、大音量のポップミュージックに合わせて水上スキーのようにトレーナーを引っ張ったりしている。オバリーはアメリカで初めて人々の賞賛を受けたイルカトレーナーのひとりだった。一九六〇年代には、三年連続で放映された人気テレビ番組に登場する〝フリッパー〟役を演じるイルカのトレーニングも担当した。この番組はその後二十年間、十カ国を超える国々で繰り返し放送されている。オバリーは撮影中も、番組内に登場する家に住んでおり、イルカたちは人工のラグーンの隅で飼われていた。まもなくしてフリッパーは世界一有名なイルカになり、〝クリネックス〟がティッシュを表すように、フリッパーといえばイルカそのものを指す代名詞にもなった。

しかしフリッパーは一頭だけではなかった。著書『イルカの微笑みの向こう側に』（*Behind the Dolphin Smile*）のなかで、フリッパー役は訓練を受けた五頭のイルカが交代で演じていた、とオバリーは書いている。[36] フリッパーは幻想であると同時に、勧善懲悪のハッピーエンドというストーリーラインに代表される一九五〇年代、六〇年代のファミリー向けエンターテインメントの具現化でもあった。最も数多くフリッパー役を演じたのはキャシーという名のメスで、オバリーとは特に仲良しだった。

番組が始まった最初の数年は、オバリーはキャシーや他のイルカの福利と幸福について何の疑念も抱いていなかった。有名になり、銀行の残高が増えていく毎日を彼は享受していた。また、野生イルカの収集を目的に捕獲探検を開始し、フリッパーの人気と同時に世界じゅうに建設された新しいイルカショーの施設に、捕獲したイルカを売ったりもしていた。[37]「当時、わたしはおそらく世界でいちばん高給取りの動物トレーナーだったと思います……毎年新しいポルシェを手にするとき、自己満足に自分を溺れさせるのはいとも簡単なことでした……完全に感覚が狂っていたわたしは、自分がどうあるべきかということを長いあいだ考えずに過ごしていたのです」

オバリーにとってすべてが変わったのは、番組が打ち切りとなった直後、キャシーを飼っていたマイアミ水族館からかかってきた一本の電話がきっかけだった。[38] キャシーの調子が悪いという連絡だった。毎日のスケジュールが変わり、世話をするスタッフも変わった。またキャシーはスチール製の水槽にひとりきりで、知り合いのイルカとも離れて生活をしていた。オバリーがキャシーに会いに水族館へ来たとき、水槽は太陽の光を遮るために黒いブリスターで覆われていた（彼女は水槽の上のほうに、無気力に浮かんでいた）。[39] やっとのことで息をし、とても弱っているように見えた。オバリーは服を着たまま水に飛び込んだ。キャシーは彼の腕のなかまで泳いできて、息を止め、そのまま死んだという。「キャシーは自殺したんです」とオバリーは言う。[40]「イルカやクジラは自発呼吸ではありません。どんなときも意識的に息を吸い込んでいるのです。だから、自分の好きなときに息を止めることもできる。そうやってキャシーは死んだのです。次の息を吸わないことを選んだのです。これは自殺、つまりスチール製の水槽のなかで自ら窒息死を誘引したと言わざるを得ないでしょう。この一件でわたしは変わりました」

キャシーは一九七〇年四月二十二日に死んだ。その日はまさに第一回アースデーで、二千万人の人々がアメリカ全土でデモ集会をおこなっていた。[41]その多くが抗議のためにガスマスクをつけ、ブルーのペンと絵の具で大急ぎで描いたと見られる自作の「プラネットアース」のポスターを掲げていた。一週間後、この新しい環境運動の高まりとキャシーとの胸を締めつけられるような経験に触発され、バハマにいたオバリーは、マイアミ海岸沖で自らが捕獲し、のちにビミニのラーナー海洋研究所に売った一頭のイルカを逃すため、囲いの鉄線を切断しようとした。[42]イルカは、彼が囲いの側面にくり抜いた穴から逃げようとはしなかった。オバリーは逮捕され、連行されたが、それでも諦めなかった。

キャシーの死が自殺だったかどうかはだれにもわからない。しかし彼女の死を目の当たりにしたトラウマは、オバリーの人生を変えた。現在、彼は一台もポルシェを所有していない。そして過去四十年間、他のマリンパークや水族館でキャシーのような死を未然に防ぐことができればと願い、自分がきっかけをつくったまさにそのビジネスの撲滅に身を捧げているという。オバリーのストーリーにはわたしも胸を打たれたが、クジラやイルカといっしょに働く他の人々も、イルカが故意に自分を溺れさせることができると思っているのかどうか気になった。わたしは、当時米国動物愛護協会の海洋哺乳類主任科学者を務めていたナオミ・ローズと連絡をとった。彼女はブリティッシュコロンビア大学でオスのシャチの社会動学研究で博士号を取得し、国際捕鯨委員会科学委員会のメンバーであり、海洋哺乳類の健康と捕鯨の影響、環境的変化などを評価する国内外のさまざまな委員会の活動をおこなっている。

ローズは、捕獲されたクジラやイルカの自殺はあり得ることだと考え、パターンスイミングや水槽の壁に頭を打ちつけるといった、彼らがおこなう他の一連の自傷行為のひとつとして自殺を位置づけている。キャシーの死は自殺だと思うかと彼女に尋ねたところ、それはじゅうぶんあり得ると言った[43]。そして、わたしがこれまで考えたこともなかったことを話してくれた。捕獲された状態でわたしたちが見ているイルカやクジラは、おそらく精神的に最も強い部類なのだ、と。そして生き残っているのは彼らだけなのだ、ということも。

「ステネラ（学名 *Stenella coeruleoalba*、またはスジイルカ）など、外洋種全般がその良い例です[44]。彼らは何千匹もがひとつのグループになって生きています。彼らを捕まえて水槽に入れることはできますが、ある朝やってくると、全員が死んで浮いていたりするのです。ゴンドウクジラも同じです。生きても一年か二年で死んでしまいます。シーワールドで二十年生きたゴンドウクジラのバブルズは、ほんとうにまれなケースでした。ふだん水族館やマリンパークで見る動物――バンドウイルカ、シャチ、シロイルカなどは、回復力のある種類です。彼らは捕獲に耐えます」。ローズは、こうしたたくましい生き物でさえ、ときに生きることを簡単に諦めてしまうことがあると確信している。たとえば、ひどいうつ状態に見舞われ、食べることを拒否したり、他の動物と関わることを避けたりして、ゆっくりと自分を死に追いやっていくのだ。

次々と転移していく腫瘍の治療法を探すこともせず、意気消沈したまま死んでいったある男性の死亡証明書には、死因はガンと書かれていたが、実際にその裏にあった原因は、身体を衰弱させるほどの抑うつ症だった可能性がある。先に述べたように、人間の自殺には食べることをやめたり、薬を飲まなかったり、不安になるような腫瘍を医者に診てもらわなかったりといった消極的態度から、自分を銃で撃ったり、超高層ビルや橋から身を投げたりといった積極的意思による死まで、ある一定範囲の行動が含まれる。その方法と時間枠がそれぞれ異なるのと同じように、動機や正当性、説明も異なる。人間以外の動物にも、彼ら自身の自己破壊の連続性がある。自分に致命的な傷を負わせるには道具が足りないかもしれないし、自らの生涯を終える計画を練るには、人間のように洗練された認識能力に欠けるかもしれないが、自分を傷つけることは動物にもできるし、実際にそうしている場合もある。そしてときに、彼らはほんとうに死んでしまうのだ。

ある動物の行動が、恐ろしい不可避の生活状況に関わっているように見えるとき、また自己犠牲を彷彿とさせるとき、さらには二十世紀の変わり目の事例でも見たように、それが支配的な社会的価値を補強するような方法で作用するとき、人はそれを自殺行為とみなす傾向がある。しかし、人間以外の動物の行動が不可解なまでに非論理的に見え、それを説明する科学的コンセンサスが存在しないときにも、自殺ではないかという感情が呼び起こされることがある。こうした自殺のストーリーが頂点に達したのは、個々の動物の自殺に関するそれぞれの新聞報道やイルカのキャシーのような話ではなく、自分たちのからだを、折り重なるように世界じゅうの海岸に打ちあげようとするイルカやクジラを、人間が繰り返し観察するようになってからのことだった。

第一回アースデーの日にキャシーが死んだという事実は、最初は偶然の一致に思えたが、実はそうではなかったのかもしれない。二十世紀、二十一世紀に自殺したとされる他の動物の報告は、自己破壊へ向かう社会的態度を反映しているだけでなく、環境的毒素と精神疾患との関係性、海軍水中音波探知機の使用が海洋哺乳類に与えた思いがけない結果、そして地球温暖化の未だ計り知れない影響といった報告に端を発するさまざまなかたちの不安の反映でもある。

座礁事件――二頭以上の海洋動物が生きたまま海岸に打ちあげられること――は古代から言及され、絵画や写真、新聞記事、もっと最近ではユーチューブの動画にも記録されてきた(45)。一五七七年以降のフランドル派の彫刻画には、砂浜に打ちあげられ、さまざまな段階の瀕死状態にある三頭の巨大なマッコウクジラが描かれている。その口は開かれ、苦しみに身悶えしているように見える。打ちあげられたクジラよりもっと多くのクジラが、波の向こうから海岸に向かって泳いできて、潮を吹きながら近づいてくる。海岸の岩には、これを見守る少数の人々の姿、そして遠くには何隻かの背の高い船が描かれている。その二十年後、オランダで起きた座礁事件の絵画には、家ほどの大きさの打ちあげられたクジラが、エリザベス朝時代のひだ襟のついたドレスを着た婦人たちと、タイツを履いた男性たち、そして興味津々のイヌと、ウマの背中の上から心配そうに眺める貴族に取り囲まれているようすが表現されている。座礁に関する科学的統計がはじまったのはもっと後になってからで、十九世紀後半のことだ(46)。

一九三〇年代から、アメリカの大衆メディアでは、比較的頻繁に人間とクジラ類の自殺の比較がなされていた。[47] 一九三七年に『ニューヨークタイムズ』の記者が「自殺するクジラの謎」（〝Enigma of Suicidal Whales〟）と題して書いた記事では、南アフリカの五十頭ものオキゴンドウクジラがなぜ自ら座礁しようとしたのか、その真相を暴こうとしている。[48] その十年後には、四十四頭のクジラが荒れた海から滑るように泳いできて、「自らを故意に海岸に打ちあげた……明らかに集団自殺だった」と記されている。[49] そしてここでも『ニューヨークタイムズ』は自殺に触れて、次のように書いている。「過去にも数回、クジラが説明のつかない〝ハラキリ〟の方法でフロリダの海岸沖に座礁したことがある」。こうした報告にある自殺したとされるクジラは、自己破壊的であるばかりか、記者やその読者に日本の兵隊を思い起こさせもしたのだ。

一九五〇年にスコットランドで起きた特に大規模といえる集団座礁は、その死があまりに計画的に見えたため、目撃者に自殺ではないかという感情を起こさせた。[50] 近くで見物していた人によると、二百七十四頭のゴンドウクジラが自らを海岸に押しあげ、そのすべてのクジラが「浅い水のなかにそびえ立つ巨大な岩のように重なり合った……巨大な黒い肌の哺乳動物が命からがら喘ぎながら、尾を激しく地面に打ちつけ、得体の知れない叫び声をあげていた」という。漁師たちが懸命に沖に押し返そうとするにも関わらず、一メートル八十センチもある十頭以上のクジラの子どもがおとなのそばに近づこうと、海岸に戻ってきて動かない。「子どものイルカは〝魚雷のように〟、荒波にもまれても何度でも戻ってきた」と見物人は語る。イルカの甲高い叫び声は、陸にいるおとなのイルカの低いうめき声に応えているようだった。ロンドンの自然史博物館から来た代表は、ゴンドウクジラは「仲間思い」なので、おそらく小群のリーダーが誤って座礁したために、ほかのみんなが盲目的についてきてしまったのだろうと言い、クジラ類の自殺という概念を退けようとした。

時が経ち、クジラ学者は次第にイルカとクジラの自殺の報告に疑念を交えた反応をするようになり、これらの死は何かわけのわからないものを原因とすべきだと主張した。[51] たとえば一九七三年、南カリフォルニアのチャールストン近郊で二十四頭のゴンドウクジラが座礁したとき、スミソニアン博物館の科学者が検死に駆けつけた。[52] この施設の哺乳類キュレーターは記者にこう語った。「自殺は理論としては考えられますが、現時点ではいずれにせよ何の証拠もありません」。海洋哺乳類の科学者のあいだでの唯一のコンセンサスは、コンセンサスが何ひとつないということだった。

科学者以外の人々は、それほど懐疑的ではなかった。イルカとクジラの集団自殺の報告は、一九六〇年代から七〇年代になってもアメリカの新聞を賑わせつづけ、報告される座礁の件数も増え、より一般的なトレンドの一部になっていった。[53] 自殺するクジラ類というストーリーを一般大衆が受け入れたのは、少なくとも一部では、人間以外の動物は保護する価値のあるものだという確信が広まってきたからかもしれない。[54] 一九六〇年代中頃から「クジラを救おう」(″Save the Whale〟)キャンペーンや、有名なクジラの唄のレコーディング、現代の捕鯨の批判的な報道などを通じた新たな環境運動のなかで、常に笑っているクジラとイルカの姿が描かれるようになった。歴史学者のエティエンヌ・ベンソンが言っているように、これらの広く普及した動物キャンペーンは、展示用に捕獲される野生動物から海洋哺乳類保護法の制定(一九七二年)、クジラ学でいまなお利用されている追跡方法や追跡装置の配置に至るまで、イルカとクジラの捕獲に関する議論に影響を与えた。[55] 共感できる導き手としてこうした動物が果たしてきた役割——おそらく人間との親密な関係がより共感に値するものにし、一見、自分を殺す能力を備えているように思わせる十九世紀末のイヌやウマと似ているかもしれない——が、実際に自分を殺したかどうかに関わらず、クジラ類の自殺の報告をよりいっそうもっともらしいものにしたのかもしれない。

それからほぼ四十年たったいまも、座礁の理由をとりまく疑念と困惑は、完全には消え去っていない。(56) その潜在的原因として挙げられるのが、軍用水中音波探知機による海の騒音、油による汚染、大型船の通行、動物の健康と行動に影響を与える汚染物質、気候の大きな変化とそれに伴う風や海流、海上温度の変化、疾患や病気、また動物を陸に向かわせたり浅瀬に引っかけてしまったりする地形などだ。ここに挙げたストレス要因は、クジラ類の社会性、文化、人間と似た性質、そしてコミュニケーション能力に関する最近の研究と結びついて、これまでで最もパワフルな説明となっているかもしれない。(57) 一説では、座礁は真に強い社会的絆が前提となっており、この絆が、本来であれば健康な動物にも、海の騒音や汚染、病気その他による被害を受けた群れのメンバーや社会的集団といっしょに座礁するよう促している可能性があるとされている。(58)

動物自殺会議なるものが存在するとすれば、おそらくそれは、年に一度開催されるハワイアンモンクアザラシおよびクジラ類救急会議のことだろう。参加者のほとんどが無償のボランティアで、アメリカの太平洋や大西洋沖、アラスカやハワイの島々など、座礁で有名な地域の近郊に住む人々だ。(59) 彼らは電話連絡網でボランティアと連絡を取りあい、どんなに夜遅くても海岸に駆けつけたり、ランチタイムに正規の仕事を抜けだしたりして、奇妙な行動をするアザラシやイルカ、クジラの調査に出かける。海洋生物保護区や米国海洋大気庁、米海洋大気圏局、沿岸警備隊、ハワイ大学などで働いている救助隊には賃金が支払われているが、ほとんどの人が無償だ。これらの男性や女性は何時間も海岸で過ごし、濡れたタオルやバケツを利用して、また子ども用のプールで泳がせたりして、座礁したイルカを冷やしたり、水分を補給したりしている。さらに、杭やテープで保護境界線を張ったり、ぐったりと横たわっているモンクアザラシの横に立ち、次から次へと海岸を訪れる人々に「少しだけ下がってください」とか「小声で話してください」などと声をかけたりしている。

海の哺乳動物も自殺することがあるのか確かめようと、わたしは二〇一〇年にヒロで開催されたこの会議に参加した。ところが到着するや否や、ヒステリーの調査をするファミリーセラピストの現代的な会議に参加しているような気分になった。わたしが話をしたどの科学者や座礁救急隊も、〝自殺〟という言葉を聞きたがらなかった。彼らにとってその言葉は、温かいアザラシの屍体よりもっといやなにおいを放つ、擬人化というものの強烈な悪臭だったのだ。わたしは参加者――そのほとんどが真っ黒に日焼けした顔と腕にクジラやイルカのTシャツを着て、アウトドア用のサンダルを履いている――のひとりに、座礁した海洋哺乳動物は自殺しようとしていたと思うかどうか尋ねた。ほとんどの人が、MITの博士課程の学生であることを示すわたしの身分証明書をけげんそうに見つめながら首をかしげ、救急隊はそのままその場から立ち去ってしまった。

それでも懲りずにそこにいて、ニール・ヤングの邸宅前の岩間に引っかかったマッコウクジラの死骸について長々と説明する人の話など、さまざまなトークを数日間聞いているうちに、わたしは座礁に関するいくつかの驚くべき事実を知った。そもそも、自分が知っていると思っていたことはすべてまちがっていたのだ。座礁したクジラやイルカは、実際はふたつの恐ろしい運命のうち、よりマシなほうを選んでいる可能性があるというのだ。ある救急隊がわたしにこんな話をしてくれた。「高速道路を横切ろうとしたらバスに轢かれてしまい、なんとか自力で路肩まで這っていき、少しだけ休むことができたとする。そんなとき、だれかが通りかかって、その人にまた高速道路のまんなかまで引き戻してほしいと、あなたは思いますか？」わたしがふだん考えていたこととは反対に、座礁したイルカやクジラは絶対に海に戻すべきではない。海岸は陸という名のライフジャケットのようなもので、息ができるように彼らを持ちあげておく役目を果たしているのかもしれない。イルカやクジラは自然には浮かばないので、からだが弱っていれば海のなかに沈んでしまう危険性がある。息を吸うために自分のからだを水面まで持ちあげるのは大変な労力だからだ。どうしてもそれができないとき、彼らは溺れる。自分を海岸に打ちあげれば結局は命を落とすことになるが、沈んで酸欠になるのはもっとあっという間のことだ。疲れ果て、病み、そして傷ついたクジラ類がしばしば岩や海岸に座礁するのは、溺れ死ぬことの代償行為なのだ。最終的に回復し、海に戻っていくものもいるだろう。それでも先に述べたように、病気なのはそのうちの数頭だけかもしれないのに、イルカやクジラはときに小群となって座礁し、打ちあげられたままそこに留まるのだ。

クジラ学者のリチャード・コナーは、座礁はこうした社会的動物が、その広大な海洋環境に自分を適応させてきた方法と何らかの関係があるのではないかと主張する。これほどまでに捕獲者から身を隠せない状況のなかで進化してきた哺乳動物群は他にはいない。イルカやクジラは囲いや隠れ場に逃げ込むこともなければ、木にのぼったり穴に隠れたりもしない。危険に出くわしたら、互いの影に隠れることしかできない。これは彼らの社会的進化にも影響を与えてきたと言えるかもしれない。(60) 互いに信頼し、コミュニケーションをとり、協力しあう能力を、彼らは他の何よりも重視してきたのだ。それはまた、ともすると健康体のイルカやクジラまでもが、なぜいっしょに座礁するかということの説明にもなる。こうした健康なイルカやクジラが座礁するのは、病弱な仲間との社会的絆があまりに強いために見捨てることができないからなのだろう。これらの説明に反映されているのは、興味深い緊張関係だ。つまり、海洋哺乳類の科学者はこうした動物を感覚や知性、目的をもつものとして認める一方で、おそらくその座礁行為を自殺と断定できるほどの感覚や知性、目的はもっていないということだ。

一九九七年、アイルランドで座礁した十九頭のシロスジイルカのうち、病気だったのは一頭だけだった。[61]うっ血性の心臓欠陥やその他の病気に屈したこの病気のイルカは、群れの最年長で、しかもいちばんからだが大きかった。座礁したこれらの動物のすべてが病気だった可能性もあるが、もしそうだとすれば、その症状が目に見えるものではなかったのだ。または、クジラ学者のハル・ホワイトヘッドが示唆するように、年配の仲間への共感または連帯感のために、健康な動物もともに座礁したのかもしれない。

また、クジラやイルカは人間と同じようには自分のことを考えていない可能性もある——つまり、個としての意識・自己・肉体をもつものとしては考えていないということだ。たとえば、オキゴンドウクジラであることは彼らにとって「わたし」であることではなく、「わたしたち」であることなのかもしれない。そして、病気の仲間のそばで座礁することは、人間のように意識的な選択ではないのかもしれない。

座礁したクジラやイルカは、海で溺れるかわりに座礁を選んだ可能性があり、海のなかに強制的に引き戻すべきではないということを一般大衆にどう教育するかについて、研究者とボランティアがあれこれと話し合うのをヒロの聴衆といっしょに聞きながら、わたしはベアトリスが「生きたいという気もち」について話してくれたことを思いだしていた。プレゼンターは〝自殺〟という言葉は使っていなかったかもしれないが、イルカやクジラは座礁を〝選んでいる〟ということは認識しており、だからこそ彼らをそのままにしておくべきなのだ。これはたしかに、たとえそれが死にたいという明白な意図ではないにせよ、イルカとクジラが意図していることを認めてあげることのように思えた。

二〇一〇年のヒロの会議以来、軍用水中音波探知機の使用を座礁行為に結びつけた数多くの研究が発表されてきた。[62] その年の終わり、アメリカ海洋漁業局と米海軍は、二〇一〇年から二〇一五年のあいだに「ノースウェスト訓練海域」(カリフォルニア州と同じ広さの海域)でおこなわれた海軍活動は、海洋哺乳類に六十五万件の危害を与えることが予測されると発表した。[63] これがきっかけとなって、アースジャスティスや天然資源保護協議会などの機関を含む環境およびネイティヴ・アメリカン団体の連合は、海洋野生生物を危害から保護していないとしてアメリカ海洋漁業局を訴えた。他の同様の合法的な闘争はいまも継続中で、カリフォルニア沖でも海軍の実験から海洋哺乳類を守る努力が続けられている。[64] 二〇一三年七月に『王立協会議事録』に発表された、海洋哺乳類と人間が発する騒音に関する最新の研究は、シロナガスクジラが、それまで彼らの給餌その他の行動を妨げてきた軍用水中音波探知機から解放された結果、よりいっそう座礁する確率が高くなったと論じている。[65]

こうした研究や裁判所への提出書類、そして報道関連の記事が自殺について言及していないのは、そうする必要がないからだ。これらは、クジラ類が捕鯨に反対する自然保護キャンペーンの焦点となって以来、クジラ類の周囲で展開してきた懸念事項をめぐる対話を別のかたちで反復している。現在、騒音や気候変化がクジラ類の行動に及ぼす影響を記録しようという取り組みを活気づけているのは、自殺したクジラ類の初期の報告を補強したのと同じような数多くの動機と共感なのかもしれない。「クジラを守ろう」というスローガンは「クジラを水中音波探知機から守ろう」に変化したかもしれないが、その裏に常にあるのは、彼らに自殺願望があろうとなかろうと、「クジラを人類から守ろう」というメッセージにほかならない。

ジョージメイソン大学の海洋生物学者クリス・パーソンズは十年以上の間、クジラ類の行動について研究を続けている。フロリダ州で最近起きたゴンドウクジラの座礁事件の際、このクジラの行動をどう説明しようかと思案していた彼はこう語った。「走っている車の前を歩く人間と同じです。クジラはどうしてそんなことをしたのか？　病気だったのか？　気が動転していたのか？　それとも近づく車の音が聞こえず、見えなかったのでしょうか？(66)」おそらく彼らは死にたかったのだろう。

海上の狂った帽子屋

強い神経毒をもつ水銀が帽子製造の取引に導入されたのは十七世紀のことだった。ウサギの毛皮を、熱した硝酸第二水銀に浸して硬い外皮を柔らかくすることで、フェルトに成形する際に毛皮の層を簡単に重ね合わせることができるようになる。帽子屋は通気性の悪い室内で働き、大量の神経毒に晒されていた。十九世紀後半には、こうした労働者のあいだに水銀中毒の兆候が一般的に見られるようになったため、「帽子屋の震え」とか「帽子屋のように狂う」といった表現が日常会話に入りこむようになった。

ところが帽子屋はただ単に震えていただけではない。[67] 彼らは極端に恥ずかしがり屋で、自信がなく、極度の不安を感じていた。そして、からかわれることに対して病的な恐れを抱き、批判されると突然の怒りを爆発させる傾向があるとも言われていた。

こんにち、人間における水銀被曝の最も広く普及している源泉は、帽子製造ではなく、わたしたちが口にしている魚だ。[68] 無機水銀は環境内で自然に発生しており、火山の噴火などによって排出される。ところがその大部分は、石炭燃焼など、人間の活動によって生成される。バクテリア、菌類、植物プランクトンは、ひとたび海洋に落ちついてメチル水銀に変化すると無機水銀を摂取する。これらの微生物は、そのうち魚や他の海洋生物に消費され、その後、これらの生物のなかで消化される。水銀は、進歩した大型動物における食物連鎖の上位に向かうにつれて生物学的に拡大し、最終的にイルカやサメ、クジラなど、最も大きく、最も長命な海洋捕食動物の内部でその毒性濃度が最大に達する。

この摂取された水銀のほとんどすべてが消化管に吸収され、そこから血管に入り込み、その後からだ全体に分散される。[69] 人間や他の動物においては、水銀は血液脳関門を簡単に通過し、脳に蓄積される。また胎盤も通過してしまうため、胎児の血液、脳、身体にも蓄積される。おとなの人間では、水銀によるダメージは集中的かつやや限定的に、視覚野や小脳のニューロンの損失を招く。発育段階の脳では、ダメージはよりいっそう拡散し、破壊的となる。胎児や乳幼児が高いレベルで被曝すると、難聴、失明、脳性まひ、知能発育不全、まひ症などを引き起こす可能性がある。たとえ限られた被曝でも、学習障害、会話能力の欠如、注意力散漫など、わずかではあるが不穏な問題を引き起こす場合がある。それはまた、精神障害にもつながる。慢性的な水銀中毒は、不安症、過度の臆病、そして帽子屋まで遡る何世紀もの歴史を支えてきた『神経精神医学および臨床神経科学学会誌』に掲載された最近の記事によると、「嘲笑に対する病的な恐れ」などの原因となる可能性があるとも言われている。(70)

海洋哺乳類に対する水銀の影響は未だ詳細には調査されていないが、座礁事件のイルカやクジラ、外洋の健康なクジラ、そして港のアザラシや北極アザラシから採取した組織のサンプルについては、いくつかの研究がおこなわれている。(71) 動物自身における水銀レベルについては、クジラやイルカの肉を食べるフェロー諸島の人々の人口の調査から調べることができる。(72) 過去数年間で、毒物学者はハクジラ、アザラシ、アシカ、ホッキョクグマ——その多くが水銀に汚染された魚を食べてきた動物——の身体には高レベルの神経毒が含まれていることを示している。(73) 港のアザラシの場合、この汚染は損なわれた免疫反応とも関係がある。(74) 人間が水銀に被曝すると神経系の問題を引き起こし、そのいくつかは精神的影響をもつと考えられているため、活動家リック・オバリーが主張しているように、海洋哺乳類は彼ら独特の形態の神経系の混乱を被ることもあり、そのいくつかが座礁行為を促進する可能性がある。

水銀は、人間や他の動物の精神障害につながる唯一の環境毒素ではない。(75) これらの研究は、環境毒素と人間や他の動物の精神衛生（直接的に自殺ではないにしても）とのあいだの可能なつながりの真相を追求する、より大規模な毒物学研究の一部なのだ。

鉛、マンガン、ヒ素、有機リン系殺虫剤はすべて、人間の精神疾患の事例の増加と、実験動物の異常行動に関係があるとされてきた。(76) 人間に関するある研究によると、鉛工場の労働者は、うつ病、混乱、倦怠感、怒りといった症状の罹患率が高いという。(77) 鉛に被曝した子どもを対象にした研究は、非行や注意力欠陥の増加を示している。マンガン中毒は、拒食症、不眠症、虚弱といった結果になると考えられている。毒に晒された人間には、ひっきりなしに笑ったり泣いたりを繰り返したり、走ったり、踊ったり、歌ったり、話したりすることに強迫的衝動を感じる人が見られるとの報告もある。そして慢性的なヒ素中毒は、めまいや下痢からうつ病や偏執的誇大妄想までのすべての症状に関わっているとされてきた。

研究室のラットやマウスの実験によると、鉛、ヒ素、水銀、その他の毒性物質への曝露は、げっ歯類に病気になったり死んだりするよりも先に、奇妙な行動を起こさせるという結果が出た。(78) こうした毒素と野生生物の奇妙な行動とのあいだにある潜在的な関係性は、いっそう理解が難しい。しかし毒素ではなく、寄生虫を原因とする人間以外の生き物の自己破壊的行動については、じゅうぶんに立証されたケースがいくつか存在する。

感染する自己破壊

チェコの科学者ヤロスラフ・フレグルの疑念は、一九九〇年代初頭から始まった。自分のなかでたびたび起こる自己破壊的行動——交通量の多い道路でクラクションを鳴らす車のあいだを縫うように歩いたり、まだ政治的に不安定で危険な状態だったにも関わらず、自国の共産主義政権に対する軽蔑をためらうことなく発言したり、トルコでの研究活動中、周りで鳴り響く砲撃をものともせずに穏やかでいられたり——が、自分の個人的特徴の表れではなく感染によるものなのではないかと考えたのだ。(79) フレグルは、アリの神経系に寄生した扁虫が、そのアリを自己破壊的な性格に変え、これによって扁虫自身の再生サイクルが保証されるという博物学について記した、革新的な生物学者リチャード・ドーキンスの本を読んだばかりだった。扁虫に寄生されたアリは極端に無謀になり、敵から身を守るために地面のなかに頭を埋めるといった通常の行動とは逆に、草の葉のてっぺんにのぼり、大あごを使ってゆらゆら揺れたりする。そばを通るヒツジなどの放牧動物が、草の葉先についたアリを食べてしまう可能性は極めて高い。そしてひとたび扁虫がこうした放牧動物への侵入経路を発見したが最後、それらは再生してしまうのだ。

フレグルは、もしかしたら自分はこの無謀なアリの人間版なのかもしれないと考えるようになった。[80] 同じく巧妙な寄生虫トキソプラズマ（学名 *Toxoplasma gondii*）の研究を専門とする生物学部に参加し、自分に原虫の陽性反応が出たことを知った彼は、寄生虫のライフサイクルと、それが引き起こす可能性のある行動的影響についての研究に焦点を当てることにした。しばしばトキソ（学名 *T. Gondii*）と呼ばれるこの寄生虫は、感染したネコの糞便に入りこむ。その後、げっ歯類、ブタ、ウシ、その他の生き物が、草を食べたり食べものを漁ったりするときに、土のなかにいる寄生虫を口に入れる。トキソは動物のからだのなかで広がり、脳やからだの組織にまで拡散する。人間も寄生虫の棲処となる可能性があり、いちばん起こりうるのはネコのトイレや、動物の糞便に汚染された飲料水や食物、または感染した動物の未加工の肉を消費したときなどだ。フレグルは、アメリカ人よりも生肉をたくさん食べるフランス人は、地域によって五十五％の人がトキソに感染していることを発見した。[81] ミシガン州立大学の研究によると、アメリカ人の感染率は十〜二十％だという。しかし寄生虫はそのライフサイクルをヒトやラット、ブタやその他の生き物の内部で完了することができない。再びネコのなかに戻る経路を見つけなければならないのだ。トキソのストーリーが真に異様なものとなるのはここからだ。

フレグルは、寄生虫はそのホストとなる動物の行動様式を変え、げっ歯類をより活動的に――たとえばネコの注意を引くように――することで、ネコが寄生虫を運ぶシステムをつくりだしていることを発見した。[82] フレグルの研究をもとに、ジョアン・ウェブスターというロンドンのインペリアルカレッジの寄生虫学者は、ラットとネズミが感染すると、敵を前にしてよりいっそう大胆になるばかりでなく、実際にネコの尿のにおいに〝惹きつけられる〟ことを発見した。ウェブスターは他の寄生虫学者とともに、トキソはげっ歯類の脳のなかでドーパミン（快楽と関連がある物質だが、高レベルでは脳のダメージと統合失調症にも関連する神経伝達物質）の生成を増大させることに気づいた。感染したラットに脳でのドーパミンの受容をブロックする抗精神病薬を投与したとき、ネコに惹きつけられる度合いは低くなった。そのころスタンフォード大学では、神経科学者のロバート・サポルスキーとその研究所の博士課程修了生が、寄生虫は恐怖反応をラットの脳のなかで解体し、新しいつながりを促進するということを示すことで自己破壊的行動を説明しただけでなく、げっ歯類はトキソによって、実はネコの尿のにおいに性的なものを感じるという理論にまで拡大した。奇妙なことに、トキソは感染したオスのラットをメスにとってよりいっそう魅力あるものに見せたりもする。[83] これはすばらしい生物学的トリックだ。というのも、寄生虫はオスのげっ歯類の精子からメスの子宮のなかに移動し、そこでメスとその子どもたちに感染するというように、性感染症（ＳＴＤ）と同じようなルートで拡散する可能性があるからだ。

寄生虫に感染した人間の妊婦は何十年ものあいだ、流産、死産、または異常なほど大きいか小さい頭をもつあかちゃんを産む確率が高いと言われてきた。[84] しかしフレグルは、寄生虫は人間の行動にも影響を及ぼし、ラットの場合と同じように、どこかネコに惹きつけられるようにしたり、もしかしたら自分の人生に対してよりいっそう向こうみずにさせたりするのではないかと考えた。彼は、寄生虫に晒されてきた人間は交通事故を起こす確率が他の人の二倍であることを発見した。[85] これはおそらく、感染した人間はよりリスクの高い運転をすることを示している。これに続くトルコとメキシコでの研究でも同じような結果が出た。最近になってフレグルは、感染した人間の男性はネコの尿のにおいを好むという研究結果も発表している。

トキソに感染した人間への精神的影響は、さらにショッキングだ。[86] 一九五〇年代まで遡るいくつかの研究では、トキソの感染と統合失調症との相関関係（因果関係ではないものの）を示している。二〇一一年におこなわれたヨーロッパ二十カ国の自殺した女性に関する研究も、それぞれの人口に対する感染率との相関関係を示したものだ。この研究はトキソの存在を自殺願望や、人間、おそらくは殺人犯における自殺行為の発生とリンクさせた他の調査を反映している。とはいえトキソそれ自体は、積極的に人間を自殺に追い込もうとして操っている原生生物ではないのかもしれない。そうではなく、犯人は寄生虫に対する人間の身体の神経化学的反応、それがのちに残すことになる傷ついた脳細胞、寄生虫のドーパミン生成のいくつかの側面、またはこうした要素の組み合わせである可能性がある。

二〇一二年、『臨床精神医学会誌』に発表されたミシガン州立大学の研究は、感染の結果として起こる脳の炎症こそ、最も可能性のある解釈なのではないかということを示した。[87] この研究の主な調査員のひとり、レナ・ブランディンは次のように書いている。「以前の研究では、自殺の犠牲者やうつ病と闘う人々の脳に炎症の兆候を見ており、過去の報告のなかにはトキソプラズマ（*Toxoplasma gondii*）を自殺企図に関連づけているものもある」。彼女の研究からは、寄生虫テストで陽性反応が出た人は自殺を試みる可能性が七倍になることがわかった。

二〇一〇年、このトキソのストーリーは新たな種族間で展開を見せた。カワウソがカリフォルニアの海岸沖で大量に死にはじめたのだ。[88] ところがもっと奇妙なのは、サメに襲われたカワウソの数がこの二十五年間で二倍になったことだった。カワウソの領域内でサメの数が元に戻ったことは、こうした攻撃の急上昇を部分的に説明することにはなるが、研究者はこれが唯一の解釈だと確信してはいなかった。カリフォルニア大学デイヴィス校の獣医学教授であり、獣医寄生虫学者であるパトリシア・コンラッドとその共同研究者は、生きているカワウソの四十二%と、死んだカワウソの六十二%がトキソプラズマ（*Toxoplasma gondii*）に感染していたことを発見した。[89]

コンラッドはまた、都市部に近いところに住むカワウソのほうが感染しやすいことも発見した。[90] カワウソは、ネコの糞便が混ざった表面流水が沿岸部の水に流れ込んだときに寄生虫に感染するとされている。動物におけるトキソ感染の症状として見られる中程度から重度の脳炎症をもつカワウソは、サメに襲われて死ぬ確率が約四倍になる。北西太平洋地域の海洋哺乳類に関する二〇一一年の研究も、イルカ、アザラシ、アシカにおけるトキソ感染率が高いことを示している。[91] こうした動物はトキソプラズマ（*T. gondii*）を保持していただけでなく、多くがサルコシスチス・ニューロマという、また別の寄生虫にも感染していた。この寄生虫は北西太平洋に徐々に拡大し、ネコの糞便と同様、この地域に頻繁に起こる嵐によってフクロネズミの糞が海洋環境に流出するのだ。米国立アレルギー感染症研究所の研究者らは、サルコシスチス・ニューロマはその免疫システムを弱らせることによって、感染した動物内のトキソの症状を悪化させることを理論化した。アザラシやイルカもリスクの高い行動——サメをからかったり、近づいてくる船に向かって度胸だめしをしたり、その他の奇妙な方法で自らを危険に晒したりなど――に関与しているかどうかについての研究は、いまだに存在しない。

毒で狂った（シー）ライオン

野生動物が見せる自己破壊的と見られるもうひとつの奇妙な現象は、同じく海のなかでしばしば起こる。ラッコがときどき、小さくて毛がふさふさした酔っ払いの船乗りのような行動をするのだ。太平洋沿岸のカリフォルニアシーライオン（カリフォルニアアシカ、学名 *Zalophus californianus*）は、環境が引き起こした奇妙な形態の狂気におかされている。

冬から春にかけての湿っぽい季節に、わたしはサンフランシスコ湾を見渡せるマリンヘッドランズの、セージにびっしり覆われた丘に立つ海洋哺乳動物センターで毎週月曜日にボランティアをしていた。この手の施設では唯一の海洋哺乳類病院であるこのセンターは、毎年何百というアシカ、ゼニガタアザラシ、ゾウアザラシの治療をしている。センターの獣医スタッフは、世界で最も経験豊富な海洋哺乳類のスペシャリストだ。

初めてこの病院でボランティアをした日、わたしは子どものカリフォルニアシーライオンの檻の前を通りすぎた。チェーンでつながれた三・六メートルほどの高さの檻のフェンスをのぼろうとするアシカの目が、わたしの目を必死に追った。フェンスの土台に何度よじのぼっても足場の上に落ちてしまう。言いだれかがその囲いの外側にかかったネームタグに「フレンジー」（狂乱）と落書きした跡がある。言い得て妙だ。センターにはいくつかの逃げ道があったが――かつてこの施設を改築する前、一頭のアシカが囲いから逃げ、翌朝、休憩室のソファの上で寝転んでいる姿を飼育員が発見したという——アシカはふつう、チェーンでつながれたフェンスをのぼろうとはしない。

フレンジーは、サンタクルーズから南へ約四十キロの海岸にやってきた。そこに居合わせた人々は、彼女がけいれんを起こし、動きも鈍くなっているのを見て助けを求めた。わたしがフレンジーに会ったのは、彼女が海洋哺乳動物センターに来てまだ一週間も経たないときだった。けいれんはジアゼパム(バリアム)で抑えられていたが、からだはくねくねと常に動いていた。そうかと思うと急に動きを止め、周りを見わたし、わたしには見えない何かが引き金となったかのように、囲いの扉に向かって突進し、絶えず吠えながら左右をせわしなくきょろきょろしはじめた——他のアシカも、食餌の時間や、魚を入れたバケツをもったボランティアや職員が目に入ったときに同じような行動をする。しかしそのときは、囲いには魚の入ったバケツをもった人はおらず、わたしが立っているところからではわたしのことも見えなかったはずだ。

フレンジーは、ある種の幻影のような刺激に反応しているように見えた。吠えたり、囲いの壁をのぼったり、水槽の端から端まで潜水したりといったことに対する欲求が、冷たい風のなかに浮かぶ雲のように彼女の上を通りすぎていく。こうした行為自体は異常ではないが、そのやりかたが奇妙だった。それはちょうど、認知症を患うわたしの祖母が夕食を作ろうとしているのを見ているような感じだった。ガスをつけたりポットに水を入れたりすることはまだできるのだが、その行為が少しばかりぎくしゃくしていて、かならずしも順番どおりではない。これといった何かを特定できるわけではないのだが、何かが確実におかしいのだ。

フレンジーのカルテをざっと見たところ、獣医スタッフは、彼女の症状は藻類から来ていると診断していることがわかった。サーファーやスイマー、その他太平洋岸に集まる海好きの人であれば、しばしば赤潮注意という看板に気づくだろう。これは海水を赤やオレンジに近い茶色に染める水の華で、発生すると遊泳禁止令が出される。こうした水の華のほとんどは動物に無害だが、植物性プランクトンやシアノバクテリアといった数十種は毒素を生成する。[92] そのうちのひとつが珪藻のプセウドニッチア属（*Pseudo-nitzshia australis*）で、これは爪やすりのように小さな細長い生物で、ドウモイ酸という、人間や他のある一定の動物に影響を及ぼす神経毒を発生させる。繁殖期に珪藻を食べた甲殻類やイワシ、アンチョビなどのなかで酸が蓄積され、それをアシカやカワウソ、クジラ類、ときには人間が食べるのだ。

ドウモイ酸中毒症は一九九八年、海洋哺乳動物センターの主任科学者、フランセス・ガランドによって最初に診断された。[93] このとき、奇妙なほど過信的で、しかもけいれいを起こし、脱水状態にあった何百匹ものカリフォルニアアシーライオンが海岸に打ちあげられた。人間の場合、この神経毒への曝露は記憶喪失性貝毒として知られる症状を引き起こす。[94] 汚染したムール貝やその他の貝類を食べてこれに感染すると、嘔吐と下痢に見舞われる。場合によっては錯乱したり、記憶を失ったり、しばらくのあいだ方向感覚が失われることもある。まれなケースではあるが昏睡状態に陥ることもある。少数派、たいていは年配の人や幼児、また糖尿病や慢性腎臓病を患う人々の場合、ドウモイ酸は永久的な認知機能障害を引き起こすこともあるという。

その主な捕獲場所にもよるが、フレンジーのようなアシカは長いあいだ毒素に晒されていた可能性がある。[95] ドウモイ酸がある程度の時間その脳を浸すと、アシカを文字どおり発狂させ、自己破壊的行動のようなものを引き起こす。多くのアシカにとってこれは短期的な問題だ。海洋哺乳動物センターが救出した動物は、水分補給により脱水症状を改善し、汚染されていない魚を与えることで体内から毒素を流出させ、抗けいれん性の投薬による治療が施される。力を取り戻し、人間の飼育員に過度に依存しないで済むようになったら（ボランティアは、相手があまりにフレンドリーな態度を示すようになったら、極端に社交的で好奇心旺盛になっているこの生き物をまともに見たり、彼らに触れたり、直接話しかけたりしないように教育されている）、彼らはもうじゅうぶんに海に返してもよい状態だ。しかし毒素に被曝しすぎたアシカは海に戻すことはできない。こうした生き物の多くは方向感覚を失い、かつてほど深く、遠くまで潜ることができなくなり、病的な大胆さなど、また別の問題に苦しむことがある。研究員らは、これらの問題の源泉は海馬――学習、記憶、空間のナビゲーション、その他の機能に関係する脳の一部――にあるのではないかと考えた。[96] この海馬にダメージを受けたことが、アシカの奇妙な行動と精神的影響の説明となるかもしれないのだ。

最近になって、海洋哺乳動物センターとモスランディング海洋研究所の研究員は、動物の行動に対するドウモイ酸の長期的影響をよりよく理解するため、この酸に慢性的に晒された数頭のアシカを海に放した。[97] 無線送信機をアシカに装着し、その動きを追跡したのだ。結果は気が重くなるようなものだった。ほとんどすべてのアシカがふつうに潜ることもできず、あらぬ方向へ泳いでいった。アシカのうち一頭は、食べもせず、休みもしないまま外洋に向かってまっしぐらに泳いで行き、通信が途絶えたときにはハワイ沖の半ばまで来ていた。研究員の推測では、このアシカは疲れ果ててそれ以上泳ぐことができなくなり、その場で餓死したのだろうという。また別のメスは、サリーナス川からその先のアーティチョーク畑とレタス農園が広がる広大な島まで四キロちかく泳いだ。その後は、ただぐるぐると円を描きながら泳ぎつづけることで丸十日間を過ごしたという。

奇妙な過信的行動も見られる。[98]「ＣＳＬ７０９６」と呼ばれていた海洋哺乳動物センターから解放された一頭のアシカは、極端に攻撃的で、サーファーらが大会のために海に入ったとたん、彼らをからかいはじめたという。また別のウィルダーというニックネームのアシカは、サンフランシスコマリーナの海岸にやってきて、パトカーの屋根にのぼり、四十五分間そこに留まっていたという。[99]

人間では、海馬はわたしたちが周囲との関係性をうまく方向づけるのに役立つだけでなく、不安への反応を規制する重要な役割も果たしている。[100]それはストレスホルモンへの反復的曝露に非常に感度が高く、いくつかの脳の画像検査では、ＰＴＳＤや重度のうつ病、境界性パーソナリティ障害など、特定の精神障害を抱える人間もまた、海馬に異常が見られることがわかっている。これがアシカにどんな意味をもつかを知るのは難しいが、彼らにとって残念なことに、アシカの精神的健康は赤潮に関係するという調査結果が年を追うごとに増えているように思える。世界保健機関とアメリカ海洋大気庁（ＮＯＡＡ）によると、[101]海洋温度の上昇が水の華の増加と関係があるという。[102]

少なくとも気候の変化が精神的肉体的健康に与える影響ということを考えると、フレンジーのようなアシカは、炭鉱夫のカナリアの、ひれのある、吠える、新しいアシカバージョンと言えるかもしれない。一九八〇年代半ばまで、炭鉱夫は致死的な一酸化炭素レベルに達したことを把握する目的で、小さなかごにカナリアを入れて地下の穴に持ちこんでいた。[103]鳥が死ねば、炭鉱夫も（すぐに姿を現さなかったら）死ぬ。カナリアが止まり木から落ちただけでも危険なサインとみなされた。おそらく、アシカがパトカーの屋根の上で臆面もなくひと休みしていたりするのも、同じく危険なサインにちがいない。

エピローグ　〝デビルフィッシュ〟が赦すとき

「ひとつの種だけでは存在できない。ひとつをつくるには少なくともふたつが必要だ」

ダナ・ハラウェイ
『伴侶種宣言——犬と人の重要な他者性』

ときに、動物の最大の救いとなるものは、ある種の常識だったりする。ところがそのことを思いだすために、最も思いも寄らない場所へ旅をしなければならないこともある。

わたしがピ・サローテと会ったのはタイ北東部のスリン県で、海外からのボランティアの小グループといっしょに、かちかちに固まった野原で汗だくになりながらバケツの水を運んでいたときだった。わたしたちは、バーンタクランという村に住む何百頭ものお腹を空かせたゾウの餌になると教えられた竹の苗を植えていたのだ。ところが、ボランティアたちが自国へ帰ってしまったあと、この弱々しい植物に水をやってくれる人がいるかどうかは疑問だった。灌漑プロジェクトは不要不急の仕事という感があった。しかもこの暑さだ。なぜ自分がここにいるのかもわからなくなってくる。わたしは竹やぶではなくゾウについて学びたいのだ。特に、扱いが難しく、人を殺したことがある問題を抱えたゾウについて、そして動物の扱いがうまいことで有名なバーンタクランの人々が、どうやってこうしたゾウを平和に、満足した状態にすることができるかを学びたいのだ。わたしたちのグループを担当することになったピ・サローテが現れたとき、彼がゾウ用のフックやステッキを何ももっていないことに気づいた。そんなことは初めてだった。わたしは自分に文句を言うのをやめて、野原のなかをわたしたちのほうへ向かって歩いてくる彼を見つめた。

二頭のゾウがその横を落ち着いたようすで歩いていて、ときどき歩を休めては固い地面から草の束を引っこ抜いたり、頭上に突き出ている枝から口いっぱいの葉を引きちぎったりしている。そのうちの一頭はメー・ブアという名の七十八歳のメスで、やさしそうな目と旗のようにはためく力強い耳をもっている。あとになって、彼女は一九三二年にピ・サローテの祖父の家の外で生まれたと聞いた。祖父が亡くなると、サローテの父親がその後を引き継いでメー・ブアの世話をし、結局この父親もこの世を去ると、彼女はサローテの手にわたった。もっと生きのびれば、このゾウもよく知るサローテの息子たちに引き継がれるのだろう。サローテはメー・ブアを「おばあちゃん」と呼び、父親と同じく、そばに彼女がいない状態で過ごしたことは一日もなかった。メー・ブアは叩かれたこともなければ芸を教えられたこともなく、これまで六頭のゾウを産み、そのすべてがサローテの家族といっしょに住み、母親と村の五、六人のゾウの乳母に育てられた。

当時サローテといっしょに住んでいたもう一頭のゾウは、ヌーン・ニーイングという名の六歳のメスで、年配のメー・ブアが穏やかで従順で落ち着いているのに対して、こちらはやんちゃで騒がしかった。わたしの水筒のふたを、中身が空っぽだということがわかるまで何度でも開けようとしたり、階段をよじ登って仮設動物クリニックに忍びこみ、だれのものでもないバナナをこっそり食べたりしていた。また、ヌーン・ニーイングはサローテを守ることにかけては少し野蛮なくらいだった。彼といっしょに歩きたいのなら、ヌーン・ニーイングの反対側を注意して歩かなければならない。さもないと、サローテのとなりは自分の場所だと主張せんばかりに、その大きな頭とからだ全体を使ってあいだに割って入ってくる。サローテの妻は、ヌーン・ニーイングを動揺させることなく目の前で抱きしめることのできる唯一の人間だ。

四十三歳にして、サローテの目のまわりには深い皺が刻まれている。ゾウのうしろから目を細めて太陽を見つづけてきたせいだ。常にジョークを飛ばし、それも多くは彼が飼う動物たちのジョークで、話をするときは、他の男性なら手すりに寄りかかるところを、彼は自分のゾウにからだを預ける。ゾウはサローテの手のなかに鼻先を丸めたり、自分の体重を彼のほうに傾けたりすることでそれに応じる。ピ・サローテと会った日、ヌーン・ニーイングはまだ彼のところに来てたった四ヶ月だった。彼らはほとんど言葉ではない方法でコミュニケーションをし、そのようすはまるでふたりがもうずっと前からの知り合いのように見えた。このゾウはどこへ行くにも、常に彼に向かって何かを叫びながらその後をついていく。ある種のソナーのように、彼の注目と愛情の接続ぐあいを確認しているのだ。

ヌーン・ニーイングとサローテが日課の水浴びをするために沼地まで行く途中で、サローテは振り返って彼女を見て、かろうじて聞こえるくらいの声で「ヌーン・ニーイング、行け、泳いでこい」と囁く。すると彼女は穏やかに水のなかへと入っていく。池から上がる時間になると、他の象使いが呼びに来て上手におだて、ときには沼のなかに入ってゾウたちを呼び戻し、象使いの何人かは空中で金属のフックを振ったりする。サローテはといえば、岸に立ったまま頭をヌーン・ニーイングのほうに傾け、彼女の名前を囁くだけだ。すると彼女は急いで水から上がり、彼のとなりに来るのだ。

　そんな明るい午後の日差しを浴びながら、植物を植えたりバケツに水を満たしたりして働いていると、ときおりサローテの姿が目に入った。このオープンな野原で唯一の日陰になるヌーン・ニーイングの四本の足のあいだの、ちょうどお腹の下の長方形の地面でサローテはリラックスしている。ヌーン・ニーイングが定位置で草を食んでいるあいだ、サローテは彼女の下であぐらをかいて休んでいる。彼の帽子の先端がヌーン・ニーイングのお腹をくすぐっている。

　四ヶ月前は、このゾウにこれほど近づける人はだれもいなかった。ましてや彼女の下に入り込むことなどもってのほかだった。ヌーン・ニーイングはあまりに攻撃的だったので、サローテの前の象使いは殺されるのではないか、ひどく傷つけられるのではないかと恐れていた。タイ南東部のチャアム郡で、サローテのいとこが所有するゾウから生まれたヌーン・ニーイングは、生後一年は母親といっしょに過ごした。彼女は慣例どおり、ゾウの僧侶が提案するそれぞれ異なる名前が書かれた三本のさとうきびから名前を選んだ。近くに住んでいたサローテは彼女の象使いではなかったものの、あかちゃんのヌーン・ニーイングとその母親のもとを頻繁に訪れていた。一歳になるとトレーニングが始まった。ヌーン・ニーイングは鼻先に絵筆をもって絵を描いたり、巨大なプラスチックのフラフープをしたりといったことを教えられた。サーカスに出るゾウらしく毛並みを整えられ、曲芸を覚えるだけでも彼女にとってはひどく疲れることだった。彼女はしばらくのあいだ地元のショーのために、村の中心にしつらえられた埃っぽい荒れ果てたサーカスリングのなかで、絵を描いたりサッカーをしたりなどのパフォーマンスをしていたが、四歳になると、サローテのいとこが、ジョキアとメー・パームが住むエレファントトネイチャーパークからそれほど遠くない、タイ北部のチェンマイ市郊外のゾウキャンプに彼女を貸し出すようになった。

ヌーン・ニーイングは、キャンプのスタッフが雇った象使いとともに、二年間このキャンプで働いた。これがうまくいかなかった。ヌーン・ニーイングが六歳になるころ、スリンに戻った一家は、彼女は危険で、象使いにとってもキャンプを訪れた観光客にとってもお荷物になっているという報告を受けた。訓練した曲芸をやりたがらず、しばしばショーに出ることをあからさまに拒んだ。意気消沈したキャンプは病気を患うサローテのいとこを呼び出し、彼女を連れて帰ってくれと頼んだ。サローテがゾウの取り扱いに優れていることを知っていたいとこは、自分のかわりにヌーン・ニーイングを引き取って、彼女がもっと従順になり、動揺しにくくなるようにするために何かできることはないか、ようすを見て欲しいとサローテに頼んだ。ヌーン・ニーイングがあかちゃんのころの、よくはしゃぐ姿を覚えていたサローテは、彼女は人を殺すようなゾウではなく、ただみじめで寂しいだけなのだという気がした。キャンプに着くと、やせて、歳のわりに小柄で、でも彼に会えて嬉しそうにしている一頭のゾウが目にとまった。それから長い時間をかけて、この若いゾウを連れてスリンへ戻った。サーカスで働かせることなく、なんとか彼女を食べさせてあげることができればと期待しながら。

サローテは家に到着すると、年配のゾウ仲間をつくれば彼女にとっても良いだろうと思い、まずはメー・ブアと会わせた。その少し前、メー・ブアは不安を抱えた別のゾウを助けたことがあったからだ。村に住むこのメスのゾウは初めての子を産んだのだが、子育てを拒否しただけでなく、あかちゃんを殺そうとまででした。あかちゃんが生まれた夜、鋭いステッキをもった象使いは、四十人がかりで、この母親が仔ゾウを傷つけないように守らなければならなかった。ようやく鎖でつないだかと思うと、たちまち彼女はその鎖を壊してあかちゃんめがけて走っていき、その小さな怯えた生き物を踏みつけようとした。数時間後、男たちはあかちゃんを母親のもとに戻そうとしたが、再び仔ゾウに一撃を加えて気絶させてしまったため、男たちはこの小さなゾウを必死で蘇生させなければならなかった。ゾウの所有者は経験豊富なピ・ポンという名の象使いだったが、メー・ブアの優秀な子育てスキルと穏やかなふるまいを知っていたため、サローテにメー・ブアの力を貸して欲しいと頼んだ。

男たちは近くの木に母親ゾウを鎖でつなぎ、母親から届くか届かないところに立つメー・ブアにあかちゃんを託した。男たちは一歩下がり、メー・ブアが仔ゾウを撫で、それからゆっくりとこの仔ゾウを母親の周りに一周させるようすを見守った。メー・ブアは鼻先で仔ゾウを誘導しながら、母乳で張った母親の胸のところに運び、ミルクを飲むよう促した。果たして彼女は乳を飲んだ。メー・ブアは近くであかちゃんを見守りながら、彼女が自分からミルクを飲むことができるようになるまで、両方のゾウをなだめた。そしてついにピ・ポンは母親の鎖を外した。二週間のあいだ、メー・ブアは昼も夜も母親と仔ゾウといっしょに過ごした。それからというもの、メー・ブアがこの二頭から離れることはなかった。

二年後、ピ・ポンがこの二頭のゾウを他の県の政府に売ったとき、メー・ブアは母子のもとへ行こうと自らの鎖を壊した。二頭が去ってから数日後、メー・ブアは母子と最後に別れた場所に向かって、彼女たちのことを呼びながら走っていったという。

「離ればなれになると母親も仔ゾウも悲しみます」とピ・ポンはわたしに教えてくれた。「子守役のおばさんも同じです。子守役には新しいゾウの友だちを探してあげなければいけません。さもないと、彼女たちの泣き叫ぶ声で夜も眠れないでしょう」

ヌーン・ニーイングが村に戻ってから数日経ったころ、彼女とサローテ、そしてメー・ブアはいっしょに水辺まで歩いて行き、乾いた森で草を食べるようになった。午後になるとサローテはヌーン・ニーイングに水浴びをさせ、村じゅうを連れまわした。日没には彼女をメー・ブアのとなりに鎖でつなぎ、一山の草とパイナップルトップを二頭に与えた。寒い夜には火を焚いて、彼らを温めた。虫の多い夜は、虫を追い出すために煙を焚いた。毎日、ピ・サローテはヌーン・ニーイングを撫でて励まし、食事をあげ、自分のおやつを分け与え、彼女がおもしろいことをすればいっしょに笑い、やさしくからかった。彼の子どもたちも彼女のもとを訪れ、同じことをした。サローテの友人も、そしていとこもだ。彼はヌーン・ニーイングにあたたかく、ときに厳しく話しかけたが、いつも愛情は忘れなかった。まもなくして体重が増えはじめ、キーキーと声を出して鳴きながら自分なりの愛情表現をするようになった。彼女は決してメー・ブアと絆を深めることはなかったが、その新しい生活とルーティンには快くなじんでいった。

「彼女はいま、自分が大切な存在だということを知っています」とサローテは言う。「彼女はわたしを愛し、わたしは彼女を愛しています」

ヌーン・ニーイングはまた、彼を信頼してもいた。サローテは、相互に愛情が芽生えたあと、動揺した不幸なゾウが幸せになるのを助ける上で最も重要なのは信頼関係を築くことだと信じている。「彼女は、たとえば鎖につながれるのをいやがりますが、わたしが寝るために、そしてわたしが家族のメンバーと会うために、夜はどうしてもこうしなければならないことを理解しています。朝になればかならずわたしが戻って来て、鎖を外してくれることが彼女にはわかっているのです」

ある夜、わたしたちが火を囲んで、〝サトー〟と呼ばれる乳白色で焼けつくようなお米の酒をブリキのカップから直に飲んでいるかたわら、サローテの娘は焚き火の端で横になっていた。「わたしがちょうどこの娘くらいの歳のころ、ここはいまとはまったく違うところでした」とサローテは語る。彼が話しているあいだ、メー・ブアとヌーン・ニーイングが暗闇のなか、彼のそばで食べものを噛みくだくやさしい音が聞こえた。

サローテとバーンタクランの他の住民は、何世紀ものあいだ東南アジアのこの地域に住みつづけるグエイ族と呼ばれる民族集団だ。ゾウはグエイ文化の中心だ――家族の一員として、収入源として、そしてその誕生と死が重要なコミュニティ行事となるような聖なる存在でもある。何千年ものあいだ、グエイのエレファントシャーマンは捕獲したゾウの背中に乗って森へ入り、イノシシの皮でつくった投げ縄を使って、年間三十~四十頭の野生のゾウを捕獲していた。数日にわたるこの遠征は厳密に管理され、男たちは注意深く選別される。一団のメンバーは全員、遠征中はグエイ語を話すことが禁止され、そのかわりに学ぶのに数年もかかり、森のなかだけで使われる、彼らにしかわからない秘密の言語でコミュニケーションをする。捕獲されたゾウはグエイ族の輸送手段として利用されたり、シャム王の戦争用のゾウとして売られたりした。のちにタイ政府やイギリスの企業がこれらを買い取り、丸太引きに利用するようになった。

この地域の広大な森林は、野生のゾウの巨大な群れの棲処であるばかりか、二種のサイ（ジャワサイとスマトラサイ）、水牛、野生のウシ（バンテン、グアー、コープレイ）、トラ、ヒョウ、ドール、その他多くの小型草食動物の棲処でもあった。ここには多くの動物がいたため、グエイは自分たちの米の収穫物を、お腹をすかせた野生動物から守るために高床式の家を建てた。

一九六一年に最後の野生ゾウが捕らえられるまで、スリンは健康な動物の群れを守りつづけた。しかし二十世紀の終わりになると、森林はスリンが守ってきた動物たちとともに消えた。巨大な水田が一帯を占め、ところどころに生き残った木々が見える程度だった。ピ・サローテが十代のころ、グエイ史上初めて、コミュニティはこれまで森の草を食べていたゾウの食べものをお金で買わざるを得なくなった。多くの人が自分たちのゾウを売った。残ったゾウはもはや放し飼いにする森がなくなってしまったために、その場に鎖でつないでおかなければならなくなった。

グエイ族の文化のこうした変化は、彼らをとりまく環境の変化と同じくらい劇的だった。何世代も野生のゾウを捕獲し、ゾウを訓練してきた男たちは、いまや小規模な水田を耕したり狩りをしたり、大規模な米農場で職を探したり、その溢れんばかりの象使いのスキルをトレッキングやサーカスのための動物の訓練に充てなければならなくなった。こうした男たちのなかには、ゾウといっしょに路上に出て街で物乞いをしながら、都会のタイ人にゾウを触らせたり、サトウキビを与えさせたりしてお金を取っていた人もいる。これが、十一歳のころからいっしょに仕事をしてきたジャン・ジュウという名の大きな牙をもつオスといっしょにサローテが歩んできた道だった。彼に与えられたもうひとつの選択肢は、ジャン・ジュウをツーリストキャンプに売ったり貸したりすることだったのかもしれないが、サローテはこれを拒んだ。そして十年の歳月をかけて、夜は村から来た他の男たちといっしょにタープの下で眠り、ゾウたちはその足元で眠りにつくという生活をしながら、タイ全土をジャン・ジュウといっしょに歩いて横断した。歩いているうちに、サローテは四つの言語を流暢に話すことを学んだ。そしてはっきりとは言わないまでも、〝ゾウ語〟は彼の五番目の言語だ。また、父親とメー・ブアといっしょに旅をし、メー・ブアの背中に客を乗せてお金をもらったりもしていた。サローテはこうした年月を悲しそうに語る。彼が完全に物乞いから足を洗ったのは、父親といっしょに家から遠く離れたところにいたときにジャン・ジュウが病気になり、この世を去ってからのことだった。

ゾウの捕獲とシャーマンの長い歴史を引き継ぐこうしたグエイの男たちのなかで、物乞いのために街へゾウを連れて行こうとする人はほとんどいなかった。それは人間にとってもゾウにとっても屈辱的なことであり、危険で不快なものだからだ。彼らは家族と遠く離れて暮らすことになり、ゾウのために食べものときれいな水を探すこともしばしば非常に難しかった。サローテはできる限り早くバーンタクランに戻ったが、仕事がないこと、そしてこれによってゾウに負わせてしまったこうした生活を嘆いている。「男たちは街でゾウといっしょに物乞いをすることをやめて家に戻りましたが、ここでは彼らが新しい水田で仕事を見つけられるように、ゾウを鎖でつないでおかなければなりません。これはゾウにとって良いことではありません」

ピ・サローテのゾウたちが送ることになった、これまでとは異なるこうした生活は、彼らの周りで展開してきた抜本的な変化を反映しているのではないかと、わたしはふと思った。メー・ブアが成人に達したころには、たまにしか仕事をしなくなっていた。必要なときだけ、自分や自分のあかちゃんを家族のように扱ってくれる人間たちを助けた。働いていないときは近くの森林で放し飼いにされ、自分の思うように子どものゾウたちを育てたり、他のゾウとの交流を深めたりしていた。

同じ人間の家庭に生まれたにも関わらず、ヌーン・ニーイングはまったく異なる世界に足を踏み入れた。しかし、サローテとこのゾウが直面した数多くの困難にも関わらず、彼はヌーン・ニーイングを助けることができた。サローテはこの若いゾウを精神的肉体的がけっぷちから引き戻し、健康を取り戻し、攻撃的で孤独なゾウになることから救いだし、そのかわりに愛情をもった社交的な動物になるよう励ました。

最初にこの村を訪れてからほぼ二年後、わたしはサローテとゾウたちに会いにバーンタクランを再び訪れた。こぼれ落ちそうなほどのパイナップルトップとバナナやキュウリを積んだピックアップトラックに乗り、通りすぎるときのにおいを嗅ごうと鼻を突き出している、道の両側に鎖でつながれたゾウたちを横目で見ているうちに村に到着した。サローテは満面の笑みでわたしを出迎え、ついにわたしが象使いとしてヌーン・ニーイングの世話を引き継ぎに戻ってきたのかと冗談を言ってからかった。彼はメー・ブアを、パイナップル畑が広がるパタヤの友人のところで過ごさせるために南部へ送ったと説明した。メー・ブアはそろそろ引退する時期なので、収穫後の野原を走りまわったり、捨てられたパイナップルトップを好きなだけ食べることができるところで幸せな老後を送らせたいと思ったのだ。

ヌーン・ニーイングは、最後に会ってから少なくとも三十センチは大きくなっていて、体重もかなり増えたのか、なかに空気を入れているのではないかと思わせるほどだった。からだは引き締まって丸みを帯びて強そうで、七歳という年齢相応に見えた。サローテの横にぴったりくっついて嬉しそうに歩き、いまだにサローテとのあいだにだれかが割り込んでくるのを許さないといったようすだった。わたししたちが数分間会話をしていると、ヌーン・ニーイングは突然激しい叫び声をあげた。道を横切って、もう一頭のゾウがこちらへ向かって走ってくる。ヌーン・ニーイングと同じくらいの大きさで、大きな頭に輝く目をした健康的で太ったゾウだった。まっすぐ、スピードを上げてこちらへ向かってくる。地面が揺れるのを感じた。

ピ・サローテはわたしが身をすくめているのを見て笑った。「あれはテン・モーです。タイ語でスイカの意味です。スイカが怖いだなんて、まさか言わないですよね」

そうしているあいだに、このゾウはわたしたちに向かって突進してくるのではなく、ヌーン・ニーイングを目がけて走ってくることがわかった。彼らはトランペットのような声を出しながら互いにあいさつをした。

ほかのゾウにほとんど興味を示さなかった寡黙で痩せたゾウが、二年も経たないうちにゾウの友だちをつくったのだ。わたしが到着するまでの六ヶ月間、テン・モーとヌーン・ニーイングは離れがたい絆を築いてきたとサローテは話してくれた。五歳のテン・モーは、かわいらしく、ちょっとせっかちで、でもヌーン・ニーイングにこの上ない愛情を抱いていた。命令に従って座ったり足を上げたりといったトレーニングを受けてきたが、彼の所有者は彼をサーカスで働かせるつもりはなかったので、絵を描いたり、サッカーやフラフープをしたりといったことは教えたことがない。

ヌーン・ニーイングはサローテにこの新しいゾウの仲間を任せるのではなく、いまではこのふたりの男（サローテとテン・モー）といっしょにどこへでも行く。彼らに向かって叫び、どちらと離れてもいやがる。サローテが向きを変えて近くの池に向かって歩きだすと、二頭のゾウは彼の両脇で満足したようすで喉をゴロゴロ鳴らし、サローテの頭上で互いに鼻先をのばしながら歩調を合わせて進みはじめる。ゾウと人間のサンドイッチがユーカリの森にゆっくりと入っていくと、サローテはテン・モーとヌーン・ニーイングの陰で見えなくなり、彼の足もとだけが、ゾウが歩くたびにその八本の足のあいだで見え隠れしている。

わたしは、前回の訪問でサローテと交わした会話を思いだしていた。生後三週間のゾウの子どもと、その眠っている子どもを見守って立つ母親ゾウのとなりの木陰で、わたしたちはあぐらをかいて座った。母親のその立ち位置は、サローテが野原で休憩しているとき、その近くに立っていたヌーン・ニーイングを彷彿とさせた。ときおり、仔ゾウが夢の中で叫んだり、走っているかのように足を動かしたりすると、母親はその長い鼻をのばして寝ているあかちゃんをさする。

「ゾウはここではとても重要な存在です」とサローテは言った。「家族同然です。ゾウがいなかったらこの街は存在しなかった。わたしも存在しなかったでしょう。そんなふうに、これまでやってきたのです。そしてわたしたちは互いに助け合っている。去年、川が氾濫したときのように。水があまりにも深くまで流れ込んできたので、みんな米俵を背負って水田をわたることができなかった。ゾウがわたしたちを助けてくれました。まるで、そこにちゃんと道があるみたいに。わたしたちはいっしょに力を合わせました」

この奇妙なパートナーシップには何か有益なものがあるのではないか、その何かがヌーン・ニーイングを救ったのではないか、とわたしは思った。人間とゾウという種の「両方」の関係性に癒し効果があるのではないか？　かつてわたしはサローテに、ヌーン・ニーイングのような問題を抱えたゾウを癒すために何ができるかと尋ねたことがあった。彼はジャイ・ディーと言って胸に手を当てた。文字どおりには「良心」を意味するが、それ以上のことを表している。つまり善意、広い心、そしてわたしが決して突き止めることのできなかった何か別の、もっと神秘的なものだ。

「ジャイ・ディーがあれば、動物たちにそれが伝わり、彼らにもジャイ・ディーが芽生えるのです」

その逆もまたしかりだ。ジャイ・ディーがなければその人のゾウは幸せになれないし、思いやりもてない、とスリンの多くの人々が信じている。そしてもしゾウがいじわるで、何の理由もなく親切にできなければ、そしてもし良心がなければ、その象使いもいじわるで、不親切で、不幸せになる。サローテと他のグエイ族の象使いは、わたしがタイの別の場所でともに過ごした他の多くの象使いや獣医、トレーナーと同じく、人間とゾウとのあいだの境界は、少なくとも精神的健康という文脈では〝穴だらけ〟だと信じている。感情、意思、共感は、人を癒すこともできれば傷つけることもできると考えているのだ。感情的経験の共有というこの信念が、サローテと彼の仲間、そして家族のメンバーの毎日の生活を満たしている。それは、象使いがある特定のゾウとの仕事を得るかどうか、またもし象使いとそのゾウの感情的相性が合わない場合、その人はこの仕事を続けるかどうかといった実質的な意思決定にも関わってくる。

あのゾウの僧侶は「他の動物を理解するには、まず自分自身を理解しなければならない」とわたしに言った。あの午後、動物の心に関する何か偉大なお告げのようなものを期待して僧院の階段に座っていたときのわたしにわからなかったのは、それが逆にも作用するということだった。何世紀ものあいだ、人間は他の動物を観察し、いっしょに働き、友だちになり、つつき合い、檻に入れ、わなにかけ、食餌を与え、祝い、駆りたて、傷つけ、恐れ、同一視し、疑い、いじめ、かわいがり、研究し、薬を与え、癒してきた――多くの場合、自分たち人間を、その脳内化学物質を、行動を、思考プロセスを、感情を、狂気との葛藤を、よりよく理解することを目的に。

グエイの象使いがわたしに確信させたように、おそらく人間と他の動物との区別は、少なくとも精神的健康においては、そしてそれをわたしたちがどう理解するかという文脈においては、わたしたちが考えるよりずっと浸透性があるのだ。これはある意味、ドッグトレーナーのイアン・ダンバーの主張とそれほどちがわないだろう。つまり、多くの場合わたしたちが現代アメリカ人として送っている不健康な生活は、わたしたちのネコやイヌの不健康な生活として自分に跳ね返ってくるということだ。それはまた、人間と動物とのあいだで自由に伝播する可能性のある、十九世紀的な精神病の概念を彷彿とさせる。ジャイ・ディーはひとつのコインの一方の、より明るいほうの面だ。ピ・サローテがわたしに話してくれたように、「だれでもジャイ・ディーをもつことができる」。心からの幸せは、その反対側の面と同じくらい人に伝染するものなのかもしれない。イヌに感謝。

動物の精神疾患のなかで最も励みとなる側面のひとつは、大きな困難にも関わらず多くの生き物がなんとかうまくやり、少なくとも回復しているように見える行動を示すことだ。ボノボのブライアンはロディ、キティ、そして飼育員スタッフの協力と、薬物治療やきっちりと管理された環境によって改善した。ジジは他のメスのゴリラと、彼女の世話をした人間たちの懸命な努力によっていっそう回復力を身につけた。モーシャは静かな午後いっぱい、嬉しそうに叫びながらラディのあとを跳ねるようについていき、一方で南のテン・モーとヌーン・ニーイングは泥地でじゃれあい、互いの愛情とピ・サローテへの愛情につつまれている。最近になって、わが家のロバのマックも少しずつ良くなってきた。自分を噛むことも、金属の手すりを噛むこともなくなり、前よりリラックスして見える。これはわたしの母とそのパートナーが彼の囲いを大きくしてやり、アザミを食べることに夢中になれるような広いスペースを与えたからだろう。それに母たちは、丘のてっぺんにあるマックの囲いの端で、夕方のハッピーアワーのビールを楽しんだりもしている。暗がりのなか、マックはピクニックテーブルのすぐ脇に立ち、彼がとても興味をもっている人間の活動の一部に参加しているのだ。

　こうした生き物のなかには、人間の世話役にやりなおしのチャンスを一度どころか何度も与えたものもいる。オリバーはこのチャンスをジュードとわたしに与えてくれた。彼は最初の家族には失望したが、わたしたちにはとにかく愛情を示してくれた。イヌが希望をもつことができるとすれば、その希望はオリバーの行動に表れていたし、もしかしたら彼の個性はその人なつっこさにあったのかもしれない。どんな不安、強迫症、恐怖がオリバーを苦しめたとしても、それらは彼からイヌらしい愛情表現までをも奪うことはなかった。

　オリバーがこの世を去ってから数年後、わたしは行動学者であり野生生物学者であるトニ・フロホフといっしょにバハ・メキシコを訪れた。そして、クジラと会えることを期待して、「パンガ」と呼ばれる小型の繊維ガラスのボートの脇から水中に手を入れた。ショッピングモールで飼われていた精神障害のあるイルカの診察をしたあの研究者のフロホフは、海洋哺乳類のなかでも特に「単独行動する社交的なクジラ目」の行動やコミュニケーションに焦点を当てている[1]。こうしたイルカやクジラは、自分と同じ種の群れといっしょに暮らすのではなく自分で生きることを選び、しばしば同じ種族よりも人間と仲良くなる。フロホフは、人間といっしょに歌ったり遊んだりするほうを好むカナダ東部のQという名のベルーガの孤児など、奇妙な行動をする生き物の研究をしながら世界じゅうを飛びまわってきた。わたしがフロホフといっしょにバハに行ったのは、Qのような単独行動する社交的なクジラに会うためではなく、そのグループ全体、つまりフレンドリーなコククジラ（*Ballenas amistosas*）に会いに行くためだった。フロホフは、クジラが出産と子育てをするラグーンのなかで青と白の小舟の脇から水中に手を入れてゆらゆら動かせば、クジラがそれを確かめにやって来て、うまくいけばもしかしたら手にタッチしてくれるかもしれないと言った。

カリフォルニアコククジラは、小さな無脊椎動物を食べながら北極で夏を越す。[2] 晩秋と初冬には、分娩の時期になったメスのクジラと繁殖に適した年齢になったオスが、子を産み、育て、交尾するために、バハの太平洋岸の暖かく浅いラグーンをめがけて八千キロも旅をする。一九世紀中頃から二十世紀前半にかけて、こうして季節ごとに集まってくるクジラたちは標的だった。[3] 最新の捕鯨技術を利用していたシャルル・メルヴィル・スカモンをはじめとする捕鯨船の船長は、徹底的にクジラを研究し、彼らの自然な成長を克明に記録してきた。[4] 彼はこれを最大限に活用し、このラグーンを頻繁に訪れ、自分のあかちゃんを助けようとボートに突進してくる真の獲物である母親たちの気を引くため、子どものクジラを銛で仕留めた。

コククジラがあまりに激しく抵抗したため、捕鯨船の船長や船員たちは彼らを「デビルフィッシュ」（悪魔の魚）と呼んだ。[5] このクジラは人間を殺し、ボートを木っ端みじんにし、一八六三年には、あるサンフランシスコの記者に次のような記事を書かせるまでに至った。「彼らを捕まえようとして行方不明になった男たちは、他のすべてのクジラ全部を合わせたほどの数にものぼる」

その獰猛さをもってしても、コククジラは自らを救うことはできなかった。一九〇〇年代初頭までに生き残っていたカリフォルニアコククジラの数は二千頭に満たなかった。[6]一九三〇年代と四〇年代には保護手段が配備され、徐々にその数は回復しはじめた。[7]そして一九七二年のある冬の朝、不思議なことが起こったのだ。

メキシコの漁師で友人からはパチコと呼ばれていたフランシスコ・マジョラルは、友人といっしょに小型の「パンガ」に乗ってラグナ・サン・イグナチオの真ん中にいた。突然、パチコと友人はボートが動きを止めるのを感じた。まるでボートをラグーンに残したまま自分たちだけがひとりでに座礁したかのような感覚だった。この漁師は、自分たちが実際に乗りあげたのは巨大なメスのクジラの背中の上だということに気づいた。クジラが彼らのボートの下に滑り込み、彼らを恐ろしいことに数センチから数十センチ空中に上げ、その後やさしく海の上に戻した。それから頭をパチコの目の前の水面に出して彼を見つめた。少しだけ待ってから、パチコは彼女に触れた。はじめは指で、つぎは手のひら全体で。数秒後、クジラはゆっくりと水面下に沈んでいった。

まもなくして、ラグーンにいた漁師の全員が同じような経験を口にするようになった。クジラたちは好奇心旺盛で、向こうからコミュニケーションをしたがっているように見えた。それに遊び心もあった。バハにある他のラグーン、オホ・デ・リエブレでも同じような行動をするクジラが報告された。

この地域のほとんどの漁師と同じように、いまやホエールウォッチングの季節にガイドとなったパチコの息子ラヌルフォは、ジャーナリストのチャールズ・シーベルトにこう語った。[8] クジラが彼の父親に近寄ってくる前は、「だれもがわざわざクジラを避けようとしていた」と。しかし、あのフレンドリーなクジラが現れてからというもの、すべてが変わったという。ラグーンにいる漁師たちが水のなかに手を入れると、クジラはそれに向かって泳いできて、その大きな頭を男たちの手の下に入れてくる。そして人間とアイコンタクトをするために向きを変え、ボートの上に向かって背中から水を噴き出し、「パンガ」をゆっくりと持ちあげ、それからまたゆっくりとおろす。四十年経ったいまでは、クジラがこういうことをしても驚く漁師はもういない。慣れっこになったのだ。こんにち、ラグーンのクジラの約十〜十五%（主に子どもをもつ母親）は社交的だ。[9] 冬のあいだの数ヶ月、クジラがラグーンにいるときは漁師も魚を獲るのをやめ、そのかわりにホエールウォッチングのガイドやボートの運転手をしたりして、少人数のエコツーリストや研究者にこの〝フレンドリーさ〟を紹介することで収入を得ている。

ある三月初旬の午後、ラグナ・サン・イグナチオで、わたしはおとなのクジラとその子どもと一時間いっしょに過ごした。体長十二メートルの母クジラは、わたしたちの小さな「パンガ」のほうへゆっくりと泳いできて、生後一ヶ月のあかちゃんがそのうしろを飛び跳ねるように追いかけてくる。それから一回、敏速な動きをしたかと思うと、あかちゃんを自分の頭の上に乗せ、ボートから身を乗りだして手を揺らしているわたしたちのほうへあかちゃんを送り込む。何度もなんども母親はこれを繰り返し、あかちゃんは母親の広い頭から転がり落ちて泡を吹き、荒い息をしながらわたしたちの目を覗き込む。ときどき口を開けて——まだ新しくて汚れのない、輝くようなヒゲを見せ、それから頭や大きな歯茎、長い顎を人間が撫でやすくするために自分で向きを変える。子どものクジラを撫でると、ビニールカバーのついた船のスポンジシートか、水に浮くボートのキーチェーンのような手触りがした。母親は二度、やさしくボートを持ち上げ、また元に戻した。少なくとも五、六回、この若いクジラは、ただ撫でられたりさすられたりするだけのためにわたしたちの手元までやってきて、長く切れ目のないアイコンタクトをしてくる。大きく息を吐いたかと思うと、こちらへ向かって目を輝かせて潮を吹き、わたしをびしょ濡れにさせた。冗談でやっているのだろうか？　はっきりとはわからない。でも、彼の好奇心と遊び心はまちがいなかった。まるで世界一大きな幼児のように見えた。

広大なラグーナ・サン・イグナチオでフレンドリーなクジラをこちらから探すのは不可能だ――クジラは、ホエールウォッチングのボートが行ける限界領域を含むラグーンのどこにいるかわからない。クジラたちに会うための唯一の方法は、中央まで一気にボートを走らせるか、ゆっくりと操縦して、好奇心旺盛なクジラのほうから「ボートに」近づいてくるのを待つだけだということをガイドは知っている。

こうしたすべてのことで特に驚くのは、コククジラが八十年、もしかしたらそれ以上長生きするということだ。(10)パチコや他の漁師に最初に近づいて来たフレンドリーなクジラたちは、捕鯨の歴史と同じくらい古い。彼らとその母親や父親は、このラグーンがハンターやボートで揺れ動き、クジラや人間たちの血で海水が赤く染まったときも、この同じラグーンで命をかけて闘っていたのかもしれない。

「ここに初めて来たとき、ボートにいちばん最初に近づいてきたクジラはわたしの〝パンガ〟の真横まで来ました。わたしが水中に手を入れると、その下にクジラが頭を滑らせてきたのですが、そのとき、彼女の脇腹に銛でさされた痕があるのが見えました。わたしはひどく驚きました。このクジラは人間に攻撃されるということがどういうことなのか知っているにも関わらず、わたしに近づいてきたのです」

とフロホフは語った。

なぜクジラが人間に近づいてくるかは、いまも謎のままだ。いくつか、一時的に浮上した説がある。そのひとつは、クジラがボートと人間の手をヘチマスポンジのように使って、からだについたフジツボ（エボシガイ）を取ろうとしているのかもしれないというものだ。しかし、何かをこすりとるほど強く頭を擦り寄せてはこないし、力を入れて擦りつけてきたらボートが転覆してしまう。そもそもそうした光景を見たことがある人は捕鯨が終了して以来だれひとりいない。また、漁師が秘密裏にクジラに餌を与えているのではないかといった別の説もある。しかしメスは、授乳中はものを食べないし、子どもは母親のミルクしか飲まない。晩冬と初春には一日じゅう毎日クジラといっしょに過ごし、彼らを巧みに操って個々の行動について知識を深めているホエールウォッチングのガイドや漁師にも、彼らなりの自説がある。

ジョナス・レオナルド・メザ・オテロは、成人してからの人生のすべてを、この生き物を見にきた人々を案内することに捧げ、その答えの少なくとも一部はわかると信じている。ある日の夕方、ビーチの折りたたみ椅子に座ってドスエキス［メキシコ産のビール］を飲みながら数百メートル先の沖合にいるクジラを眺めていたとき、彼はこう言った。「彼らは好奇心旺盛なんだと思います。そして同時に、ここは安全だということも知っています。母親が子どもたちに、人間とはどういうものかを教えているのでしょう。教訓を与えているのです。それにおそらく、ここでやることといえば子どもの乳をあげることだけなので、母親たちも退屈しているのでしょう。だからわたしたちは言わば、何か他にやることを母親たちに与えているのです」

こうしたクジラとのフレンドリーな交流は、バハのラグーンだけで起こっていることは確かだ。同じクジラが北へ向かっているため、アメリカやカナダの海岸にも点在しているはずだが、このラグーンでやっているような人間との交流は他ではやらない。

また別の理論もある。母親が子どもたちにボートについて教えているというものだ。コククジラの子どもを餌とするシャチを別にすれば、このラグーンを離れたが最後、クジラの移動経路沿いにあるボートとの衝突は命に関わる最大の脅威だ。

「これを否定する人たちのなかには、このクジラたちは現在のラグーンの平和な雰囲気と、過去に起きたこととのあいだの違いがわかるほど知性がないし、人間が自分たちに痛みと死をもたらす可能性があるということを覚えていられるほど賢くはないと主張する人もいるかもしれない。しかしこうしたクジラについてわたしたちが実際にもっている限られたデータのみならず歴史的証拠がある以上、わたしたちは別の考えかたをせざるを得ないのです」とフロホフは言う。

たとえば、あるエリアを避ける方法――あかちゃんクジラをさらおうとするお腹を空かせたシャチや、人間の捕獲者に出くわしたりボートに当たったりする可能性が高いような、特に危険な場所には近づかないなど――を学ぶクジラについては数多くの説がある。フロホフは彼らの記憶を自己防衛的行動と名づけ、長期にわたる移動で生き延びるためにクジラは知性を持ち、すばやく評価をし、決断を下さなければならないと論じている。

捕鯨という極度の暴力は、この動物のなかに種レベルの精神的トラウマのようなものを植えつけたとも言えるかもしれない。しかし、おそらくそうではないのだろう。クジラの社会、コミュニケーション、そして認知に関する研究が示しているように、多くの種の海洋動物が文化や言語を持ち、複雑な社会に属している。[11] 彼らは長いあいだ生き延びている。そしてどこで危害を受け、どこで安全と感じたかということを記憶する能力は、クジラの生存にとって鍵となるのだ。人間の手による大量殺戮は、彼らの歴史において重要な出来事だった。[12] かつて水中での殺戮がおこなわれた場所でわたしたちに近づこうとするクジラの選択は、わたしたちの歴史において重要な出来事なのだ。

わたしたちはこのクジラの行動を、立ち直る力や回復力、またはそれをある種の赦しとして擬人化することもできるだろう。少なくとも、クジラは愛情や遊び心のある好奇心の表現のように見える何かをしているのだ。自由に生きるクジラのあかちゃんが母親といっしょに海の奥深いところから出てくるのを見たこと、そして彼女の催促で互いに目を合わせたことは、わたしの人生のなかで最も力強いと同時に神秘的な出会いのひとつだ。というのも、それが選択から生まれたものだったからだと思う。おそらく他に見るものがないから、餌がほしいから、わたしを怖がらせようとしているからといった理由でアイコンタクトをしてくる水族館のベルーガや動物園に住むパンダ、そして近所に住むチワワとは異なり、バハのクジラは、わたしが彼らに向けるものと同じ驚きと好奇心でもって、わたしを見つめているのだと確信できる。

わたしがバハを去ってから春が来て、夏が過ぎてゆくあいだ、わたしはあの子どものクジラと母親が、コンテナを乗せた船や海軍船、シャチの小群を巧みにかわしながら北極に向かっている姿を想像した。彼らは座礁するために岸辺へ向かうイルカや、自信に酔いしれたカワウソ、開水域へと向かう取り乱したアザラシの横を通りすぎていったのだろうか。しかし何よりもまず、わたしは他の動物との出会いについて考え、こうした交流をもっとバハの人間とクジラのような関係にするために自分たちに何ができるかを考えた。危害を加えないようにするだけでなく、わたしたちの過ちを正すことを積極的に模索することで、捕獲された動物と野生動物の双方の精神的健康により良い影響を与えることができるのではないだろうか？

これは少し一般化しすぎているかもしれないが、過去一世紀にわたるわたしたちの野生動物に関する考え方の大半は、ふたつの相反する哲学的立場に分類することができる。すなわち、野生動物を完全に放っておくか、それとも彼らを狩ったり、悩ませたり、絶滅させたり、飼い慣らしたりするかのいずれかだ。人間を野生動物に近づけないようにしたり、彼らの棲処を人間から隔離したりといった法律を流通させる筋金入りの保護的アプローチも、または、野生動物や彼らがよりどころにしている場所に人間が自由に近づくことを許すといったその逆のアプローチも、いずれもうまくはいっていない。わたしたちが動物を完全に放っておくことができないのは、ずっと彼らと共にこの世界を満たし、彼らと共に行動してきたからだ。それに、わたしたちは動物が周りにいて欲しいと思うし、彼らのなかにもわたしたちといっしょにいたいと思うものもいるだろう。

オリバーはこのことをわたしに教えてくれた。モーシャ、ヌーン・ニーイング、そしてジジでさえも。こうして積み重ねられてきたすべてのストーリーの重さが、他の動物の精神的健康にもっと注意を払うべきだということをわたしに確信させた――というのも、彼らにとって良いことは、多くの場合わたしたちにとっても良いことだからだ。多くの人間がすでにこの責任を負っている。その観察結果――エグゼクティブモンキー、神経症のイヌ、リラックスしたラット、取り乱したアザラシなどの観察――は、破綻をきたした自分たちの心についてわたしたちがどう考えるか、そしてそれらをどうやって縫いあわせて元どおりにすることができるかということにひそかに影響を与えてきた。

オリバーを理解しようとすることによって、わたしは自分自身と、人間と、自分のまわりにいる動物に少しだけやさしくなれた。ブタやハトに親近感を覚え、その親近感を「心から」感じると、わたしたち自身のなかにある動物である自分と、その愛情をほんの少しでも共有せずにはいられない。もちろん例外はある。アドルフ・ヒトラーは飼っていたジャーマンシェパードのブロンディをあまりに愛していたので、戦争の最後の数週間、自分の身の危険も顧みず、掩蔽壕《えんぺいごう》を抜け出して彼女を散歩に連れ出した[13]。金正日は自分のシーズー犬とプードルに何十万ドルもの金を貢ぎ、フランスの獣医のところまで飛行機で飛んでいって治療させたり、自分の食事の皿から食べものの一部を与えたりしていたと言われている（このイヌたちは、北朝鮮の大半の人民よりも良いものを食べていたことはまちがいない）[14]。しかしほとんどの人にとって、滅私的に他の生き物を愛するということは、他の人間を愛することにも心をオープンにしているということだ。人間もパンダやウシ、シーズー犬と同じく動物なのだから。だからこそ、わたしは女性を蔑視する動物愛護運動家や、「ホモ・サピエンス」は本質的に他のどんな種よりも腐敗していると考えたりする人を決して信じない。人権を擁護する人は、そもそものはじめから動物愛護運動家なのだ。その逆もまたしかりであるべきだ。オリバーがこれをわたしに教えてくれたというよりも、彼を亡くしたことで初めてわたしはそのことに気づかされた。

恥をしのんで認めると、オリバーの遺灰が最終的にどこへ行ったのか、わたしには定かではない。ジュードはわたしよりも先にボストンに戻り、どんぐりがプリントされたオリバーのにおいのする網目模様のエリザベスカラーと丸型のベッドとともに遺品を整理するという辛い任務を引き受けた。ジュードはこのカラーをマサチューセッツ州西部の森へもっていき、岩の上にひっかけ、その場を立ち去ったことをわたしは知っている。どの森なのかはわからない。とてもじゃないが聞けない。

これが、わたしたちが自分と最も近しい人間や動物を愛する方法なのだ。彼らを失うと、その痛みは過酷なまでに感覚に訴えてくる。わたしはいまでもオリバーの耳を、彼の前足の感覚を、手に取るように思いだすことができる——ザラザラで放射状に広がった肉球、そのあいだを埋める柔らかで軽い毛。首元のにおい、野性的だけどどこかほっとするような、ワシントンD.C.にあったわたしたちのアパートのパイン材の床のようなにおい。

彼が死んでから何年ものあいだ、オリバーのことを考えると、じめじめとした、冷たい、罪深い国を訪れているような感覚に陥った。なるべく考えないようにした。そのかわり、他の実在する国々を旅してまわった。ゾウやオウム、ネコやクジラ、ウマやアザラシと会った。彼らの隠れ場所、羽、毛皮、肌に触れるたびに、わたしはオリバーを感じていた。

そしてわかったのは、その罪深い国は人間でいっぱいだということだ。あまりにも多くの人間がそこにいて、もしもっと頻繁にイヌを公園に連れて行ってあげたら、最初のネコがひどくいやがった二匹目のネコを引き取っていなければ、イグアナの水槽をもっとたびたび掃除してあげたら、ハムスターにプラスチックのボールでもっと遊ばせてあげれば、最初にそうしようと思っていたのと同じくらい、たくさんウマの背中に乗ってあげたら、どうなっていただろうなどと考えながら、答えを求め、自分自身を責めている。動物の狂気は、それでもわたしたち人間のせいではない――いや、少なくとも常にそうとは限らない。わたしたちがベッドやソファや裏庭、そして深い愛情を分かち合っている生き物たちの世話となれば、わたしたちの大半は彼らのために全力を尽くそうとする。実際、想像できるよりもっと一生懸命努力しているのだ。なかには、努力する心が打ち砕かれる人もいれば、貯金を使い果たしてしまう人、クレジットカードで病院代を払い、請求書が届く前に何とか救済策を見いだそうとする人もいる。わたしたちには善意がある。ただ、何をしてもまだ足りないと思うのが人間なのであり、なかには願うことだけではどうすることもできない問題もあるのだ。

これではわたしたちが窮地を脱することにはならない。他の生き物との生活の構造的要素には、無用の苦しみを引き起こすものがたくさんあり、その多くが、簡単にやめることができるはずのものなのだ。たとえばゾウに絵を描くことやダンスやサッカーを教えるのをやめるとか、チンパンジーをコマーシャルに出したり、キリンを長編映画に出演させるのをやめたりすることはできる。国営の動物園を閉鎖し、少なくともアメリカの主要都市でゴリラやイルカ、ゾウなどの外来動物を見ることはわたしたちの権利だとして自分を正当化するのをやめることもできる。檻や水槽のなかで動物を飼うことは、特にそれがしばしば彼らの正気を犠牲にすることはたしかなのだから、人間が互いに動物について教育したり教えあったりする絶好の方法だと確信するのをやめることもできる。そのかわり、こうした動物園やその他の施設を、しばしばわたしたちがいることで怯えてしまうようなペットや野生の動物、ウマ、ロバ、リャマ、ウシ、ブタ、ヤギ、ウサギ、そしてアライグマやラット、リスやハト、フクロネズミといった生き物と人間が関わりあいをもつことのできる場所に変えることはできる。ホッキョクグマのプールをふれあい動物園に変えたり、教育的な農場や都会の酪農場、野生動物のリハビリセンターなどを建てて、都会に住む子どもやおとながボランティアをしたり、チーズづくりや養蜂、ガーデニング、獣医学、野生動物の生態学、畜産などを学ぶクラスを取ることができるようにしてみてはどうか。

それに、わたしたちのたくさんのペットを、最終的に薬物治療に頼るような生活に導くのをやめることもできる。もっと多くの時間をペットといっしょに散歩したり遊んだりすることに費やし、携帯をいじったり、メールをチェックしたり、テレビを見たりする時間を減らすこともできる。心のなかで世話しきれないことがわかっていたり、彼らのなかに、そしてその狂った行動のなかに、自分に跳ね返ってくる自分自身の不健康な習慣があることに気づいていたりする生活に、ペットを持ち込むのをやめることもできる。

そして、水中で生きる生物の心を真に認める準備をすることもできる。イルカやクジラ、その他の海洋生物は、わたしたちの活動によって文字どおり狂気へと導かれる可能性があるということを認め、彼らの聴覚や移動経路、水質や食物源を保護するためのより一貫した努力をすることもできるはずだ。なぜなら結局のところ、それはわたしたち人間にとっても良いことなのだから。

精神疾患をもつブタやニワトリ、ウシの肉を食べることをやめたり、あまりに残酷なために制度的拷問に等しい企業農業の慣行を廃止したりすることもできる。精神障害を患うミンクやキツネ、クロテンやチンチラの毛皮からコートをつくることをやめ、たったひとりで閉じ込められ、不快きわまりない環境に身を置いている実験動物を使って薬物や化粧品、医薬品をテストすることをやめることもできる。

そして最も重要なのは、程度の差こそあれ、人間も結局は動物の一種にすぎないというダーウィンの信念でもって永続的な平和を築くことができるかもしれないということだ。こうした変化は簡単ではないし、すぐさま実現できることでもないだろう。それにはカメレオンのように自分を変えるパワー、ラバのような強い意志、渡り鳥のような忍耐力、そしてヒトの創造力と深い同情が必要だ。そうするだけの価値はきっとある。

あとがき

本書が最初にこの世に出てから、わたしは自分が知らなかったすべてのことに、ただ容赦なく驚かされてきた。その多くは、オレゴン州ポートランドでのこの本のプロモーション中に引き取った、がんこで、とらえどころのない秋田犬のミックス、シーダーの世話を手伝ってもらうために雇ったドッグトレーナーから教わった教訓に要約できる。

「ベターネイチャードッグス」とか「パーフェクトパウズ」といった商号で活動するトレーナーの長いリストからリサ・ケイパーを選んだのは、電話で最初に口にした「わたしはイヌに芸は教えません」という言葉の〝芸〟の部分を、彼女が軽蔑するように引き延ばして言ったからだった。「わたしのゴールは、自分が何を期待されているか知っていて、だからこそ自分は安全だと感じることのできる自信に満ちた、おだやかなイヌに育てることです」。チェリーレッドのコンバーチブルに乗って最初の約束の日に彼女が現れたとき、飼い犬のカタフーラミックスのロキは、後部座席で嬉しそうに彼女を待っていた。ルーフが閉じていたにも関わらず。わたしたちの話が一時間以上続いたにも関わらずだ。

料金はわたしの月々の食費に相当するくらいだったけれど、彼女にはいくらでも支払いたい気もちだった。小切手を書くことが平和と幸福の保証になるなんて、一生のうちにそれほどあるものではない。でもそのときは、そしていまも、これがそのまれな機会だとわたしは確信している。

リサは、飼い主とイヌが互いに抱いている期待――人間に飛びかからない、料理中はキッチンから離れている、お腹が空いていても冷蔵庫を舐めないといったルール――を明確にするため、シーダーとわたしを民間のブートキャンプに参加させた。わたしは乾燥したレバーの小片を、自分のウエストのあたりに取りつけたリップストップ生地の年季の入ったポーチから出してごほうびとして与えること、そしてわたしが愛情を込めて〝シーダーのＢＤＳＭ（拘束・体罰・加虐・被虐）ネックレス〟と呼んでいる先の尖ったカラーで圧力を加えることでこれらのルールを補強した。

シーダーは実際、若干の分離障害を患っていて、ひとりになるとキャンキャン鳴いたり吠えたりすることがあとになってわかった。時間とともに（そしてケージは安全な場所だと理解させる訓練を通じて）、シーダーはいまではずいぶんおだやかになった。わたし自身の不安症は現在進行形だ。シーダーとの生活が始まって最初の数ヶ月、わたしは窓にバリケードを張りたい誘惑に駆られた。これを認めるのは少し情けないことなのだが。そしてもっと情けないのは、全国を旅して、以前飼っていたイヌの不安症を助けてあげられなかった経験を人々に語るという活動をしながらも、いま飼っているイヌの〝これからなりそうな〟不安症を心配する自分を何とかするために他のだれかを雇わなければならなかったことだ。でも、そんなふうにしてわたしたちは学んでいくのだ。

本来ならば、シーダーのほうがオリバーよりもずっと何かに取り憑かれたり、強迫的になったり、悲しんだりする理由があるはずだ。彼は二度も捨てられた。そして他の人たち、おそらくその多くは彼を見捨てたのと同じ人間を、彼がかつては愛していたこともわたしは知っている。それなのに初めての人に会うと、この人は絶対に自分を悲しませるようなことはしないという自信でもあるかのように、どんな人にもあいさつをするのだ。これが彼を勇敢にし、無邪気にし、もしかしたらその両方の取り合わせにしているのかどうかはっきりとは言えないが、そんなことはどうでもいいのだろう。とにかく、わたしも彼のようになれたらと思うだけだ。

いつだったか、夕暮れ時にドッグパークまで歩いていくと、カウボーイハットをかぶった初老の男がシーダーの目に留まった。シーダーは興奮して正気を失わんばかりにリードを引っ張り、カウボーイハットの男を目がけてキャンキャン鳴き、吠えた。シーダーを男に近づかせると、背後でだれかが喘ぎ声をあげているのに気づいた男はこちらを振り向いた。シーダーはその場で凍りつき、尻尾を半分だけ振ったかと思うと、その姿勢を崩した。悲しそうには見えなかった――シーダーの注意は再びわたしと公園のほうへ向いた――しかし彼のなかで何かが驚くほど変わった。「ご主人さま、ご主人さま、ご主人さま！」彼はからだ全体でそう叫んでいるように見えた。でも何も起こらなかった。彼はこのことに対して、まるで禅の境地に達しているようだった。

わたしはちがった。わたしは憤怒と感謝の気もちでいっぱいになった。憤怒はこのかわいい生き物を見捨てた人たちに対して。感謝は彼らがシーダーを見捨てたことに対して。それからシーダーはリードをぐいと引っ張り、いつものようにわたしを前に進むよう促した。

なんとなく感じるのだが、どうやらわたしは、自分の親友はイヌですと言ってしまうようなたぐいの人間になってしまったのだと思う。あらゆる友情関係と同じように、わたしたちの友情はときに誤解とフラストレーションを起こしやすい。でもたいていは、代わる代わる互いを励ましたり、時間と注目に値しないようなことをそのまま放っておいたり、もっとおいしそうで、もっと興奮するような何か別なことに互いを向かせたりしている。わたしはオリバーのサービスアニマル（介助動物）だったのかもしれないが、シーダーとわたしは互いに心の支えになっている。

友人のロン・ホッジはガンダーという名の介助犬といっしょに暮らしている。魔法使いのようなひげに黒い目をした金色の毛のラブラドゥードル［ラブラドールレトリバーとプードルのミックス］だ。一九七三年から一九八一年まで、ロニーは軍事医療隊で働いていた。しかし市民生活に戻って二年が経ったある朝、目を覚ますと不安で手足が動かなくなり、家から一歩も出ることができなくなった。働くこともできず、眠ることもできなかった。日中はパニック障害に襲われ、夜は悪夢に見舞われた。安静時心拍数の値が毎分一二〇もあり、自殺願望もあった。心臓専門医に診てもらったところ、PTSDを患っていると告げられた。「高層ビルのバルコニーの端に立っている自分を想像してみてください。そこから落ちてしまいそうな恐怖を感じるでしょう？　いま、その恐怖の感情が四倍もの勢いで膨れ上がって、それを一日じゅう、毎日経験している感じです」[1]

二〇一二年、サービスアニマルを特集したテレビ番組を見てから、それまで一度もイヌを飼ったことのなかったロニーは、コロラド州デンバーにある「フリーダムサービスドッグス」という非営利機関に手紙を書いた。ガンダーはコロラド刑務所の女囚人からトレーニングを受け、その七ヶ月後に彼のところにやってきた。彼らは初日からうまが合い、ロニーの不安症と自殺願望は鎮静していった。彼とガンダーはいま、アメリカの退役軍人のための精神衛生サービスを唱道するため全国を旅しているが、「障害をもつアメリカ人法」により、公的な場所や、ガンダーを必要とする人々に彼がハグされたり、びっくりされたり、撫でられたりするかもしれない学校や病院、コミュニティセンターを訪れたときに、サービスアニマルを確実にサポートできるようにしている。関係性を築いてから二年が経つロニーとガンダーは、互いの感情にとてもうまく順応している。ロニーはＰＴＳＤだけでなく、おそらくは軍のヘリコプターから後方懸垂下降で降りた経験による高所恐怖症も患っている。当初、ガンダーはどんな崖っぷちであろうとビルの端っこであろうと、ロニーのそばに立って彼の気もちを落ち着かせていた。ところが次第に、ガンダーも高所恐怖症の兆しを見せはじめるようになった。自分の主人を注意深く見守っていたことからくる何かだったのだろう。「先日、わたしたちは駐車場ビルの上階にいました」とロニーは語る。「そしたら、ガンダーがものすごくそわそわしはじめたのです。また別のときには、ガラス張りのエレベーターを怖がったこともありました」

興味深いのは、ガンダーは高所恐怖症を患ったことによって悪い介助犬になったわけではないということだ。実際はその逆だ。ロニーはいま、ガンダーが不安に陥っているときに彼を落ち着かせることに夢中になるあまり、かつてのように自分自身の恐怖にエネルギーと注意を向けている場合ではなくなった。

「ＰＴＳＤを抱えていると不安で顔を上げることも難しい」と彼は言う。「ガンダーがその壁を壊してくれるのです。わたしは本来の自分に戻り、この世は善良な人々で満ち溢れているという考えを再びもつことができるようになりました。わたしは、愛犬が思っているとおりの自分になりたいのです」

わたしもそうだ。シーダーを決してがっかりさせないように全力を尽くすつもりだし、もしもがんばったのにがっかりさせてしまうことがあったら、わたしの過去のイヌたちが教えてくれたひとつひとつのことを思いだそう。

イヌに何かを聞くことはできるが、それほど多くは学べない
種と種のあいだの健全な関係性は、互いが満足する期待と一貫性のもとに築きあげられる
回復する力は学ぶことができるか、生来のものか、またはそのふたつの神秘的な組み合わせかのいずれかだが、程度の差こそあれ、動物はみなこの力を備えている
人間と動物が互いにいっしょにいられるということ、それは信じられないほど幸運なことだ

謝辞

本書の出版を実現してくれた人間と動物たちに、どんな種の「ありがとう」の言葉をもってしても、この感謝の気もちを言い尽くすことはできません。特にわたしの疑問に答え、ときにわたしを動物の仕事仲間に紹介してくれた動物園やシェルター、動物病院、保護区域のスタッフ、そして獣医のみなさん、あなたがたはわたしのヒーローです。

なかでも特に、あらゆるところで生きる動物たちの恐れなきチャンピオンでありコンパニオンでもあるメル・リチャードソン博士、アトランタ動物園のヘイリー・マーフィ博士、パフォーミングアニマル・ウェルフェア・ソサエティ保護区域のパット・ダービーとエド・スチュワート、SFSPCAのダニエル・クワリョッツィ、タフツ動物行動クリニックのニコール・コッタム、海洋哺乳動物センターのクルーリーダー、ボランティア、スタッフの皆さま、ミスティック水族館のシロイルカ飼育員の方々、ブロンクス動物園のコンゴゴリラフォレストのボランティアスタッフ、リック・オバリー、ダイアナ・ライス博士、ロリ・マリノ博士、オークランド動物園のゾウ飼育員の方々、キャサリン・マクラウド、サンフランシスコ動物園のボランティアガイドの皆さん、エリーゼ・クリステンセン博士とその患者の皆さま、国際海洋哺乳動物トレーナー協会、ジョゼフ・ルドゥー博士、ルース・サミュエル、アン・サウスコーム、ダナ・ハラウェイ博士、フィービー・グリーン・リンデンとその仲間たち、ミルウォーキーカウンティ動物園のバーバラ・ベルとボノボたち、マイク・ミースとバッファロー・フィールド・キャンペーン、カリフォルニア科学アカデミーのパム・シャーラーとペンギンたち、ナイジェル・ロスフェルズ博士、ベアトリス・レイエス＝フォスター博士、ゲイル・オマリー、フランクリンパーク動物園トロピカルフォレストのスタッフの皆さん、特にポール・ルーサー、そして、すべての国のゴリラの親愛なる友人であり、群れのメンバーであるジャニーン・ジャックルに感謝します。

タイでは、ジョディ・トーマス、ピ・サローテ、レック・チャイラート、プリーチャ・ファンカム博士、リチャード・レイア、ゴーン、パラディー、ピ・ポン、ピ・ソム・サック、ジルケ・プルースカー、マティー・イレル、プラ・アージャン・ハーン・パニャタロ、アン・ティダラット・ジサルーク、ジェフ・スミス、パック博士、ジョキア、ララ、メー・パーム、モーシャ、ヌーン・ニーイング、メー・ブア、そしてテン・モーに深く感謝したい。エレファントネイチャーパーク、フレンズオブアジアエレファントホスピタル、タイ象保護センター、スリン・プロジェクト、バーンタクラン村の皆さま、そしてタイに住むゾウたち、ありがとうございました。

メキシコでは、バハ・ディスカバリー、ホエールウォッチングのガイドの〝パンジェロ〟、そしてラグーンを守るために献身している数多くの協力者の皆さま、マジョラル一家、マルコス・セダノ、ルピータ・ムリジョ、モロ、トニ・フロホフ博士、ニナ・カチャドゥーリアン、そしてわたしに会いに来てくれたクジラたちに感謝します。

そして、シンシア・ザーリング博士、キャサリン・キーリング、ハリー・プローゼン博士、マイケル・マフソン博士、フィル・ウェインスタイン博士、ラルフ・ニクソン博士、バーバラ・ナターソン＝

ホロウィッツ博士、マリア・チミノ、デヴィッド・ジョーンズ博士など、〝人間〟を治療する医師、心理療法医、カウンセラーの皆さまにもお世話になりました。

また、貴重な文献をわたしに紹介し、実り多い方向づけをしてくださった以下の古文書保管係や司書の皆さまにも感謝します――野生動物保護協会アーカイブのスタッフ、バーバラ・マスとアメリカ自然史博物館の熱心な古文書保管係の皆さま、スミソニアン博物館のダリン・ランディ、カリフォルニア科学アカデミーの司書とリサーチャーの皆さま、ベスレム精神病院の古文書保管係、MITのヘイデン図書館、ハーバード大学ワイドナーライブラリー、シャロン・プライスのリサーチアシスタント、マシュー・クリステンセン、ブルック・ルヴァスール、そしてステラ・スミス＝ワーナー。

貴重なご指示をくださったMITのハリエット・リトヴォ博士、ステファン・ヘルムライク博士、歴史・人類学・STSプログラムの教授陣とスタッフ、カレン・ガードナー、そしてわたしの同僚の大学院の学生たちに感謝します。そしてハーバード大学のデヴィッド・ジョーンズ博士、ジャネット・ブラウン博士、サラ・ジャンセン博士、わたしの講義「犬、我々は彼らをどう知るか」の学生の皆さんにも感謝します。

本書を精読し、非常に貴重なご意見をくださったコロンビア大学のニューライトグループ、カール・スクーノヴァー博士、ジョン・ムーアレム、ヘッドランズライティンググループ、エリック・マーカス、社会人類学のためのマックスプランク協会、エティエンヌ・ベンソン博士、ダグ・マックグレイ博士、そしてキャリー・ドノヴァンに感謝します。本書の素材を直接試してみる機会を与えてくださった、シーナ・ナジャフィと『キャビネットマガジン』、『ポップアップマガジン』、TEDフェロープログラム、ヘッドランズセンターフォーアーツに感謝します。

リサーチサポートをしてくださったMITの歴史・人類学・科学・技術・社会プログラム、アメリカ国立科学財団のIGERTプログラム、MIT先進ヴィジュアルスタディーズセンター、環境研究のためのジョン・S・ヘネシーフェローシップ、MITプレジデンシャルフェローシップ、コリーン・キーガン、ハーバード大学の科学史学部に感謝します。

比喩的にも物理的にも住む場所を提供してくれたレジーヌ・ベイシャとガブリエル・ペレス=バレイロ、アン・ハミルトン、エメット、マイケル・マーシル、バーバラ・マス、アンディ・サットンとコリン・ウィルキンズ、アン・ハッチ、ブリタニー・サンダースとロバート・ポリドリ、シャロン・メイデンバーグ、ホリー・ブレイク、ブライアン・カールに感謝します。

そしてこの人たちがいなかったら、わたし自身が狂った動物になっていたでしょう。カール・ピーターネル、ダナ・カーリン、シャロン・プライス、アン・ハミルトン、ジル&フィル・ウェインスタイン、レベッカ・グッドスタイン、ケイトリン・スウェイム、サミン・ノスラット、ナンシー・モーザー、マリア・バレル、オーリガ・マーティン、クウィン・カナリー、ブルック・ルヴァスール、ステファニー・ウォーレン、キャサリン&トラヴィス・キーリング、レイラ・アバウ=サムラ、パメラ・スミス、ダリオ・ロブレト、ジョアンナ・エベンスタイン、ケリー・ドブソン、クリスティーナ・シーリー、フロア・ヴァン・ド・ヴェルデ、エミリー・ウェインスタイン、マリア・デライク、オービー・バーニア=クラーク、トラヴィス・バーナム、そしてコンスタンス・ホッカデイ。また、許しではなく赦しを請うことを教えてくれたリゴ23にも感謝します。アミタフ・ゴーシュはオフィスアワーにわたしを招き入れ、生気を与えてくれました。キャスリーン・ヘンダーソンの絵画は、わたしをより良い〝動物〟にしてくれます。ありがとう。そして感謝し尽くせないのが、実在するジュードと彼の両親のメラニーとテリー。オリバーをあんなにも愛してくれてありがとう。どんなときも感謝しています。

バーニー・カープフィンガーは本質を見抜く力をもつチョウチンアンコウのように、深みを照らしてくれます。動物の寓話集のなかでこれほど寛大な人はいないでしょう。プリシラ・ペイントン、もし編集者がゾウだったら、あなたこそ最も賢く、最も強い編集者でしょう。あなたといっしょに仕事ができたことをとても感謝しています。そしてジョナサン・カープ、シドニー・タニガワ、アン・テイト・ピアース、ダナ・トロッカー、ソフィア・ジメネス、ケリン・パターソン、本書の出版社サイモン&シュスターの愛書家の皆さま、ありがとうございました。

最後に、リン&ハワード・ブレイトマン、ロブ・モーザー、ジェイク&アリス・ブレイトマン。この家でロバを飼わせてくれたことが、わたしのいまの仕事につながったのだと思います。そしてその他ありとあらゆることにも心から感謝しています。あなたたちがいなかったら、どんな言葉も生まれていませんでした。

訳者あとがき

本書（原題『*Animal Madness: Inside Their Minds*（動物の狂気——その心のなかを探る）』は二〇一五年にサイモン&シュスター社から刊行され（ペーパーバック版）、『ニューヨークタイムズ』のベストセラーにランクインし、テレビやラジオなどさまざまなメディアで取り上げられて話題となった。著者ローレル・ブレイトマンは生物学を研究し、MITで科学史の博士号を取得した歴史学者であり、科学人類学者である。本書を執筆するきっかけとなった、心を病んだ愛犬オリバーの死という経験を、著者は個人的なできごととして終わらせず、社会問題として捉え、七年という長い年月をかけて動物の心と行動を探求する旅に出た。ダーウィンの進化論に始まり、現代の動物行動学者やタイの象使い、その他多くの人や動物との出会いを経て著者が至った境地は、脱人間中心主義と動物への共感である。

私の机の上には、十年前にこの世を去った猫のプーの写真が飾られている。プーという名前は「くまのプーさん」から来たわけではなく、生後三ヶ月で我が家にやってきた当初、文字通りオナラばかりしていたという理由からだ。猫もオナラをするものかと当時は微笑ましく思っていたが、プーとしばらく付きあっていくうちに、あれはもしかしたら極度の緊張から来るものだったのかもしれないと思うようになった。プーはオナラだけでなく、下痢も繰り返していた。出会いは、とある公園のフリーマーケット。里親を探しているという仔猫が五匹、透明の衣装ケースの中で身を寄せ合っていた。何度もその前を通り過ぎ、そのたびに一匹、二匹と誰かにもらわれていき、夕方まで残っていた最後の一匹がプーだった。衣装ケースの片隅でぶるぶる震えながら、人と目を合わせるのを断固拒否します、とその小さな背中が訴えているようだった。なぜそんな愛想のない、頑固で臆病な猫を引き取ることになったのか、理由ははっきりとは覚えていないし、理由などなかったのかもしれない。気づいたらプーは、一日の大半を私の膝の上で過ごすようになっていた。ただでさえ怖がりで神経質だったにもかかわらず、プーは飼い主の都合で頻繁に国内を車で移動し、飛行機にも無理やり乗せられ、数年の海外生活を余儀なくされ、帰国して数年後に乳腺がんでこの世を去った。

本書を訳しながら、私はずっとプーのことを、そして彼女に与えてしまったストレスのことを考えていた。本文のボリュームのみならず、その膨大な注釈を見れば、著者がどれほど綿密に、そして真摯に動物の心と向き合い、どれほどその作業に没頭していたかを垣間見ることができる。愛犬オリバーの死後、彼女が研究に捧げた七年間は、動物と人間の関わり合いを考え直すための年月であったと同時に、オリバーを理解し、納得した上で、彼をほんとうの意味で葬るために必要な七年間だったのかもしれない。

動物園のトラやライオンが、檻のなかを行ったり来たりしている光景は日常茶飯事だ。生後六ヶ月で一般公開に至ったパンダは、浮かれ気分の世間とは裏腹に、毎日どれほどのストレスを感じていただろうと思うと心が痛む。ペットショップでは、狭いケージに入れられた犬が自分の便を食べる姿も何度となく目にしてきた。本書を読むと、プーと暮らした日々だけでなく、今この瞬間も、世界のどこかで心の病に苦しんでいる動物たちのことが目に浮かぶ。それは、離れて暮らす両親や家族、友人たちを思い浮かべるときの気持ちとどこか似ているような気がする。

「愛する動物にできる最高のことは、擬人化することなのかもしれない」と著者はＴＥＤトークで語っている。タイの象やバハ・カリフォルニアのクジラなど、どれほど裏切られようとも人間に歩み寄ろうとする動物の姿に私たちが感動をおぼえるのは、彼らの心を理解しようとする共感と擬人化が引き起こすものに他ならない。そしてそれは、最終的には私たち人間の心を理解することにもつながるのだ。

最後になりましたが、このすばらしい本を発掘し、翻訳を依頼してくださった青土社の篠原一平氏と福島舞氏に御礼申しあげるとともに、数々のご指摘とアドバイスに心から感謝いたします。

二〇一九年一月

飯嶋貴子

註

○はじめに

1 Gruber, "Darwin on Man," Roy Porter, *Mind Forg'd Manacles: A History of Madness in England from the Restoration to the Regency* (London: Athlone Press, 1987), 37, 268 内に引用。

○第1章

1 William Coleman, *Biology in the Nineteenth Century: Problems of Form, Function and Transformation*, Cambridge Studies in the History of Science (Cambridge, UK: Cambridge University Press, 1978), 121–22.

2 Lorraine Daston and Gregg Mitman, eds., *Thinking with Animals: New Perspectives on Anthropomorphism*, new ed. (New York: Columbia University Press, 2006).

3 精神疾患は『人及び動物の表情について』の重要な部分でもある。というのもダーウィンは、（彼が言うところの）精神障害者は感情を研究する上でよりいっそう純粋な資料だと考えていたからだ。ヴィクトリア朝時代の健全な人々と同様、彼もまた、あらゆる種類の社会的規範と抑制という考えに取りつかれており、精神病院にいる多くの人々は適切な感情的抑制の束縛から解放され、ほんものの自分というものをよりいっそう表現していると、おそらくは正当に考えていた。

しかしながらダーウィンは、彼の時代の多くの医者が考えていたように、こうした人々を倫理的に破綻した者としては見ていなかった。そのかわり、精神異常者を単に自意識的でなく、自分自身に気づいておらず、自己という概念に欠けている人として見ていた。彼らは自意識が強くないため、自分を恥ずかしがることができず、したがって感情表現において野放しにされていたのだ。これによって精神異常者は、絶望や怒り、恐れなどが〝ほんとうは〟どう感じられ、どう見えるかを知る上での完璧な研究対象になったのだとダーウィンは考えていた。そしてだからこそ彼は著書のなかで、人間における狂気の現象に多くの頁を割き、イヌが首まわりの毛を逆だてるように毛穴を開いて髪の毛を逆立てている、精神的に病んだ、気が動転した人間などのテーマについて論じ（この最後の点は観察実験に耐えていない）、精神病院の患者の写真をじっくりと研究した。Janet Browne, "Darwin and the Expression of the Emotions," *The Darwinian Heritage*, ed. David Kohn (Princeton, NJ: Princeton University Press, 1985), 307–26.

4 Charles Darwin, *The Expression of the Emotions in Man and Animals* (London: John Murray, 1872), 120.

5 Ibid., 58, 60.

6 Ibid., 129. ダーウィン自身は幸せそうなピューマやトラについての観察はしていなかったかもしれない。また泣くゾウも見たことがなかったかもしれない。そのかわり、いっしょに住んでいた動物、旅先で出会った動物、そしてリージェントパーク動物園で観察した動物たちに対する彼自身の入念な観察と、実際にこうしたピューマやトラ、ゾウを見た人々の手紙や公開されている観察を基にしていた。

7 Charles Darwin, *The Descent of Man, and Selection in Relation to Sex* (London: John Murray, 1874), 79.

8 これは二〇一〇年から二〇一一年にかけて「ダーウィン・コレスポンデンス・プロジェクト」(http://www.darwinproject.ac.uk/) で実施された調査、および二〇〇九年から二〇一〇年のジャネット・ブラウンとデヴィッド・コーンとの個人書簡ならびにダーウィンの出版物内の引用の慎重な読解に基づく。

9 Richard Barnet and Michael Neve, "Dr Lauder Lindsay's Lemmings," *Strange Attractor Journal* 4 (2011): 153.

10 W. Lauder Lindsay, *Mind in the Lower Animals, in Health and Disease*, vol. 2 (New York: Appleton, 1880), 11–13.

11 Ibid., 14.

12 *Mind-Forg'd Manacles*, 121–29.

13 John Webster, *Observations on the Admission of Medical Pupils to the Wards of Bethlem Hospital for the Purpose of Studying Mental Diseases*, 3rd ed. (London: Churchill, 1842), 85–86.

14 Lindsay, *Mind in the Lower Animals*, 18–19.

15 Ibid., 131–33.

16 Mark Doty, *Dog Years: A Memoir* (New York: Harper, 2007), 2–3.

17 R. W. Burkhardt Jr., "Niko Tinbergen," 2010, http://www.eebweb.arizona.edu/Courses/Ecol487/readings/Niko%20Tinbergen%20Biography.pdf (August 5, 2012); Richard W. Burkhardt Jr., *Patterns of Behavior: Konrad Lorenz, Niko Tinbergen, and the Founding of Ethology* (Chicago: University of Chicago Press, 2005).

18 Heini Hediger, *Wild Animals in Captivity* (London: Butterworths Scientific, 1950), 50.

19 Jaak Panksepp, *Affective Neuroscience: The Foundations of Human and Animal Emotions* (New York: Oxford University Press, 2004), 3.

20 http://www.youtube.com/watch?v=j-admRGFVNM (May 1, 2013).

21 Barbara Natterson-Horowitz and Kathryn Bowers, *Zoobiquity: The Astonishing Connection Between Human and Animal Health* (New York: Vintage, 2013), 95.

22 "Science of the Brain as a Gateway to Understanding Play: An Interview with Jaak Panskepp," *American Journal of Play* 2, no. 3 (Winter 2010): 245–77.

23 Panksepp, *Affective Neuroscience*, 13, 15.

24 代表的な例は Isabella Merola, Emanuela Prato-Previde, and Sarah Marshall-Pescini, "Dogs' Social Referencing towards Owners and Strangers" PLoS ONE 7, no. 10 (2012): e47653.

25 Jonathan Balcombe, Second Nature: The Inner Lives of Animals (New York: Palgrave Macmillan, 2010), 47.

26 Jason Castro, "Do Bees Have Feelings?," Scientific American, August 2, 2011, http://www.scientificamerican.com/article.cfm?id=do-bees-have-feelings; Sy Montgomery, "Deep Intellect," *Orion*, November–December 2011, http://www.orionmagazine.org/index.php/articles/article/6474/; "What Model Organisms Can Teach Us about Emotion," *Science Daily*, February 21, 2010, http://www.sciencedaily.com/releases/2010/02/100221084321.htm; Balcombe, *Second Nature*.

27 神経科学と感情科学の内部で、「情動（emotion）」と「感情（feeling）」のあいだの違いについてより一般的な区別がなされてきた。たとえば、アントニオ・ダマシオとジョゼフ・ルドゥーは「情動」はかならずしも意識的状態ではないが、一方で「感情」はおそらく、情動を理解しようとするわたしたちの心の結果であると論じている。たとえば以下を参照。Antonio R. Damasio, *Descartes' Error: Emotion, Reason, and the Human Brain* (New York: G. P Putnam, 1994), 131–32, 143.

28 Ibid.

29 ロリ・マリノ、個人書簡、May 4, 2011.

30 Balcombe, *Second Nature*, 46.

31 これは少し違うかもしれないが、わたしは鏡やガラスの引き戸、オーブンの反射する表面に映る自分の姿に混乱するイヌを見たことがない。おそらく若干頭の悪いイヌのなかには、鏡のなかの自分に向かって吠えたり、くんくんにおいを嗅いだりするものもいるかもしれないが、ほとんどのイヌはそうしない。このことは、鏡に映ったイヌを〝自分自身〟として見ているということの証明にはならないが、そうではないという証明にもならない。

ヨウムは鏡を道具として利用して、どこに食べものやおもちゃがあり、遊び仲間がいるかという情報を得ようとするが、鏡に映る自分を見ながら毛づくろいするかといえばかならずしもそうではない。オウムは鏡のなかの自分を認識している可能性があるが、どちらかといえば鏡のなかの別の情報（知っている人間が自分のうしろでフルーツサラダをつくるのに忙しくしている、など）のほうを気にかけている。類人猿でさえ、チンパンジーが鏡のなかの自分を認識できるかどうかは、個々のチンパンジーによって異なる。同じことがゴリラにも当てはまる。D. M. Broom, H. Sena, and K. L. Moynihan, “Pigs Learn What a Mirror Image Represents and Use It to Obtain Information,” *Animal Behaviour* 78, no. 5 (2009): 1037; I. M. Pepperberg et al., “Mirror Use by African Gray Parrots (Psittacus erithacus),” *Journal of Comparative Psychology* 109 (1995): 189–95; G. G. Gallup Jr., “Chimpanzees: Self-Recognition,” *Science* 167 (1970): 86–87; V. Walraven, Van L. Elsacker, and R. Verheyen, “Reactions of a Group of Pygmy Chimpanzees (Pan paniscus) to Their Mirror Images: Evidence of Self-Recognition,” *Primates* 36 (1995): 145–50; D. H. Ledbetter and J. A. Basen, “Failure to Demonstrate Self-Recognition in Gorillas,” *American Journal of Primatology* 2 (1982): 307–10; F. G. P. Patterson and R. H. Cohn, “Self-Recognition and Self-Awareness in Lowland Gorillas,” in *Self-Awareness in Animals and Humans: Developmental Perspectives*, ed. S. T. Parker and R. W. Mitchell (New York: Cambridge University Press, 1994), 273–90.

32 Philip Low, “The Cambridge Declaration on Consciousness,” ed. Jaak Panksepp et al., Cambridge University, July 7, 2012.

33 Panksepp, *Affective Neuroscience*, 13.

34 Paul Ekman, “Basic Emotions,” *Handbook of Cognition and Emotion*, ed. Tim Dalgleish and Mick J. Power (New York: Wiley, 2005), 45–60; John Sabini and Maury Silver, “Ekman's Basic Emotions: Why Not Love and Jealousy?,” *Cognition and Emotion* 19, no. 5 (2005): 693–712.

35 ヤーク・パンクセップは動物の行動の循環する解釈に対して警告している。Affective Neuroscience, 13.

36 Satou et al., “Neurobiology of the Aging Dog, “Brain Research 774, nos. 1–2 (1997): 35–43; Carl W. Cotman and Elizabeth Head, “The Canine (Dog) Model of Human Aging and Disease: Dietary, Environmental and Immunotherapy Approaches, “*Journal of Alzheimer's Disease* 15, no. 4 (2008): 685–707.

37 Dr. Ralph Nixon, Director of Center of Excellence for Brain Aging and Executive Director of the Pearl Barlow Center for Memory Evaluation and Treatment, New York University, 個人書簡。December 5, 2013.

38 Joseph LeDoux, “Emotion, Memory and the Brain: What We Do and How We Do It, “LeDoux Laboratory Research Overview, http://www.cns.nyu.edu/home/ledoux/overview.htm (June 7, 2012).

39 Jack D. Pressman, *Last Resort: Psychosurgery and the Limits of Medicine* (Cambridge, UK: Cambridge University Press, 1998), 13, 48–65.

40 Shorter and Healy, *Shock Therapy*, 35–41.

41 Ibid., 78–80.

42 P. Hay, P. Sachdev, S. Cumming, J. S. Smith, T. Lee, P. Kitchener, and J. Matheson, “Treatment of Obsessive-Compulsive Disorder by

Psychosurgery," Acta Psychiatrica Scandinavica 87, no. 3 (March 1993): 197–207; E. Irle, C. Exner, K. Thielen, G. Weniger, and E. Rüther, "Obsessive-Compulsive Disorder and Ventromedial Frontal Lesions: Clinical and Neuropsychological Findings," The American Journal of Psychiatry 155, no. 2 (February 1998): 255–263; M. Polosan, B. Millet, T. Bougerol, J.-P. Olié, and B. Devaux, "Psychosurgical Treatment of Malignant OCD: Three Case-Reports," *L'Encéphale* 29, no. 6 (December 2003): 545–552.

43 Gregory Burns, "Dogs Are People, Too," *New York Times*, Oct. 5, 2013. http://www.nytimes.com/2013/10/06/opinion/sunday/dogs-are-people-too.html?_r=0.

44 LeDoux, "Emotion, Memory and the Brain."

45 Jaćek Dębiec, David E. A. Bush, and Joseph E. LeDoux, "Noradrenergic Enhancement of Reconsolidation in the Amygdala Impairs Extinction of Conditioned Fear in Rats: A Possible Mechanism for the Persistence of Traumatic Memories in PTSD," *Depression and Anxiety* 28, no. 3 (2011): 186–93.

46 ルドゥーは、ラットには同種の構造がないため、大脳新皮質(ヒトや他の類人猿では――クジラやイルカ、ゾウの脳内にあるものと比べて――かなり大きい深い溝と皺の多い灰色の物質で、極端に複雑な思考を可能にする)と関係のある現象をテストすることはそれほど有益なことではないと論じている。Joseph E. LeDoux, 個人書簡、January 28, 2010.

47 Joseph E. LeDoux, "Rethinking the Emotional Brain," *Neuron* 73, no. 4 (Feb. 23, 2012): 653–676.

48 ルドゥーとの電子メール。November 7, 2009.

49 Martin E. Seligman and Steven Maier, "Failure to Escape Traumatic Shock." *Journal of Experimental Psychology* 74, no. 1 (1967): 1–9. ; Bruce J. Overmier and Martin E. Seligman, "Effects of Inescapable Shock Upon Subsequent Escape and Avoidance Responding," *Journal of Comparative and Physiological Psychology* 63, no. 1 (1967): 28–33.

50 Seligman, Martin E. "Learned Helplessness." *Annual Review of Medicine* 23, no. 1 (1972): 407–412.

51 Diana Reiss, *The Dolphin in the Mirror: Exploring Dolphin Minds and Saving Dolphin Lives* (New York: Houghton Mifflin Harcourt, 2011), 242–43.

52 個人書簡、Diana Reiss, February 5, 2014.

53 B. F. Skinner, "Superstition in the Pigeon," *Journal of Experimental Psychology* 38, June 5, 1947, 168–172.

54 Justin Gmoser, "The Strangest Good Luck Rituals in Sports," *Business Insider*, October 31, 2013.

55 Marc Bekoff, *The Emotional Lives of Animals: A Leading Scientist Explores Animal Joy, Sorrow, and Empathy—and Why They Matter* に引用。(Novato, CA: New World Library, 2008), 122.

56 Ibid., 123.

57 Robert M. Sapolsky, *A Primate's Memoir* (New York: Scribner, 2001); R. M. Sapolsky, "Why Stress Is Bad for Your Brain," *Science* 273, no. 5276 (1996): 749.

58 Robert M. Sapolsky, "Glucocorticoids and Hippocampal Atrophy in Neuropsychiatric Disorders," *Archives of General Psychiatry* 57, no. 10 (2000): 925–35; Robert M. Sapolsky, L. M. Romero, and A. U. Munck, "How Do Glucocorticoids Influence Stress Responses? Integrating Permissive, Suppressive, Stimulatory, and Preparative Actions 1," *Endocrine Reviews* 21, no. 1 (2000): 55–89; Robert M. Sapolsky, "Why Stress Is Bad for Your Brain," 749; Sapolsky, *A Primate's Memoir*.

59 Robert Sapolsky, Bekoff, *The Emotional Lives of Animals*, 124 に引用。

60 Donna Haraway, *Primate Visions: Gender, Race, and Nature in the World of Modern Science* (New York: Routledge, 1989), 231–32.

61 Harry Harlow and B. M. Foss, "Effects of Various Mother-Infant Relationships on Rhesus Monkey Behaviors," *Readings in Child Behavior and Development* (1972): 202; Haraway, *Primate Visions*, 231–32, 238–39.

62 Haraway, *Primate Visions*, 238–39; Harlow and Foss. "Effects of Various Mother-Infant Relationships on Rhesus Monkey Behaviors," 202.

63 Harry F. Harlow and Stephen J. Suomi, "Induced Depression in Monkeys," *Behavioral Biology* 12, no. 3 (1974): 273–96; B. Seay, E. Hansen, and H. F. Harlow, "Mother-Infant Separation in Monkeys," *Journal of Child Psychology and Psychiatry* 3, nos. 3–4 (1962): 123–32; H. A. Cross and H. F. Harlow, "Prolonged and Progressive Effects of Partial Isolation on the Behavior of Macaque Monkeys," *Journal of Experimental Research in Personality* 1, no. 1 (1965): 39–49.

64 Stephen J. Suomi, Harry F. Harlow, and William T. McKinney, "Monkey Psychiatrists," *American Journal of Psychiatry* 128, no. 8 (1972): 927–32; Stephen J. Suomi and Harry F. Harlow, ""Social Rehabilitation of Isolate-Reared Monkeys," *Developmental Psychology* 6, no. 3 (1972): 487–96.

65 Rachael Stryker, *The Road to Evergreen: Adoption, Attachment Therapy, and the Promise of Family* (Ithaca, NY: Cornell University Press, 2010), 14– 15; R. A. Spitz, "Hospitalism: An Inquiry into the Genesis of Psychiatric Conditions in Early Childhood," *Psychoanalytic Study of the Child* 1 (1945): 53–74; R. A. Spitz, "Hospitalism: A Follow-Up Report on Investigation Described in Volume I, 1945," *Psychoanalytic Study of the Child* 2 (1946): 113–17, "Attachment"" Advokids, http://www.advokids.org/attachment.html (March 23, 2012) より引用 ; John Bowlby, "John Bowlby and Ethology: An Annotated Interview with Robert Hinde," *Attachment and Human Development* 9, no. 4 (2007): 321–35.

66 Deborah Blum, *Love at Goon Park: Harry Harlow and the Science of Affection* (New York: Perseus, 2002), 50–52.

67 Frank C. P. van der Horst, Helen A. Leroy, and René van der Veer, "'When Strangers Meet': John Bowlby and Harry Harlow on Attachment Behavior," *Integrative Psychological and Behavioral Science* 42, no. 4 (2008): 370–88.

68 Van der Veer, "'When Strangers Meet.'"

69 Friends of Bonobos, "The Sanctuary" (February 2, 2012) http://www.friendsofbonobos.org/sanctuary.htm.

70 "Why Have So Many Dogs Leapt to Their Death from Overtoun Bridge?," *Daily Mail*, http://www.dailymail.co.uk/news/article-411038/Why-dogs-leapt-deaths-Overtoun-Bridge.html (January 9, 2014).

71 James Dao, "More Military Dogs Show Signs of Combat Stress," *New York Times*, December 1, 2011; Lee Charles Kelley, "Canine PTSD: Its Causes, Signs and Symptoms," *My Puppy, My Self, Psychology Today*, August 8, 2012; Monica Mendoza, "Man's Best Friend Not Immune to Stigmas of War; Overcomes PTSD," July 27, 2010, 米空軍の公式ウェブサイト http://www.peterson.af.mil/news/story.asp?id=123214946 (Aug. 1, 2013); Marvin Hurst, "'Something Snapped': Service Dogs Get Help in PTSD Battle," KENS5.com, February 10, 2012; Catherine Cheney, "For War Dogs, Life with PTSD Requires Patient Owners," *Atlantic*, December 20, 2011; Jessie Knadler, "My Dog Solha: From Afghanistan, with PTSD," *The Daily Beast*, March 14, 2013, http://www.thedailybeast.com/articles/2013/03/13/my-dog-solha-from-afghanistan-with-ptsd.html (Mar. 4, 2013).

72　ブロイアーによると、アンナのヒステリー症状には（とりわけ）手足の部分的麻痺、虚弱、首の動きの喪失、神経性の咳、食欲不振、幻覚、動揺、気移り、破壊的行為、記憶喪失、トンネル性視野、奇妙な話しかた（動詞の活用をしない）、ドイツ語を話すのが困難（しかしドイツ語を英語に翻訳することはできる）などが挙げられる。John Launer, "Anna O and the 'Talking Cure,'" *QJM* 98, no. 6 (2005): 465–66; G. Windholz, "Pavlov, Psychoanalysis, and Neuroses," *Pavlovian Journal of Biological Science* 25, no. 2 (1990): 48–53.

73　Michael W. Fox, *Abnormal Behavior in Animals* (Philadelphia: Saunders, 1968), 81; Windholz, "Pavlov, Psychoanalysis, and Neuroses."

74　Fox, Abnormal Behavior in Animals, 85, 119.

75　H. S. Liddell, "The Experimental Neurosis," *Annual Review of Physiology* 9, no. 1 (1947): 569–80.

76　一九二九年、あるウィーンの精神科医は、パブロフの業績は人間における神経症（ノイローゼ）の理解ということになると分析にははるかに及ばないと主張した。これに対してパブロフはこう反論した。人間と動物の神経症はいずれも、刺激と抑制の衝突（研究所で彼がテストしていた基本的なプロセス）に根ざしており、仮に彼のイヌが喋れるとしたら、自分自身をコントロールすることができないから禁じられていることや罰せられることをしてしまうのだと言うだろう、と。しかし、こうした言葉によるイヌの報告はいずれも、実験そのものから得られる知識に何ら新しいものを付与することはないだろう、とパブロフは続けた。Windholz, "Pavlov, Psychoanalysis, and Neuroses"; Liddell, "The Experimental Neurosis."

77　パブロフはいくぶん気持ちに変化があったのかもしれない。数年後、神経疾患に焦点を当てたクリニックで人間といっしょに働いていたとき、パブロフは少なくとも人間の理解という点では精神分析のプロセスをかなり重んじはじめ、晩年の数年間を、人間におけるヒステリーや神経衰弱、精神衰弱といった神経疾患に関する原因と表明の研究に費やした。Windholz, "Pavlov, Psychoanalysis, and Neuroses"; Liddell, "The Experimental Neurosis."

78　Liddell, "The Experimental Neurosis."

79　他の動物も、神経障害と関連があると見られることのある「トラウマ的な記憶」という概念と同様、このストーリーの一部を構成する。トラウマ的記憶という現代の概念は、パブロフのような実験に端を発する第一次世界大戦までの数年間に遡るが、部分的には、アメリカのふたりの医師、ジョージ・クライルとウォルター・キャノンの初期の業績、そして彼らのネコとイヌに関する実験にまで遡る。彼らの研究の中心となったもののひとつに、神経性ショックがある。クライルとキャノンは、極度の恐怖はヒトとネコ両方に現れる外科的ショック（外科の患者を、他の症状のなかでも特に青ざめて、ぼんやりとした、冷たい、不安な、脈の弱い状態にする潜在的に致命的な状態）と似た身体的問題を引き起こす可能性があると考えた。ネコ科動物におこなったキャノンの実験は、ネコの皮質とその他の神経系との接続を切り離すというもので、恐怖の喚起とかなり似ているように見える極度の情動反応を引き起こした。ネコの毛は逆立ち、足指先から汗が滲みでて、心拍数と血圧が急騰し、最終的には意識を失って死んでしまったのだ。キャノンはこれを「見せかけの激情」と呼び、このネコの経験を利用して、過酷な情動的ショックに晒されつづけた人間の死を説明した。Allan Young, *The Harmony of Illusions: Inventing Post-Traumatic Stress Disorder* (Princeton, NJ: Princeton University Press, 1997), 24, 42; Frederick Heaton Millham, "A Brief History of Shock," Surgery 148, no. 5 (2010): 1026–37.

80 "DSM-5 Criteria for PTSD," U.S. Department of Veterans Affairs, http://www.ptsd.va.gov/professional/pages/dsm-iv-tr-ptsd.asp (July 1, 2013); "Post Traumatic Stress Disorder," *A.D.A.M. Medical Encyclopedia*, National Library of Medicine, March 8, 2013, http://www.ncbi.nlm.nih.gov/pubmedhealth/PMH0001923/ (December 5, 2013).

81 最近になって、進化的心理学者は、こんにちのＰＴＳＤは極端な適応行動のひとつだと論じている。すなわち、彼が目撃した、恐怖に対する兵士の痛ましいまでの反応は、将来の戦争から自分を切り離すための無意識の試みと考えられるということだ。これはトラウマや不安に対する複雑な反応を極めて単純化したものだとわたしは思う。例えば以下を参照。Lance Workman and Will Reader, *Evolutionary Psychology: An Introduction* (Cambridge, UK: Cambridge University Press, 2004), 229; Young, *The Harmony of Illusions*, 64.

82 Hope R. Ferdowsian et al., "Signs of Mood and Anxiety Disorders in Chimpanzees," *PLoS ONE* 6, no. 6 (2011). 以下も参照。G. A. Bradshaw et al., "Building an Inner Sanctuary: Complex PTSD in Chimpanzees," *Journal of Trauma and Dissociation: The Official Journal of the International Society for the Study of Dissociation* 9, no. 1 (2008): 9–34; G. A. Bradshaw, *Elephants on the Edge: What Animals Teach Us about Humanity* (New Haven, CT: Yale University Press, 2010).

83 Ferdowsian et al., "Signs of Mood and Anxiety Disorders in Chimpanzees," e19855. Bradshaw et al., "Building an Inner Sanctuary." も参照。

84 Balcombe. *Second Nature*, 59.

85 Young, *The Harmony of Illusions*, 284.

86 Ibid.

87 Judith A. Cohen and Michael S. Scheeringa, "Post-Traumatic Stress Disorder Diagnosis in Children: Challenges and Promises," *Dialogues in Clinical Neuroscience* 11, no. 1 (March 2009): 91–99; M. S. Scheeringa, C. H. Zeanah, M. J. Drell, and J. A. Larrieu, "Two Approaches to the Diagnosis of Posttraumatic Stress Disorder in Infancy and Early Childhood," *Journal of the American Academy of Child and Adolescent Psychiatry* 34, no. 2 (February 1995): 191–200; Richard Meiser-Stedman, Patrick Smith, Edward Glucksman, William Yule, and Tim Dalgleish, "The Posttraumatic Stress Disorder Diagnosis in Preschool- and Elementary School-Age Children Exposed to Motor Vehicle Accidents," *The American Journal of Psychiatry* 165, no. 10 (October 2008): 1326–1337.

88 個人書簡、Nicole Cottam, June 19, 2009, August 2, 2009; 個人書簡、Jim Crosby, March 14, 2011.

89 Lee Charles Kelley, "Canine PTSD Symptom Scale," http://www.leecharleskelley.com/images/CPTSD_Symptom_Scale.pdf.

90 Lee Charles Kelley, "Case History No. 1—My Dog Fred, 初版は二〇一一年七月十日" My Puppy My Self, "PsychologyToday.com; http:// canineptsdblog.blogspot.com/2013/02/canine-ptsd-case-history-no-1my-dog-fred.html.

91 Dao, "More Military Dogs Show Signs of Combat Stress"; Lee Charles Kelley, "Canine PTSD: Its Causes, Signs and Symptoms," *My Puppy, My Self, Psychology Today*, August 8, 2012; Monica Mendoza, "Man's Best Friend Not Immune to Stigmas of War; Overcomes PTSD," *U.S. Air Force*, July 27, 2010, http://www.peterson.af.mil/news/story.asp?id=123214946 (November 5, 2012); Marvin Hurst, "'Something Snapped': Service Dogs Get Help in PTSD Battle," KENS5.com, February 10, 2012; Cheney, "For War Dogs, Life with

PTSD Requires Patient Owners."

92 例えば以下を参照。Kelly McEvers, "'Sticky IED' Attacks Increase in Iraq,' *National Public Radio*, December 3, 2010; Craig Whitlock, "IED Casualties in Afghanistan Spike," *Washington Post*, January 26, 2011; James Dao and Andrew Lehren, "The Reach of War: In Toll of 2,000, New Portrait of Afghan War," *New York Times*, August 22, 2012; Malia Wollan, "Duplicating Afghanistan from the Ground Up," *New York Times*, April 14, 2012; Mark Thompson, "The Pentagon's New IED Report," *Time*, February 5, 2012; Ahmad Saadawi, "A Decade of Despair in Iraq," *New York Times*, March 19, 2013; Michael Barbero, "Improvised Explosive Devices Are Here to Stay," *Washington Post*, May 17, 2013; Terri Gross with Brian Castnor, "The Life That Follows: Disarming IEDs in Iraq," *Fresh Air, National Public Radio*, June 7, 2013.

93 Spencer Ackerman, "$19 Billion Later, Pentagon's Best Bomb-Detector Is a Dog," *Wired*, October 10, 2010; Allen St. John, "Let the Dog Do It: Training Black Labs to Sniff Out IEDs Better Than Military Gadgets" Forbes, April 9, 2012, http://www.forbes.com/sites/allenstjohn/2012/04/09/let-the-dog-do-it-training-black-labs-to-sniff-out-ieds-better-than-military-gadgets/ (April 10, 2012).

○第11章

1 Edward Shorter, *A Historical Dictionary of Psychiatry* (New York: Oxford University Press, 2005), 226–27.

2 Chris Dixon, "Last 39 Tigers are Moved from Unsafe Rescue Center," *New York Times*, June 11, 2004; Lance Pugmire, Carla Hall, and Steve Hymon, "Clashing Views of Owner of Tiger Sanctuary Emerge," *Los Angeles Times*, April 25, 2003. "Meet the Tigers," *Performing Animal Welfare Society Sanctuary*, www.pawsweb.org/meet_tigers.html_ (December 6, 2011).

3 "Tic Disorders," *American Academy of Child and Adolescent Psychiatry*, May 2012, http://www.aacap.org/cs/root/facts_for_families/tic_disorders (February 11, 2013); John T. Walkup et al., "Tic Disorders: Some Key Issues for DSM-V," *Depression and Anxiety Anxiety* 27 (2010): 600–610, http://www.dsm5.org/Research/Documents/Walkup_Tic.pdf.

4 Andrew Lakoff, "Adaptive Will: The Evolution of Attention Deficit Disorder," *Journal of the History of the Behavioral Sciences* 36, no. 2 (2000): 149–69.

5 "Separation Anxiety," *DSM-V Development*, http://www.dsm5.org/Pages/RecentUpdates.aspx (July 15, 2013).

6 Shorter, *A Historical Dictionary of Psychiatry*, 32.

7 Grier, *Pets in America*, 13–14, 121–30, 136 を参照。

8 Grier, *Pets in America*, 156.

9 例えば以下を参照。Cotman and Head, "The Canine (Dog) Model of Human Aging and Disease"; B. J. Cummings et al., "The Canine as an Animal Model of Human Aging and Dementia," *Neurobiology of Aging* 17, no. 2 (1996): 259–68; Belén Rosado et al., "Blood Concentrations of Serotonin, Cortisol and Dehydroepiandrosterone in Aggressive Dogs," *Applied Animal Behaviour Science* 123, nos. 3–4 (2010): 124–30.

10 American College of Veterinary Behaviorists, http://www.dacvb.org/resources/find/ (August 1, 2013).

11 Center for Health Workforce Studies, "2013 U.S. Veterinary Workforce Study: Modeling Capacity Utilization Final Report," American Veterinary Medical Association (April 16, 2013): vii.

12 N. H. Dodman et al., "Equine Self-Mutilation Syndrome (57 Cases)," *Journal of the American Veterinary Medical Association* 204, no. 8 (1994):

1219–23.

13 "Get to Know the Bernese Mountain Dog" American Kennel Club, http://www.akc.org/breeds/bernese_mountain_dog/index.cfm (March 1, 2002).

14 Nicholas Dodman, *If Only They Could Speak: Understanding the Powerful Bond between Dogs and Their Owners* (New York: Norton, 2008), 260–62.

15 K. L. Overall, "Natural Animal Models of Human Psychiatric Conditions: Assessment of Mechanism and Validity," *Progress in Neuro-Psychopharmacology and Biological Psychiatry* 24, no. 5 (2000): 729.

16 DSMによると、こうした心配は、たとえばまったく遅れていないのに会社に遅刻したかもしれないと始終心配したり、娘が学校からの帰り道に誘拐されるのではないかと再三再四恐れたりといった、事象そのものの可能性と調和がとれていないものでなければならない。たしかにこうしたことは実際に起こるが、ほとんどの人にとって、これらのものごとに対する心配は一過性のものであり固定したものではない。American Psychiatric Association, *DSM-IV: Diagnostic and Statistical Manual of Mental Disorders*, 4th ed. (Arlington, VA: American Psychiatric Association, 1994), 432–33.

17 Larry Lohmann, "Land, Power and Forest Colonization in Thailand," *Global Ecology and Biogeography Letters* 3, no. 4/6 (1993): 180.

18 Richard Lair, Gone Astray: *The Care and Management of the Asian Elephant in Domesticity* (Bangkok: FAO Regional Office for Asia and the Pacific, 1997), http://www.fao.org/DOCREP/005/AC774E/ac774e00.htm (December 28, 2011).

19 Bruce D. Perry and Maia Szalavitz. *The Boy Who Was Raised as a Dog and Other Stories from a Child Psychiatrist's Notebook: What Traumatized Children Can Teach Us about Loss, Love and Healing* (New York: Basic Books, 2007); Robert F. Anda, Vincent J. Felitti, J. Douglas Bremner, John D. Walker, Charles Whitfield, Bruce D. Perry, Shanta R. Dube, and Wayne H. Giles, "The Enduring Effects of Abuse and Related Adverse Experiences in Childhood: A Convergence of Evidence from Neurobiology and Epidemiology," *European Archives of Psychiatry and Clinical Neuroscience* 256, no. 3 (April 2006): 174–186; B. D. Perry and R. Pollard, "Homeostasis, Stress, Trauma, and Adaptation: A Neurodevelopmental View of Childhood Trauma," *Child and Adolescent Psychiatric Clinics of North America* 7, no. 1 (January 1998): 33–51, viii; Bruce D. Perry, "Neurobiological Sequelae of Childhood Trauma: PTSD in Children," *Catecholamine Function in Posttraumatic Stress Disorder: Emerging Concepts*, 233–255 (Progress in Psychiatry 42, Arlington, VA: American Psychiatric Association, 1994); James E. McCarroll, "Healthy Families, Healthy Communities: An Interview with Bruce D. Perry," *Joining Forces Joining Families* 10, no. 3 (2008), http://www.cstsonline.org/wp-content/resources/Joining_Forces_2008_01.pdf.

20 Perry and Szalavitz, *The Boy Who Was Raised as a Dog*, 19.

21 Child Welfare Information Gateway, *Understanding the Effects of Maltreatment on Brain Development*, Issue Brief, U.S. Department of Health and Human Services, November 2009; Perry and Szalavitz, *The Boy Who Was Raised as a Dog*, 247.

22 三年という歳月にわたり、ペリーはティナがストレス反応を制御し、無分別に反応するのではなく、よく考えた上で決断を下す手助けをすることができた。残念ながら彼は、彼女の行動を完全に変えることはできなかった。結局彼女が新たに発見したストレス反応の制御は、自分のトラウマをうまく隠すことにしか役立たなかったとペリーは感じていた。Perry and Szalavitz,

The Boy Who Was Raised as a Dog, 22–28.

23 ＮＹＵ（ニューヨーク大学）の環境学・哲学部教授ディル・ジェイミソンは、動物園は問題のある種の区別を再現するところであり、こうした区別がまさにその建造物（檻に入れられている動物と入れられていない人間とのあいだの偽りの区別を表す監禁状態そのもの）のなかに織りこまれていると主張する。Dale Jamieson, "Against Zoos," *Morality's Progress: Essays on Humans, Other Animals, and the Rest of Nature* (Oxford: Oxford University Press USA, 2003), 166–175; Dale Jameison, "The Rights of Animals and the Demands of Nature," Nature, "*Environmental Values* 17 (2008), 181–189.

24 Deivasumathy Muthugovindan and Harvey Singer, "Motor Stereotypy Disorders," *Current Opinion in Neurology* 22, no. 2 (April 2009): 131–136.

25 例えば以下を参照。Jean S. Akers and Deborah S. Schildkraut, "Regurgitation/Reingestion and Coprophagy in Captive Gorillas," *Zoo Biology* 4, no. 2 (1985): 99–109; M. C. Appleby, A. B. Lawrence, and A. W. Illius, "Influence of Neighbours on Stereotypic Behaviour of Tethered Sows," *Applied Animal Behaviour Science* 24, no. 2 (1989): 137–46; M. J. Bashaw et al., "Environmental Effects on the Behavior of Zoo-Housed Lions and Tigers, with a Case Study of the Effects of a Visual Barrier on Pacing," *Journal of Applied Animal Welfare Science* 10, no. 2 (2007): 95–109; Yvonne Chen et al., "Diagnosis and Treatment of Abnormal Food Regurgitation in a California Sea Lion (Zalophus californianus)," *IAAAM Conference Proceedings* 68 (International Association for Aquatic Animal Medicine, 2009); Jonathan J. Cooper and Melissa J. Albentosa, "Behavioural Adaptation in the Domestic Horse: Potential Role of Apparently Abnormal Responses Including Stereotypic Behaviour," *Livestock Production Science* 92, no. 2 (2005): 177–82; Leslie M. Dalton, Todd R. Robeck, and W. Glenn Youg, "Aberrant Behavior in a California Sea Lion (Zalophus californianus)," *IAAAM Conference Proceedings* 145–46 (International Association for Aquatic Animal Medicine, 1997); J. E. L. Day et al., "The Separate and Interactive Effects of Handling and Environmental Enrichment on the Behaviour and Welfare of Growing Pigs," *Applied Animal Behaviour Science* 75, no. 3 (2002): 177–92; Andrzej Elzanowski and Agnieszka Sergiel, "Stereotypic Behavior of a Female Asiatic Elephant (Elephas maximus) in a Zoo," *Journal of Applied Animal Welfare Science* 9, no. 3 (2006): 223–32; Loraine Tarou Fernandez et al., "Tongue Twisters: Feeding Enrichment to Reduce Oral Stereotypy in Giraffe," *Zoo Biology* 27, no. 3 (2008): 200–212; Georgia J. Mason, "Stereotypies: A Critical Review," *Animal Behaviour* 41, no. 6 (1991): 1015–37; Edwin Gould and Mimi Bres, "Regurgitation and Reingestion in Captive Gorillas: Description and Intervention," *Zoo Biology* 5, no. 3 (1986): 241–50; T. M. Gruber et al., "Variation in Stereotypic Behavior Related to Restraint in Circus Elephants," *Zoo Biology* 19, no. 3 (2000): 209–21; Steffen W. Hansen and Birthe M. Damgaard, "Running in a Running Wheel Substitutes for Stereotypies in Mink (Mustela vison) but Does It Improve Their Welfare?," *Applied Animal Behaviour Science* 118, nos. 1–2 (2009): 76–83; Lindsay A. Hogan and Andrew Tribe, "Prevalence and Cause of Stereotypic Behaviour in Common Wombats (Vombatus ursinus) Residing in Australian Zoos," *Applied Animal Behaviour Science* 105, nos. 1–3 (2007): 180–91; Kristen Lukas, "An Activity Budget for Gorillas in North American Zoos," *Disney's Animal Kingdom and Brevard Zoo*, 2008; Juan Liu et al., "Stereotypic Behavior and Fecal Cortisol Level in Captive Giant Pandas in Relation to Environmental

Enrichment," *Zoo Biology* 25, no. 6 (2006): 445–59; Kristen E. Lukas, "A Review of Nutritional and Motivational Factors Contributing to the Performance of Regurgitation and Reingestion in Captive Lowland Gorillas (Gorilla gorilla gorilla)," *Applied Animal Behaviour Science* 78, nos. 2–4 (2002): 159–73; Jeffrey Rushen, Anne Marie B. De Passillé, and Willem Schouten, "Stereotypic Behavior, Endogenous Opioids, and Postfeeding Hypoalgesia in Pigs," *Physiology and Behavior* 48, no. 1 (1990): 91–96; U. Schwaibold and N. Pillay, "Stereotypic Behaviour Is Genetically Transmitted in the African Striped Mouse Rhabdomys pumilio," *Applied Animal Behaviour Science* 74, no. 4 (2001): 273–80; Loraine Rybiski Tarou, Meredith J. Bashaw, and Terry L. Maple, "Failure of a Chemical Spray to Significantly Reduce Stereotypic Licking in a Captive Giraffe," *Zoo Biology* 22, no. 6 (2003): 601–7; Sophie Vickery and Georgia Mason, "Stereotypic Behavior in Asiatic Black and Malayan Sun Bears," *Zoo Biology* 23, no. 5 (2004): 409–30; Beat Wechsler, "Stereotypies in Polar Bears," *Zoo Biology* 10, no. 2 (1991): 177–88; Carissa L. Wickens and Camie R. Heleski, "Crib-Biting Behavior in Horses: A Review," *Applied Animal Behaviour Science* 128, nos. 1–4 (2010): 1–9; Hanno Würbel and Markus Stauffacher, "Prevention of Stereotypy in Laboratory Mice: Effects on Stress Physiology and Behaviour," *Physiology and Behavior* 59, no. 6 (1996): 1163–70.

26 Naomi R. Latham and G. J. Mason, "Maternal Deprivation and the Development of Stereotypic Behaviour," *Applied Animal Behaviour Science* 110, nos. 1–2 (2008): 99; Jeffrey Rushen and Georgia Mason, "A Decade-or-More's Progress in Understanding Stereotypic Behaviour," *Stereotypic Animal Behaviour*, ed. Jeffrey Rushen and Georgia Mason (CABI, 2006), Temple Grandin and Catherine Johnson, *Animals Make Us Human: Creating the Best Life for Animals* (New York: Houghton Mifflin Harcourt, 2009), 15 に引用。

27 Rushen and Mason, "A Decade-or-More's Progress in Understanding Stereotypic Behavior," 15.

28 Balcombe, *Second Nature.* 動物の常同行動についての詳細は第三章を参照。

29 Latham and Mason, "Maternal Deprivation and the Development of Stereotypic Behaviou," 84–108.

30 Grandin and Johnson, *Animals Make Us Human*, 4.

31 Temple Grandin, "Animals in Translation," Translation," http://www.grandin.com/inc/animals.in.translation.html (December 1, 2013).

32 Marc Bekoff, "Do Wild Animals Suffer from PTSD and Other Psychological Disorders?," *Psychology Today*, November 29, 2011, http://www.psychologytoday.com/blog/animal-emotions/201111/do-wild-animals-suffer-ptsd-and-other-psychological-disorders (December 11, 2013).

33 Hsiao et al., "Microbiota Modulate Behavioral and Physiological Abnormalities Associated with Neurodevelopmental Disorders," *Cell*, (December 11, 2013).

34 Sara Reardon, "Bacterium Can Reverse Autism-like Behaviour in Mice," *Nature News, December* 5, 2013, http://www.nature.com/news/bacterium-can-reverse-autism-like-behaviour-in-mice-1.14308 (December 6, 2013); Natalia V. Malkova et al., "Maternal Immune Activation Yields Offspring Displaying Mouse Versions of the Three Core Symptoms of Autism," *Brain, Behavior, and Immunity* 26, no. 4 (May 2012): 607–16; Isaac S. Kohane et al., "The Co-Morbidity Burden of Children and Young Adults with Autism Spectrum Disorders," *PloS One* 7, no. 4 (2012): e33224.

35 John H. Falk et al., "Why Zoos and Aquariums Matter: Assessing the

Impact of a Visit to a Zoo or Aquarium," Association of Zoos and Aquariums, 2007, http://www.aza.org/uploadedFiles/Education/why_zoos_matter.pdf; "Visitor Demographics, Association of Zoos and Aquariums," http://www.aza.org/visitor-demographics/ (March 10, 2013).

36 Falk et al., "Why Zoos and Aquariums Matter"; Lori Marino et al., "Do Zoos and Aquariums Promote Attitude Change in Visitors? A Critical Evaluation of the American Zoo and Aquarium Study," Society and Animals 18 (April 2010): 126–38, http://www.nbb.emory.edu/faculty/personal/documents/MarinoetalAZAStudy.pdf.

37 "Trichotillomania," *Diagnostic and Statistical Manual of Mental Disorders-V* (Washington, DC: American Psychiatric Association, 2013), 312.39.

38 Ibid.

39 "Hair Pulling: Frequently Asked Questions, Trichotillomania Learning Center FAQ," trich.org/about/hairfaqs.html (November 28, 2010); "Pulling Hair: Trichotillomania and Its Treatment in Adults. A Guide for Clinicians," the Scientific Advisory Board of the Trichotillomania Learning Center, www.trich.org/about/for-professionals.html (November 28, 2010); Mark Lewis and Kim Soo-Jeong, "The Pathophysiology of Restricted Repetitive Behavior," *Journal of Neurodevelopmental Disorders* 1 (2009): 114–32.

40 Viktor Reinhardt, "Hair Pulling: A Review," *Laboratory Animals*, no. 39 (2005): 361–69.

41 "Re: The Attempt to Save Noir from Barbering," 投稿欄より。January 26, 2010, www.fancymicebreeders.com/mousefancie forum (November 28, 2010).

42 F. A. Van den Broek, C. M. Omtzigt, and A. C. Beynen, "Whisker Trimming Behaviour in A2G Mice Is Not Prevented by Offering Means of Withdrawal from It," *Lab Animal Science*, no. 27 (1993): 270–72.

43 Biji T. Kurien, Tim Gross, and R. Hal Scofield, "Barbering in Mice: A Model for Trichotillomania," *British Medical Journal*, no. 331 (2005): 1503–5. 以下も参照。Joseph D. Garner et al., "Barbering (Fur and Whisker Trimming) by Laboratory Mice as a Model of Human Trichotillomania and Obsessive-Compulsive Spectrum Disorders," *Comparative Medicine* 54, no. 2 (2004): 216–24.

44 人間は自分自身の毛を抜く傾向があり、マウスは互いの毛を抜く傾向があるという事実があっても、マウスを実験モデルとして使用することをやめるには至っていない。「バーバー」マウスと毛を抜かれる側のクライアントは両者とも、選択によるプロセスに参与しているため、たとえそれが少なくとも多少の痛みを伴うにちがいないものであっても、研究者らは善かれ悪しかれ、人間における抜毛行為はマウスにおける二者（バーバーとクライアント）のあいだに分散したものに過ぎないとする傾向がある。Alice Moon-Fanelli, N. Dodman, and R. O'Sullivan, "Veterinary of Models Compulsive Self-Grooming Parallels with Trichotillomania," *Trichotillomania*, ed. Dan J. Stein, Gary A. Christenson, and Eric Hollander (Arlington, VA: American Psychiatric Press, 1999), 72–74.

45 "Compulsive Behavior in Mice Cured by Bone Marrow Transplant," *Science Daily*, May 27, 2010, www.sciencedaily.com/releases/2010/05/100527122150.htm (November 28, 2010); Shau-Kwaun Chen et al., "Hematopoietic Origin of Pathological Grooming in Hoxb8 Mutant Mice," *Cell*, 2010; 141 (5): 775; 以下も参照。"Mental Illness Tied to Immune Defect: Bone Marrow Transplants Cure Mice of Hair-Pulling Compulsion," *News Center*, University of Utah, www.unews.

utah.edu/p/?r=022210–3 (November 28, 2010).

46 Lynne M. Seibert et al., “Placebo-Controlled Clomipramine Trial for the Treatment of Feather Picking Disorder in Cockatoos,” *Journal of the American Animal Hospital Association* 40, no. 4 (2004): 261–69. 以下も参照。Lynne M. Seibert, “Feather-Picking Disorder in Pet Birds,” *Manual of Parrot Behavior*, ed. Andrew U. Luesche (Oxford: Blackwell, 2008).

47 フィービー・グリーン・リンデンの個人書簡、November 5, 2010.

48 Brian MacQuarrie and Douglas Belkin, “Franklin Park Gorilla Escapes, Attacks 2,” *Boston Globe*, September 29, 2003.

49 Frans De Waal, *The Ape and the Sushi Master: Cultural Reflections by a Primatologist* (New York: Basic Books, 2001), 214–16; Bijal P. Trivedi, “‘Hot Tub Monkeys’ Offer Eye on Nonhuman ‘Culture,’” *National Geographic News, February* 6, 2004, news.nationalgeographic.com/news/2004/02/0206_040206_tvmacaques.html (November 28, 2010).

○第三章

1 Marinell Harriman, House Rabbit Handbook: *How to Live with an Urban Rabbit*, 3rd ed. (Alameda, CA: Drollery Press, 1995), 92.

2 Angela King, “The Case against Single Rats,” *The Rat Report*, http://ratfanclub.org/single.html (April 12, 2013); Angela Horn, “Why Rats Need Company,” *National Fancy Rat Society*, http://www.nfrs.org/company.html (April 12, 2013). 以下も参照。Kathy Lovings, “Caring for Your Fancy Rat,” http://www.ratdippityrattery.com/CaringForYourFancyRat.htm (April 1, 2013).

3 Monika Lange, *My Rat and Me* (Barron’s Educational Series, 2002), 58.

4 H. W. Murphy and M. Mufson. “The Use of Psychopharmaceuticals to Control Aggressive Behaviors in Captive Gorillas,” “The Apes: Challenges for the 21st Century,” の議事録。Brookfield Zoo, Chicago (2000): 157–60.

5 *From Cages to Conservation*, WBUR documentary, http://insideout.wbur.org/documentaries/zoos/ (December 1, 2013).

6 ジャーナリストのH・L・メンケンがこの考え方を提案した。以下を参照。Christine Ammer, *The American Heritage Dictionary of Idioms* (Boston: Houghton Mifflin Harcourt, 1997), 242. The Oxford English Dictionary lists the first mention of the phrase: http://www.oed.com/view/Entry/79564?rskey=cKiv56&result=2&isAdvanced=false#eid.

7 Laura Hillenbrand, *Seabiscuit: An American Legend* (Random House Digital, 2003), 98–100.

8 “Goat and Race Horse Chums: Filly at Belmont Park Won’t Eat If Her Friend Is Away,” *New York Times*, May 13, 1907.

9 Amy Lennard Goehner, “Animal Magnetism: Skittish Racehorses Tend to Calm Down When Given Goats as Pets,” *Sports Illustrated, February* 21, 1994, http://sportsillustrated.cnn.com/vault/article/magazine/MAG1004875/index.htm (November 15, 2009).

10 ウマのブリーダー、騎手、競馬ファンなどのためのオンラインフォーラムには、ウマに与えるアニマルコンパニオンに関する議論が数多く掲載されている。例えば以下を参照。“Companion Animals,” Horseinfo, http://www.horseinfo.com/info/faqs/faqcompanionQ2.html (January 20, 2012); “Companion Animals for Horses,” Franklin Levinson’s Horse Help Center, http://www.wayofthehorse.org/horse-help/ companion-animals-for-horses.php; “Readers Respond: Your Tips for Providing Horses with Companions,” About.com. http://horses.about.com/u/ua/basiccare/

companionridertips.htm (January 20, 2012); "What Animals with a Horse?," Permies.com, http://www.permies.com/t/9560/critter-care/animals-horse; "Companion Animals for a Horse," Horse Forum, http://www.horseforum.com/horse-training/companion-animals-horse-45342/ (January 20, 2012).

11 Goehner, "Animal Magnetism."

12 Ibid.

13 グレアム・パリーの個人書簡、June 28, 2011.

14 "Stable Goats Help Calm Skittish Thoroughbreds."

15 Devin Murphy, "Brains over Brawn," *Smithsonian Zoogoer*, March 2011, http://nationalzoo.si.edu/Publications/Zoogoer/2011/4/Cephalopods.cfm (April 7, 2011); Ellen Byron, "Big Cats Obsess over Calvin Klein's 'Obsession for Men,'" *Wall Street Journal*, June 8, 2010; "Phoenix Zoo Tortoise Enrichment," http://www.phoenixzoo.org/learn/animals/Giant_tortoise_article_22.pdf (June 10, 2010).

16 The Shape of Enrichment, http://www.enrichment.org/miniwebfile.php?Region=Video_Library&File=collection.html&File2=collection_sb.html&NotFlag=1 (June 10, 2010).

17 "Environmental Enrichment and Exercise," USDA, http://awic.nal.usda.gov/research-animals/environmental-enrichment-and-exercise (June 10, 2010).

18 Allan Hall and Wills Robinson, "How about 'the Ape Escape'? Bonobos in German Zoo Have New Flat-Screen TV Installed Which Lets Them Pick Their Favourite Movie," *Daily Mail*, November 26, 2013; http://www.dailymail.co.uk/sciencetech/article-2514113/Bonobos-apes-German-Zoo-flat-screen-TV-installed.html (June 10, 2010); "Bonobo Apes in Hi-Tech German Zoo Go Bananas for Food, Not TV Porn," NBC News, November 26, 2013; http://worldnews.nbcnews.com/_news/2013/11/26/21626507-bonobo-apes-in-hi-tech-german-zoo-go-bananas-for-food-not-tv-porn (November 26, 2010).

19 "Zoo Director (O.K. Be That Way)," *New York Times*, July 21, 2009.

20 Carol Tice, "Why Recession-Proof Industry Just Keeps Growing," *Forbes*, October 30, 2012; アメリカペット用品協会の二〇一三／一四年度全国ペットオーナー調査より。December 2013.

21 ダナ・ハラウェイの個人書簡、February 17, 2014.

22 頭蓋骨の輪郭はその人の性格を解明するのに役立つと信じる先年の骨相学者と異なり、テリングトンは、ウマの顔のさまざまな部分を見ればそのウマの個性を解く手がかりが得られると言っている。

23 Tellington Touch Training, http://www.ttouch.com/whatisTTouch.shtml (February 5, 2012).

24 こうしたマッサージをおこなっているのはテリントン＝ジョーンズだけではない。さまざまなタイプの数多くの動物マッサージに関する認可プログラムが存在する。たとえば以下を参照。International Association of Animal Massage and Bodywork/Association of Canine Water Therapy, http://www.iaamb.org/mission-and-goals.php (February 5, 2012), or Chandra Beal, *The Relaxed Rabbit: Massage for Your Pet Bunny* (iUniverse, 2004).

25 人間が不安に対処するためのマッサージの役割については、いくつか異なる文脈のなかで評価されてきた。以下を参照。Susanne M. Cutshall et al., "Effect of Massage Therapy on Pain, Anxiety, and Tension in Cardiac Surgical Patients: A Pilot Study," *Complementary Therapies in Clinical Practice* 16, no. 2 (2010): 92–95; Tiffany Field, "Massage Therapy," *Medical Clinics of North America* 86, no. 1 (2002): 163–71; Melodee Harris and Kathy C. Richards, "The Physiological and Psychological Effects of Slow-Stroke Back Massage and Hand Massage

on Relaxation in Older People," *Journal of Clinical Nursing* 19, no. 7–8 (2010): 917–26; Christopher A. Moyer et al., "Does Massage Therapy Reduce Cortisol? A Comprehensive Quantitative Review," *Journal of Bodywork and Movement Therapies* 15, no. 1 (2011): 3–14; Wendy Moyle, Amy Nicole Burne Johnston, and Siobhan Therese O'Dwyer, "Exploring the Effect of Foot Massage on Agitated Behaviours in Older People with Dementia: A Pilot Study," *Australasian Journal on Ageing* 30, no. 3 (2011): 159–61.

26 Kevin K. Haussler, "The Role of Manual Therapies in Equine Pain Management," *Veterinary Clinics of North America: Equine Practice* 26, no. 3 (2010): 579–601; Mike Scott and Lee Ann Swenson, ""Evaluating the Benefits of Equine Massage Therapy: A Review of the Evidence and Current Practices," *Journal of Equine Veterinary Science* 29, no. 9 (2009): 687–97; C. M. McGowan, N. C. Stubbs, and G. A. Jull, "Equine Physiotherapy: A Comparative View of the Science Underlying the Profession," *Equine Veterinary Journal* 39, no. 1 (2007): 90–94.

27 "Benefits of Equine Sports Massage," Equine Sports Massage Association, http://www.equinemassageassociation.co.uk/benefits_of_equine_sports_massage.html (December 24, 2012).

28 Mardi Richmond, "The Tellington TTouch for Dogs," *Whole Dog Journal*, August 2010; ジョディ・フレディアーニの個人書簡、January 18, 2011, and May 9, 2012.

29 非国家組織が埋めた地雷の数はもっと少ない。以下を参照。"Burma (Myanmar)," Landmine and Cluster Munition Monitor, available at http://www.the-monitor.org/.

30 フランス・ドゥ・ヴァールの書物には以下のものがある。*Good Natured: The Origins of Right and Wrong in Humans and Other Animals* (Cambridge, MA: Harvard University Press, 1996); *The Ape and the Sushi Master: Cultural Reflections by a Primatologist* (New York: Basic Books, 2001); *Bonobo: The Forgotten Ape* (Berkeley: University of California Press, 1997), フランス・ランティングとの共著、*The Age of Empathy: Nature's Lessons for a Kinder Society* (New York: Crown, 2009).

31 Frans de Waal, "The Bonobo in All of Us," PBS, January 1, 2007, http://www.pbs.org/wgbh/nova/nature/bonobo-all-us.html; Frans B. M. de Waal, "Bonobo Sex and Society," *Scientific American* 272, no. 3 (1995); de Waal and Lanting, *Bonobo: The Forgotten Ape*.

32 Primate Week, バーバラ・ベルとハリー・プローゼンのインタビュー、"Lake Effect with Bonnie North," WUWM Public Radio, February 20, 2012; http://www.youtube.com/watch?v=_SW0re1LGOs.

33 Steve Farrar, "A Party Animal with a Social Phobia," *Times for Higher Education*, July 28, 2000, http://www.timeshighereducation.co.uk/story.asp?storyCode=152816&sectioncode=26 (June 1, 2010); 個人書簡、Dr. Harry Prosen, October 1, 2010.

34 Harry Prosen and Barbara Bell, "A Psychiatrist Consulting at the Zoo (the Therapy of Brian Bonobo)," The Apes: Challenges for the 21st Century. Conference Proceedings, Brookfield Zoo, 2001, 161–64.

35 Prosen and Bell, "A Psychiatrist Consulting at the Zoo."

36 Jo Sandin, Bonobos: *Encounters in Empathy* (Milwaukee: Zoological Society of Milwaukee, 2007), 25–27.

37 Ibid., 49–50.

38 Primate Week, バーバラ・ベルとハリー・プローゼンのインタビュー、http://www.youtube.com/watch?v=_SW0re1LGOs.

39 Ibid.

40 Kelly Servick, "Psychiatry Tries to Aid Traumatized Chimps in Captivity," *Scientific American*, April 2, 2013, http://www.

scientificamerican.com/article.cfm?id=psychiatry-comes-to-the-aid-of-captive-chimps-with-abnormal-behavior.

41 Ibid.; 個人書簡、Dr. Harry Prosen, October 1, 2010.

42 Prosen and Bell, "A Psychiatrist Consulting at the Zoo."

43 Sandin, *Bonobos*, 59–68.

44 Jo Sandin, "Bonobos: Passage of Power," *Alive, Milwaukee County Zoological Society* (Winter 2006), http://www.zoosociety.org/pdf/conserveprojects/WinterAlive06_BonobosPassageofPower.pdf (June 10, 2010).

45 Paula Brookmire, "Lody the Bonobo: A Big Heart," *Alive Magazine, Milwaukee Zoological Society*, April 2012, 25.

46 Ibid.; 個人書簡、Dr. Harry Prosen, October 1, 2010.

○第四章

1 Edward Shorter, *A History of Psychiatry: From the Era of the Asylum to the Age of Prozac* (New York: Wiley, 1997) 53, 90–91, 113–14; Roy Porter, *A Social History of Madness: The World through the Eyes of the Insane* (London: Weidenfeld and Nicolson, 1987); Andrew T. Scull, *Hysteria: The Biography* (New York: Oxford University Press, 2009), 8–13.

2 以下を参照。"mad, adv.," *Oxford English Dictionary* Online, June 2011, http://www.oed.com/view/Entry/6512?redirectedFrom=mad.

3 Harriet Ritvo, *The Animal Estate: The English and Other Creatures in the Victorian Age* (Cambridge, MA: Harvard University Press, 1987), 168–69.

4 Ibid., 177.

5 例として以下が挙げられる。"Mad Dogs Running Amuck: A Hydrophobia Panic Prevails in Connecticut," *New York Times*, June 29, 1890; "Mad Dog Owned the House: Senorita Isabel's Foundling Pet Takes Possession," *New York Times*, June 18, 1894; "Lynn in Terror," *Boston Daily Globe*, June 27, 1898; "Suburbs Demand Death to Canines: Englewood and Hyde Park, Aroused by Biting of Children, Ask Extermination. Hesitation by Police. Say 'Mad Dog Panic' Order of 'Shoot on Sight' Would Sacrifice Fine Animals. Forbids Reckless Shooting. Victims of Vicious Dogs. Dog Disperses Euchre Party," *Chicago Daily Tribune*, June 7, 1908; "Mad Dog Is a Public Enemy," *Virginia Law Register* 15, no. 5 (1909): 409.

6 Ritvo, *Animal Estate*, 175, 177, 180–81, 193.

7 "Mad Horse Attacks Men: Veterinary Who Shot the Animal from Haymow Says It Had Rabies," *New York Times*, April 6, 1909; "Mad Horses Despatched: Soldiers' Home Animals Are Killed for Rabies: Equines Bitten by Afflicted Dog Are Isolated and, after a Few Weeks Show Signs of Having Been Infected. Death Warrant Quickly Executed. Other Horses Affected," *Los Angeles Times*, May 9, 1906; "Burro with Hydrophobia: Bites Man, Kills Dog and Takes Chunk from Neck of Horse," *Los Angeles Times*, March 16, 1911; "Career of a Crazy Lynx: The Mad Beast Killed by a Woman after Running Amuck for Thirty Miles," *Chicago Daily Tribune*, May 10, 1890; "Stampeded by Mad Cow: Animal Charges Saloon and Restaurant, People Fleeing for Safety," *Los Angeles Times*, June 5, 1909; "Bitten by a Mad Monkey: Little Mabel Hogle Attacked by a Museum Animal. While Viewing Curios with Her Father, George Hogle, 912 North Clark Street, the Beast Rushes upon the Girl. Lively Battle Ensues. Father Kicks the Animal Away and the Daughter Faints. Brute, Said to Be Mad, Is Killed. Wound Cauterized," *Chicago Daily Tribune*, November 28, 1897.

8 Oliver Goldsmith, "An Elegy on the Death of a Mad Dog," *The*

Oxford Encyclopedia of Children's Literature, ed. Jack Zipes (New York: Oxford University Press, 2006).

9 "Wreck in Midocean; a Mad Dog and a Little Pig the Sole Occupants of a Brig," *New York Times*, March 9, 1890.

10 "'Smiles,' the Big Park Rhinoceros: Bought at Auction for $14,000, She Needs Constant Care, Although She Has an Ugly Temper," *New York Times*, March 29, 1903.

11 "Dragged by Mad Horses: A Lady's Dress Catches in the Wheels. She May Recover," *Los Angeles Times*, April 30, 1888; "Runaways in Central Park: Two Horses Wreck Three Carriages and a Bicycle. M. J. Sullivan's Team Had a Long and Disastrous Run before a Park Policeman Caught It. Mrs. Crystal and Her Children Have a Narrow Escape. Julius Kaufman Gives a Mounted Policeman a Chance to Distinguish Himself," *New York Times*, June 4, 1894; "Mad Horses' Wild Chase: Dashed through Streets with 1,000 People at His Heels. Hero Who Saved Three Tots Hurt, Fatally Maybe, While Trying to Stop Him. Thrown by Trolley Car," *New York Times*, September 14, 1903; "A Mad Horse," *New York Times*, June 20, 1881.

12 "Mad Monkey Scares Fans: Queer Mascot of New Orleans Ball Team Makes Trouble and Game Stops," *Los Angeles Times*, July 19, 1909.

13 サンタモニカマウンテンでおこなわれたある一九三〇年代のパラマウント映画の撮影で、女優ドロシー・ラムールは「狂った猿」（ジグという名の、この映画のチンパンジー役者）に襲われ、小道具方の若者に助けられた。数年後、また別の狂ったサルがロサンゼルス近郊のターザニアに逃走したが、怒った近所の住民のガレージで逃亡劇は幕を下ろし、サルはついに檻に入れられ、捕獲された。"Mad Cats in Madder Orgy," *Los Angeles Times*, May 2, 1924; "A Mad Cow Mutilates Two People," *Los Angeles Times*, May 19, 1889; "Color of Mad Parrot Saves It from Death," *San Francisco Chronicle*, October 3, 1913; "Film Aide Saves Actress from Mad Ape's Attack," *Los Angeles Times*, July 7, 1936; "Monkey Caged after Biting Second Person," *Los Angeles Times*, January 8, 1939.

14 "Mussolini Attacked by Mad Ox: African Fete Throng in Panic as Horns Barely Miss Premier," *New York Times*, March 15, 1937.

15 一八八七年の『ロサンゼルスタイムズ』の記事、「反抗的ゾウ」は、狂って反抗的になったゾウたちの犯罪記録だった。モーグルは一八七一年、鎮圧の最中に殺され、バーナムサーカスのアルバートという名のゾウは飼育員を殺したのち、ニューハンプシャーで兵士に射殺された。一九〇一年、ビッグ・チャーリーは飼育員を二度にわたり川に投げ入れて殺し、飼育員が溺死するまでその背中の上に立っていたという。それから数年後、トプシーは三年間で三人の男を殺したために、コニーアイランドで感電死させられた。この三人のうちのひとりは、火のついたたばこを餌として与えていたという。マンダリン、メアリ、ツスコ、ガンダ、ロジャーなど、飼育員や騎手、馬丁、トレーナー、見物人を、多くはいたって正当な理由で襲ったために、射殺、感電、絞首、絞殺のかたちで処刑された動物たちはほかにも数え切れないほどいる。"Bad Elephants," *Los Angeles Times*, January 16, 1887; "Mad Elephants: A Showman's Recollections of Keepers Killed and Destruction Done by Them. Peculiarities of the Beasts," *Boston Daily Globe*, November 20, 1881; "Mad Elephants: The Havoc the Great Beast Causes When He Rebels against Irksome Captivity," *New York Times*, August 26, 1880; "Mad Elephants: Big Charley Killed His Keeper at Peru, Indiana. Twice Hurled Him into a Stream and Then Stood upon Him," *Boston Daily Globe*, April 26, 1901; "Death of Mandarin: Huge Mad Elephant Strangled with the Help of a

"Tug and a Big Chain," *Boston Daily Globe*, November 9, 1902; "Bullet Ends Gunda, Bronx Zoo Elephant: Dr. Hornaday Ordered Execution Because Gunda Reverted to Murderous Traits. Died without a Struggle. His Mounted Skin Will Adorn Museum of Natural History and His Flesh Goes to Feed the Lions," *New York Times*, June 23, 1915; "Death of Gunda," *Zoological Society Bulletin* 18, no. 4 (1915): 1248–49; "British Soldier's Miraculous Escape from Death on Tusks of a Mad Elephant," *Boston Daily Globe*, September 19, 1920; "Mad Elephant Rips Chains and Walls: Six-Ton Tusko Wrecks Portland (Ore.) Building before Recapture by Ruse. Sharpshooters Cover Him. Thousands Watch Small Army of Men Trap Pachyderm with Steel Nooses Hitched to Trucks," *New York Times*, December 26, 1931.

16 "Mad Elephants: The Havoc the Great Beast Causes When He Rebels against Irksome Captivity."

17 最終的には主に動物と人間の子どもに適用されることになった「逆上して暴れる」(running amok) というフレーズは、十七世紀にはマレーシア人とアヘンに関係する言葉だった。あるポルトガル人の旅人は、半狂乱になったマレーシア人を「アモク」(Amucos)［自制がきかなくなり、無差別に殺人をする人］と記述し、また多くの報告がこの国をアヘンでハイになることと結びつけていた。一八三三年、R・サウジーは『英国海軍史』のなかで、「有害ドラッグで自らを興奮させ、逆上して暴れるマレー人の狂気の沙汰」について書いている（おそらくマレーシア人の半狂乱の行動に、植民地化と弾圧というよりいっそう明らかな要因があることは無視されている）。その二十五年後、このフレーズは動物に適用されるようになった。以下を参照。"amok, n. and adv.," *Oxford English Dictionary* Online, June 2011, http://www.oed.com/view/Entry/6512?redirectedFrom=amok. その他にも、個人を襲ったからではなく暴れまわったがために捕獲され、絞首刑、感電死、その他の方法で処刑されたゾウもいる。一九〇二年、マンダリンという名の「巨大な狂ったゾウ」が、バーナム&ベイリーサーカスで「逆上して暴れ」、ニューヨークで鎖によって絞殺された。一九二〇年には、「狂ったゾウ」の牙から逃れたイギリスの兵士の劇的なドラマが、アメリカの新聞に掲載された。"Bad Elephants," *Los Angeles Times*, January 16, 1887; "Mad Elephant: Big Charley Killed His Keeper at Peru, Indiana"; "Death of Mandarin"; "British Soldier's Miraculous Escape from Death on Tusks of a Mad Elephant"; "Mad Elephant Rips Chains and Walls."

18 たとえば以下を参照。"An Elephant Ran Amok During the Shooting of a Film," *Orlando* (FL) Sentinel, March 7, 1988; "Woman Trying to Ride an Elephant Is Killed," *New York Times*, July 7, 1985; "Elephant Storms Out of Circus in Queens," *New York Times*, July 11, 1995; Phil Maggitti, "Tyke the Elephant," *Animals' Agenda* 14, no. 5 (1994): 34; Karl E. Kristofferson, "Elephant on the Rampage!" *Reader's Digest* 142, no. 854 (1993): 42; "African Elephant Kills Circus Trainer," *New York Times*, August 22, 1994.

19 "African Elephant Kills Circus Trainer," *New York Times*, August 22, 1994.; video footage of Tyke's attack, Banned from TV, http://www.youtube.com/watch?v=ym7MS4I7znQ (January 7, 2014). "

20 Will Hoover, "Slain elephant left tenuous legacy in animal rights," *Honolulu Advertiser*, August 20, 2004, http:// archives.starbulletin.com/2004/08/16/news/story2.html.

21 Rosemarie Bernardo, "Shots Killing Elephant Echo across a Decade," *Star Bulletin*, August 16, 2004, http://archives.starbulletin.com/2004/08/16/news/story2.html.

22 Christi Parsons, "'93 Incident by Cuneo Elephant Told," *Chicago Tribune*, August 24, 1994, http://articles.chicagotribune.com/1994–08–24/news/9408240223_1_circus-officials-shrine-circus-tyke; "Hawthorn Corporation Factsheet," PETA, http://www.mediapeta.com/peta/pdf/hawthorn-corporation-pdf.pdf.; "A Cruel Jungle Tale in Richmond," *Chicago Tribune*, January 13, 2005, http://articles.chicagotribune.com/2005–01–13/news/0501130241_1_elephants-animal-welfare-act-hawthorn-corp.

23 Maryann Mott, "Elephant Abuse Charges Add Fuel to Circus Debate," *National Geographic*, April 6, 2004, http://news.nationalgeographic.com/news/2004/04/0406_040406_circuselephants_2.html.

24 Ritvo, *Animal Estate*, 225–27.

25 "Death of Gunda."

26 Ibid.; William Bridges, *Gathering of Animals: An Unconventional History of the New York Zoological Society* (New York: Harper & Row, 1974), 234–42; "Bullet Ends Gunda, Bronx Zoo Elephant."

27 ワシントンD．C．アスレチックパーク内のアダム・フォアポウのサーカスの広告より。*National Republican*, April 11, 1885, http://chroniclingamerica.loc.gov/lccn/sn86053573/1885–04–11/ed-1/seq-6/ (May 1, 2012).

28 "An Elephant for New York: Adam Forepaugh Presents the City with His $8,000 Tip," *New York Times*, January 1, 1889; Tip Is Royally Received: Forepaugh's Gift Elephant Arrived Yesterday. Met at the Ferry and Escorted through the Streets by Thousands of Admirers," *New York Times*, January 2, 1889.

29 "Tip's Life in the Balance: The Murderous Elephant's Fate to Be Decided Tomorrow," *New York Times*, May 8, 1894; Wyndham Martyn, "Bill Snyder, Elephant Man," *Pearson's Magazine* 35 (1916): 180–85; John W. Smith, "Central Park Animals as Their Keeper Knows Them," *Outing: Sport, Adventure, Travel, Fiction* 42 (1903): 248–54.

30 "Tip Must Reform or Die: Central Park's Big Elephant on Trial for His Life," *New York Times*, May 3, 1894.

31 Ibid.; Smith, "Central Park Animals as Their Keeper Knows Them," 252–54.

32 "Tip Must Reform or Die"; "Tip's Life in the Balance"; Martyn, "Bill Snyder," 180–85.

33 フォアポウのもとで働き、ティップのことを数年来知っていたチャールズ・デヴィッドは、こんなふうに記している。「スナイダーはティップにあまり運動させていないのではないか……サーカスでは、ゾウが御しにくくなると、人間はゾウに罰を与えるか……またはゾウをある街から別の街まで二十マイルほど歩かせたりする。こうすることで邪悪な部分をゾウから取り除くことができる。スナイダーがティップを制圧することができないなら、別の飼育員をつけるべきだ」。言うまでもなくデヴィッドの意見は無視された。"Tip Must Reform or Die"; "Tip's Life in the Balance"; "Tip's Life May Be Sacred: Mr. Davis Says the City Agreed He Should Not Be Killed," *New York Times*, May 7, 1894.

34 発情したゾウについては、ジョージ・オーウェルの一九三六年のエッセイ「象を撃つ」（"Shooting an Elephant"）にすばらしい説明がある。植民地ビルマの役人だったオーウェルは、「狂った象」を射殺するよう圧力をかけられていた。「象が膝に草の束を叩きつけているのを見た。何かに夢中になっている老婦人のような雰囲気を帯びていた。象を撃つことはわたしにとって、殺人のように思えた」。George Orwell, *Shooting an Elephant, and Other Essays* (New York: Harcourt, Brace, 1950); Preecha

Phuangkum, Richard C. Lair, and Taweepoke Angkawanith, *Elephant Care Manual for Mahouts and Camp Managers* (Bangkok: FAO Regional Office for Asia and the Pacific, 2005), 52–54.

35 以下を参照。Anita Guerrini, *Experimenting with Humans and Animals: From Galen to Animal Rights* (Baltimore: Johns Hopkins University Press, 2003); Carol Lansbury, *The Old Brown Dog: Women, Workers, and Vivisection in Edwardian England* (Madison: University of Wisconsin Press, 1985); Susan J. Pearson, *The Rights of the Defenseless: Protecting Animals and Children in Gilded Age America* (Chicago: University of Chicago Press, 2011); Keith Thomas, *Man and the Natural World: A History of the Modern Sensibility* (New York: Pantheon Books, 1983).

36 ティップが実際にだれかを殺したかどうかを証明することはできなかったし、公園委員会も立証できたかどうかは疑わしい。"Tip Tried and Convicted; Park Commissioners Sentence the Elephant to Death," *New York Times*, May 10, 1894; "Tip Swallowed the Dose; But Are His Hay with Accustomed Regularity in the Afternoon. Tried to Poison an Elephant. It Was Unsuccessful at Barnum & Bailey's Winter Quarters Yesterday. If It Fails To-day the Animal Will Be Shot," *New York Times*, March 16, 1894; "Tip to Die by Poison To-Day; Hydrocyanic Acid Capsules in a Carrot at 6 A.M.," *New York Times*, May 11, 1894.

37 "Big Elephant Tip Dead: Killed with Poison after Long Hours of Suffering," *New York Times*, May 12,1984.

38 ノスタルジアは一六七八年、スイス人の医師ヨハネス・ホーファーによって初めて診断が下され、故郷の地に帰りたいという欲望が引き起こす「想像の苦悩」と考えられていた。一七二〇年、ホーファーとは別のスイス人の医師によると、兵士、学生、囚人、亡命者、その他故郷へ帰ることを禁じられていた人々は、この病気にかかっていた可能性があるという。この病気は帰郷へのひたむきな妄想によって特徴づけられていた。ノスタルジアは二十世紀の変わり目まで「投薬をやめる」ことはなく、当時はその「肉体的な含意を失い、より時代性とのつながりを色濃くしていた」。Jennifer K. Ladino, *Reclaiming Nostalgia: Longing for Nature in American Literature* (Charlottesville: University of Virginia Press, 2012), 6-7.

39 Susan J. Matt, *Homesickness: An American History* (New York: Oxford University Press. 2011), 5-6.

40 Ibid.

41 Ibid.

42 "John Daniel Hamlyn (1858–1922)," St George-in-the-East Church, http:// www.stgite.org.uk/ media/ hamlyn.html (accessed June 15, 2013); "The Avicultural Society," *Avicultural Magazine: For the Study of Foreign and British Birds in Freedom and Captivity* 112 (2006).

43 Bo Beolens, Michael Watkins, and Michael Grayson, *The Eponym Dictionary of Mammals* (Baltimore: Johns Hopkins University Press, 2009), 175; *Hamlyn's Menagerie Magazine* 1, no. 1 (London, 1915), Biodiversity Heritage Library, http:// www.biodiversitylibrary.org/ bibliography/ 61908.

44 "John Daniel Hamlyn (1858–1922)"; American Museum of Natural History, "Mammalogy," *Natural History* 21 (1921): 654.

45 Alyse Cunningham, "A Gorilla's Life in Civilization," *Zoological Society Bulletin* 24, no. 5 (1921): 118–19.

46 Ibid.

47 Ibid.

48 Bridges, *Gathering of Animals*, 346.

49 “Garner Found Ape That Talked to Him: Waa-hooa, Said the Monkey: Ahoo-ahoo, Replied Professor at Their Meeting,” *New York Times*, June 6, 1919; “Zoo’s Only Gorilla Dead: Mlle. Ninjo Could Not Endure Our Civilization. Nostalgia Ailed Her,” *New York Times*, October 6, 1911; “Death of a Young Gorilla,” New York Times, January 3, 1888; “Jungle Baby Lolls in Invalid’s Luxury,” *New York Times*, December 21, 1914.

50 R. L. Garner, “Among the Gorillas,” *Los Angeles Times*, August 27, 1893.

51 William T. Hornaday, “Gorilla a Model for Small Boys: He Always Put Things Back,” Boston Daily Globe, November 25, 1923.

52 William T. Hornaday, “Gorillas Past and Present,” *Zoological Society Bulletin* 18, no. 1 (1915): 1185.

53 Cunningham, “A Gorilla’s Life in Civilization,” 123.

54 Fred D. Pfenig Jr. and Richard J. Reynolds III, “In Ringling Barnum Gorillas and Their Cages,” *Bandwagon* (November–December), 6.

55 Ibid.

56 Ibid.

57 “Circus’s Gorilla a Bit Homesick,” *New York Times*, April 3, 1921.

58 “Gorilla Dies of Homesickness,” Los Angeles Times, 1921; “Grieving Gorilla Dead at Garden,” *New York Times*, April 18, 1921.

59 “Grieving Gorilla Dead at Garden.”

60 “Gorilla Dies of Homesickness”; “Inflation Calculator,” Dollar Times, http:// www.dollartimes.com/ calculators/ inflation.htm.

61 Richard J. Reynolds III, circus historian, personal communication, March 14, 2011; Fred D. Pfenig Jr. and Richard J. Reynolds III, “The Ringling-Barnum Gorillas and Their Cages,” *Bandwagon* 50, no. 6 (November -December 2006): 4–29; James C. Young, “John Daniel, Gorilla, Sees the Passing Show,” *New York Times*, April 13, 1924.

62 Young, “John Daniel, Gorilla, Sees the Passing Show.”

63 Richard J. Reynolds III, circus historian, personal communication, March 14, 2011, and his images, featured here http:// bucklesw.blogspot.com/ 2009_04_01_archive.html; Pfenig Jr. and Reynolds, “The Ringling-Barnum Gorillas and Their Cages,” 4–29; John C. Young, “John, the Gorilla, Bites His Mistress,” *New York Times*, April 8, 1924.

64 “Darwinian Theory Given New Boost: Educated Gorilla’s Big Toe Became Much Like That of Human,” *Los Angeles Times*, April 17, 1922; “Gorilla Most Like Us, Say Scientists: Nearer to Man in ‘Dictatorial Egoism’ than Other Primates, Neurologist Finds. Comparison with a Child Surgeons Report Study of ‘John Daniel,’ Dead Circus Gorilla, to Society of Mammalogists. No Mention of Bryan. Chimpanzees Got Drunk. Darwin’s Theory Discussed,” *New York Times*, May 18, 1922; “Specialists Study John Daniel’s Body,” *New York Times*, April 25, 1921.

65 ジョンとメシエは、その家庭環境への反応が類人猿の感情的生活と知性の認識を変え、彼らを育てた人間の欲望をしばしば不快に反映するような、人間に育てられた数多くの類人猿の子どものうちの二匹だ。Henry Cushier Raven, “Meshie: The Child of a Chimpanzee. A Creature of the African Jungle Emigrates to America,” *Natural History Magazine*, April 1932; Joyce Wadler, “Reunion with a Childhood Bully, Taxidermied,” *New York Times*, June 6, 2009. また、最初にアケリー一家にアフリカで捕獲され、のちにニューヨーク市内のアパートで育てられ、最後には国立動物園に送られたJ・T・ジュニアのケースも参照。Delia J. Akeley, “J. T. Jr.”: *The Biography of an African Monkey* (New York: Macmillan, 1928). ゴリラのトートーはあるアメリカ人女性の家で育てられ、その後サーカスへ売られた。Augusta Maria Daurer Hoyt, *Toto and I: A Gorilla*

in the Family (Philadelphia: J. B. Lippincott, 1941). 手話をするチンパンジーのルーシーは、自分が育ったアメリカ人の家からアフリカへ送られ、この地で最終的には殺された。Maurice K. Temerlin, *Lucy: Growing Up Human: A Chimpanzee Daughter in a Psychotherapist's Family* (Palo Alto, CA: Science and Behavior Books, 1976); Eugene Linden, *Silent Partners: The Legacy of the Ape Language Experiments* (New York: Times Books, 1986). チンパンジーのニム・チンプスキーについては以下を参照。Elizabeth Hess, *Nim Chimpsky: The Chimp Who Would be Human* (New York: Bantam Books, 2009).

66 Matt, *Homesickness*, 178–83.

67 Hayden Church, "American Women in London Minister to Homesick Yankees in British Hospitals," San Francisco Chronicle, December 16, 1917; Helen Dare, "Seeing to It That Soldier Boy Won't Feel Homesick: Even Has Society Organized for Keeping His Mind Off the Girl He Left behind Him," *San Francisco Chronicle*, September 12, 1917; "Our Men in France Often Feel Homesick," *New York Times*, June 9, 1918; "Need Musical Instruments: Appeal by Dr. Rouland in Behalf of Homesick Soldiers," *New York Times*, November 24, 1918; "Recipe for Fried Chicken Gives Soldier Nostalgia," *San Francisco Chronicle*, May 11, 1919; "Doty Was Homesick, and Denies Cowardice: Explains Desertion from French Foreign Legion. Will Be Tried but Not Shot," *New York Times*, June 18, 1926; "Nostalgia," *New York Times*, June 27, 1929.

68 "War Bride Takes Gas: German Girl Who Married American Soldier Was Homesick," *New York Times*, July 2, 1921; "Woman Jumps into Bay with Child Rescued."

69 "Geisha Girls Are Homesick: Japanese World's Fair Commissioner Resorts to Courts to Secure Return of Maids to Japan," *Chicago Daily Tribune*, October 9, 1904; "Boy Coming into a City Finds It Hard to Save: Exaggerate Value of Salary. Adopts More Economical Plan. Country Dollar Is 50c in City. 'Blues' Bred in Hall Bedrooms," *Chicago Daily Tribune*, June 4, 1905; "Glass Eye Blocks Suicide: Deflects Bullet Fired by Owner Who Is Ill and Homesick in New York," Chicago Daily Tribune, August 6, 1910; "Homesick: Ends Life. Irish Girl, Unable to Get Back to Erin to See Her Mother, Takes Gas," *Chicago Daily Tribune*, September 8, 1916; "English Writer, Ill, Ends His Life Here: Bertram Forsyth, Homesick and Depressed, Dies by Gas in Apartment. Left Letter to His Wife. 'Life of Little Account,' He Wrote, Expressing Hope His Son Had Not Inherited His Pessimism," *New York Times*, September 17, 1927; "Homesick Stranger Steals Parrot That Welcomes Him: Heart of Albert Schwartz So Touched by Bird's Greeting He Commits Theft, but Capture Follows," *Chicago Daily Tribune*, January 2, 1908.

70 "Bill Zack and His Knowing Mule: Following His Master, He Walked from Louisiana to Tennessee," *Chicago Daily Tribune*, July 10, 1892.

71 "Care for Sick Pets: Chicago Sanitariums for Birds, Cats, and Dogs. Methods of Treatment. Queer Incident Recounted at the Animal Hospitals. Teach Parrots to Speak. School Where the Birds Learn to Repeat Catching Phrases. Swearing Is a Special Course. Died of a Broken Heart. School for Parrots. Hospital for Sick Cats. Sanitarium for Dogs. Canine Victim to Alcohol," *Chicago Daily Tribune*, May 9, 1897.

72 "Jocko, Homesick, Tries to Die: Sailors' Singing Awakens Fond Memories. Waving Farewell a Naval Mascot Swallows Poison," *Chicago Daily Tribune*, July 19, 1903.

73 ジンゴの死因は、船酔い、病気、厳格な監禁生活、その他数多くのストレス要因とみられる。"Jingo, Rival of Jumbo, Is Dead:

Tallest Elephant Ever in Captivity Unable to Stand Ocean Voyage. Could Not Be Consoled. Refuses to Eat for Several Days and Is Thought to Have Died of Homesickness. Big Beast Is Homesick. Second Officer Tells His Story. Varying Views of Jingo's Value," Chicago Daily Tribune, March 19, 1903.

74 "Only One Gorilla Now in Captivity," *New York Times*, July 18, 1926.

75 "Miss Congo, the Lonely Young Gorilla, Dies at Her Shrine on Ringling's Florida Estate," *New York Times*, April 25, 1928.

76 "Broken Heart or Nostalgia Causes Pet Duck's Death: Mandarin Gives Up Ghost at Park after Fight with Mudhens," *San Francisco Chronicle*, February 10, 1919.

77 Phillips Verner Bradford, *Ota: The Pygmy in the Zoo* (New York: St. Martin's Press, 1992); Elwin R. Sanborn, ed., "Suicide of Ota Benga, the African Pygmy," Zoological Society Bulletin 19, no. 3 (1916): 1356; Samuel P. Verner, "The Story of Ota Benga, the Pygmy," *Zoological Society Bulletin* 19, no. 4 (1916): 1377–79.

78 "A Broken Heart: Often Said to Be a Cause of Death. What the Term Means. A Common Figure of Speech That Has Some Foundation in Fact," *San Francisco Chronicle*, February 27, 1888.

79 Georges Minois, *History of Suicide: Voluntary Death in Western Culture* (Baltimore: Johns Hopkins University Press, 1999), 316.

80 "Died Before His Wife Did: Husband, Who Had Said He Would Go before Her, Stricken as She Lay Dying," *New York Times*, July 5, 1901; "Died of a Broken Heart," *New York Times*, December 22, 1894; "Died of a Broken Heart," *New York Times*, July 5, 1883; "Widow Killed by Grief: Dies of a Broken Heart Following Loss of Her Husband," *New York Times*, January 9, 1910; "Veteran Dies of a Broken Heart: Fails to Rally after Wife Passes Beyond: He Soon Follows Her," *Los Angeles Times*, September 4, 1915; "Died of a Broken Heart," *New York Times*, June 27, 1884; "Died of a Broken Heart: Sad Ending of the Life of an Intelligent Girl," *New York Times*, September 3, 1884; "Died of a Broken Heart: Sad End of Michigan Man Whose Wife Deserted Him for Love of Younger Man," *Los Angeles Times*, October 21, 1910; "Brigham Young's Heirs," *New York Times*, March 10, 1879; "Died of a Broken Heart," *New York Times*, January 9, 1886; "Broken Heart Kills Mother: Burden of Her Grief Too Heavy to Bear: Mrs. Franklin, Whose Son Met Cruel Fate in Santa Fe Train Collision on River Bridge, Ages in Few Months, Pines Away and Dies Pitifully," *Los Angeles Times*, June 1, 1907; "Drowned Lad's Mother Dies: News of His Death While Skating on Thin Ice Crushed Her," *New York Times*, January 16, 1903; "Prostrated by His Son's Death," *New York Times*, November 13, 1893; "Kidnapped Children Recovered," *New York Times*, July 22, 1879; "Died of a Broken Heart," *New York Times*, December 8, 1897; "Girl Dies of a Broken Heart," *Los Angeles Times*, April 11, 1905; "General G. K. Warren Obituary," *New York Times*, August 9, 1882; "Spotted Tail's Daughter: How the Princess Monica Died of a Broken Heart from Unrequited Love for a Pale-face Soldier. The Chaplain's Story," *New York Times*, July 15, 1877; Fort Laramie: Historical Handbook Number Twenty, National Park Service, 1954, http:// www.cr.nps.gov/ history/ online_books/ hh/ 20/ hh20m.htm.

81 Marjorie Garber, *Dog Love* (New York: Touchstone, 1997), 241–42, 249–52, 257–58.

82 最近になって、イギリスのカーディフの研究員は、ボビーは実際は二匹のイヌだったと論じている。"Greyfriars Bobby Was Just a Victorian Publicity Stunt, Claims Academic," Telegraph, August

3, 2011, http://www.telegraph.co.uk/news/newstopics/howaboutthat/8678875/Greyfriars-Bobby-was-just-a-Victorian-publicity-stunt-claims-academic.html (accessed August 3, 2011).

83 "Horse Dies, Dog Follows: Shepherd Refused Food, Grieving over Passing of Friend," *New York Times*, September 19, 1937.

84 "An Affectionate Horse," *New York Times*, January 14, 1887.

85 "Army Mule Aristocrat of Allied Armies' Transport: Humble American Has Won the Heart of the British Army. Seldom Sick, and Never Afraid, He Survives Where Horses Succumb," *Boston Daily Globe*, February 25, 1917.

86 "Rhinoceros Bomby Is Dead: New-York Climate and Isolation from His Sweetheart Killed Him," New York Times, June 27, 1886; "Grieving Sea Lion Dies at Aquarium: Trudy Had Refused to Touch Food Since Death of Mate Ten Days Ago. Many Children Knew Her. Bought from California for a Circus Career. Blind Eye Kept Her from Learning Tricks," New York Times, September 10, 1928; "Berlin Sea Elephant Dies of a Broken Heart," New York Times, December 31, 1935; "Zoo Penguin Dies of Broken Heart Mourning Mate," *Los Angeles Times*, August 4, 1947.

87 たとえば以下を参照。Martin Johnston, "Helpless, but Unafraid, the Giraffe Thrives on Persecution," *Daily Boston Globe*, December 2, 1928.

88 "The Story of a Lion's Love: Wynant Hubbard's Account of Moving Jungle Romance Wherein King of Beasts Enters Captivity out of Affection for His 'Wife,'" *Daily Boston Globe*, May 19, 1929; "Most Fastidious of Wild Beasts Are the Leopards: So Says Mme. Morelli, and She Ought to Know, for They've Tried to Eat Her Several Times. How Bostock Saved the Plucky Woman Trainer. One of Her Pets Died from a Broken Heart," *New York Times*, June 18, 1905; "Birds I Know," *Daily Boston Globe*, July 23, 1946.

89 "Lovelorn Killer Whale Dies in Frantic Dash for Freedom," *Los Angeles Times*, July 11, 1966; David Kirby, *Death at SeaWorld: Shamu and the Dark Side of Killer Whales in Captivity* (New York: St. Martin's Press, 2012), 151–52.

90 Belle J. Benchley, "'Zoo-Man' Beings," *Los Angeles Times* (1923—Current File), August 14, 1932; Belle J. Benchley, "The Story of Two Magnificent Gorillas," *Bulletin of the New York Zoological Society* 43, no. 4 (1940): 105–16; Belle Jennings Benchley, *My Animal Babies* (London: Faber and Faber, 1946); Gerald B. Burtnett, "The Low Down on Animal Land," *Los Angeles Times* (1923—Current File), June 2, 1935.

91 "Ape Porcupine Firm Friends: Melancholia Banished When Huge Monkey Romps with Strange Playmate," Los Angeles Times (1923—Current File), November 27, 1924. ほぼ六〇年経ったいま、わたしのEメールボックスはこうした友情関係で溢れている。わたしのところに、ある種の多種間の友情で結ばれた動物たちの写真が送られてこないまま一週間が過ぎることはない。イヌとオランウータンがプラスチックのタブのなかで水浴びしている写真、あかちゃんブタがトラにぴったりと寄り添っている写真、ヘビとウサギが互いにくっついて丸くなっている写真などだ。こうした数々の小さなフォトエッセイは、その多くが擬人化され、かわいく見せようとし、舞台化されているように見えるが、驚くべき友情関係が芽生えた原因としての孤独や抑圧を映しだしてもいる。

92 Tracy I. Storer and Lloyd P. Tevis, *California Grizzly* (Berkeley: University of California Press, 1996), 276.

93 "Grizzly Comes as Mate to Monarch: Young Silver Tip Shipped from

Idaho Arrives Safely and Is Now in Park Bear Pit," *San Francisco Chronicle*, February 10, 1903.

94 西部の荒野に対する変わりゆく考え方に関する学問が、十九世紀末から二十世紀初頭にかけて数多く存在した。ネイティヴ・アメリカンがこの国の新しい国立公園システムから除外され、グリズリーやオオカミの数が減少し、連邦政府が監視機関（合衆国魚類野生生物局、合衆国国立公園局など）を設立し、新しく強化された政府の土地所有を監督するようになった。すなわち、資源の豊富な土地にだれが入ることができ、だれができないか、そしてそれがどのようにアメリカの荒野とフロンティアの概念を反映し、形成するのに役立つかを見届けていたのだ。William Cronon, "The Trouble with Wilderness," in Uncommon Ground: Toward Reinventing Nature, ed. William Cronon (New York: Norton,1995); Karl Jacoby, Crimes against Nature: Squatters, Poachers, Thieves, and the Hidden History of American Conservation (Berkeley: University of California Press, 2003); Roderick Frazier Nash, Wilderness and the American Mind (New Haven, CT: Yale University Press, 2001); Philip Shabecoff, A Fierce Green Fire: The American Environmental Movement (Washington, DC: Island Press, 2003); Louis S. Warren, The Hunter's Game: Poachers and Conservationists in Twentieth-Century America (New Haven, CT: Yale University Press, 1999); Richard White, Patricia Nelson Limerick, and James R. Grossman, The Frontier in American Culture: An Exhibition at the Newberry Library, August 26, 1994–January 7, 1995 (Chicago: Newberry Library, 1994).

95 Susan Snyder, *Bear in Mind: The California Grizzly* (Berkeley, CA: Heyday Books, 2003), 117–40; Storer and Tevis, California Grizzly, 249.

96 Snyder, *Bear in Mind*, 65.

97 Storer and Tevis, *California Grizzly*, 244–49.

98 Snyder, *Bear in Mind*, 160; Storer and Tevis, *California Grizzly*, 240–41.

99 Storer and Tevis, *California Grizzly*, 249.

100 "The New Bear Flag Is Grizzlier," San Francisco Chronicle, September 19, 1953; Storer and Tevis, *California Grizzly*, 249–50.

101 こうした詳細がどれほど証明できるものであるかどうかは解釈の問題である。というのも、その他の説明が存在しないからだ。モナークの話のなかで起きたすべてのことがモナーク個人に起きたとは限らない一方で、それはある時点でケリーのクマに起こったことなのかもしれない。アーネスト・トンプソン・シートンは一八八九年、『エグザミナー』に発表されたモナークの記事の信ぴょう性についてケリーに尋ねた。シートンはこう書いている。「このクマのものとされる多くの冒険は、別のさまざまなクマのものだったとみてまちがいないだろう」。Storer and Tevis, California Grizzly, 250; Allen Kelly, Bears I Have Met—and Others (Philadelphia: Drexel Biddle, 1903), http:// www.gutenberg.org/ files/ 15276/ 15276-h/ 15276-h.htm.

102 Kelly, Bears *I Have Met*.

103 Ibid.

104 Board of Parks Commissioners, *Annual Report of the Board of Parks Commissioners* 1895, June 30, 1895, California Academy of Sciences, 7, 15.

105 "Grizzly Comes as Mate to Monarch."

106 Ibid.

107 Nash, *Wilderness and the American Mind*; Shabecoff, *A Fierce Green Fire*, 21–31, 61–67.

108 Nash, *Wilderness and the American Mind*, 146.

109 Ibid., 76.

110 歴史家ウィリアム・クロノンは、ターナーがフロンティアの終焉を告げたとき、喪失感を味わったアメリカ人はすでに過去を振り返り、昔の、もっとシンプルで平和だった国を惜しんでいたと語っている。問題は、そうした国が実際には存在していなかったということだ。つまり、先住民の絶滅、バッファローやオオカミ、グリズリーの数の減少、炭鉱や大規模な森林伐採によってもたらされた極端な生態的ダメージは、この国の荒野の理想というロマンチックな考え方には影響を与えない類の暴力だった。Cronon, "The Trouble with Wilderness."

111 Ibid., 76, 78.

112 "Grizzly Comes as Mate to Monarch."

113 その後の記事は、この仔グマは、生まれた日にモンタナがあかちゃんを落として頭に大けがを負わせたために死んだと主張した。モンタナの子育て能力に対する第二の侮辱は、サンフランシスコ市民に向けて発信された。「バッファロー牧場の近くの鉄の檻に住んでいたモナークとその妻のモンタナの二頭のグリズリーは、昨日、彼らの子孫の時期尚早の死に同情の意を示す呼びかけをした多くの見物客のために非公式のレセプションをおこなった。モナーク夫人が双子の子どもの一頭の一部を食べ、もう一頭を完全に無視していたことを考えると、彼女を見に来た人々のお悔やみは場違いのように見えた」"Great Crowd Visits Park: Police Estimate Attendance of Fully Forty Thousand People at the Recreation Grounds," San Francisco Chronicle, January 25, 1904.

114 Board of Parks Commissioners, *Annual Report of the Board of Parks Commissioners* 1910, June 30, 1910, 40–43.

115 "Park Museum Has New Attractions: Grizzly Monarch Will Be Put on Exhibition for the Labor Day Crowds," San Francisco Chronicle (1869—Current File), August 28, 1911.

116 E. B. White, *Charlotte's Web*, (New York: Harper Brothers, 1952).

117 "'Heartbroken' Male Otters Die within an Hour of Each Other," April 1, 2010, Advocate.com, http:// www.advocate.com/ News/ Daily_News/ 2010/ 04/ 01/ Heartbroken_Male_Otters_Die_Within_An_Hour_of_Each_Other/ (accessed November 5, 2012).

118 Bekoff, *The Emotional Lives of Animals*, 66.

119 Jill Lawless, "Hours after Soldier Killed in Action, His Faithful Dog Suffers Seizure," *Toronto Star*, March 10, 2011.

120 Salim S. Virani, A. Nasser Khan, Cesar E. Mendoza, Alexandre C. Ferreira, and Eduardo de Marchena, "Takotsubo Cardiomyopathy, or Broken-Heart Syndrome," Texas Heart Institute Journal 34, no. 1 (2007): 76–79.

121 Natterson-Horowitz and Bowers, *Zoobiquity*, 5.

122 Ibid., 110–13.

123 Ibid., 112–13.

124 Ibid., 118–20.

○第五章

1 "Eternal Sunshine," Guardian,May 13, 2007, http:// www.guardian.co.uk/ society/ 2007/ may/ 13/ socialcare.medicineandhealth (accessed March 10, 2009).

2 Stanley Coren, "The Former French President's Depressed Dog: Jacques Chirac and Sumo," *Psychology Today*, October 5, 2009, http:// www.psychologytoday.com/ blog/ canine-corner/ 200910/ the-former-french-president-s-depressed-dog-jacques-chirac-and-sumo (accessed April 5, 2012); Ian Sparks, "Former French President Chirac Hospitalised after Mauling by His Clinically Depressed Poodle," Mail

Online, January 21, 2009, http:// www.dailymail.co.uk/ news/ article-1126136/ Former-French-President-Chirac-hospitalised-mauling-clinically-depressed-poodle.html (accessed April 5, 2012).

3 "Fluoxetine (AS HCL): Oral Suspension," Wedgewood Pharmacy, http:// www.wedgewoodpetrx.com/ items/ fluoxetine-as-hcl-oral-suspension.html (accessed April 6, 2012).

4 十九世紀のホメオパシー（同種療法）の慣行にはペットも含まれていた。ペット用のホメオパシーマニュアルが一九三〇年代に入ってから出版され、ホメオパシーの医師から動物治療用のキットを購入することができた。Katherine C. Grier, Pets in America: A History (Chapel Hill: University of North Carolina Press, 2006), 90–96.

5 Andrea Tone, *The Age of Anxiety: A History of America's Turbulent Affair with Tranquilizers* (New York: Basic Books, 2008), 43–51.

6 Shorter, *A Historical Dictionary of Psychiatry*, 54.

7 David Healy, *The Creation of Psychopharmacology* (Cambridge, MA: Harvard University Press, 2002), 78.

8 Ibid., 80–81.

9 Ibid., 46, 80–81, 84. その他の使用はイヌでテストされた。この合成物は、ハンモックで揺らしつづけて吐き気をおぼえる実験グループのイヌでさえ、その嘔吐を止める効果があることがわかった。

10 Ibid., 90–91.

11 Ibid.

12 Shorter, *A Historical Dictionary of Psychiatry*, 55.

13 Healy, *The Creation of Psychopharmacology*, 98–99.

14 J. W. Kakolewski, "Psychopharmacology: Clinical and Experimental Subjects," in Abnormal Behavior in Animals, ed. Michael W. Fox (Philadelphia: Saunders, 1968), 527.

15 A. F. Fraser, "Behavior Disorders in Domestic Animals," in *Abnormal Behavior in Animals*, ed. Michael W. Fox (Philadelphia: Saunders, 1968), 184.

16 W. Ferguson, "Abnormal Behavior in Domestic Birds," in *Abnormal Behavior in Animals*, ed. Michael W. Fox (Philadelphia: Saunders, 1968), 195.

17 Tone, *The Age of Anxiety*, 43–52.

18 Ibid., 109–10.

19 Jonathan Michel Metzl, *Prozac on the Couch: Prescribing Gender in the Era of Wonder Drugs* (Durham, NC: Duke University Press, 2003), 72, 74–75.

20 Ferdinand Lundberg and Marynia Farnham, *Modern Woman: The Lost Sex* (New York: Harper and Brothers, 1947).

21 Metzl, *Prozac on the Couch*, 81, 159.

22 Ibid., 101–2.

23 Tone, *The Age of Anxiety*, 109–10.

24 Roche Laboratories, *Aspects of Anxiety* (Philadelphia: Lippincott, 1968).

25 Tone, *The Age of Anxiety*, 57, 108–10, 113.

26 Metzl, *Prozac on the Couch*, 100; R. Huebner, "Meprobamate in Canine Medicine: A Summary of 77 Cases," *Veterinary Medicine* 51 (October 1956): 488.

27 Metzl, *Prozac on the Couch*, 73.

28 Tone, *The Age of Anxiety*, 144–47.

29 "Tranquilizer Is Put under U.S. Curbs," *New York Times*, December 6, 1967.

30 Ibid., 144–47, David Healy, *Let Them Eat Prozac: The Unhealthy*

Relationship between the Pharmaceutical Industry and Depression (New York: New York University Press, 2004).

31 Tone, *The Age of Anxiety*, 129.

32 Ibid., 129, 135.

33 Ibid., 153–56.

34 Rebecca Burns, "11 Years Ago This Month: Willie B.' s Memorial," Atlantamagazine.com, February 2000, http:// www.atlantamagazine.com/ flashback/ Story.aspx? id = 1353208 (accessed July 20, 2012); Dorie Turner, "Famed Atlanta Resident Who Ate Bananas Comes to TV," *USA Today*, August 5, 2008, http:// www.usatoday.com/ news/ nation/ 2008-08-05-2238724203_x.htm (accessed July 20, 2012).

35 Liz Wilson and Andrew Luescher, "Parrots and Fear," in *Manual of Parrot Behavior*, ed. Andrew Luescher (Ames, IA: Blackwell, 2006), 227; Peter Holz and James E. F. Barnett, "Long-Acting Tranquilizers: Their Use as a Management Tool in the Confinement of Free-Ranging Red-Necked Wallabies (Macropus rufogriseus)," *Journal of Zoo and Wildlife Medicine* 27, no. 1 (1996): 54–60; Y. Uchida, N. Dodman, and D. DeGhetto, "Animal Behavior Case of the Month: A Captive Bear Was Observed to Exhibit Signs of Separation Anxiety," *Journal of the American Veterinary Medical Association* 212, no. 3 (1998): 354–55; Thomas H. Reidarson, Jim McBain, and Judy St. Leger, "Side Effects of Haloperidol (Haldol(r)) to Treat Chronic Regurgitation in California Sea Lions," *IAAAM Conference Proceedings* (2004): 124–25, http:// www.vin.com/ Proceedings/ Proceedings.plx?& CID = IAAAM2004& PID = pr50067& O = Generic; Leslie M. Dalton and Todd R. Robeck, "Aberrant Behavior in a California Sea Lion (Zalophus californianus)," *IAAAM Conference Proceedings* (1997): 145–46, http:// www.vin.com/ Proceedings/ Proceedings.plx?& CID = IAAAM1997& PID = pr49310& O = Generic; Larry Gage et al., "Medical and Behavioral Management of Chronic Regurgitation in a Pacific Walrus (*Odobenus rosmarus divergens*)," *IAAAM Conference Proceedings* (2000): 341–42, http:// www.vin.com/ Proceedings/ Proceedings.plx?& CID = IAAAM2000& PID = pr49633& O = Generic.

36 Jenny Laidman, "Zoos Using Drugs to Help Manage Anxious Animals," *Toledo Blade*, September 14, 2005.

37 Healy, The Creation of Psychopharmacology, 5; Michel Foucault, *Madness and Civilization: A History of Insanity in the Age of Reason* (New York: Vintage Books, 1973); Michael E. Staub, *Madness Is Civilization: When the Diagnosis Was Social*, 1948–1980 (Chicago: University of Chicago Press, 2011), 6, 139–40, 181–83; Roy W. Menninger and John C. Nemiah, eds., *American Psychiatry after World War II*, 1944–1994 (Arlington, VA: American Psychiatric Press, 2000), 281–89.

38 Ken Kesey, *One Flew Over the Cuckoo's Nest* (New York: Signet, 1963).

39 Healy, *The Creation of Psychopharmacology*, 5, 148–56, 162–63.

40 Ibid., 237.

41 Lorna A. Rhodes, *Total Confinement: Madness and Reason in the Maximum Security Prison* (Berkeley: University of California Press, 2004), 126–28. 以下を参照。 Laura Calkins, "Detained and Drugged: A Brief Overview of the Use of Pharmaceuticals for the Interrogation of Suspects, Prisoners, Patients, and POWs in the U.S.," Bioethics 24, no. 1 (2010): 27–34; Charles Pillar, "California Prison Behavior Units Aim to Control Troublesome Inmates," *Sacramento Bee*, May 10, 2010; Kenneth Adams and Joseph Ferrandino, "Managing Mentally Ill Inmates in Prisons," *Criminal Justice and Behavior* 35, no. 8 (2008): 913–27; David Jones, A. Bernard Ackerman Professor of the Culture of Medicine,

Harvard University, および個人書簡（July 29, 2013）。

42 M. Babette Fontenot et al., "Dose-Finding Study of Fluoxetine and Venlafaxine for the Treatment of Self-Injurious and Stereotypic Behavior in Rhesus Macaques (Macaca mulatta)," *Journal of the American Association for Laboratory Animal Science* 48, no. 2 (2009): 176–84; M. Babette Fontenot et al., "The Effects of Fluoxetine and Buspirone on Self-Injurious and Stereotypic Behavior in Adult Male Rhesus Macaques," *Comparative Medicine* 55, no. 1 (2005): 67–74; H. W. Murphy and R. Chafel, "The Use of Psychoactive Drugs in Great Apes: Survey Results," *Proceedings of the American Association of Zoo Veterinarians, American Association of Wildlife Veterinarians, Association of Reptile and Amphibian Veterinarians, and National Association of Zoo and Wildlife Veterinarians Joint Conference* (September 18, 2001): 244–49.

43 Laidman, "Zoos Using Drugs to Help Manage Anxious Animals."

44 D. Espinosa-Avilés et al., "Treatment of Acute Self Aggressive Behaviour in a Captive Gorilla (*Gorilla gorilla gorilla*)," *Veterinary Record* 154, no. 13 (2004): 401–2.

45 H. W. Murphy and R. Chafel, "The Use of Psychoactive Drugs in Great Apes: Survey Results," *Proceedings of the American Association of Zoo Veterinarians, American Association of Wildlife Veterinarians, Association of Reptile and Amphibian Veterinarians, and National Association of Zoo and Wildlife Veterinarians Joint Conference* (September 18, 2001): 244–49; Murphy and Mufson, "The Use of Psychopharmaceuticals to Control Aggressive Behaviors in Captive Gorillas."

46 Paul Luther, personal communication, June 2009; Also Darrel Glover, "Cranky Ape Puts His Foot Down, So Pilot Boots Him off Jet," Seattle *Post-Intelligencer*, October 17, 1996; Elizabeth Morell, "Transporting Wild Animals," *Risk Management* (July 1998).

47 Dalton and Robeck, "Aberrant Behavior in a California Sea Lion (*Zalophus Californianus*)," 145–46; Reidarson et al., "Side Effects of Haloperidol (Haldol(r)) to Treat Chronic Regurgitation in California Sea Lions," 124–25; Chen et al., "Diagnosis and Treatment of Abnormal Food Regurgitation in a California Sea Lion (*Zalophus californianus*)." Justin Carissimo, "SeaWorld puts Whales on Valium-like Drug, Documents Show," *Buzzfeed*, March 31, 2014. http:// www.buzzfeed.com/ justincarissimo/ seaworld-puts-its-whales-on-valium-like-drug-documents-show#. ibKNLJlGq.

48 Kirby, *Death at SeaWorld*, 317–34.

49 Melissa Cronin, "SeaWorld Gave Nursing Orca Valium," *The Dodo*, April 2, 2014, https:// www.thedodo.com/ seaworld-gave-nursing-orca-val-493887337. html.

50 Gabriela Cowperthwaite, "Exclusive: 'Blackfish,' 'The Cove' creators challenge SeaWorld to a debate," *The Dodo*, January 22, 2014, https:// www.thedodo.com/ exclusive-blackfish-the-cove-c-399531056. html.

51 William Van Bonn, "Medical Management of Chronic Emesis in a Juvenile White Whale (*Delphinapterus leucas*)," *IAAAM Conference Proceedings* (2006): 150–52, http:// www.vin.com/ Proceedings/ Proceedings.plx? CID = IAAAM2006& Category = 7556& PID = 50364& O = Generic.

52 Edward Shorter, *Before Prozac: The Troubled History of Mood Disorders in Psychiatry* (New York: Oxford University Press, 2009), 2.

53 Ibid., 4.

54 Healy, *The Creation of Psychopharmacology*, 57.

55 Shorter, *Before Prozac*, 2.

56 Peter D. Kramer, *Listening to Prozac* (New York: Viking, 1993); Healy, *Let Them Eat Prozac*, 264.

57 Carla Hall, "Fido's Little Helper," *Los Angeles Times*, January 10, 2007, http:// articles.latimes.com/ 2007/ jan/ 10/ local/ me-animalmeds10 (accessed September 15, 2010).

58 Laidman, "Zoos Using Drugs to Help Manage Anxious Animals."

59 Tad Friend, "It's a Jungle in Here," *New York Magazine*, April 24, 1995.

60 Will Nixon, "Gus the Neurotic Bear: Polar Bear in New York City Central Park Zoo," *E the Environmental Magazine*, December 1994.

61 David Healy, "Folie to Folly: The Modern Mania for Bipolar Disorders," in *Medicating Modern America: Prescription Drugs in History*, ed. Andrea Tone and Elizabeth Siegel Watkins (New York: New York University Press, 2007), 43; Emily Martin, *Bipolar Expeditions: Mania and Depression in American Culture* (Princeton, NJ: Princeton University Press, 2007), 223–27.

62 関連する感情としては、エミリー・マーティンの『双極性の旅』(*Bipolar Expeditions*, 225) でも触れられている。ここで彼女は、双極性は少なくとも一時期、そしてある特定のニューヨーカーのあいだで、ニューヨーク市の現象として見られていた――おそらくはすでに双極性の、またはそうなる傾向のある人々を魅了するこの街の慌ただしいペースが、ニューヨーカーが動物園の動物に見ているようなタイプの障害に影響を与えているのだ。

63 Friend, "It's a Jungle in Here."

64 Nixon, "Gus the Neurotic Bear"; Friend, "It's a Jungle in Here."

65 Ingrid Newkirk, *The PETA Practical Guide to Animal Rights: Simple Acts of Kindness to Help Animals in Trouble* (New York: Macmillan, 2009); Julia Naylor Rodriguez, "Experts Say Prozac for Pets Is a Pretty Depressing Idea," *Forth Worth Star*, September 2, 1994; "Dogs Feeling Wuff in the City Getting a Boost from Prozac," *New York Daily News*, January 11, 2007; June Naylor Rodriguez, "Prozac for Fido? Don't Get Too Anxious for It, Vets Say," *Fort Worth Star*, September 3, 1994.

66 N. R. Kleinfeld, "Farewell to Gus, Whose Issues Made Him a Star," *New York Times*, August 28, 2013; http:// www.nytimes.com/ 2013/ 08/ 29/ nyregion/ gus-new-yorks-most-famous-polar-bear-dies-at-27. html?_r = 0.

67 Ibid.

68 E. M. Poulsen et al., "Use of Fluoxetine for the Treatment of Stereotypical Pacing Behavior in a Captive Polar Bear," *Journal of the American Veterinary Medical Association* 209, no. 8 (1996): 1470–74. この研究はイーライリリーが資金を提供しておこなわれた。

69 Yalcin and N. Aytug, "Use of Fluoxetine to Treat Stereotypical Pacing Behavior in a Brown Bear (Ursus arctos)," *Journal of Veterinary Behavior Clinical Applications and Research* 2, no. 3 (2007): 73–76.

70 Dr. Prof. Nilufer Aytug, Karacabey Bear Sanctuary, personal communication, February 5, 2012.

71 "America's State of Mind," Medco, 2011, http:// apps.who.int/ medicinedocs/ documents/ s19032en/ s19032en.pdf.

72 Brendan Smith, "Inappropriate Prescribing," *Monitor on Psychology*, American Psychological Association, June 2012, Vol. 43, No. 6, 36. http:// www.apa.org/ monitor/ 2012/ 06/ prescribing.aspx.

73 National Ambulatory Medical Care Survey, Factsheet, Psychiatry, CDC, http:// www.cdc.gov/ nchs/ data/ ahcd/ NAMCS_Factsheet_PSY_2009. pdf (accessed September 1, 2010); Laura A. Pratt, Debra J. Brody, and QiupingGu, "Antidepressant Use in Persons Ages 12 and

Over: United States, 2005–2008," CDC, http:// www.cdc.gov/ nchs/ data/ databriefs/ db76. htm (accessed September 1, 2010).

74 Matt Wickenheiser, "Vet Biotech Aims at Generic Pet Medicine Market," *Bangalore Daily* News, February 3, 2012, http:// bangordailynews.com/ 2012/ 02/ 03/ business/ vet-biotech-aims-at-generic-pet-medicine-market/. "Pet Industry Market Size and Ownership Statistics," American Pet Products Manufacturers Association, 2011–12, National Survey, http:// www.americanpetproducts.org/ press_ industrytreras.asp.

75 Chris Dietrich, "Zoetis Raises $ 2.2 Billion in IPO," *Wall Street Journal*, January 31, 2013.

76 "Eli Lilly: Offsetting Generic Erosion through Janssen's Animal Health Business," *Comment-Wire*, March 17, 2011.

77 Susan Todd, "Retailers Shaking Up Pet Medicines Market, but Consumers Continue to Rely on Vets for Serious Remedies and Care," *Star-Ledger* (NJ), October 2, 2011, http:// www.nj.com/ business/ index. ssf/ 2011/ 10/ retailers_shaking_up_pet_medic.html (accessed October 3, 2011).

78 KPMG, Bureau of Economic Analysis, Packaged Facts, and William Blair and Co., Veterinary Economics, April 2008; and Allison Grant, "Veterinarians Scramble as Retailers Jump Into Pet Meds Market," *The Plain Dealer*, January 9, 2012.

79 David Lummis, "Human/ Animal Bond and 'Pet Parent' Spending Insulate $ 53 Billion U.S. Pet Market against Downturn, Forecast to Drive Post-Recession Growth," *Packaged Facts*, March 2, 2010, http:// www.packagedfacts.com/ Pet-Outlook-2553713/.

80 Susan Jones, *Valuing Animals: Veterinarians and Their Patients in Modern America* (Baltimore: Johns Hopkins University Press, 2003), 119; National Ambulatory Medical Care Survey.

81 David Healy, *Pharmageddon* (Berkeley: University of California Press, 2012), 10–11.

82 Adriana Petryna, Andrew Lakoff, and Arthur Kleinman, eds., Global *Pharmaceuticals: Ethics, Markets, Practices* (Durham, NC: Duke University Press, 2006) 9; 以下も参照。 Shorter, *Before Prozac*, 11–33.

83 Healy, *The Creation of Psychopharmacology*, 35.

84 Shorter, *Before Prozac*, 194–96.

85 "Pet Pharm," CBC Documentaries, September 10, 2010, http:// www.cbc.ca/ documentaries/ doczone/ 2010/ petpharmacy/ index.html.

86 たとえば以下を参照。 Nicholas H. Dodman and Louis Shuster, eds., Psychopharmacology of Animal Behaviour Disorders (Malden, MA: Blackwell Science, 1998); Dodman et al., "Equine Self-Mutilation Syndrome (57 Cases)"; N. H. Dodman et al., "Investigation into the Use of Narcotic Antagonists in the Treatment of a Stereotypic Behavior Pattern (Crib-Biting) in the Horse," *American Journal of Veterinary Research* 48, no. 2 (1987): 311–19; N. H. Dodman et al., "Use of Narcotic Antagonists to Modify Stereotypic Self-Licking, Self-Chewing, and Scratching Behavior in Dogs," *Journal of the American Veterinary Medical Association* 193, no. 7 (1988): 815–19; N. H. Dodman et al., "Use of Fluoxetine to Treat Dominance Aggression in Dogs," *Journal of the American Veterinary Medical Association* 209, no. 9 (1996): 1585–87; "Dodman to Hold Behavior Workshops in Northern Calif.," *Veterinary Practice News*, April 19, 2011, http:// www.veterinarypracticenews. com/ vet-breaking-news/ 2011/ 04/ 19/ dodman-to-hold-behavior-workshops-in-northern-calif.aspx; Nicholas H. Dodman, "The Well Adjusted Cat—One Day Workshop: Secrets to Understanding Feline

Behavior," Pet Docs, http:// www.thepetdocs.com/ events.html.

87 たとえば以下を参照。Dodman et al., "Use of Narcotic Antagonists to Modify Stereotypic Self-Licking, Self-Chewing, and Scratching Behavior in Dogs"; Dodman et al., "Investigation into the Use of Narcotic Antagonists in the Treatment of a Stereotypic Behavior Pattern (Crib-Biting) in the Horse"; B. L. Hart et al., "Effectiveness of Buspirone on Urine Spraying and Inappropriate Urination in Cats," *Journal of the American Veterinary Medical Association* 203, no. 2 (1993): 254–58; A. A. Moon-Fanelli and N. H. Dodman, "Description and Development of Compulsive Tail Chasing in Terriers and Response to Clomipramine Treatment," *Journal of the American Veterinary Medical Association* 212, no. 8 (1998): 1252–57; Raphael Wald, Nicholas Dodman, and Louis Shuster, "The Combined Effects of Memantine and Fluoxetine on an Animal Model of Obsessive Compulsive Disorder," Experimental and Clinical Psychopharmacology 17, no. 3 (2009): 191–97; L. S. Sawyer, A. A. Moon-Fanelli, and N. H. Dodman, "Psychogenic Alopecia in Cats: 11 Cases (1993–1996)," *Journal of the American Veterinary Medical Association* 214, no. 1 (1999): 71–74.

88 Nicholas H. Dodman, *The Well-Adjusted Dog: Dr. Dodman's Seven Steps to Lifelong Health and Happiness for Your Best Friend* (Boston: Houghton Mifflin Harcourt, 2008), 212.

89 ドッドマンが使用しているもうひとつの薬、バスパーは、一九八〇年代末に嵐恐怖症のイヌで初めてのテストがおこなわれた。この薬を与えられたイヌは、雷が遠くにいるときには穏やかに行動したが、頭の上を通りすぎるときには極度の不安に陥るという症状は変わらなかった。彼はまた、この薬を恐怖による攻撃や社会不安症にも使用し、家のなかにおしっこをするイヌや、イヌ科の車酔いに非常に効果があるとしている。

Dodman, The Well-Adjusted Dog, 233-34.

90 James Vlahos, "Pill-Popping Pets," *New York Times Magazine*, July 13, 2008.

91 Dodman, Well-Adjusted Dog, 232.

92 "Pet Pharm."

93 "Animal Shelter Euthanasia," American Humane Asssociation, www.americanhumane.org/ animals/ stop-animal-abuse/ fact-sheets/ animal-shelter-euthanasia.htm (accessed December 20, 2013).

94 たとえば以下を参照。D. A. Babcock et al., "Effects of Imipramine, Chlorimipramine, and Fluoxetine on Cataplexy in Dogs," *Pharmacology, Biochemistry, and Behavior* 5, no. 6 (1976): 599; Sharon L. Crowell-Davis and Thomas Murray, *Veterinary Psychopharmacology* (Wiley-Blackwell, 2005); Hart et al., "Effectiveness of Buspirone on Urine Spraying and Inappropriate Urination in Cats," 254–58; Charmaine Hugo et al., "Fluoxetine Decreases Stereotypic Behavior in Primates," Progress in *Neuro-Psychopharmacology and Biological Psychiatry* 27, no. 4 (2003): 639–43; Mami Irimajiri et al., "Randomized, Controlled Clinical Trial of the Efficacy of Fluoxetine for Treatment of Compulsive Disorders in Dogs," *Journal of the American Veterinary Medical Association* 235, no. 6 (2009): 705–9; Rapoport et al., "Drug Treatment of Canine Acral Lick," 517; Wald et al., "The Combined Effects of Memantine and Fluoxetine on an Animal Model of Obsessive Compulsive Disorder."

95 "Pet Industry Market Size and Ownership Statistics," American Pet Products Manufacturers Association, 2011–12, National Survey, http:// www.americanpetproducts.org/ press_industrytrends.asp.

96 "Eli Lilly and Company Introduces Reconcile™ for Separation Anxiety in Dogs," *Medical News Today*, April 26, 2007, http:// www.

medicalnewstoday.com/ releases/ 68990. php (accessed May 1, 2009).

97 Vlahos, "Pill-Popping Pets."

98 www.reconcile.com (accessed January 15, 2012).

99 www.reconcile.com/ downloads (accessed June 15, 2009).

100 Barbara Sherman Simpson et al., "Effects of Reconcile (Fluoxetine) Chewable Tablets Plus Behavior Management for Canine Separation Anxiety," *Veterinary Therapeutics: Research in Applied Veterinary Medicine* 8, no. 1 (2007): 18–31. Another study on the drug, also sponsored by Lilly but focused on the effect of fluoxetine on compulsive behaviors in dogs, was equivocal. Irimajiri et al., "Randomized, Controlled Clinical Trial of the Efficacy of Fluoxetine for Treatment of Compulsive Disorders in Dogs," 705–9.

101 Diane Frank, Audrey Gauthier, and Renée Bergeron, "Placebo-Controlled Double-Blind Clomipramine Trial for the Treatment of Anxiety or Fear in Beagles during Ground Transport," *Canadian Veterinary Journal* 47, no. 11 (2006): 1102–8.

102 E. Yalcin, "Comparison of Clomipramine and Fluoxetine Treatment of Dogs with Tail Chasing," *Tierärztliche Praxis: Ausgabe K, Kleintiere/ Heimtiere* 38, no. 5 (2010): 295–99; Moon-Fanelli and Dodman, "Description and Development of Compulsive Tail Chasing in Terriers and Response to Clomipramine Treatment," 1252–57; Seibert et al., "Placebo-Controlled Clomipramine Trial for the Treatment of Feather Picking Disorder in Cockatoos"; Dodman and Shuster, "Animal Models of Obsessive-Compulsive Behavior: A Neurobiological and Ethological Perspective."

103 1–800PetMeds, http:// www. 1800petmeds.com/ Clomicalm-prod10439. html (accessed February 4, 2012).

104 "Dr. Ian Dunbar," Sirius Dog Training, http:// www.siriuspup.com/ about_founder.html (accessed June 3, 2013); "Ian Dunbar Events and Training Courses," https:// www.jamesandkenneth.com/ store/ show_by_tags/ Events (accessed June 3, 2013).

105 "Pet Pharm"; Vlahos, "Pill-Popping Pets"; "About Founder," *Sirius Dog Training*, http:// www.siriuspup.com/ about_founder.html (accessed June 3, 2013); "Ian Dunbar Events and Training Courses," https:// www. jamesandkenneth.com/ store/ show_by_tags/ Events (accessed June 3, 2013).

106 "Pet Pharm."

107 Nigel Rothfels, *Savages and Beasts: The Birth of the Modern Zoo* (Baltimore: Johns Hopkins University Press, 2002), 81.

108 Chris D. Metcalfe et al., "Antidepressants and Their Metabolites in Municipal Wastewater, and Downstream Exposure in an Urban Watershed," *Environmental Toxicology and Chemistry* 29, no. 1 (2010): 79–89.

109 Ibid.; Janet Raloff, "Environment: Antidepressants Make for Sad Fish. Drugs May Affect Feeding, Swimming and Mate Attracting," *Science News* 174, no. 13 (2008): 15.

110 Nina Bai, "Prozac Ocean: Fish Absorb Our Drugs, and Suffer for It," Discover Magazine Blog, December 2, 2008, http:// blogs. discovermagazine.com/ discoblog/ 2008/ 12/ 02/ prozac-ocean-fish-absorb-our-drugs-and-suffer-for-it/ (accessed March 2, 2009); Yasmin Guler and Alex T. Ford, "Anti-Depressants Make Amphipods See the Light," *Aquatic Toxicology* 99, no. 3 (2010): 397–404; Metcalfe et al., "Antidepressants and Their Metabolites in Municipal Wastewater, and Downstream Exposure in an Urban Watershed."

111 D. C. Love et al., "Feather Meal: A Previously Unrecognized Route for Reentry into the Food Supply of Multiple Pharmaceuticals and

Personal Care Products (PPCPs)," *Environmental Science and Technology* 46, no. 7 (2012): 3795–802; Sarah Parsons, "This Is Your Chicken on Drugs: Count the Antibiotics in Your Nuggets," Good, April 10, 2012; "Researchers Find Evidence of Banned Antibiotics in Poultry Products," Center for a Livable Future, Johns Hopkins Bloomberg School of Public Health, April 2012.

112 Nicholas D. Kristof, "Arsenic in Our Chicken?," *New York Times*, April 4, 2012; Love et al., "Feather Meal: A Previously Unrecognized Route for Reentry into the Food Supply of Multiple Pharmaceuticals and Personal Care Products (PPCPs); Sarah Parsons, "This Is Your Chicken on Drugs: Count the Antibiotics in Your Nuggets," Good, April 10, 2012; "Researchers Find Evidence of Banned Antibiotics in Poultry Products," Center for a Livable Future, Johns Hopkins Bloomberg School of Public Health, April 2012.

○第六章

1 Susanne Antonetta, "Language Garden," Orion, April 2005, http:// www.orionmagazine.org/ index.php/ articles/ article/ 152/ (accessed August 10, 2011).

2 Edmund Ramsden and Duncan Wilson, "The Nature of Suicide: Science and the Self-Destructive Animal," *Endeavor* 34, no. 1 (2010): 21.

3 "Suicide," Oxford English Dictionary Online, http:// www.oed.com/ view/ Entry/ 193691? rskey = 6JPREr& result = 1. Before the eighteenth century, someone could be a "self-destroyer," "self-killer" "self-murderer," or "self-slayer," but not a suicide victim.

4 ＤＳＭ－Ｖには、終末期の病気を抱えていることを理由に自らの命を絶つことを選ぶ人間についても触れていない。"Proposed Revision," DSM5. org, http:// www.dsm5. org/ ProposedRevision/ Pages/ proposedrevision.aspx? rid = 584# (accessed April 1, 2013). 自殺念慮および自殺群差を除く試みについては以下も参照。American Psychiatric Association, Diagnostic and Statistical Manual of Mental Disorders-IV (Washington, DC: American Psychiatric Association, 1994).

5 たとえば以下を参照。Kathryn Bayne and Melinda Novak, "Behavioral Disorders," Nonhuman Primates in Biomedical Research (1998): 485–500; P. S. Bordnick, B. A. Thyer, and B. W. Ritchie, "Feather Picking Disorder and Trichotillomania: An Avian Model of Human Psychopathology," Journal of Behavior Therapy and Experimental Psychiatry 25, no. 3 (1994): 189–96; John C. Crabbe, John K. Belknap, and Kari J. Buck, "Genetic Animal Models of Alcohol and Drug Abuse," Science 264, no. 5166 (1994): 1715–23; J. N. Crawley, M. E. Sutton, and D. Pickar, "Animal Models of Self-Destructive Behavior and Suicide," Psychiatric Clinics of North America 8, no. 2 (1985): 299–310; Cross and Harlow, "Prolonged and Progressive Effects of Partial Isolation on the Behavior of Macaque Monkeys," 39–49; Kalueff et al., "Hair Barbering in Mice"; A. J. Kinnaman, "Mental Life of Two Macacus Rhesus Monkeys in Captivity. I," American Journal of Psychology 13, no. 1 (1902): 98–148; Kurien et al., "Barbering in Mice"; O. Malkesman et al., "Animal Models of Suicide-Trait-Related Behaviors," Trends in Pharmacological Sciences 30, no. 4 (2009): 165–73; Melinda A. Novak and Stephen J. Suomi, "Abnormal Behavior in Nonhuman Primates and Models of Development," Primate Models of Children's Health and Developmental Disabilities (2008): 141–60; Overall, "Natural Animal Models of Human Psychiatric Conditions"; J. L. Rapoport, D. H.

Ryland, and M. Kriete, "Drug Treatment of Canine Acral Lick: An Animal Model of Obsessive-Compulsive Disorder," Archives of General Psychiatry 49, no. 7 (1992): 517–21; Richard E. Tessel et al., "Rodent Models of Mental Retardation: Self-Injury, Aberrant Behavior, and Stress," Mental Retardation and Developmental Disabilities Research Reviews 1, no. 2 (1995): 99–103.

6 Crawley, Sutton, and Pickar, "Animal Models of Self-Destructive Behavior and Suicide."

7 たとえば以下を参照。Nicholas H. Dodman and Louis Shuster, "Animal Models of Obsessive-Compulsive Behavior: A Neurobiological and Ethological Perspective," in *Concepts and Controversies in Obsessive-Compulsive Disorder*, ed. Jonathan S. Abramowitz and Arthur C. Houts (New York: Springer, 2005), 53–71; Garner et al., "Barbering (Fur and Whisker Trimming) by Laboratory Mice as a Model of Human Trichotillomania and Obsessive-compulsive Spectrum Disorders"; Kurien et al., "Barbering in Mice" Rapoport et al., "Drug Treatment of Canine Acral Lick"; Bordnick et al., "Feather Picking Disorder and Trichotillomania"; Crabbe et al., "Genetic Animal Models of Alcohol and Drug Abuse"; Overall, "Natural Animal Models of Human Psychiatric Conditions"; Tessel et al., "Rodent Models of Mental Retardation."

8 Malkesman et al., "Animal Models of Suicide-Trait-Related Behaviors."

9 Ibid.

10 遺書は、その人が自殺を意図していることは書かれているが、その動機についての説明は途中で切れていることが多い。もちろん、遺体をどのように始末してほしいか、葬式はどのように挙げてほしいかといったことについて詳しく指示している明確な例外もあるが、多かれ少なかれ、遺書は単にそれを書いている人がその瞬間に感じている感情の範囲だけを記している。Eric Marcus, Why Suicide?: Answers to 200 of the Most Frequently Asked Questions about Suicide, Attempted Suicide, and Assisted Suicide (San Francisco: HarperOne, 1996), 14.

11 Justin Nobel, "Do Animals Commit Suicide? A Scientific Debate," *Time*, March 19, 2010; Larry O'Hanlon, "Animal Suicide Sheds Light on Human Behavior," Discovery News, March 10, 2010, http:// news.discovery.com/ animals/ animal-suicide-behavior.html? print = true; Rowan Hooper, "Animals Do Not Commit Suicide," NewScientist, March 24, 2010, http:// www.newscientist.com/ blogs/ shortsharpscience/ 2010/ 03/ animals-do-not-commit-suicide.html (accessed April 20, 2010).

12 Ramsden and Wilson, "The Nature of Suicide," 22.

13 Barbara T. Gates, *Victorian Suicide: Mad Crimes and Sad Histories* (Princeton, NJ: Princeton University Press, 1988), 37; Anne Shepherd and David Wright, "Madness, Suicide and the Victorian Asylum: Attempted Self-Murder in the Age of Non-Restraint," *Medical History* 46, no. 2 (2002): 175–96.

14 Gates, Victorian Suicide, 38.

15 Lindsay, *Mind in the Lower Animals*, 130–48.

16 Ramsden and Wilson, "The Nature of Suicide."

17 C. Lloyd Morgan, "Suicide of Scorpions," Nature 27 (1883): 313–14. その四年後、王立研究所の他のメンバーが「自殺とされるサソリの死」と題する論文を発表し、昆虫は自分の毒に対して免疫があるため、このサソリの死が自殺かどうかという疑問は解決したように見えると論じた。A. G. Bourne, "The Reputed Suicide of Scorpions," Proceedings of the Royal Society of London 42 (1887):

17–22.

18　George John Romanes, *Mental Evolution in Animals* (New York: D. Appleton, 1884).

19　ローレイン・ダストンは次のように述べている。ローマ人にとって擬人化は美徳であり、必要なものであった。というのも、それは人間と動物のあいだの直接的な進化の関係性を表しているからだ、と。しかしモーガンにとってそれは人間の誤った投影だった。Lorraine Daston, "Intelligences: Angelic, Animal, Human," in Thinking with Animals: New Perspectives on Anthropomorphism, ed. Lorraine Daston and Gregg Mitman (New York: Columbia University Press, 2005), 37–58.

20　Ramsden and Wilson, "The Nature of Suicide," 24.

21　Enrico Morselli, Suicide: *An Essay on Comparative Moral Statistics* (London: Kegan Paul, 1881), 8.

22　この著書の「序文」のなかで、デュルケームはなぜ自分が人間以外の動物を含めようとしなかったかを説明をしている。「動物の知性に関するわたしたちの知識では、彼らの死を予測したり、特にその死を達成するための手段を予測したりといったことの理解を彼らから引き出すことはできない……真の自殺のように見えるという、ほんとうらしく引用されたケースはすべて、まったく誤った説明がなされている場合がある。苦しむサソリが自らの針で自分を突き刺したとしたら（これはまったく確かなことではない）、おそらくそれは自動的で無分別な反応からくるものだろう。彼の苦しみが引き起こす動機のエネルギーは、偶然に、でたらめに放出される。この生きものはたまたま自らの犠牲者になったのだが、その行為の結果を予断していたとは言えない。一方で、自分の主人を失ったことで食べることを拒否するイヌがいるとしたら、それは自分が突如投げ入れられた悲しみという状況によって、食欲が自動的に失われたということにすぎない。死は結果として起こったのであり、何らかの予断があったわけではない。この場合のような断食にしても、その他の場合の傷にしても、既知の効果の手段として利用されたことはない」。Emile Durkheim, Suicide: A Study in Sociology (Glencoe, IL: Free Press, 1951), 44–45.

23　Ramsden and Wilson, "The Nature of Suicide," 23.

24　Daston, "Intelligences," 37–58.

25　Conwy Lloyd Morgan, *An Introduction to Comparative Psychology* (London: Morgan, 1894), 53.

26　フィクションに関しては、たとえば以下を参照。Claire Goll, My Sentimental Zoo (New York: Peter Pauper Press, 1942). For other accounts, see all examples to follow, as well as "Texas Cattle: Peculiarities of the Long-Horned Beasts," San Francisco Chronicle, July 7, 1885; "A Bull's Suicide," San Francisco Chronicle, December 22, 1891; Paul Eipper, Animals Looking at You (New York: Viking Press, 1929).

27　"Suicide by Animals: Self-Destruction of Scorpion and Star-Fish," *New York Sun*, December 18, 1881.

28　"The Suicide of a Lion," San Francisco Chronicle, August 25, 1901.

29　代表的な例としては、以下を参照。"Suicide of a Dog," San Francisco Chronicle, July 29, 1897; "Suicide: Do Animals Seek Their Own Death?," San Francisco Chronicle, April 7, 1884; "A Mare's Suicide," San Francisco Chronicle, November 7, 1894.

30　Rirvo, *The Animal Estate*, 19, 35.

31　Ramsden and Wilson, "The Nature of Suicide," 22.

32　Rirvo, *The Animal Estate*, 19, 35.

33　"Court Decides That Horse Committed Suicide," *San Francisco Chronicle*, February 2, 1905.

34 "Aged Gray Horse, Weary of Life, Commits Suicide," San Francisco Chronicle, January 23, 1922; "Horse Fails in Suicide Attempts," *San Francisco Chronicle*, May 22, 1922.

35 オバリーはこのことについて、最初は自身の著書で、その後『フロントライン』というドキュメンタリーのインタビューのなかで語っている。Richard O'Barry and Keith Coulbourn, Behind the Dolphin Smile: A True Story That Will Touch the Hearts of Animal Lovers Everywhere (New York: St. Martin's Griffin, 1999), 248–50; "Interview with Richard O'Barry," Frontline: A Whale of a Business, PBS, November 11, 1997, http:// www.pbs.org/ wgbh/ pages/ frontline/ shows/ whales/ interviews/ obarry2. html.

36 O'Barry and Coulbourn, *Behind the Dolphin Smile*, 136.

37 Ibid.; Richard O'Barry, personal communication, June 16, 2009.

38 "Interview with Richard O'Barry."

39 O'Barry and Coulbourn, *Behind the Dolphin Smile*, 248–50.

40 "Interview with Richard O'Barry."

41 Shabecoff, A Fierce Green Fire, 131; "Earth Day: The History of a Movement," Earth Day Network, http:// www.earthday.org/ earth-day-history-movement (accessed August 20, 2013).

42 O'Barry and Coulbourn, *Behind the Dolphin Smile*, 28–35.

43 Dr. Naomi Rose, Humane Society of the United States, personal communication, April 13, 2010.

44 Ibid.

45 "Three Beached Whales by Jan Wierix," in R. Ellis, *Monsters of the Sea* (Robert Hale, 1994), http:// upload.wikimedia.org/ wikipedia/ commons/ 9/ 94/ Three_Beached_Whales% 2C_1577. jpg; "Stranded Whale at Katwijk in Holland in 1598," in Ellis, http:// en.wikipedia. org/ wiki/ File:Stranded_whale_Katwijk_1598. jpg; "Scenes from Wellfleet Dolphin Stranding," January 19, 2012, http:// www.youtube. com/ watch? v = AGbdp4saMoI (accessed May 1, 2012); "Raw Video: Mass Stranding of Pilot Whales," May 6, 2011, http:// www.youtube. com/ watch? v = w636wkpsBBg (accessed May 1, 2012).

46 Angela D'Amico et al., "Beaked Whale Strandings and Naval Exercises," *Aquatic Mammals* 35 (December 1, 2009): 452–72.

47 この議論は十九世紀から現在までの、たとえば『ニューヨークタイムズ』、『ワシントンポスト』、『サンフランシスコクロニクル』、『ボストングローブ』、『ロサンゼルスタイムズ』、その他の主要な新聞を含むアメリカの新聞各紙の歴史アーカイブの調査を基にしている。

48 "Enigma of Suicidal Whales," *New York Times*, June 6, 1937.

49 "Whales Swim In and Die," *New York Times*, October 8, 1948.

50 こうした自己破壊的な種は長生きしないことを考えると、これはどちらかといえばありえない説明だ。"Scotland's 274 Dead Whales Stir Question," Los Angeles Times, July 5, 1950.

51 たとえば以下を参照。Murray D. Dailey and William A. Walker, "Parasitism as a Factor (?) in Single Strandings of Southern California Cetaceans," Journal of Parasitology 64, no. 4 (1978): 593–96; Robert D. Everitt et al., Marine Mammals of Northern Puget Sound and the Strait of Juan de Fuca: A Report on Investigations, November 1, 1977–October 31, 1978, Environmental Research Laboratories, Marine Ecosystems Analysis Program, 1979; C. H. Fiscus and K. Niggol, "Observations of Cetaceans off California, Oregon, and Washington," U.S. Fish and Wildlife Service Special Scientific Report 498 (1965): 1–27; S. Ohsumi, "Interspecies Relationships among Some Biological Parameters in Cetaceans and Estimation of the Natural Mortality Coefficient of the Southern Hemisphere Minke Whale," Report of the

International Whaling Commission 29 (1979): 397–406; D. E. Sergeant, "Ecological Aspects of Cetacean Strandings," in Biology of Marine Mammals: Insights through Strandings, ed. J. R. Geraci and D. J. St. Aubin, Marine Mammal Commission Report No. MMC-77/ 13, 1979, 94–113.

52 "Scientists Study Mystery of 24 Pilot Whales That Died after Stranding Themselves on Carolina Island Beach," *New York Times*, October 8, 1973.

53 たとえば以下を参照。"Mass Suicide: Whale Beachings Puzzle to Experts," Observer Reporter, July 27, 1976. データ①を挿入。S. A. Norman, et al., "Cetacean Strandings in Oregon and Washington between 1930 and 2002," Journal of Cetacean Research and Management 6 (2004): 87–99.

54 D. Graham Burnett, "A Mind in the Water," Orion, June 2010, http:// www.orionmagazine.org/ index.php/ articles/ article/ 5503/ (accessed July 1, 2010); D. Graham Burnett, *The Sounding of the Whale: Science and Cetaceans in the Twentieth Century* (Chicago: University of Chicago Press, 2012), chapter 6.

55 Etienne Benson, *Wired Wilderness: Technologies of Tracking and the Making of Modern Wildlife* (Baltimore: Johns Hopkins University Press, 2010), 1–48.

56 National Research Council (U.S.), Committee on Potential Impacts of Ambient Noise in the Ocean on Marine Mammals, *Ocean Noise and Marine Mammals* (Washington, DC: National Academies Press, 2003); L. S. Weilgart, "A Brief Review of Known Effects of Noise on Marine Mammals," *International Journal of Comparative Psychology* 20 (2007): 159–68; D'Amico et al., "Beaked Whale Strandings and Naval Exercises"; K. C. Balcomb and D. E. Claridge, "A Mass Stranding of Cetaceans Caused by Naval Sonar in the Bahamas," *Bahamas Journal of Science* 8, no. 2 (2001): 2–12; D. M. Anderson and A. W. White, "Marine Biotoxins at the Top of the Food Chain," Oceanus 35, no. 3 (1992): 55–61; R. J. Law, C. R. Allchin, and L. K. Mead, "Brominated Diphenyl Ethers in Twelve Species of Marine Mammals Stranded in the UK," *Marine Pollution Bulletin* 50 (2005): 356–59; R. J. Law et al., "Metals and Organochlorines in Pelagic Cetaceans Stranded on the Coasts of England and Wales," *Marine Pollution Bulletin* 42 (2001): 522–26; R. J. Law et al., "Metals and Organochlorines in Tissues of a Blainville's Beaked Whale (*Mesoplodon densirostris*) and a Killer Whale (Orcinus orca) Stranded in the United Kingdom," *Marine Pollution Bulletin* 34 (1997): 208–12; K. Evans et al., "Periodic Variability in Cetacean Strandings: Links to Large-Scale Climate Events," Biology Letters 1, no. 2 (2005): 147–50; M. D. Dailey et al., "Prey, Parasites and Pathology Associated with the Mortality of a Juvenile Gray Whale (Eschrichtius robustus) Stranded along the Northern California Coast," *Diseases and Aquatic Organisms* 42 (2000): 111–17; J. Geraci et al., "Humpback Whales (*Megaptera novaeanglie*) Fatally Poisoned by Dinoflagellate Toxin," *Canadian Journal of Fisheries and Aquatic Science* 46 (1989): 1895–98; H. Thurston, "The Fatal Shore," *Canadian Geographic*, January–February 1995, 60–68.

57 たとえば以下を参照。Felicity Muth, "Animal Culture: Insights from Whales," Scientific American.com, April 27, 2013, http:// blogs. scientificamerican.com/ not-bad-science/ 2013/ 04/ 27/ animal-culture-insights-from-whales/ (accessed April 28, 2013); Jenny Allen et al., "Network-Based Diffusion Analysis Reveals Cultural Transmission of Lobtail Feeding in Humpback Whales," Science 340, no. 6131 (2013): 485–88; John K. B. Ford, "Vocal Traditions among Resident Killer

Whales (Orcinus orca) in Coastal Waters of British Columbia," Canadian Journal of Zoology 69, no. 6 (1991): 1454–83; Luke Rendell et al., "Can Genetic Differences Explain Vocal Dialect Variation in Sperm Whales, Physeter macrocephalus?," Behavior Genetics 42, no. 2 (2011): 332–43.

58 J. R. Geraci and V. J. Lounsbury, Marine Mammals Ashore: A Field Guide for Strandings (Galveston: Texas A& M University Sea Grant College Program, 1993); A. F. González and A. López, "First Recorded Mass Stranding of Short-Finned Pilot Whales (Globicephala macrorhynchus Gray, 1846) in the Northeastern Atlantic," Marine Mammal Science 16, no. 3 (2000): 640–46.

59 その他の国も独自の座礁ネットワークがある。たとえばニュージーランドの「プロジェクトヨナ」(http://www.projectjonah.org.nz)、インドネシアの「ホエールストランディングス・インドネシア」(http://www.whalestrandingindonesia.com/index.php)、カナダの「海洋哺乳動物レスポンス協会」(http://www.marineanimals.ca/)など。

60 Richard C. Connor, "Group Living in Whales and Dolphins," in *Cetacean Societies: Field Studies of Dolphins and Whales*, ed. Janet Mann (Chicago: University of Chicago Press, 2000), 199–218.

61 "Why Do Cetaceans Strand? A Summary of Possible Causes," Hal Whitehead Laboratory Group, http:// whitelab.biology.dal.ca/ strand/ StrandingWebsite.html# social; E. Rogan et al., "A Mass Stranding of White-Sided Dolphins (Lagenorhynchus acutus) in Ireland: Biological and Pathological Studies," *Journal of Zoology* 242, no. 2 (1997): 217–27.

62 こうした研究は、同じく因果関係について述べている初期の公開されている研究に基づく。David Suzuki, "Sonar and Whales Are a Deadly Mix," Huffington Post, February 27, 2013, http:// www.huffingtonpost.ca/ david-suzuki/ sonar-naval-training-kills-whales_b_2769130. html; Tyack et al., "Beaked Whales Respond to Simulated and Actual Navy Sonar"; National Resource Defense Council, "Lethal Sounds: The Use of Military Sonar Poses a Deadly Threat to Whales and Other Marine Mammals," NRDC, http:// www.nrdc.org/ wildlife/ marine/ sonar.asp (accessed July 5, 2013); Weilgart, "A Brief Review of Known Effects of Noise on Marine Mammals"; National Research Council (U.S.), Ocean Noise and Marine Mammals.

63 "U.S. Sued over U.S. Navy Sonar Tests in Whale Waters," NBC News, January 26, 2012, http://usnews.nbcnews.com/_news/2012/01/26/10244852-us-sued-over-navy-sonar-tests-in-whale-waters?lite (accessed January 27, 2012); "Marine Mammals and the Navy's 5-Year Plan," New York Times, October 11, 2012, http://www.nytimes.com/2012/10/12/opinion/marine-mammals-and-the-navys-5-year-plan.html (accessed October 11, 2012); Natural Resources Defense Center Council, "Navy Training Blasts Marine Mammals with Harmful Sonar," *National Resource Defense Council Media*, news release, January 26, 2012, http://www.nrdc.org/media/2012/120126a.asp (accessed January 27, 2012).

64 Lauren Sommer, "Navy Sonar Criticized for Harming Marine Mammals," *All Things Considered*, National Public Radio, April 26, 2013, http://www.npr.org/2013/04/26/179297747/navy-sonar-criticized-for-harming-marine-mammals; Jeremy A. Goldbogen et al., "Blue Whales Respond to Simulated Mid-Frequency Military Sonar," Proceedings of the Royal Society: Biological Sciences 280, no. 1765 (2013).

65 Goldbogen et al., "Blue Whales Respond to Simulated Mid-Frequency Military Sonar"; "Study: Military Sonar May Affect

Endangered Blue Whale Population," CBS News, July, 8, 2013, http://seattle.cbslocal.com/2013/07/08/study-military-sonar-may-affect-endangered-blue-whale-population; Suzuki, "Sonar and Whales Are a Deadly Mix" (accessed July 8, 2013); "U.S. Military Sonar May Affect Endangered Blue Whales, Study Suggests," *Washington Post*, July 8, 2013, http://articles.washingtonpost.com/2013–07–08/national/40435944_1_blue-whales-cascadia-research-collective-mid-frequency-sonar (accessed July 8, 2013); Damian Carrington, "Whales Flee from Military Sonar Leading to Mass Strandings, Research Shows," *Guardian*, July 2, 2013; Victoria Gill, "Blue and Beaked Whales Affected by Simulated Navy Sonar," BBC News, July 2, 2013, http://www.bbc.co.uk/news/science-environment-23115939 (accessed July 8, 2013); Richard Gray, "Blue Whales Are Disturbed by Military Sonar," Telegraph, July 3, 2013, http://www.telegraph.co.uk/earth/wildlife/10158068/Blue-whales-are-disturbed-by-military-sonar.html (accessed July 4, 2013); Megan Gannon, "Military Sonar May Hurt Blue Whales," *Yahoo News*, July 4, 2013, http://news.yahoo.com/military-sonar-may-hurt-blue-whales-141911253.html (accessed July 4, 2013).

66 Wynne Parry, "16 Whales Mysteriously Stranded in Florida Keys," *Live Science*, May 6, 2011, http://www.livescience.com/14052-pilot-whale-stranding-florida-pod-noise.html (accessed May 6, 2011).

67 H. A. Waldron, "Did the Mad Hatter Have Mercury Poisoning?," British Medical Journal 287, no. 6409 (1983): 1961.

68 Katherine H. Taber and Robin A. Hurley, "Mercury Exposure: Effects across the Lifespan," Journal of Neuropsychiatry and Clinical Neurosciences 20, no. 4 (2008): 384–89; S. Allen Counter and Leo H. Buchanan, "Mercury Exposure in Children: A Review," Toxicology and Applied Pharmacology 198, no. 2 (2004): 213.

69 Counter and Buchanan, "Mercury Exposure in Children," 213.

70 Taber and Hurley, "Mercury Exposure," 389.

71 Wendy Noke Durden et al., "Mercury and Selenium Concentrations in Stranded Bottlenose Dolphins from the Indian River Lagoon System, Florida," *Bulletin of Marine Science* 81, no. 1 (2007): 37–54; H. Gomercic Srebocan and A. Prevendar Crnic, "Mercury Concentrations in the Tissues of Bottlenose Dolphins (*Tursiops truncatus*) and Striped Dolphins (*Stenella* coeruloalba) Stranded on the Croatian Adriatic Coast," Science and *Technology* 2009, no. 12 (2009): 598–604; Dan Ferber, "Sperm Whales Bear Testimony to Ocean Pollution," *Science Now*, August 17, 2005, http://news.sciencemag.org/sciencenow/2005/08/17–02.html (accessed August 9, 2010); "Mercury Levels in Arctic Seals May Be Linked to Global Warming," *Science Daily*, May 4, 2009, http://www.sciencedaily.com/releases/2009/05/090504165950.htm (accessed May 5, 2009); A. Gaden et al., "Mercury Trends in Ringed Seals (Phoca hispida) from the Western Canadian Arctic since 1973: Associations with Length of Ice-Free Season," *Environmental Science and Technology* 43 (May 15, 2009): 3646–51.

72 Shawn Booth and Dirk Zeller, "Mercury, Food Webs, and Marine Mammals: Implications of Diet and Climate Change for Human Health," *Environmental Health Perspectives* 113 (February 2, 2005): 521–26.

73 Durden et al., "Mercury and Selenium Concentrations in Stranded Bottlenose Dolphins from the Indian River Lagoon System, Florida"; Srebocan and Crnic, "Mercury Concentrations in the Tissues of Bottlenose Dolphins (*Tursiops truncatus*) and Striped Dolphins (*Stenella*

coeruloalba) Stranded on the Croatian Adriatic Coast"; Ferber, "Sperm Whales Bear Testimony to Ocean Pollution"; "Mercury Levels in Arctic Seals May Be Linked to Global Warming"; Gaden et al., "Mercury Trends in Ringed Seals (Phoca hispida) from the Western Canadian Arctic since 1973."

74 "Mercury Pollution Causes Immune Damage to Harbor Seals," Science Daily, October 20, 2008, http://www.sciencedaily.com/releases/2008/10/081020191532.htm# (accessed May 30, 2010).

75 Jordan Lite, "What Is Mercury Posioning?," Scientific American, December 19, 2008, http://www.scientificamerican.com/article.cfm?id=jeremy-piven-mercury-poisoning (accessed April 20, 2010); "Pollution 'Makes Birds Mate with Each Other,' Say Scientists," Mail Online, December 10, 2010, http://www.dailymail.co.uk/sciencetech/article-1334725/Mercury-diet-making-male-birds-gay.html (accessed December 11, 2010); "Fish Consumption Advisories," U.S. Environmental Protection Agency, http://www.epa.gov/hg/advisories.htm (accessed December 11, 2010); Bob Condor, "Living Well: How Much Mercury Is Safe? Go Fishing for Answers," Seattlepi.com, October 19, 2008, http://www.seattlepi.com/lifestyle/health/article/Living-Well-How-much-mercury-is-safe-Go-fishing-1288719.php (accessed November 1, 2009); Francesca Lyman, "How Much Mercury Is in the Fish You Eat? Doctors Recommend Consuming Seafood, but Some Fish Are Tainted," NBCNews.com, April 4, 2003, http:// www.nbcnews.com/id/3076632/ns/health-your_environment/t/how-much-mercury-fish-you-eat/ (accessed January 4, 2011); "Weekly Health Tip: Mercury in Fish--How Much Is Too Much?," Huffpost Healthy Living: The Blog, http://www.huffingtonpost.com/deepak-chopra/mercury-fish_b_893631.html; "Mercury Mess: Wild Bird Sex Stifled," Environmental Health News, September 22, 2011, http://www.environmentalhealthnews.org/ehs/newscience/2011/08/2011–0920-mercury-messes-with-sex/ (accessed September 22, 2011).

76 M. R. Trimble and E. S. Krishnamoorthy, "The Role of Toxins in Disorders of Mood and Affect," *Neurologic Clinics* 18, no. 3 (2000): 649–64; Celia Fischer, Anders Fredriksson, and Per Eriksson, "Coexposure of Neonatal Mice to a Flame Retardant PBDE 99 (2,2',4,4',5-pentabromodiphenyl ether) and Methyl Mercury Enhances Developmental Neurotoxic Defects," Toxicological Sciences: *An Official Journal of the Society of Toxicology* 101, no. 2 (2008): 275–85.

77 Trimble and Krishnamoorthy, "The Role of Toxins in Disorders of Mood and Affect."

78 たとえば以下を参照。"Some Toxic Effects of Lead, Other Metals and Antibacterial Agents on the Nervous System: Animal Experiment Models," Acta Neurologica Scandinavica Supplementum 100 (1984): 77–87; Minoru Yoshida et al., "Neurobehavioral Changes and Alteration of Gene Expression in the Brains of Metallothionein-I/ II Null Mice Exposed to Low Levels of Mercury Vapor during Postnatal Development," Journal of Toxicological Sciences 36, no. 5 (2011): 539–47; Shuhua Xi et al., "Prenatal and Early Life Arsenic Exposure Induced Oxidative Damage and Altered Activities and mRNA Expressions of Neurotransmitter Metabolic Enzymes in Offspring Rat Brain," Journal of Biochemical and Molecular Toxicology 24, no. 6 (2010): 368–78.

79 Kathleen McAuliffe, "How Your Cat Is Making You Crazy," *Atlantic*, March 2012.

80 Ibid.

81 Ibid.; "Common Parasite May Trigger Suicide Attempts: Inflammation from T. Gondii Produces Brain-Damaging Metabolites,"

Science Daily, August 16, 2012, http://www.sciencedaily.com/releases/2012/08/120816170400.htm (accessed August 16, 2012).

82 Patrick K. House, Ajai Vyas, and Robert Sapolsky, "Predator Cat Odors Activate Sexual Arousal Pathways in Brains of Toxoplasma Gondii Infected Rats," ed. Georges Chapouthier, PLoS ONE 6, no. 8 (2011): e23277; "Toxo: A Conversation with Robert Sapolsky," The Edge.org, December 4, 2009, http://www.edge.org/3rd_culture/sapolsky09/sapolsky09_index.html (accessed August 19, 2012); Jaroslav Flegr, "Effects of Toxoplasma on Human Behavior," *Schizophrenia Bulletin*, 33, no. 3 (2007), http://schizophreniabulletin.oxfordjournals.org/content/33/3/757.full (accessed August 17, 2012).

83 McAuliffe, "How Your Cat Is Making You Crazy"; "Toxo: A Conversation with Robert Sapolsky"; Flegr, "Effects of Toxoplasma on Human Behavior."

84 "Toxoplasmosis," Centers for Disease Control, http://www.cdc.gov/parasites/toxoplasmosis/ disease.html (accessed August 17, 2012).

85 Flegr, "Effects of Toxoplasma on Human Behavior"; McAuliffe, "How Your Cat Is Making You Crazy"; "Toxo: A Conversation with Robert Sapolsky."

86 Vinita J. Ling, David Lester, Preben Bo Mortensen, Patricia W. Langenberg, and Teodor T. Postolache, "Toxoplasma Gondii Seropositivity and Suicide Rates in Women," *The Journal of Nervous and Mental Disease* 199, no. 7 (July 2011): 440–444; Yuanfen Zhang, Lil Träskman-Bendz, Shorena Janelidze, Patricia Langenberg, Ahmed Saleh, Niel Constantine, Olaoluwa Okusaga, Cecilie Bay-Richter, Lena Brundin, and Teodor T. Postolache, "Toxoplasma Gondii Immunoglobulin G Antibodies and Nonfatal Suicidal Self-Directed Violence," *The Journal of Clinical Psychiatry* 73, no. 8 (August 2012): 1069–1076; David Lester, "Toxoplasma Gondii and Homicide," *Psychological Reports* 111, no. 1 (August 2012): 196–97.

87 "Common Parasite May Trigger Suicide Attempts."

88 "California Sea Otters Numbers Drop Again," *United States Geological Survey*, August 3, 2010 http://www.usgs.gov/newsroom/article.asp?ID=2560; Miles Grant, "California Sea Otter Population Declining," National Wildlife Federation, March 7, 2011, http://blog.nwf.org/2011/03/california-sea-otter-population-declining (accessed March 8, 2011); "California Sea Otters Mysteriously Disappearing," CBS News, March 3, 2011, http://www.cbsnews.com/news/calif-sea-otters-mysteriously-disappearing (accessed May 4, 2011).

89 "Study Links Parasites in Freshwater Runoff to Sea Otter Deaths," Science Daily, July 2, 2002, http://www.sciencedaily.com/releases/2002/06/020627004404.htm (accessed October 30, 2010); P. A. Conrad, M. A. Miller, C. Kreuder, E. R. James, J. Mazet, H. Dabritz, D. A. Jessup, Frances Gulland, and M. E. Grigg, "Transmission of Toxoplasma: Clues from the Study of Sea Otters as Sentinels of Toxoplasma Gondii Flow into the Marine Environment," *International Journal for Parasitology* 35, no. 11–12 (October 2005): 1155–1168; M. A. Miller, W. A. Miller, P. A. Conrad, E. R. James, A. C. Melli, C. M. Leutenegger, H. A. Dabritz, et al., "Type X Toxoplasma Gondii in a Wild Mussel and Terrestrial Carnivores from Coastal California: New Linkages between Terrestrial Mammals, Runoff and Toxoplasmosis of Sea Otters," *International Journal for Parasitology* 38, no. 11 (September 2008): 1319–28.

90 Paul Rincon, "Cat Parasite 'Is Killing Otters,'" BBC, February 19, 2006, http://news.bbc.co.uk/2/hi/science/nature/4729810.stm (accessed December 5, 2012); Mariane B. Melo, Kirk D. C. Jensen, and Jeroen P.

J. Saeij, "Toxoplasma Gondii Effectors Are Master Regulators of the Inflammatory Response," *Trends in Parasitology* 27, no. 11 (November 2011): 487–95.

91 "Dual Parasitic Infections Deadly to Marine Mammals," Science Daily, May 25, 2011, http://www.sciencedaily.com/releases/2011/05/110524171257.htm (accessed May 25, 2013).

92 Astrid Schnetzer et al., "Blooms of Pseudo-Nitzschia and Domoic Acid in the San Pedro Channel and Los Angeles Harbor Areas of the Southern California Bight, 2003–2004," Harmful Algae 6, no. 3 (2007): 372–87; Frances Gulland, *Domoic Acid Toxicity in California Sea Lions* (Zalophus californianus) Stranded along the Central California Coast, May–October 1998, Report to the National Marine Fisheries Service Working Group on Unusual Marine Mammal Mortality Events, December, 2000; "Domoic Acid Toxicity," Marine Mammal Center, http://www.marinemammalcenter.org/science/top-research-projects/domoic-acid-toxicity.html (accessed June 1, 2012); "Red Tide," Woods Hole Oceanographic Institute, http://www.whoi.edu/redtide (accessed June 1, 2012).

93 Gulland, *Domoic Acid Toxicity in California Sea Lions (Zalophus californianus) Stranded along the Central California Coast, May–October* 1998.

94 "Amnesic Shellfish Poisoning," Woods Hole Oceanographic Institution, http://www.whoi.edu/redtide/page.do?pid=9679&tid=523&cid=27686 (accessed June 1, 2012); D. Baden, L. E. Fleming, and J. A. Bean, "Marine Toxins," in *Handbook of Clinical Neurology: Intoxications of the Nervous System, Part II. Natural Toxins and Drugs*, ed. F. A. de Wolff (Amsterdam: Elsevier Press, 1995), 141–75.

95 Kate Thomas et al., "Movement, Dive Behavior, and Survival of California Sea Lions (*Zalophus californianus*) Posttreatment for Domoic Acid Toxicosis," *Marine Mammal Science* 26, no. 1 (2010): 36–52; E. M. D. Gulland et al., "Domoic Acid Toxicity in Californian Sea Lions (*Zalophus californianus*): Clinical Signs, Treatment and Survival," Veterinary Record 150, no. 15 (2002): 475–80.

96 Thomas et al., "Movement, Dive Behavior, and Survival of California Sea Lions (*Zalophus californianus*) Posttreatment for Domoic Acid Toxicosis."

97 二〇一〇年十一月および十二月、海洋哺乳動物センターにて、クルーのリーダー、リー・ジャックレルとの口頭でのやりとり。"Movement, Dive Behavior, and Survival of California Sea Lions (Zalophus californianus) Posttreatment for Domoic Acid Toxicosis."

98 Gulland et al., "Domoic Acid Toxicity in Californian Sea Lions (*Zalophus californianus*)"; T. Goldstein et al., "Magnetic Resonance Imaging Quality and Volumes of Brain Structures from Live and Postmortem Imaging of California Sea Lions with Clinical Signs of Domoic Acid Toxicosis," *Diseases of Aquatic Organisms* 91, no. 3 (2010): 243–56; Thomas et al., "Movement, Dive Behavior, and Survival of California Sea Lions (*Zalophus californianus*) Posttreatment for Domoic Acid Toxicosis."

99 Mark Mullen, "Authorities Remove Sleeping Sea Lion," KRON4 News, December 16, 2002.

100 M. Sala et al., "Stress and Hippocampal Abnormalities in Psychiatric Disorders," *European Neuropsychopharmacology: The Journal of the European College of Neuropsychopharmacology* 14, no. 5 (2004): 393–405; Sapolsky, "Glucocorticoids and Hippocampal Atrophy in Neuropsychiatric Disorders"; Cheryl D. Conrad, "Chronic Stress-Induced Hippocampal Vulnerability: The Glucocorticoid Vulnerability

Hypothesis," *Reviews in the Neurosciences* 19, no. 6 (2008): 395–411.

101 J. A. Patz et al., "Climate Change and Infectious Disease," in *Climate Change and Human Health: Risks and Responses*, ed. A. J. McMichael et al. (Geneva: World Health Organization, 2003), 103–32, http://www.who.int/globalchange/publications/climatechangechap6.pdf; "Climate Change and Harmful Algal Blooms," National Oceanic and Atmospheric Administration, http://www.cop.noaa.gov/stressors/extremeevents/hab/current/CC_habs.aspx (accessed May 1, 2012).

102 Patz et al., "Climate Change and Infectious Disease"; "Climate Change and Harmful Algal Blooms"; T. Goldstein et al., "Novel Symptomatology and Changing Epidemiology of Domoic Acid Toxicosis in California Sea Lions (*Zalophus californianus*): An Increasing Risk to Marine Mammal Health," *Proceedings of the Royal Society B: Biological Sciences* 275, no. 1632 (2008): 267–76.

103 "1986: Coal Mine Canaries Made Redundant," BBC, December 30, 1986; Walter Hines Page and Arthur Wilson Page, *The World's Work* (New York: Doubleday, Page, 1914), 474.

○エピローグ

1 T. G. Frohoff, "Conducing Research on Human-Dolphin Interactions: Captive Dolphins, Free-Ranging Dolphins, Solitary Dolphins, and Dolphin Groups," in *Wild Dolphin Swim Program Workshop*, ed. K. M. Dudzinski, T. G. Frohoff, and T. R. Spradlin (Maui, 1999); T. G. Frohoff and J. Packard, "Human Interactions with Free-Ranging and Captive Bottlenose Dolphins," *Anthrozoos* 8 (1995): 44–53.

2 "Gray Whale," American Cetacean Society, http://acsonline.org/fact-sheets/gray-whale/; "Gray Whale," Alaska Department of Fish and Game, http://www.adfg.alaska.gov/static/education/wns/gray_whale.pdf (accessed March 1, 2011); "Gray Whale," NOAA Fisheries, http://www.nmfs.noaa.gov/pr/species/mammals/cetaceans/graywhale.htm; "California Gray Whale," Ocean Institute, http://www.ocean-institute.org/visitor/gray_whale.html.

3 "California Gray Whale"; "Gray Whale," American Cetacean Society.

4 Charles Melville Scammon, *Marine Mammals of the Northwestern Coast of North America: Together with an Account of the American Whale-Fishery* (Berkeley: Heyday, 2007); Charles Siebert, "Watching Whales Watching Us," New York Times Magazine, July 8, 2009.

5 Dick Russell, Eye of the Whale: Epic Passage from Baja to Siberia (Island Press, 2004), 20; Joan Druett and Ron Druett, Petticoat Whalers: Whaling Wives at Sea, 1820–1920 (Lebanon, NH: University Press of New England, 2001), 139.

6 Marine Mammal Commission, Annual Report for 2002, http://www.mmc.gov/species/pdf/ar2002graywhale.pdf (accessed April 1, 2009).

7 Ibid.

8 Siebert, "Watching Whales Watching Us."

9 ジョナス・レオナルド・メザ・オテロとの個人的なやりとり、二〇一〇年三月十七〜十八日。ラヌルフォ・マジョラルとの個人的なやりとり、二〇一〇年三月九日。マルコス・セダノとの個人的なやりとり、二〇一〇年三月十八日。

10 "Gray Whale," NOAA Fisheries.

11 Felicity Muth, "Animal Culture: Insights from Whales," *Scientific American*, April 27, 2013, http://blogs.scientificamerican.com/not-bad-science/2013/04/27/animal-culture-insights-from-whales/; Jenny Allen et al., "Network-Based Diffusion Analysis Reveals Cultural Transmission of Lobtail Feeding in Humpback Whales," *Science* 340, no. 6131

(2013): 485–88; John K. B. Ford, "Vocal Traditions among Resident Killer Whales (Orcinus orca) in Coastal Waters of British Columbia," *Canadian Journal of Zoology* 69, no. 6 (1991): 1454–83; Luke Rendell et al., "Can Genetic Differences Explain Vocal Dialect Variation in Sperm Whales, Physeter Macrocephalus?," *Behavior Genetics* 42, no. 2 (2011): 332–43.

12　絶滅危惧種は、その行動（たとえば交尾の相手を探して候補を狭めるためにどれくらい旅をしなければならないかといったこと）のみならず、その生態（その種の遺伝的多様性を規制すること）にも影響を及ぼした。これがそれらの種に与える文化的影響については謎のままである。

13　ヒトラーが自決する前におこなった最後の行動のひとつは、愛犬に毒を飲ませることだった。Gertraud Junge, Until the Final Hour (Arcade, 2003), 38, 181; James Serpell, In the Company of Animals: A Study of Human-Animal Relationships (Cambridge, UK: Cambridge University Press, 1996), 26.

14　"Nothing's Too Good for Kim Jong-il's Pet Dogs," Chosunilbo, April 14, 2011; Peter Foster, "Kim Jong-il Reveals Fondness for Dolphins and Fancy Dogs," Telegraph.co.uk/news/worldnews/asia/northkorea/8869192/kim-jong-il-reveals-fondness-for-dolphins-and-fancy-dogs.html, November 4, 2011; Nadia Gilani, "Kim Jong-Il Spends £120,000 on Food for His Dogs, as Six Million North Koreans Starve," Daily Mail Online, September 30, 2011, http://www.dailymail.co.uk/news/article-2043868/Kim-Jong-Il-spends-120-000-food-dogs-million-North-Koreans-starve.html (accessed January 10, 2012).

◯あとがき

1　Becky Chung, "The veteran and the labradoodle: How a service dog helped a TEDActive attendee step back out into the world," Ted.com, September 4, 2014, http://blog.ted.com/2014/09/04/the-veteran-and-the-labradoodle/

索引

さ行

た行

な行

は行

ま行

や行

ら行

わ行

留守の家から犬が降ってきた
心の病にかかった動物たちが教えてくれたこと

2019年1月30日　第一刷印刷
2019年2月10日　第一刷発行

著　者　ローレル・ブライトマン
訳　者　飯嶋貴子

発行者　清水一人
発行所　青土社

〒101-0051　東京都千代田区神田神保町1-29　市瀬ビル
［電話］03-3291-9831（編集）　03-3294-7829（営業）
［振替］00190-7-192955

印刷・製本　ディグ
装丁　大倉真一郎

ISBN978-4-7917-7140-0　Printed in Japan